石油高职教育"工学结合"规划教材

提高石油采收率技术

(第四版·富媒体)

吕秀凤　王晓丛　主编

石油工业出版社

内 容 提 要

本书是结合油田数智化转型升级对采油岗位提出的新需求,针对油气智能开采技术专业岗位群的典型工作任务,运用基于工作过程的课程开发理论而编写的工学结合教材。对接目前油田提高石油采收率技术的最新应用,按照学生的认知规律,由易到难设计了六个学习情境,分别为聚合物驱油技术、三元复合体系驱油技术、热力采油技术、气体混相驱油技术、微生物采油技术和物理采油技术。每个学习情境不仅包括对应提高石油采收率方法所涉及的工作过程知识和技能训练项目,还包括素质提升和知识延伸等拓展学习内容,并将配套的授课视频、原理动画等内容以富媒体的形式融入其中,便于读者自学提升。

本书不仅可以作为高职院校油气智能开采技术专业及相关专业的教学用书,也可作为石油高职院校相关专业、矿场技术人员及操作类员工的参考用书。

图书在版编目（CIP）数据

提高石油采收率技术：富媒体／吕秀凤，王晓丛主编．— 4 版．— 北京：石油工业出版社，2024.10.
（石油高职教育"工学结合"规划教材）．— ISBN 978-7-5183-7105-1

Ⅰ．TE357

中国国家版本馆 CIP 数据核字第 2024KT7575 号

出版发行：石油工业出版社
（北京市朝阳区安华里二区 1 号楼　100011）
网　　址：www.petropub.com
编　辑　部：（010）64253612
图书营销中心：（010）64523633
经　　销：全国新华书店
排　　版：三河市聚拓图文制作有限公司
印　　刷：北京中石油彩色印刷有限责任公司

2024 年 10 月第 4 版　2024 年 10 月第 1 次印刷
787 毫米×1092 毫米　开本：1/16　印张：19.5
字数：500 千字

定价：69.00 元
（如出现印装质量问题，我社图书营销中心负责调换）
版权所有，翻印必究

第四版前言

本教材是在吕秀凤、崔凯华主编的"十二五"职业教育国家规划教材《提高石油采收率技术（第三版）》的基础上，经过10余年的教学实践，紧密结合油田矿场实际及最新的操作标准，在黑龙江省高水平高职专业群（石油工程技术专业群）建设资金的支持下，重新修改、补充完善而成的。同步更新了以本教材为主要参考的黑龙江省在线精品课程"提高石油采收率技术"，课程网址为 https://coursehome.zhihuishu.com/courseHome/1000092977#teachTeam（智慧树平台），欢迎各位读者参考并提出宝贵意见！

本教材在编写过程中，注重体现先进性、科学性和适用性的设计理念。

1. 先进性。本教材是国内高职院校第一本提高石油采收率技术富媒体工学结合教材；所选取的工作过程知识为当前最新的提高石油采收率技术，所选取的技能训练内容均来自油田矿场一线的岗位实际操作项目；融入的授课视频、原理动画、微课等皆由教材编写团队精心制作而成。

2. 科学性。全书编写规范，书中所涉及的各参数均采用国际单位制；内容的选取是由校内教师和油田矿场专家共同完成的，并按学生的认知规律，由简单到复杂对各个学习情境进行序化和编排。

3. 适用性。从油田矿场提高石油采收率技术岗位能力培养需要出发，基于工作过程设计了6个学习情境，19个学习项目，若干个学习任务。每个学习任务（或项目）包括知识目标、技能目标、素质目标、工作过程知识、技能训练、素质提升园地、知识延伸等内容，每个学习情境都设置了单元训练题和素质提升拓展阅读内容，适于开展工学结合教学，并为职业素质的培养提供了素材。

本教材由石油高职院校教师及油田企业专家联合编写，具体分工：入门篇由大庆职业学院吕秀凤编写；学习情境一由大庆职业学院吕秀凤、延安职业技术学院韩静编写；学习情境二由大庆职业学院闫继颖、大庆油田有限责任公司第八采油厂孙海朋编写；学习情境三由辽河石油职业技术学院纪荣海、大庆职业学院焦龙编写；学习情境四、学习情境五由大庆职业学院王晓丛编写；学习情境六由天津石油职业技术学院王若男、大庆油田有限责任公司第八采油厂刘伟编写。本书由吕秀凤、王晓丛任主编，由纪荣海、焦龙任副主编。大庆职业学院姜继水教授、大庆油田有限责任公司第八采油厂吴燕担任本书主审。

在本书的编写过程中，得到了姜继水教授和吴燕高级工程师的悉心指导和大力支持，在此表示衷心的感谢！同时也得到了大庆油田、辽河油田、松原油田等油田生产一线专家的指导和大力支持，恕不能一一列出，谨在此表示最诚挚的谢意！

由于编者水平有限，其中难免有不当和错误之处，敬请广大读者批评指正！

编　者
2024年5月

第三版前言

本教材是根据2009年10月在大庆职业学院召开的石油高等职业教育油气开采技术专业课程改革与配套教材研讨会会议精神，按照与会的全国石油高职高专院校教师与企业专家共同审定的《提高石油采收率课程标准》编写的。

本教材在编写过程中，注重体现先进性、科学性和适用性的设计理念。

（1）先进性。本教材是国内高职高专院校提高石油采收率工学结合教材，所选取的工作过程知识为最新的提高石油采收率技术，所选取的技能训练内容均来自油田矿场一线的岗位实际操作项目。

（2）科学性。全书编写规范，书中所涉及的各参数均采用国际单位制，内容的选取由校内教师和油田矿场专家共同合作完成，并按学生的认知规律，由简单到复杂进行各个学习情境的序化和编排。

（3）适用性。以就业为导向，从工作岗位的职业能力培养出发，基于工作过程设计了6个学习情境，17个学习项目。每个学习项目包括：知识目标、技能目标、工作过程知识技能训练等内容，适于一体化教学的使用。

本教材由石油高职高专院校教师及油田企业专家联合编写，具体分工：绪论由天津工程职业技术学院熊海灵编写；学习情境一由大庆职业学院吕秀凤编写；学习情境二由大庆油田有限责任公司第三采油厂王荣久、张曈阳，大庆油田有限责任公司第四采油厂曹卫平编写；学习情境三由辽河石油职业技术学院崔凯华、雷广发编写；学习情境四由大庆职业学院王晓丛、天津石油职业技术学院王立柱编写；学习情境五由松原职业技术学院王守峰编写；学习情境六由大庆职业学院陈淑华编写。本书由吕秀凤、崔凯华担任主编，熊海灵、王守峰担任副主编，大庆职业学院姜继水教授、大庆油田有限责任公司第三采油厂张佳民高级工程师担任主审。

本书在编写过程中，得到了姜继水教授、张佳民高级工程师的悉心指导和大力支持，同时也得到了大庆油田、辽河油田、吉林油田等生产一线专家的指导和大力支持，谨在此表示最诚挚的谢意！

由于编者水平有限，书中难免有不妥之处，敬请使用本教材的师生和广大读者批评指正。

编　者
2012年2月

第二版前言

本书是根据石油工业出版社于 2005 年 10 月在大庆职业学院主持召开的教材编审会精神,按照各石油高职高专院校与会的专业教师审定的《提高石油采收率技术》教学大纲,针对石油高职高专院校油气田开采专业学生而编写的教学用书。

随着国内外油田开采形势的不断发展,国内的大部分油田尤其是东部油田已经进入高含水或特高含水期。虽然油田注水驱油阶段接近结束,但是靠水驱的油田最终采收率也仅仅达到 50% 左右。因此,各个油田所面临的亟待解决的问题是如何突破提高石油采收率这一"瓶颈"技术。为了提高石油采收率,世界各国的油藏工程师、采油工程师及油田化学专家针对各个油田的不同地质特点,一直在不断地努力尝试着各种技术措施。本书是根据各种提高石油采收率技术的最新研究成果及其在油田开发中的应用情况,并且结合各高职高专院校的宝贵反馈意见,在石油工业出版社 1999 年 8 月出版发行的《提高石油采收率技术》(姜继水、宋吉水主编)一书的基础之上修订完成的。

本书的内容包括油田注水及空气驱油技术、聚合物溶液驱油技术、表面活性剂溶液驱油技术、碱水驱油及复合体系驱油技术、气体混相驱油技术、热力采油技术、微生物采油技术及物理采油技术。在此值得一提的是,有的提高石油采收率技术措施尚处于室内评价阶段,有的处于油田现场先导性试验和扩大工业性试验阶段,有的则已经在油田上大面积推广使用。因此,该书内容的侧重点是在国内油田矿场上应用比较成熟的提高石油采收率技术措施;与此同时,对国外比较先进的、有良好发展前景的提高石油采收率技术给予了介绍。

参加本书的编写人员及分工情况:第一章由天津石油职业技术学院刘红兵、纪素先编写;绪论、第二章及各章节的插图由大庆职业学院姜继水编写、绘制;第三章由承德石油高等专科学校高书香编写;第四章由大庆职业学院吕秀凤编写;第五章由渤海石油职业学院范昆仑编写;第六章由克拉玛依职业技术学院廖作才编写;第七章由松原职业技术学院王静梅编写;第八章由山东胜利职业学院张俨彬编写。本书主编为姜继水,副主编为刘红兵、高书香、王前梅,大庆石油学院刘振宇教授负责主审。

在本书的编写过程中,得到了大庆石油学院提高石油采收率所、大庆石油管理局勘探开发研究院三采室、大庆管理局采油工程研究院采油工艺室等有关领导及专家的精心指点与帮助,在此表示诚挚的谢意。

由于编者水平有限,其中难免有不当和错误之处,诚恳欢迎使用本教材的师生和广大读者批评指正。

编 者
2006 年 5 月

第一版前言

本书是根据原中国石油天然气总公司人事劳资部于1998年8月在河北省承德市召开的石油中专第八次教材编审会的决定，按照专业指导委员会审定的《提高石油采收率技术》教学大纲进行编写的。

参加本书编写的人员及分工：大庆石油学校姜继水和大庆石油管理局采油二厂宋吉水共同编写第一章和第三章；长庆石油学校张波编写第二章；胜利石油学校何燕萍编写第四章；新疆石油学校张磊编写第五章；吉林石油学校邹艳霞编写第六章；辽河石油学校吴尚斌编写第七章。全书由姜继水和宋吉水担任主编，由大庆石油学校高级讲师闫崇仁主审。

在本书的编写过程中，得到了大庆石油学院提高石油采收率所和大庆石油管理局勘探开发研究院提高石油采收率室的精心指点与帮助，在此表示诚挚的谢意。

由于编者水平有限，难免有不当和疏漏之处，恳请读者批评指正。

编　者

1999年7月

目录

入门篇 001

学习情境一　聚合物驱油技术 005

项目一　聚合物配制站运行管理 005
项目二　聚合物注入站运行管理 037
项目三　聚合物注入井、采油井管理 058
项目四　聚合物驱油效果分析 069
单元训练题 085
素质提升拓展阅读　毛泽东：看来发展石油工业还得革命加拼命 086

学习情境二　三元复合体系驱油技术 087

项目一　三元复合体系的配注 087
项目二　三元复合体系驱注入井、采油井管理 094
项目三　三元复合体系驱效果分析 102
单元训练题 112
素质提升拓展阅读　忆"三老四严"作风的形成 113

学习情境三　热力采油技术 116

项目一　蒸汽注入站运行管理 116
项目二　蒸汽注入井生产管理 133
项目三　注蒸汽采油井生产管理 142
项目四　注蒸汽效果分析 169
项目五　火烧油层技术 188
单元训练题 195
素质提升拓展阅读　我们是怎样创出"四个一样"工作作风的 196

学习情境四　气体混相驱油技术 199

项目一　烃类气体混相驱油技术 199
项目二　二氧化碳混相驱油技术 209
单元训练题 233
素质提升拓展阅读　大庆精神大庆人 234

学习情境五　微生物采油技术 240

项目一　微生物采油菌种的筛选 240

项目二　微生物采油工艺技术……246
项目三　微生物采油效果分析……260
单元训练题……273
素质提升拓展阅读　在革命的岗位上……274

学习情境六　物理采油技术……277

项目一　利用声波处理油层技术……277
项目二　利用热场处理油层技术……287
单元训练题……294
素质提升拓展阅读　难能可贵的"六个传家宝"……295

参考文献……301

富媒体资源目录

序号	资源类别	资源名称	页码
1	视频	提高石油采收率入门（上）	001
2	视频	提高石油采收率入门（下）	004
3	视频	聚合物的性能指标	005
4	视频	聚合物溶液黏度检测	011
5	视频	保护聚合物溶液黏度的措施	015
6	视频	聚合物配制工艺流程	021
7	动画	聚合物配制工艺流程	022
8	视频	聚合物配制站应急管理	030
9	视频	填写聚合物配制站日班报表	033
10	视频	聚合物注入站工艺流程	037
11	视频	聚合物注入站应急演练	046
12	视频	填写聚合物注入站日班报表	051
13	视频	聚合物注入站参数调控	052
14	视频	用低剪切取样器取样	054
15	视频	低剪切取样器故障排除	057
16	视频	聚合物注入井管理	058
17	视频	聚合物驱采油井管理	064
18	视频	聚合物驱注入方案设计	069
19	视频	聚合物驱注入参数统计	073
20	视频	聚合物驱注入效果分析	081
21	微课	用Excel绘制生产曲线	081
22	视频	聚合物驱采油效果分析	082
23	视频	三元复合体系的配注	087
24	视频	三元复合驱注入井管理及采油井管理	094
25	彩图	1-20-E14井组砂体厚度等值图	110
26	彩图	1-20-E14井组沉积相带图	110
27	视频	认识稠油	116
28	视频	蒸汽注入站工艺流程	120
29	视频	蒸汽注入井管柱	133
30	视频	注汽参数监测	139
31	视频	焖井、放喷管理	142
32	视频	掺稀油井的管理	145

续表

序号	资源类别	资源名称	页码
33	视频	掺活性水井的管理	147
34	视频	出砂井的管理	152
35	视频	汽窜井的管理	156
36	视频	SAGD 井的管理	160
37	彩图	直井—水平井组合 SAGD 开采机理示意图	161
38	彩图	称重式油井计量器	165
39	视频	火烧油层技术	188
40	动画	火烧油层法原理	188
41	视频	气体混相驱油机理	199
42	视频	烃类气体混相驱油技术应用	203
43	视频	二氧化碳的注入	209
44	动画	二氧化碳混相驱油原理	209
45	视频	二氧化碳驱油效果分析	218
46	视频	微生物采油技术简介	240
47	微课	微生物采油的本领	241
48	视频	微生物采油工艺技术	246
49	视频	微生物采油效果分析	260
50	视频	声波对油层的作用原理及效果	277
51	视频	声波采油技术的矿场应用	280
52	视频	油层电磁加热技术	287
53	视频	油藏微波加热技术	290

入门篇

石油，是一种重要的能源物资和化工原料，一直被人们誉为"黑色的金子""工业的血液""国家的经济命脉"。工业、农业、国防、民生都离不开它。石油作为一种非再生的化石能源，其采收率不仅是石油工业界，而且是整个工业界最为关心的问题。石油是一种流体矿藏，具有独特的开采方式。在各种矿物中，石油的采收率是比较低的。在世界范围内，石油的采收率约 30%~60%。因此，世界各国的油藏工程师们一直致力于最大限度地提高石油采收率。

视频 提高石油采收率入门（上）

一、石油采收率的概念

石油采收率可定义为油藏累积产油量与油藏原始地质储量比值的百分数。该比值的大小取决于注入流体在油藏中的波及系数和驱油效率。一般使用的计算公式为

$$E_R = \frac{N_P}{N} = E_V \cdot E_D$$

式中　E_R——石油采收率，%；

　　　N_P——累积产油量，m³；

　　　N——油藏原始地质储量，m³；

　　　E_V——波及系数，%；

　　　E_D——驱油效率，%。

波及系数（E_V），又称扫油效率或宏观驱替效率，它是指注入流体波及区域内的体积与油藏总体积的比值。

驱油效率（E_D），又称微观驱替效率，它是指注入流体波及区域内，采出的油量与波及区域内石油储量的比值。

由上式可知，影响采收率大小的主要因素是波及系数和驱油效率。因此，所有提高采收率的方法都是致力于提高波及系数或（和）驱油效率。

影响驱油剂宏观波及系数的主要因素有油层渗透率的差异、油层内驱替流体与被驱替流体之间流度的差异以及驱替剂的推进速度等。此外，油藏构造、裂缝和断层分布发育状况等油藏性质以及采取的油藏工程方法（如井网、注采关系等）也都会影响波及系数。

影响驱油剂驱油效率的主要因素有原始含油分布状态、岩石孔隙结构、岩石表面性质、驱油剂性质等。驱油剂在波及到储油孔隙之前，原油呈单相流动。在驱油剂进入储油孔隙之后，随着含油饱和度的降低，驱替和被驱替流体呈两相流动，两相流状态除受到水动力学的

力之外，在很大程度上受制于孔隙的大小和分布形态，以及毛管力和岩石表面的润湿性。所以，降低毛管力，使岩石表面由亲油转变为亲水是提高驱油效率最关键的措施之一。

二、提高石油采收率方法概述

通常将利用油藏天然能量开采石油称为一次采油，也称能量衰竭法采油，一般来说，一次采油的采收率低于15%。通过注水或非混相注气提高油层压力并驱替油层中的原油叫作二次采油，二次采油时原油的物理、化学性质不发生变化，采收率通常为30%~40%，个别油田可达80%。由于水的来源广，价格便宜，采收率又高，所以，美国自20世纪40年代初便迅速地在油田开展了注水采油技术。50年代至60年代，注水开发的工程项目数达到了顶峰。但到60年代后期，注水开发项目数量一直下降，其原因是一些注水油田已进入开发后期，产水率持续上升，产油量却不断下降。当产水率增高到95%~98%时，再继续注水是不经济的，因而被迫停止注水。人工注水虽然可以提高采收率，但水驱后尚有约一半以上的原油滞留在油层中，如何采出这些二次残余油（也称为水驱残余油）是油藏工程师们面临的问题。从20世纪70年代起，技术的发展使开采二次残余油成为可能。这一开采技术主要是通过向油层注入化学物质、注蒸汽、注气（混相）或微生物，从而改变油层中的原油性质并提高油层压力，这种驱油方式叫做三次采油（tertiary oil recovery）。

由于我国油田采用的开发技术除玉门油田外，均没有明确的一次采油和二次采油之分（如我国的大庆油田是油藏一开发就进行注水，以保持地层压力，提高水驱采收率；克拉玛依油田的稠油油藏是以蒸汽吞吐和蒸汽驱方法开始开采的），故对我国油田使用提高石油采收率或强化采油（EOR，enhanced oil recovery）这一名词更为恰当。EOR这一专有名词包括注水和其他提高采收率的方法。关于水驱，已在本套教材的《油水井智能管理》中有较为详尽的介绍，所以本书只介绍水驱以外的其他提高石油采收率方法。

目前世界上已形成的提高石油采收率方法，除水驱外，主要包括四大技术系列，即化学驱、热力法、气驱和微生物采油。

化学驱包括聚合物驱、表面活性剂驱、碱水驱及其复配的二元复合驱、三元复合驱、泡沫驱等。

热力法包括热水驱、蒸汽法、火烧油层、电加热等。其中蒸汽法又包括蒸汽吞吐、蒸汽驱、蒸汽辅助重力驱、蒸汽与天然气驱；火烧油层又分为正向燃烧法、逆向燃烧法、湿式燃烧法等。

气驱包括混相、部分混相或非混相的富气驱、干气驱、二氧化碳驱、氮气驱和烟道气驱等，注入方式分为段塞注入、连续注入或水气交替注入。

微生物采油（MEOR）是指利用微生物及其代谢产物来增加石油产量的方法。该技术是将经过选择的微生物注入油层，随之发生它们为生存而在油藏内增殖产物的激励和运移作用，这种作用降低油—水—岩石体系的界面张力、改善油层流体的流度比或导致选择性封堵孔隙空间、提高流体驱替效率，有助于进一步增加二次采油后枯竭的油井的产油量。

此外，声波物理法、电磁加热法也有大量的相关研究报道。

上述提高采收率技术，部分已进行工业化推广应用，部分开展了先导性矿场试验，部分尚处于理论研究之中。全世界范围内，已进行工业化推广或曾进行矿场试验的提高采收率技术包括蒸汽驱、火烧油层、蒸汽辅助重力驱、CO_2驱、烃类气驱以及聚合物或活性剂等化学驱。诸多EOR技术中，蒸汽驱仍是最主要的方法，其次为CO_2混相驱，烃类气体混相或非混相驱与氮气驱也起着相当重要的作用。

三、我国提高采收率技术的应用情况

我国开展 EOR 研究最早的是克拉玛依油田，1958 年开始研究火烧油层。20 世纪 60 年代初，大庆油田一开始投入开发，就开始了 EOR 研究工作，先后研究过水驱、聚合物溶液驱、CO_2 混相驱、注胶束溶液驱和微生物驱。70 年代后期，我国对 EOR 的研究逐渐重视起来，玉门油田开展了活性水驱油和泡沫驱油的尝试。从"七五"到"十四五"，我国已连续将提高采收率技术列为国家重点科技攻关项目，先后开展了热采、聚合物驱、微乳液—聚合物驱、碱—聚合物驱以及碱—表面活性剂—聚合物驱等技术研究，使我国化学驱提高采收率技术进入了世界领先水平。大庆、胜利、大港等油田对 EOR 技术开展了大量的研究，相继研究出了三元复合驱及泡沫复合驱等新技术。

其中，聚合物驱技术是目前三次采油技术中最成熟的。自 1996 年工业化推广以来，对聚合物驱过程的认识不断加深，聚合物驱技术得到不断完善和改进。大庆油田在实践中形成了进一步改善聚合物驱效果的三项技术和一个做法，即高分子前置段塞技术、综合调整技术、分层注聚合物技术和加大聚合物用量做法。聚合物驱物料供给充足，产品质量和性能不断提高，特别是近年新型抗盐聚合物的研制成功和污水配制聚合物溶液技术的进步，进一步降低了聚合物驱成本，扩大了聚合物驱的应用范围。聚合物驱注入设备已实现国产化，采出液处理基本得到了解决，具备了进一步扩大应用规模的潜力，并成为中国石油集团公司东部老油田稳产和可持续发展的重要接替技术。

三元复合驱技术，已经经历了从机理研究→表面活性剂主剂国产化→先导性试验→扩大先导性试验→工业性试验五个关键步骤的全过程研究，初步具备了工业化应用的条件。

在稠油热采提高采收率技术方面，先后开展了中深层稠油蒸汽驱工业性试验、超稠油蒸汽辅助重力泄油试验、改善浅层蒸汽驱开发效果研究和水驱普通稠油油藏转注蒸汽开发试验等研究和现场试验，目前已经形成了蒸汽吞吐、浅层蒸汽驱和超稠油蒸汽吞吐开采三项配套技术。

气体混相驱研究相对较晚，与国外相比还有很大差距。尽管在 20 世纪 80 年代开展了 CO_2 和天然气驱矿场试验，取得了一定效果，但因气源问题，一直未得到发展。随着西部油田的开发，特别是安塞世界级气田的发现，长庆注气混相驱和非混相驱被列入国家重点攻关项目。吐哈油区的葡北油田注烃混相驱矿场试验得以启动，大大推动了我国混相驱提高采收率技术的快速发展。同时，吉林的扶余油田、苏北黄桥气田、江苏秦潼凹陷以及广东三水盆地等一批 CO_2 气藏的发现，推动了 CO_2 混相或非混相驱先导试验研究。

在微生物采油技术方面，早在 1966 年新疆石油管理局就开始利用微生物进行原油脱蜡技术的研究，被认为是微生物技术研究的开端。这项技术曾被列为国家科技攻关项目，主要开展了以下工作：微生物地下发酵提高采收率研究，生物表面活性剂的研究，生物聚合物提高采收率的研究，注水油层微生物活动规律及其控制的研究。20 世纪 80 年代，大庆油田率先进行了两口单井微生物吞吐矿场实验，结果含水量下降，原油产量增加。"九五"期间，大港油田率先进行了微生物驱矿场先导试验。目前辽河油田、胜利油田、新疆油田等油田也在开展室内研究与应用。

应当指出的是，EOR 技术中，除注水外，其他技术都存在投资大、风险大的特点。因此，应严格按照"实验和机理研究→先导性试验→扩大化工业性试验→工业化推广"的程序实施，每一阶段都应该严格地按照技术要求来进行施工，而且为下阶段做好准备。

EOR 技术是一门多学科的综合性很强的应用技术，它涉及的学科和知识面很广。根据不同的排驱类型，要求不同学科之间密切合作。但无论哪一种排驱类型，都涉及油藏描述、油层物理、渗流力学、数值模拟等学科知识。对于化学驱类型，则还需要有高分子化学、高分子物理、表面化学等知识；对于气体溶剂则需要物理化学、有机化学等知识；对于热驱则需要传热学、工程热力学等知识。故应该按照系统工程的原理组织化学、开发地质、油藏工程、采油工程、地面集输工程等各方面的专家联合攻关。

总之，通过技术进步来提高油田开发水平、降低成本、提高经济效益，这已成为 21 世纪初叶石油工业发展的重大任务。我们相信，EOR 技术的发展，定会为保障国家能源安全、实现国内油气上游高质量发展、促进油气田永续开发提供可靠的技术保障。

视频　提高石油采收率入门（下）

笔记

学习情境一 聚合物驱油技术

聚合物溶液驱油就是把聚合物添加到注入水中，提高注入水的黏度，降低驱替介质流度的一种改善水驱方法。由于聚合物是一种高分子物质，在水中的溶解速度很慢，所以油田矿场上在应用聚合物驱油技术时，是在聚合物配制站将聚合物粉末配制成聚合物母液，再输送到聚合物注入站同高压水混合成目的液，最后经聚合物注入井注入到油层中的。

本学习情境是根据聚合物驱油技术的现场实施过程进行设计的，并按这一过程设计了四个学习项目：

项目一　聚合物配制站运行管理
项目二　聚合物注入站运行管理
项目三　聚合物注入井、采油井管理
项目四　聚合物驱油效果分析

项目一　聚合物配制站运行管理

聚合物属高分子物质，它在水中的溶解同低分子物质比较起来，有着明显的不同，油田矿场上常用于驱油的聚丙烯酰胺干粉，完全溶解大约需要两个小时左右的时间。为了能够达到注入的要求，聚合物驱油技术的工业化应用要求有聚合物配制站，聚合物配制站负责按要求配制合格的聚合物母液并按需要输送到注入站。

任务一　明确聚合物性能指标

知识目标

（1）能准确说出聚丙烯酰胺的性能指标。
（2）能准确说出聚丙烯酰胺产品的定级标准。
（3）能准确说出聚丙烯酰胺干粉的管理规定。

视频　聚合物的性能指标

技能目标

（1）能按规定接收、保管聚丙烯酰胺干粉。

(2) 能根据检验结果对聚丙烯酰胺产品定级。

素质目标

熟知"三老四严"的内涵，能按"三老四严"的要求做人做事。

工作过程知识

一、驱油用聚合物

聚合物是由被称为单体的低分子物质聚合而成的高分子化合物。人们通常把相对分子质量大于 1000 的物质称为高分子化合物，而矿场上驱油用聚合物的相对分子质量都在数百万，甚至数千万以上，属于超高分子化合物。聚丙烯酰胺分子是由很长的丙烯酰胺单体分子链组成，其基本结构单元（又称链节）见图 1-1，n 为聚合度（重复链节数）。

驱油用聚合物大致可分为两大类，即天然聚合物和人工合成聚合物。天然聚合物从自然界（植物及其种子）中得到，如改进的纤维素类；有时也从细菌发酵中得到，如生物聚合物黄胞胶（xanthan gum）。人工合成聚合物是在化工厂生产出来的，如目前大量使用的聚丙烯酰胺（PAM）和部分水解聚丙烯酰胺（HPAM）等。虽然黄胞胶具有较好的抗剪切和耐盐性能，但由于其价格要比聚丙烯酰胺高出数倍，故现场驱油一般用的都是聚丙烯酰胺。

在聚合物配制站，一般用袋装的聚丙烯酰胺干粉，袋子置于托盘之上，便于用叉车搬运，如图 1-2 所示。

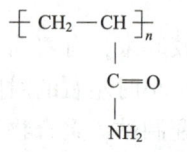

图 1-1 聚丙烯酰胺链节

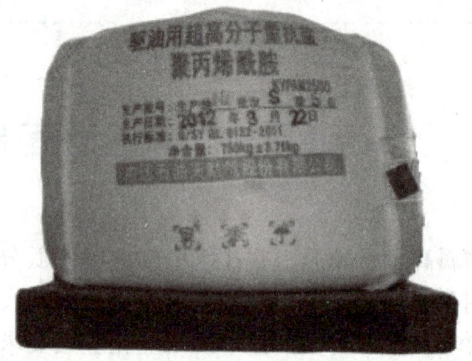

图 1-2 袋装聚丙烯酰胺干粉

二、配制站对聚丙烯酰胺干粉的管理规定

（1）聚合物配制站在接收聚丙烯酰胺粉末时，必须由一名配制站管理人员和资料员共同对干粉的规格、包装、铅封、生产批号、产品化验单进行检查，全部合格后，方可接收。接收时需先整车称重、再逐袋称重，并做好记录。

（2）聚合物配制站对当日送达的每车干粉至少抽查一个样品现场化验黏度，并填写《聚合物干粉取样化验记录》。与标准相差较大时，要查找原因，并增加取样个数，如果仍低于降级指标的，应及时向主管部门汇报。

（3）各厂中心化验室要坚持干粉每 50t 抽查一个样品进行详细的质量检验，并填写《聚合物检测原始记录》。

(4)料库物料存放要求：①物料必须单独存放；②摆放的层数不能超过三层；③要保证存放场所的防潮、防晒设计；④在搬运、吊装过程中，要避免包装袋破损。

三、聚合物的性能指标

对产品进行详细的质量检验时，需要检测的指标有：固含量、粒度、水解度、相对分子质量、特性黏数、黏度、过滤因子、水不溶物含量、溶解速度和外观10项。下面简要介绍对每项指标的要求及测定方法。

1. 固含量

聚合物都含有一定的水分，包括表面吸附水和内部水。测定固含量时，需要先用天平测定一定样品的质量，然后放在干燥箱中烘干，再测定质量，烘干后质量与之前质量比值的百分数便是固含量。大庆油田对聚丙烯酰胺干粉固含量的要求是88%以上。

2. 粒度

聚合物粒度大小与溶解速度密切相关，粒度过大将增加溶解时间。粒度过细，由于比表面积增大，将给分散带来不利影响，在溶解时，小的颗粒容易黏结在一起形成"鱼眼"，增加溶解时间。同时，粒度过细，储存时容易结块。因此，对驱油用聚合物的粒度提出了要求，粒度大于1mm部分和小于0.2mm部分均不能超过3%。一般用振筛机测定粒度。

3. 水解度

聚丙烯酰胺在酸或碱的作用下，发生水解反应，水解成为部分水解聚丙烯酰胺。图1-3为部分水解聚丙烯酰胺的结构。其中，m为分子中酰胺基的个数，n为分子中羧基的个数。n与$(m+n)$比值的百分数，为部分水解聚丙烯酰胺的水解度，见式(1-1)。

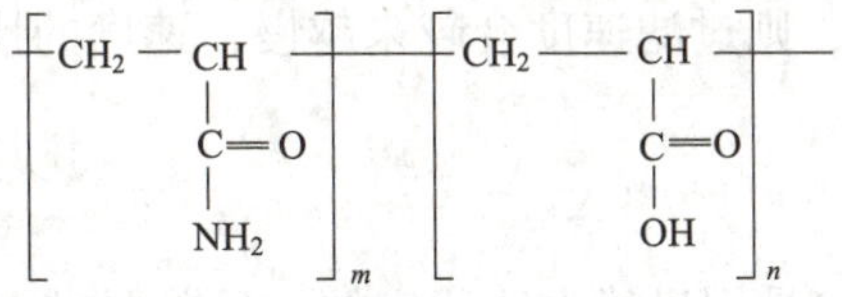

图1-3 部分水解聚丙烯酰胺的结构

$$水解度 = \frac{n}{m+n} \times 100\% \tag{1-1}$$

驱油用聚丙烯酰胺，水解度通常为20%~35%，调剖或者堵水用聚丙烯酰胺水解度在10%以下。水解度越大，水溶性越好，相同相对分子质量条件下，黏度越大。但水解度过大，抗盐性和稳定性就会变差。大庆油田驱油用聚丙烯酰胺，要求水解度在23%~27%之间。

4. 黏度

黏度是控制流度的关键参数，因此对聚合物黏度的要求较高。表1-1中所列的黏度指标是指温度在45℃，大庆油田水质条件下，0.1%浓度的聚合物溶液，用布氏黏度计在6r/min条件下测定的。

表1-1 大庆油田聚合物产品指标汇总表

相对分子质量，10^6	9.5~11	11~14	17~20.5
黏度，mPa·s	31~38	≥40	≥50
特性黏数	15~16.5	16.5~19.5	22.5~25.5

续表

固含量，g/100g		≥88%	≥88%	≥88%
水解度（摩尔分数），%		23~27	23~27	23~27
过滤性能		≤1.5	≤1.5	≤1.5
水不溶物含量，g/100g		≤0.2%	≤0.2%	≤0.2%
溶解速度，h		≤2	≤2	≤2
外观		白色粉末，无结块	白色粉末，无结块	白色粉末，无结块
粒度 g/100g	≥1mm	≤3%		≤3%
	≤0.2mm	≤3%		≤3%

5. 特性黏数

可以用乌氏黏度计测定不同浓度下的黏度，进而求出特性黏数，也可以用特性黏数测定仪直接测得。

6. 相对分子质量

惯用黏度法测定驱油用聚合物的相对分子质量，称为黏均相对分子质量。将特性黏度代入公式即可计算求得。

7. 过滤因子

将聚合物溶液通过 3.0μm 的微孔滤膜进行过滤，初期过滤速度和后期过滤速度的比值就是过滤因子。通常用过滤因子测定仪测定过滤因子。显然，溶解程度很好的聚合物溶液，初期过滤速度与后期过滤速度应当是一样的，速度的比值应该为 1。如果聚合物在水中溶解得不好，有"微凝胶"存在，则过滤速度会越来越慢，速度的比值将大于 1。大庆油田目前要求过滤因子小于 1.5。

8. 水不溶物含量

聚合物水中不溶物含量也是用过滤方法测定的，目前要求水不溶物含量少于 0.2%。

9. 溶解速度（溶解时间）

对聚丙烯酰胺溶解速度的要求是不大于 2h。

10. 外观

对聚丙烯酰胺干粉外观的要求是白色粉末，没有变色，没有结块。

目前，大庆油田对聚合物性能的要求见表 1-1。

四、聚丙烯酰胺干粉的定级标准

检测聚丙烯酰胺干粉样品的性能指标后，形成产品检验报告书，根据检测结果，对产品进行定级。依据相应的企业标准，聚丙烯酰胺干粉的定级标准具体如下：

（1）所有指标均符合 A 类标准，定为一级品；
（2）有一项指标符合 B 类标准，其他指标都符合 A 类标准定为二级品；
（3）有两项指标符合 B 类标准，其他指标都符合 A 类标准定为三级品；
（4）有三项或三项以上指标符合 B 类标准，或任一项符合 C 类标准，这种产品就定为不合格。

素质提升园地

油田在实施聚合物驱油项目时，对聚合物的性能要求非常严格，并不是 60 分万岁，得到 C 档就可以了，而是任何一个指标被定为 C，这个产品就是不合格。正是这样的严格要求，一直严把质量关，才保证了聚合物驱的应用效果持续向好。

"三老四严"是大庆石油职工在会战实践中形成的一种优良传统和作风，是大庆精神的重要组成部分，也是激励一代代石油人接续奋斗的精神食粮。它被视为大庆精神（铁人精神）的精髓，体现了"严"和"实"的核心。它包括"三老"和"四严"两个部分。"三老"指的是对待革命事业要当老实人、说老实话、做老实事；"四严"则是指对待工作要有严格的要求、严密的组织、严肃的态度、严明的纪律。这种精神强调在工作中要诚实、勤奋，不图安逸，不怕困难，尊重科学，有全局观点，注重团结协作，并且要实事求是，认真负责，讲求实效。它要求一切行动都要严格按党的政策和上级指示办事，各个方面的工作都要有严格的标准，绝不允许凑合、应付。

技能训练

对聚丙烯酰胺溶解性的认识分为以下几个步骤。

一、训练目的

观察聚丙烯酰胺在水及油中的溶解性

二、实验用品

聚丙烯酰胺粉末（相对分子质量为 $1000×10^4$），250mL 烧杯两只，玻璃棒两根，100mL 清水，100mL 煤油

三、操作步骤

（1）将 100mg 的聚丙烯酰胺粉末放入盛有 100mL 清水的烧杯 1 中，并用玻璃棒搅拌，观察其溶解情况；

（2）将 100mg 的聚丙烯酰胺粉末放入盛有 100mL 煤油的烧杯 2 中，并用玻璃棒搅拌，观察其溶解情况。

知识延伸——聚合物溶液驱油的机理

注入工作剂驱油时，油藏内原油采收率是宏观波及效率、微观驱油效率以及井网效率的函数：

$$E_R = E_V \cdot E_D \cdot E_P \quad (1-2)$$

式中　E_R——油藏注入工作作剂的原油采收率，%；

E_V——宏观波及效率，%；

E_D——微观驱油效率，%；

E_P——井网效率，%。

也有人将上式写成 $E_R = E_V \cdot E_D$，即将注采井网的影响归结到宏观波及效率 E_V 之中。

下面结合影响式(1-2) 的 E_V、E_D、E_P 诸因素,来探讨聚合物溶液驱油提高油藏原油采收率的各种途径。

一、提高宏观波及效率

聚合物溶液驱油就是利用聚合物增加注入水的黏度,聚合物滞留在油层孔隙中,降低了水相渗透率,从而降低了油水流度比,提高了宏观波及效率。用下式计算聚合物溶液驱油过程中的流度比:

$$M_{po}=\frac{\lambda_p}{\lambda_t}=\frac{K_{rp}/\mu_p}{K_{ro}/\mu_o+K_{rw}/\mu_w} \tag{1-3}$$

式中 M_{po}——聚合物溶液驱油时的总流度比;
λ_p——聚合物溶液的流度;
λ_t——油水混合带总流度;
K_{ro}——油的相对渗透率;
K_{rw}——水的相对渗透率;
K_{rp}——聚合物溶液的相对渗透率;
μ_p——聚合物溶液的黏度;
μ_o——油的黏度;
μ_w——水的黏度。

水油流度比降低后,既提高了平面波及效率,克服了注入水的"指进",又提高了垂向波及效率,增加了吸水厚度。这就是聚合物驱油的最重要机理。

二、提高微观驱油效率

传统的观点认为,聚合物溶液驱油只提高了宏观波及效率 E_V,并不提高微观驱油效率 E_D。近几年来,国内外有些专家指出,由于聚合物溶液的黏弹效应,也可提高微观驱油效率。这是因为黏弹性流体与牛顿流体相比,在残余油附近的流速更高,因而驱替液传递给残余油的动能更大,有助于"残余油"启动而变成"可动油",即黏弹性流体的弹性性质可以提高驱油效率。图1-4为大庆油田某矿场试验中所观察到的聚合物驱提高驱油效率的情况。

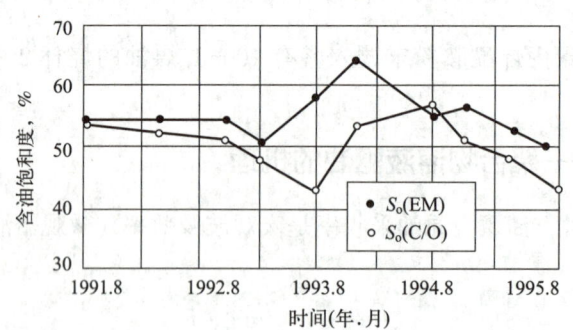

图1-4 萨北4-6检27井含油饱和度 S_o 随时间变化曲线

EM—介电测井;C/O—碳氧比测井

三、提高井网效率

井网效率 E_P 可按下式计算:

$$E_P = \frac{A_w}{A} \tag{1-4}$$

式中 A——油层面积，km^2；

A_w——井网控制面积，km^2。

计算结果表明（见表1-2），在油层条件和注采速度相同的前提下，水驱开发效果较好的井网，其聚合物驱效果也好。聚合物驱效果由好到差的顺序为：斜对行列、五点法、正对行列、四点法、九点法和反九点法。斜对行列和五点法井网的注采井数比为1:1，四点法为1:2，反九点法为1:3。由于聚合物溶液的黏度高，在注入过程中，注入压力将逐步升高，为保证聚合物溶液的顺利注入，不会出现高于油层破裂压力的情况，从单井承受的能力角度看，采用斜对行列和五点法井网是最为有利的。

表1-2 不同井网水驱和聚合物驱效果对比

井网类型	水驱采收率，%	聚合物驱采收率，%	采收率提高值，%
正对行列	39.6	50.2	10.6
斜对行列	40.6	51.5	10.9
五点法	40.3	50.6	10.3
四点法	39.7	49.8	10.1
九点法	39.2	49.2	10.0
反九点法	38.4	49.0	10.6

任务二　聚合物溶液黏度检测

知识目标

（1）能准确说出黏度、流度的概念。
（2）能准确说出聚合物溶液黏度测定所需的仪器名称。
（3）能准确说出黏度的单位并正确进行不同单位间的换算。

视频　聚合物溶液黏度检测

技能目标

（1）会测定聚丙烯酰胺溶液的黏度。
（2）能根据预估的黏度选择合适的转子。

素质目标

（1）热爱岗位、爱护仪器，从我做起。
（2）具备严谨求实、精益求精的态度。

工作过程知识

一、基本概念

1. 黏度

这里所说的黏度，是指动力黏度，是流体分子间摩擦力的量度，摩擦力越大，黏度越大，流动性越差。一般用字母 μ 来表示黏度，其国际单位为帕·秒（Pa·s），1Pa·s=1000mPa·s；工程单位惯用厘泊（cP），1cP=0.01P=1mPa·s。

2. 流度

流度是指流体的流动能力。流度和黏度成反比，和岩石的渗透率成正比，计算公式如下：

$$\lambda = \frac{K}{\mu} \tag{1-5}$$

式中，λ——流度，$m^2/(Pa·s)$；

K——渗透率，m^2；

μ——黏度，Pa·s。

应用普通水进行驱油时，由于水的流度比油的大很多，所以波及系数不是很高。而将少量聚合物加入水中就可以使水的黏度大幅度提高，从而提高波及系数。

二、黏度检测的节点

聚合物溶液黏度的大小，是衡量其改善油水流度比能力、扩大油层波及体积幅度的关键因素。油田矿场上对于聚合物溶液黏度检测执行统一、规范的标准。在聚合物驱油生产过程中，需要进行黏度检测的环节如下：一是聚合物干粉性能指标评价时的黏度抽查检测；二是在聚合物配制和注入过程中的黏度取样监测；三是对于聚合物驱油的油井采出液进行含聚黏度检测。检测黏度的目的主要是用于衡量聚合物干粉的性能、对注入采出的全过程进行动态监测并评价聚合物驱油效果。

技能训练

一、聚丙烯酰胺溶液黏度的测定

1. 训练目的

测定聚丙烯酰胺溶液的黏度。

2. 仪器用品

布氏黏度计 DV—Ⅱ+（或 DV—Ⅱ系列）1 台、UL 转子、LV1#转子 1 套，恒温水浴（控温精度 0.1℃）1 个；电子天平：感量（即指针从平衡位置偏转到标尺 1 分度所需的最大质量）分别为 0.01g、0.0001g；磁力搅拌器 1 台；25mL 量筒、50mL 量筒若干；烧杯、吸液器若干；浓度为 5000mg/L 的聚合物母液若干。

3. 操作步骤

1）分析天平的使用

（1）调水平，仪器预热 30min。

（2）仪器调零，放上测试用纸及 100mL 的烧杯，再次调零。

（3）向烧杯倒入 10g 左右的测试液，记录读数。

（4）根据实验方案进行稀释，但总液量不宜超过 60g。

（5）每一组在进行测试时，只需重复（2）~（4）步即可。

（6）使用完毕后，长按"on/off"键，关闭仪器，切断电源。

2）准备待测样品

（1）用磁力搅拌器（或玻璃棒）搅拌称好的混合液 10min，使溶液混合均匀。

（2）若预估溶液黏度低于 100mPa·s（一般浓度<1000mg/L），向容积为 25mL 的量筒中倒入 16mL 待测液。

（3）若预估溶液黏度大于 100mPa·s（一般浓度>1000mg/L），向容积为 100mL 的量筒中倒入 50mL 待测液。

3）布氏黏度计的使用

按如下步骤进行操作：

（1）调水平，仪器预热 30min，挂好转子（预估溶液黏度低于 100mPa·s 时用 0 号转子，预估溶液黏度高于 100mPa·s 时用 61 号转子），自动调零。

（2）打开恒温水浴开关，设置温度为 45℃。

（3）用触摸笔设定测试参数（00/61 号转子，转速 6r/min，测定时间 5min）。

（4）将准备好的待测液倒入测试筒中，并将其小心地安装在仪器上。

（5）按"运行"键，等待测试结果。

（6）记录数据。

（7）若屏幕显示"EEEE"，表示黏度值≥100mPa·s，更换 61 号转子及相应套筒，按高黏度溶液测定步骤进行测定。

（8）测定完成后，取下测试筒和转子，洗净后用软纸擦干放好。

（9）使用完毕后，关闭仪器，切断电源。

4）注意事项

（1）悬挂转子时必须小心顺着钩的方向挂上。

（2）输入转子代码时必须取下转子。

（3）升降测量头时，宜用手托住测量头。

（4）测量杯放入水浴中恒温，水面应没过刻线。

（5）样品必须恒温后测量。

（6）高黏度测量时试样称取 45~50g。

二、探索影响聚丙烯酰胺水溶液黏度的因素

1. 训练目的

观察影响聚丙烯酰胺水溶液黏度的因素。

2. 仪器及用品

布氏黏度计，磁力搅拌器，恒温水浴，聚丙烯酰胺粉末（相对分子质量为 $2000×10^4$），250mL 烧杯五只，300mL 蒸馏水，NaOH、NaCl 粉末适量。

3. 操作步骤

（1）将 100mg 相对分子质量为 1000 万的聚丙烯酰胺粉末放入盛有 100mL 清水的烧杯 3 中，与实验一的烧杯 1 分别放在磁力搅拌器下搅拌，分别测定其黏度；（将烧杯 1、3 的数据进行对比，分析相对分子质量对黏度的影响）。

（2）分别将 100mg 相对分子质量为 1000 万的聚丙烯酰胺粉末放入盛有 150mL 清水的烧杯 4 和盛有 150mL 盐水的烧杯 5 中，放在磁力搅拌器下搅拌，并测定其黏度；（将烧杯 3、4

的数据进行对比，分析浓度对黏度的影响；对比烧杯 4、烧杯 5 的数据，分析矿化度对黏度的影响）。

（3）将烧杯 4 中的溶液分别倒入烧杯 6 和烧杯 7 中，烧杯 6 中加入适量的 NaOH 粉末，烧杯 7 放在 60℃的恒温水浴中，分别测定其黏度。（对比烧杯 4、烧杯 6 的数据，分析水解度对黏度的影响；对比烧杯 4 和烧杯 7 的数据，分析温度对黏度的影响）。

素质提升园地

布氏黏度计属于精密贵重仪器，是开展教学、科研工作的重要硬件支撑，也是培养高素质创新型人才的关键保障，所以我们应该严格遵守实验室仪器使用规定。热爱岗位、爱护公物，从我做起，从现在做起。

知识延伸——多孔介质中聚合物溶液流动综合系数

一、阻力系数 R_F

阻力系数是指在相同条件下，盐水和聚合物溶液的流度之比，即

$$R_F = \frac{\lambda_w}{\lambda_p} = \frac{K_w}{K_p} \cdot \frac{\mu_p}{\mu_w} \tag{1-6}$$

式中 K_w——水的有效渗透率；
K_p——聚合物的有效渗透率。

为了单独描述渗透率的下降，最常用的度量值是渗透率下降系数 R_k：

$$R_k = \frac{K_w}{K_p} = R_F \cdot \frac{\mu_w}{\mu_p} \tag{1-7}$$

R_F 一般比 R_k 大得多，因为前者包括黏度增大和渗透率下降两种效应。

二、残余阻力系数 R_{RF}

残余阻力系数是指注入聚合物前后盐水的流度比，即

$$R_{RF} = \frac{\lambda_{wb}}{\lambda_{wa}} = \frac{K_{wb}/\mu_{wb}}{K_{wa}/\mu_{wa}} \tag{1-8}$$

式中 K_{wb}——注入聚合物前水的有效渗透率；
K_{wa}——注入聚合物后水的有效渗透率。

当流体在多孔介质中流速稳定时，有

$$R_{RF} = \frac{\Delta p_{后}}{\Delta p_{前}} \tag{1-9}$$

式中 $\Delta p_{前}$——注入聚合物溶液前两端注水压差；
$\Delta p_{后}$——注入聚合物溶液后两端注水压差。

三、筛网系数 SF

筛网系数是指溶剂（盐水）和聚合物溶液通过滤网黏度计的时间之比值，即

$$SF = \frac{t_p}{t_w} \tag{1-10}$$

式中 t_p——聚合物通过黏度计的时间,s;
t_w——溶剂(盐水)通过黏度计的时间,s。

聚合物在多孔介质中的滞留,不仅使岩石的渗透率下降,增大了油的流动阻力,对提高原油采收率不利,而且使聚合物的驱油效率下降,增加采油成本。因此,一般都要对聚合物溶液及地层进行必要的处理,如注聚合物溶液之前,先注入牺牲剂或除氧剂,以除掉地层中的阳离子。

任务三 保护聚合物黏度的措施

知识目标

(1) 能准确说出保护聚合物溶液黏度的重要性。
(2) 能准确说出影响聚丙烯酰胺溶液黏度的因素。
(3) 能准确说出聚合物黏度的保护措施。

视频 保护聚合物
溶液黏度的措施

技能目标

能根据实际情况选择适当的措施,降低黏度损失率。

素质目标

自觉传承大庆精神(铁人精神),养成认真预习、认真复习的好习惯。

工作过程知识

一、影响聚合物水溶液黏度的因素

通过前面的学习,我们已经知道,聚合物溶液的黏度是改善流度比的关键因素。因为流体的黏度是流体分子间摩擦力的量度,所以凡是影响聚合物溶液分子间摩擦力的因素都影响其黏度。

在其他条件相同的情况下,聚合物的相对分子质量、浓度、水解度、水的矿化度及溶液温度对溶液的黏度都有影响。

1. 聚合物溶液的浓度、相对分子质量对黏度的影响

表1-3提供了几种不同相对分子质量聚合物溶液的浓度和黏度的对应关系。

表1-3 几种不同相对分子质量聚合物溶液的浓度和黏度的对应关系

黏度 mPa·s 种类/相对分子质量	浓度 mg/L 250	500	1000	1500	2000
广州产/500万	1.4	2.5	6.2	11.6	19.2
美国产/1000万	3.2	8.8	29.8	64.2	119.0
法国产SNF/1200万	3.7	9.8	33.7	68.3	129.0
英国产1275A/1800万	4.7	13.0	41.7	91.4	151.0

注:水的矿化度为1320mg/L。

图 1-5 是利用这种关系绘制的曲线。从图中可以看出：在其他条件相同的情况下，聚合物溶液的黏度随浓度的增加而增加，随相对分子质量的增加而增加。

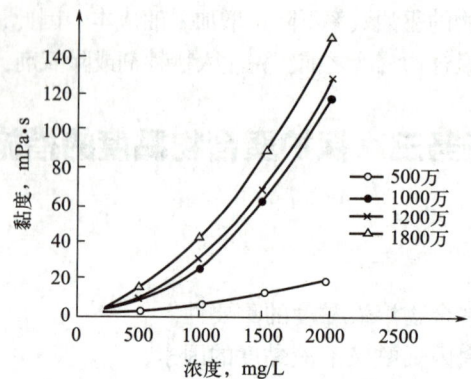

图 1-5　不同相对分子质量聚合物溶液黏度—浓度关系曲线

所以，在油田矿场上，常通过加大聚合物的相对分子质量或注入浓度的方法，来改善聚合物驱油的效果。

2. 水解度对黏度的影响

用蒸馏水配制而成的聚丙烯酰胺溶液的黏度和水解度关系见图 1-6。

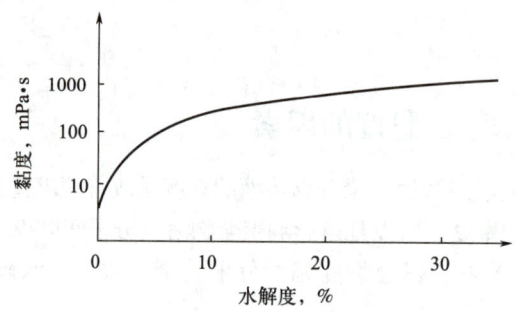

图 1-6　黏度与水解度的关系

从图 1-6 中可以看出，随着水解度的增加，聚合物溶液黏度增大。这是因为—COO^-基团随着水解度的增加而增加，负电基团间的斥力促使分子更加伸展，致使黏度增大。水解度越大，聚合物溶液中的阴离子越多，虽然有利于增大黏度和减少吸附，但不利于聚合物的化学稳定性。相反，水解度越小，虽有利于聚合物的化学稳定性，但—$CONH_2$ 易吸附在岩石表面，会增加 HPAM 的吸附量。

3. 矿化度对黏度的影响

表 1-4 是几种不同相对分子质量聚合物的溶液黏度与矿化度的对应关系。图 1-7 是利用这种关系绘制的曲线。从中可以看出，聚合物溶液矿化度或含盐量对溶液黏度存在着较大的影响。一般情况下，矿化度越高，溶液黏度越低，并且在同一矿化度变化条件下，较低相对分子质量聚合物的溶液黏度损失小于较高相对分子质量的，这说明较低相对分子质量的聚合物具有较为优良的耐盐性。

表 1-4　不同相对分子质量聚合物溶液的黏度与矿化度对应关系

黏度 mPa·s　　矿化度 mg/L　　种类/相对分子质量	7000	6000	5000	4000	3000	2000	1500	1000	500
广州产/500 万	3.2	3.4	3.7	4.1	4.5	6.6	8.3	9.7	13.2
美国产/1000 万	10.3	11.2	13.1	15.2	18.3	25.6	32.1	42.5	50.7
法国产 SNF/1200 万	13.9	15.6	17.2	19.8	24.6	32.6	39.7	51.7	78.8
英国产 1275A/1800 万	19.6	21.3	24.3	28.1	30.6	42.1	44.1	63.3	176.0

注：聚合物浓度为 1000mg/L，温度为 45℃。

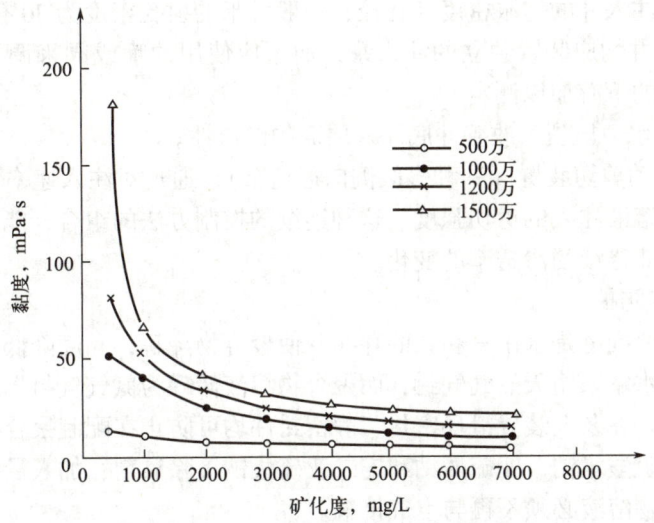

图 1-7　不同相对分子质量聚合物溶液的黏度—矿化度关系曲线

4. 温度对黏度的影响

实验研究表明：当温度高于 25℃时，聚合物溶液的黏度随着温度的升高而降低；当温度高于 70℃时，聚合物会发生热氧降解，导致聚合物溶液的黏度大幅度下降，有时甚至完全失去其效能。因此，必须严格控制配制聚合物溶液的水温，并避免在高温油藏应用聚合物驱油技术。

二、聚合物的降解及防护

1. 降解的定义及类型

聚合物的降解是指高分子主链发生断裂，或取代基发生改变的作用。聚合物溶液发生降解后，黏度会大幅度降低。

在聚合物驱中，一般将聚合物的降解分为机械降解、化学降解和生物降解三种。

(1) 当聚合物在高剪切条件下被剪断，称为机械降解。
(2) 当聚合物在某些化学因素的作用下发生降解，称为化学降解。
(3) 当聚合物分子被细菌或受酶控制的化学过程而破坏，称为生物降解。

2. 降解的防护

降解主要取决于聚合物的化学结构，外界因素（应力、温度、氧、细菌等）也会对降解有很大影响。在聚合物驱油过程中，如何减小降解，保持聚合物在较长时间的稳定性，是提高聚合物驱效果的主要手段。

1）机械降解的防护

尽管在许多聚合物驱工程项目中，机械降解是一个严重的问题，但通过合理设计可以达到能接受的程度。

（1）在聚合物配制过程中，要用常规搅拌器在比较低的速度下搅拌。在聚合物溶液输送过程中要选择低剪切柱塞泵，泵出口阀冲程要尽量大，入口和出口要尽量平滑，避免使用针型阀。

（2）完井要依具体情况而定，应尽量采用裸眼完井或砾石充填完井方式，如采用射孔完井方式，要增大注入井的炮眼密度和孔径，一般每米的射孔密度为30孔左右。

（3）每口注入井均应装置独立的注入泵，而不应使用油嘴或阀来调节注入量。注入管线中的聚合物在泵的下游加以测定。

（4）采用小型水力压裂，改善井底注入层面的渗透性。

（5）应用井口动剪切装置（一种多级侧向通道泵），通过对注入速率、旁流量和级数的控制来调节聚合物溶液注入的剪切强度。这种连续的控制方法的组合，能使注入的聚合物溶液满足注入条件及非连续的渗透率的变化。

2）化学降解的防护

化学降解的主要问题是水中氧和铁的存在，使聚合物降解，黏度降低。为了消除溶液中的氧，配制溶液的水罐采用天然气气封，而聚合物溶液储罐为氮气气封。有的水源井套管也采用氮气气封，此外在泵上装置滑环密封、静密封件均可防止在配制聚合物溶液时外部氧的进入。如果加入亚硫酸氢钠、亚硫酸钠和连二亚硫酸钠等除氧剂，加入量要适宜，并且加入除氧剂以后，聚合物溶液必须不再与空气接触。

为了预防由于铁存在引起的降解，对于储罐及注入管线，一般采用玻璃纤维罐及塑料涂层注入管线，或者采用不锈钢管线，使聚合物溶液中铁的含量小于0.1mg/L。如果Fe^{2+}的含量较高可用螯合剂邻非罗啉处理，或加入稳定剂硫脲和甲醛。

3）生物降解的防护

部分水解聚丙烯酰胺（HPAM）和黄胞胶在配制过程中，应加入200mg/L的甲醛作为杀菌剂。如果使用其他类型的杀菌剂如季铵盐、低分子有机酸二胺盐与醛的混合物和二硫化氨基甲酸盐等。在使用之前要进行配伍性试验。

根据以上防护措施，结合本油田的实际情况。可以在防止聚合物降解方面获得满意的结果。

三、保护聚合物溶液黏度的措施

依据聚合物溶液黏度的影响因素和聚合物的降解方式，可以将使聚丙烯酰胺溶液黏度降低的因素总结为"五怕"，针对"五怕"的具体保护措施总结如下。

首先，聚丙烯酰胺溶液"怕剪"，就是怕机械剪切使其降解，黏度降低。"怕剪"的保护措施是在配制溶液时用搅拌器缓慢搅拌（搅拌速度一般不超过每分钟60转），在输送溶液时用容积式泵，不能用离心泵；尽量不使用针型阀。

其次，在化学影响因素中，聚丙烯酰胺溶液最"怕铁"，尤其是二价铁，这是因为二价铁的存在容易使其发生化学降解，黏度降低。所以储存聚合物溶液的容器、输送管道需要使用玻璃钢衬里的、不锈钢的，或者是有良好防腐层的，以防铁离子对黏度造成的不利影响。

聚丙烯酰胺溶液三"怕盐"，因为高矿化度会造成聚合物溶液黏度降低，尤其水中的钙离子、镁离子影响最大。所以，我们要选用低矿化度的水来配制溶液，在注入聚合物溶液前，用低矿化度的水冲洗地层，以降低盐离子对黏度的影响。

聚丙烯酰胺溶液四"怕菌"，因为有些细菌，如铁细菌、硫酸盐还原菌等，会使聚合物溶液发生生物降解，黏度降低。为降低这些细菌对黏度的不利影响，我们可以通过曝氧，即让配制或稀释用水和空气中的氧气充分接触或者直接加入杀菌剂，进行杀菌。

聚丙烯酰胺溶液五"怕热"，当温度大于25℃时，随着温度的升高，黏度降低；当温度高于70℃时，聚合物溶液就会发生热降解，黏度明显降低。所以"怕热"的保护措施就是，用常温水配制溶液，并将聚合物驱应用于70℃以下的油藏。

素质提升园地

聚合物溶液的黏度是改善油水流度比的关键因素，是提高石油采收率的重要性能指标。因此，保护好聚合物溶液的黏度，降低其黏度损失率，是聚合物配制、注入过程中的核心任务。无论做什么事，我们都需要善于抓住关键点，全方位地下功夫，才能做到万无一失。

技能训练——聚丙烯酰胺浓度的测定

一、原理

聚丙烯酰胺在酸性溶液中与次氯酸钠反应，产生不溶性的氯酸胺，使溶液混浊，其浊度值与聚丙烯酰胺浓度成正比，可由分光光度计测定。

二、仪器及器皿

分光光度计1台，0.01g电子天平1台，磁力搅拌器1台，烘箱1台，干燥器1台，5mL移液管3只，10mL移液管3只，150mL锥形瓶3个，100mL烧杯3个，250mL烧杯13个，500mL烧杯3个，1000mL容量瓶1个，洗耳球1个，玻璃棒1根，玻璃漏斗1个，废液桶1个，600mL取样瓶1个，纱布若干。

三、试剂

所用试剂，均为分析纯试剂，所用水均为蒸馏水。

（1）5mol/L醋酸溶液：准确称取分析纯醋酸300.25g，转移至1L容量瓶中，用蒸馏水稀释至1L，摇匀。

（2）1.3%次氯酸钠溶液：计算次氯酸钠的有效含量与1.3%的比值数为X，准确称取一定质量的分析纯次氯酸钠，加入（$X-1$）倍质量的蒸馏水，摇匀，过滤。

（3）所有药品和试剂应避光密封储存，所配试剂储存时间不超过一个月。

四、试样溶液制备

（1）5000mg/L聚合物母液的稀释：称取5~10g聚合物溶液，加入19倍蒸馏水，搅拌均匀。

（2）1000mg/L 聚合物溶液的稀释：称取 20~30g 聚合物溶液，加入 3 倍蒸馏水，搅拌均匀。

五、测定步骤

（1）用大肚移液管吸取 5mL 稀释好的试样溶液加入 150mL 锥形瓶中。
（2）用刻度移液管吸取 10mL 醋酸溶液加入锥形瓶中，振荡，放置 2min。
（3）用刻度移液管吸取 10mL 次氯酸钠溶液加入锥形瓶内，振荡，放置 15min。
（4）用分光光度计在 470nm 下测其吸光值。
（5）参比溶液：5mL 注入水、10mL 醋酸、10mL 次氯酸钠。

六、标准曲线的测定

（1）按聚丙烯酰胺固含量测定方法确定干粉的固含量，令其数值为 X。
（2）准确称取 $(0.2/X)$g 干粉和 $(200-0.2/X)$g 注入水。
（3）将装有注入水的烧杯放在电动搅拌器上，搅拌棒底部与杯底相距 1cm，打开电动搅拌器开关，调节搅拌速度，使水形成漩涡，将干粉沿漩涡壁缓慢倒入水中，以干粉能立即分散于水中为限。搅拌 2h，即成 1000mg/L 的聚合物标准溶液。
（4）将 1000mg/L 的聚合物标准溶液稀释，分别为 200mg/L、225mg/L、250mg/L、275mg/L、300mg/L 的聚合物溶液并搅拌均匀。
（5）按照聚合物浓度测定步骤测定上述溶液的吸光值。
（6）以浓度为纵坐标，吸光值为横坐标做标准曲线，求出该曲线的 K、b 值。
（7）当测定条件发生变化时，如环境温度变化，更换药品，重配试剂，仪器的校验、更换、维修，聚合物干粉更换等，都必须重做标准曲线。
（8）不同相对分子质量的聚合物都要有标准曲线。
（9）标准曲线必须每月制作一次。

七、结果计算

聚合物浓度按下式计算：

$$c=(KA+b)N$$

式中，c 为聚合物浓度，mg/g；K 为标准曲线斜率；A 为聚合物溶液吸光值；b 为标准曲线截距；N 为聚合物溶液稀释倍数。

知识延伸——聚合物在多孔介质中的滞留

聚合物驱油时会使岩石的渗透率下降，其主要原因是聚合物在岩石中的滞留造成的。滞留不仅引起溶液中聚合物的损失，同时也使得流度控制效率下降。除此之外，滞留会使聚合物溶液的原始性能（如浓度、黏度、阻力系数等）发生变化，也会使岩石的物性（如渗透率、孔隙度、界面性质）发生变化。聚合物在多孔介质中的滞留包括吸附、捕集和物理堵塞。

一、聚合物的吸附

吸附是聚合物分子滞留于孔隙介质中的重要机理之一。吸附是聚合物在岩石表面的浓集现象。实验证明，聚合物在岩石表面上的吸附为单分子层吸附，聚合物主要通过重氢键、范德华力、化学键（配伍键）和静电力吸附。大量的研究表明，岩石对聚合物的吸附，按吸附量的影响从大到小的排序为

黏土矿物>碳酸岩>砂岩>蒙脱石>伊利石>高岭石>长石>石英

二、机械捕集和物理堵塞

机械捕集是指比岩石孔隙大的分子进入并保留在岩石中。这些孔隙一般是一端小，另一端大，而不是根本不让聚合物进入的小孔隙孔道。只要大口面向着多孔介质的上端，那么聚合物就可进入孔隙，但在小口端却流不出来，于是聚合物就被捕集起来。

物理堵塞主要是由于沉淀物而引起的。这些沉淀物包括聚合物溶液中的各种不溶物，聚合物与地层以及其中流体发生化学反应而生成的沉淀物，如地层中的二价阳离子，使部分水解聚丙烯酰胺絮凝或沉淀等。

机械捕集和物理堵塞的区别是，机械捕集有可能让油或其他不含水的流体通过，只是限制水溶液的流动，并且机械捕集是可逆的；物理堵塞不允许流体通过，并且一般是不可逆的。

在真实的油层岩石中，几乎不可能将吸附、捕集及物理堵塞定量地分开。聚合物在油层岩石中的滞留量是上述三个因素的综合作用。聚合物溶液通过多孔介质时，聚合物的滞留量导致孔隙结构变形，孔隙直径变小，从而使多孔介质的渗透率下降。聚合物降低渗透率的特性可用阻力系数、残余阻力系数和筛网系数等来表示。

任务四　聚合物配制工艺流程

知识目标

（1）能准确说出聚合物溶液配制的步骤。
（2）能准确说出配制站的主要设备及其工作原理。

视频　聚合物配制工艺流程

技能目标

（1）能正确绘制聚合物配制工艺流程。
（2）能够对聚合物配制站设备进行操作并管理。

素质目标

（1）能一丝不苟地绘制流程图。
（2）传承"三老四严"优良传统，具备严细认真的学习态度。

工作过程知识

聚合物主要有三种物理形态，即乳液聚合物、水溶液聚合物和固体粉末状聚合物。使用乳液聚合物、水溶液聚合物进行驱油时，只需将其用注入泵点注到注入水中即可，而使用固体粉末状聚合物进行驱油时，就要考虑聚合物的分散、溶解、熟化等溶液配制过程。这里主要介绍固体粉末状聚合物的配制工艺过程及配制站的生产管理。

一、聚合物配制工艺流程

聚合物配制的工艺流程见图1-8，即将清水和聚合物干粉按所需浓度配比进入分散装置润湿，输入到熟化罐搅拌一定时间，完全溶解后，泵输至过滤器去除杂质后，进入储罐储存，然后再经泵外输到注入站。流程可以概括为：配比→分散→熟化→泵输→过滤→外输。

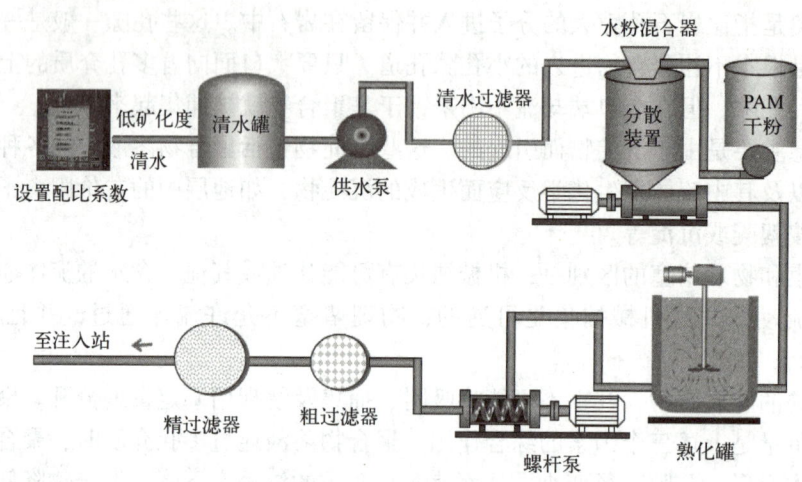

图1-8　聚合物配制工艺流程

"配比"就是在水和聚合物干粉分散混合之前，对水和聚合物干粉分别进行计量，并使水和聚合物干粉按一定比例进入下一道"分散"工序。

"分散"就是将聚合物干粉颗粒均匀地分散在一定量的水中，并使聚合物干粉颗粒充分润湿，为下一道工序"熟化"准备条件。

"熟化"就是将聚合物干粉颗粒在水中由分散体系转变为溶液的过程。聚合物属高分子物质，其溶解与低分子物质的溶解不同。聚合物分子与水分子的尺寸相差悬殊，两者的运动速度也相差很大，水分子能比较快地渗入聚合物分子，而聚合物分子向水中的扩散却非常缓慢。这样，聚合物的溶解要经过两个阶段，首先是水分子溶入聚合物分子内部，使聚合物体积膨胀，这称为"溶胀"；然后才是聚合物分子均匀地分散在水分子中，形成完全溶解的分子分散体系，即溶液。

"泵输"就是为熟化好的聚合物溶液的过滤提供动力条件。一般说来，为了减少聚合物溶液的机械降解，大多采用螺杆泵。

"过滤"就是为了除去聚合物溶液中的机械杂质和没有充分溶解的"鱼眼"，一般用粗过滤器、精过滤器进行两次过滤。

"外输"就是指将配制好的聚合物溶液按需要外输给注入站。

动画　聚合物配制工艺流程

典型的聚合物配制注入系统工艺有两种：一种是国外的"紧凑型"配注合一流程，即聚合物溶液的配制过程和注入过程合二为一，统一建在一个站内的流程；另一种是国内在大庆油田首先建成的大规模工业化生产配注分开流程，如图1-9所示，即在一座规模较大的聚合物配制站周围卫星式地布建多座注入站，由配制站分别给各注入站供液（母液），这种配制注入工艺的技术经济效益更好。

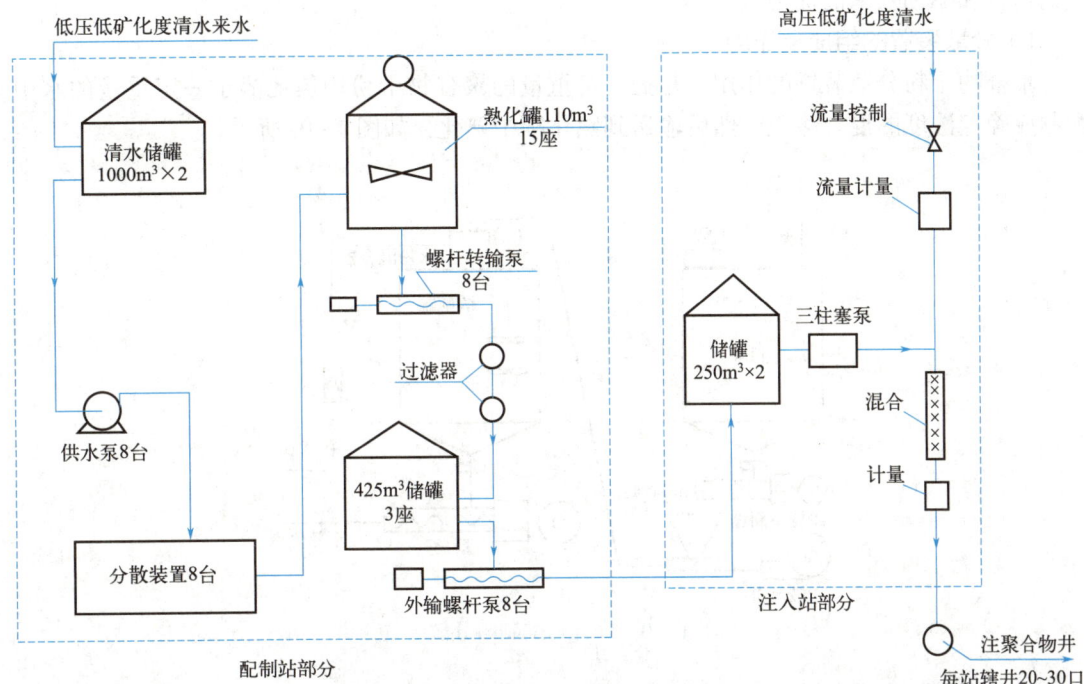

图 1-9 聚合物配注系统原理工艺流程图

 素质提升园地

能读懂流程图、熟练地绘制流程图是在聚合物配制站工作的必备技能，严细认真地学流程，一丝不苟地绘流程，将站内流程牢牢地记在脑子里，这样才能在巡回检查、资料录取、故障维修时找准位置，高效完成工作。

二、聚合物驱油对地面工艺的基本要求

无论何种聚合物配制注入系统工艺，聚合物驱油对地面工艺的基本要求是：
（1）从水质讲，矿化度对聚合物溶液的黏度影响很大，要求尽量使用低矿化度水。
（2）从温度讲，聚合物热降解明显，要求温度在70℃以下。
（3）从化学性质讲，聚合物对铁离子，尤其是二价铁离子的影响敏感，要求聚合物溶液的容器、管道要尽量采用不锈钢或玻璃钢衬里材料。若注入水中铁离子含量较高，则应加入螯合剂，以减少其影响。聚合物对氧的存在也很敏感，为了消除溶液中的氧，需加入除氧剂，配制溶液的水罐采用天然气气封，而聚合物溶液为氮气气封，有的水源井套管也采用氮气气封。
（4）从微生物对聚合物的影响来讲，需要在注入和配制水中加入杀菌剂。
（5）从机械降解讲，配制聚合物溶液时，应用常规搅拌器低速搅拌，聚合物溶液的输送、注入均应采用容积式泵，以减少机械剪切的影响。

三、配制站主要设备及其工作原理

1. 分散装置

分散装置是聚合物配制系统的核心设备，这套装置的性能将直接影响整套聚合物配注系

统的运行和驱油效果的优劣。

1）分散装置的组成及作用

聚合物干粉分散装置的作用，是把一定重量的聚合物干粉均匀地溶于一定重量的水中，配制成确定浓度的混合溶液，然后输送到熟化罐中熟化，如图1-10所示。

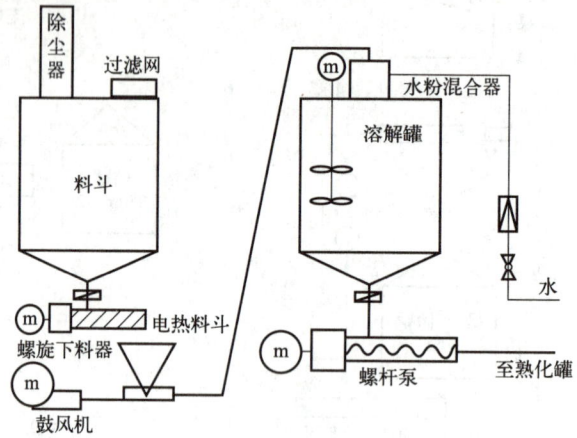

图1-10　聚合物配制站分散装置

聚合物分散装置由料斗、振动器、螺杆下料器、鼓风机、电热料斗、风力输送管线、水粉混合器、水管道、搅拌器、溶解罐及输出泵等组成。使用振动器振动干粉料斗，使干粉向下流动，用螺杆下料器控制干粉的流量。为了防止干粉受潮黏结，在文丘里喷嘴的上方，使用了加热漏斗来烘干聚合物干粉。干粉和水的混合采用水粉混合器，风力输送的干粉进入分散装置后迅速扩散，均匀地落入溶解罐，水经过计量后进入水粉混合器，在溶解罐内形成的混合液由输送泵送到熟化罐。

干粉料斗是由除尘器、过滤网、振动器组成。其作用是将聚合物干粉经过滤网进行过滤，通过振动器均匀地将聚合物干粉输送到给料机进行计量。螺杆给料机主要由干粉漏斗、计量螺杆、电机及传动装置等组成。运转时，螺杆给料机将聚合物干粉均匀地落入计量螺杆，并以统一的容积密度均匀地填满计量螺杆的每个条板，保证了螺杆给料机具有较高的计量精度。用电动机驱动螺杆，通过装置可编程序控制器的控制，按照清水管线中清水的流量和装置设定的配液浓度，通过变频器调节电动机的转速，将相应量的聚合物干粉输送给文丘里供料器，用气动力将聚合物干粉输送到水粉混合器。

水粉混合器的作用是将聚合物干粉和水混合在一起配成溶液，按水、粉接触的方式可分为喷头型、水漫型、射流型和瀑布型。

所谓喷头型，是指水和聚合物干粉的接触在一个喷射式水粉混合器中进行，喷头需特殊设计制作，水在水粉混合器周围均匀喷射，聚合物干粉从入口进入，并迅速扩散，干粉遇水后迅速分散。封闭的有机玻璃外罩起到封闭溶液，便于观察和隔绝外部气流干扰、利于水粉混合的作用。

所谓水漫型，是指聚合物干粉与水接触前，水流先形成一个水漫，水由四周向中间流，聚合物干粉洒落在水漫的旋涡中，然后由输送泵直接输送至聚合物熟化罐。

所谓射流型，是指用压力水经过水喷射器直接将聚合物干粉从水喷射器的进粉口吸入，然后水和聚合物干粉经水喷射器的喉管和扩散管进行混合，混合后进入混合罐。

所谓瀑布型，是指聚合物干粉与水接触前，水流先从分散罐壁四周喷出，形成一个类似于瀑布的流态，聚合物干粉洒落在瀑布形成的旋涡中，然后由输送泵直接输送至聚合物熟化罐。

水粉混合器配制成的混合溶液落入溶解罐中，经搅拌器搅拌一段时间后，使干粉和水充分混合，经混配液输出泵输送到熟化罐中。

溶解罐的容积应大于或等于聚合物的干粉分散装置每小时配液能力的1/5，若每小时分散装置的配液能力为 $10m^3$，则溶解罐的容积至少应为 $2m^3$。溶解罐的设计与制造应符合压力容器制造标准。其结构简图见图 1-11。

溶解罐上设置一个溢流管和一个排液阀，当溶解罐的自控装置失灵时，混合液可从溢流管溢出，而不致溢出溶解罐、造成污染。溶解罐上设置一个搅拌器，搅拌刚刚配成的混合液，使干粉迅速、均匀地溶于水中。

溶解罐上还有一个液位传感器，当溶解罐液位达到一定高度时，液位传感器发出电信号，自动开启混配液输送泵；当液位低于一定高度时，使混配液输送泵自动停机。另外，溶解罐还设有手控装置。

分散装置转输泵的作用是将溶解罐中的混合液输送到熟化罐进行熟化。

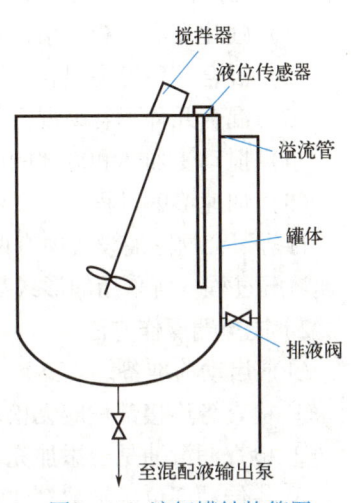

图 1-11 溶解罐结构简图

2) 分散装置的操作

分散溶解装置有两种运行方式，自动方式和手动方式。因为分散熟化系统是按自动运行的方式进行设计的，所以手动方式仅用于调试和维修，当装置因某些故障不能自动运行时，可通过手动方式进行短期生产。

手动操作具体操作方法如下：
(1) 主电源开关扳到 ON 位置。
(2) 工作方式选择开关拨至 MAN（手动）位置。
(3) 将相应开关处于 ON，可以使相应设备工作。

手动方式下详细生产操作顺序如下（只适用于短期生产）：
(1) 当向料斗内加干粉时，利用控制盘上的开关启动除尘器风机，待加完料后，先停风机，启动除尘振动器 3~5s；
(2) 用手轮将清水流量调节阀开到最大；
(3) 打开分散溶解罐上水的电动球阀（通过控制盘上的开关，以下皆相同）；
(4) 大约 2min 后启动鼓风机；
(5) 再过 1min 后，同时启动料斗振动器和螺旋给料器；
(6) 搅拌器（指分散溶解罐上的搅拌器）开关置于 ON 位置（搅拌器与液位计联锁，液位不到给定高度，搅拌器不会工作）；
(7) 当液位较高时（一般达到 55%），启动溶解罐外输泵；
(8) 如果溶解罐的进水量大于排液量，用上水调节阀手轮适当减小阀开度，以减小进水量；
(9) 通过改变变频调速器的输出频率，来改变给料机电动机的旋转速度，从而调节给干粉量。

2. 搅拌器

1）搅拌器的功能及组成

搅拌器是一种能使介质充分混合或达到某种特殊目的的设备。一般由电动机、减速器、联轴器、搅拌轴、叶轮等组成。它具有以下功能：

(1) 强化反应过程，增进反应速度。

(2) 混合几种容易混合的液体，以求获得一种均匀的混合液。

(3) 混合几种不容易混合的液体，以求获得一种乳浊液。

(4) 搅动受加热和冷却的液体，以强化传热过程。

(5) 加速溶解过程。

目前聚合物驱油设备中有两处应用搅拌器，一是分散装置，二是熟化罐，其主要目的是加速溶解过程。所采用的形式都是三叶推进式。

2）搅拌器操作方法

(1) 启动前准备。

① 检查各连接部位应无松动。

② 检查润滑油是否添加充足，油位应在油窗 1/2~2/3 范围内。

③ 各传动部位的轴承打注黄油。

④ 手动盘车应无卡阻现象。

⑤ 点动试车，规定搅拌器不应反转。

(2) 搅拌器的启动。

启动搅拌器。

(3) 启动后注意事项。

① 注意微机显示屏上搅拌器运行情况。

② 检查减速轴和电机温度，减速轴温度不超过 65℃，电机温度不超过 85℃。

③ 搅拌器运行过程中，应随时检查减速轴和电机运行声音，应无异常杂音。

(4) 搅拌器使用管理及例行保养。

① 启动后 4h 之内每 30min 巡回检查一次，以后每 2h 巡回检查一次。

② 润滑油的更换应按照运行设备的使用说明书进行。

③ 每半年对搅拌器的搅拌轴进行一次检查，一般在空载运行时搅拌器的搅拌轴的摆动幅度不超过 10°（指 100m^3 以上的熟化罐）。

3. 过滤器

过滤器是聚合物驱油中关键的设备之一，由于聚合物母液中总会含有一定量的杂质，如果不经过滤杂质将进入地层而造成堵塞，使注入无法进行，原油也无法采出，不但起不到增油的作用，反而会使采油无法进行，严重影响原油产量，因此在注聚合物过程中，必须对母液进行过滤，使大于一定尺寸的固体颗粒在注入之前清除掉，尽管在注入聚合物过程中，所用过滤器的种类较多，包括泵入口的角式过滤器、井口过滤器等，但最常用也是最关键的过滤器是由熟化罐向储罐转输泵出口的精细过滤器。下面仅对该过滤器加以简要介绍。

1）精细过滤器的结构

精细过滤器的总体结构如图 1-12 所示，它主要包括壳体、滤芯和辅助装置三部分。为了防止生成二价铁离子造成对聚合物的机械降解,壳体一般采用不锈钢材质,也可采用碳钢内涂防腐层或其他材质,但是一定要保证性能可靠。壳体一般包括罐体、上盖、进出口法兰、排气孔、排污等。

滤芯部分主要分为袋式和金属网结构两种。其中袋式一般采用聚丙烯纤维材质,金属网结构一般采用不锈钢材质,不管是袋式还是金属网结构,都有内层或外层(有些是内外层都有的)起支撑、保护作用的保护钢网。滤芯部分除包括滤芯外,还包括上下支撑固定部分。

辅助装置部分主要包括支腿、紧固螺栓、吊装环等。

2)过滤器的使用与维护

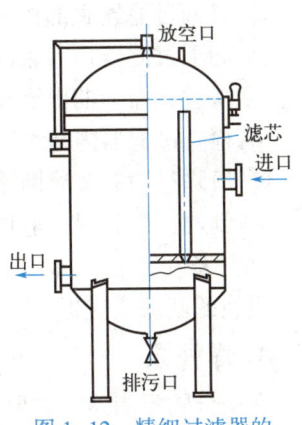

图 1-12　精细过滤器的总体结构

过滤器是对聚合物水溶液进行精细过滤的压力容器,要经常观察进出口压力变化情况,滤芯采用了不同材料组成,过滤器应根据使用不同介质的情况,而制定不同的清洗周期,在清洗滤芯的同时,对于罐体也要进行清洗,清洗方法有在线清洗和离线清洗。要定期更换滤袋,对滤芯进行再生或更换滤芯。

(1)过滤器启动前准备。

① 拆除滤芯,清除过滤器内部异物。

② 重新放置好滤芯,紧固。

③ 检查各连接部位和焊接处无松动和滴漏。

④ 检查安全阀、压力表应完好,压力表指示范围应在 0~2MPa 之间。

⑤ 检查各类仪表无超检验期。

⑥ 检查排污阀是否好用。

(2)过滤器的运行。

① 关闭所用排污阀。

② 打开过滤器进、出口阀和干线总阀。

③ 记录进、出口压力。

④ 投入运行的注聚泵进、出口压差应小于 0.1MPa。

(3)更换清洗过滤器滤芯。

① 当过滤器的压差大于 0.1MPa 时应清洗或更换。

② 关闭过滤器的进、出口阀。

③ 打开排污阀,泄压。

④ 拆开过滤器,取出滤芯。

⑤ 用清水冲洗过滤器内部。

⑥ 必要时更换新滤芯。

⑦ 将滤芯重新放回过滤器内,紧固。

⑧ 关闭排污阀,打开过滤器进、出口阀。

(4)滤袋的更换。

① 倒流程,按停泵操作规程将泵停下,并挂上"检修"标志牌。

② 打开注水泵出口放空阀门进行卸压。

③ 打开过滤器底部排污阀，排净过滤器内的母液。
④ 卸下过滤器顶盖紧固螺丝，取下顶盖。
⑤ 从过滤器中抽出滤袋，看滤网是否有堵塞、破损现象。
⑥ 检查过滤器内是否有杂物。
⑦ 清除过滤器及滤网堵塞物，更换新滤袋。
⑧ 倒通正常流程，清理现场，启泵恢复生产。

（5）备注。

更换的新滤袋应保证其密封圈与滤筒密封槽充分压合。

4. 螺杆泵

在聚合物配制站，主要应用螺杆泵输送母液，以减少聚合物溶液的机械降解。螺杆泵属于转子容积泵，按螺杆根数，通常可分为单螺杆泵、双螺杆、三螺杆泵和五螺杆泵等几种。它们的工作原理基本相似，只是螺杆齿形的几何形状有所差异，使用范围有所不同。

与其他泵相比，螺杆泵具有以下几个优点：

（1）压力和流量稳定，脉动很小，液体在泵内作连续而匀速的直线流动，无搅拌现象；
（2）具有较强的自吸性能，无需装置底阀或抽真空的附属设备；
（3）相互啮合的螺杆磨损甚少，泵的使用寿命长；
（4）泵的噪音和振动极小；
（5）可在高转速下工作；
（6）结构简单紧凑，拆装方便，体积小，重量轻。

聚合物驱油工艺设备中主要应用单螺杆泵，如图1-13所示。因为其定子由橡胶制作，转子由不锈钢材料制作，运转时对聚合物的剪切作用相对较小。但三螺杆泵较单螺杆泵也具有一定的优点（体积小，排量大），因此，经过试验和研究后，三螺杆泵也将在聚合物驱油设备中应用。

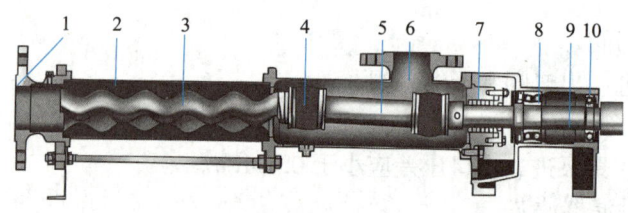

图1-13 螺杆泵结构图

1—排出体；2—定子；3—转子；4—万向节；5—中间轴；6—吸入室；7—轴封件；
8—轴承；9—传动轴；10—轴承体

技能训练

一、聚合物母液外输螺杆泵操作方法

1. 启动外输螺杆泵前的准备

（1）检查电动机和泵机上各润滑点应有足量润滑油。

(2) 检查各联接部位无松动,无滴漏。
(3) 检查皮带联接可靠。
(4) 流程畅通,各阀、闸开合位置符合要求。
(5) 各测压点安装合格的压力表,且在有效期内,指示准确。
(6) 安全阀在有效使用期内,且灵活好用。
(7) 关闭备用泵出口阀,防止备用泵反转。
(8) 电接点压力表在有效期内,指示准确,动作可靠。
(9) 出口流量计供电良好,在有效使用期内,指示准确。
(10) 操作按钮动作可靠,电流表在有效使用期内,指示准确。

2. 启动外输螺杆泵

(1) 用验电笔验电。
(2) 合上空气开关。
(3) 按启动按钮。

3. 启动后注意事项

(1) 泵压正常,入口无抽空,无进气。
(2) 电动机和泵工作正常,无异常振动。泵体温度正常,无渗油。
(3) 电流指示无超值。
(4) 对外输流量计指示值正常、准确。
(5) 启动后每3min,记录一次泵压、电流值及流量计底数。

4. 停外输螺杆泵操作

(1) 按下停止键。
(2) 关闭空气开关。

5. 停泵处理情况

(1) 电机供电不良,温度超过正常范围(不高于85℃)。
(2) 泵体滴漏严重,减速箱油位偏低,温度超过正常范围(不高于65℃)。
(3) 泵压高于泵的正常工作压力,管线憋压。
(4) 电动机、泵体固定不良,振动大。
(5) 电动机皮带松动或断开,造成传动不良。
(6) 泵入口无介质,造成抽空。

二、配制站天吊操作

1. 检查和准备

(1) 检查操作手柄开关、电气设备开关应在空挡位置。
(2) 检查设备各连接件连接牢固,各传动机构装配精确灵活,金属结构元件无变形,电气线路接线正确,电器部件工作正常。
(3) 清除电器设备内外、电动机、减速器、制动器和金属结构的可擦拭部分的灰尘、油垢、杂物等。
(4) 检查各传动装置、操纵机构、大小车走行轮、卷筒、吊钩、滑轮、销轴、钢丝绳等性能应符合有关规定。

（5）检查操作手柄各按钮动作灵活好用，试验起升高度和走行限位开关，以及制动器动作灵敏、可靠。

（6）吊钩放到最低位置时，应在卷筒上最少留有三圈钢丝绳。

2. 操作步骤

（1）操作人员必须持有专业部门下发的特殊工种操作证方可操作。

（2）一切检查无误后，合上电源总开关，操作者应持控制手柄站在距天吊起重物下方1m处进行操作。

（3）移动过程中，应使吊起重物高出移动途中一切物体0.5m。

（4）作业时，操作者和指挥者应有明显的手势信号。

（5）操作中必须保持钢丝绳卷绕正确，发现出槽乱卷现象应及时下降理正后再起吊。

（6）吊起重物时，必须在垂直位置，吊挂时，吊挂绳之间夹角小于120°。

（7）起重的启动、升降、停止应平稳，运行中始终做到稳起、稳行、稳落、不准摆晃。在接近人时必须及时警告，接近终点时，应降低速度，禁止用限位器作为停止运行的手段。

3. 注意事项

（1）起重机吊有重物和下放吊具时，操作不得离开操作范围。

（2）吊运时，所吊重物不得从人的上空通过，吊臂下不得有人。

任务五　聚合物配制站应急管理

> **知识目标**

（1）能准确说出聚合物配制站所面临的主要风险因素。
（2）能准确说出聚合物配制站可能面临的突发事件。

> **技能要点**

（1）能按应急演练程序进行应急演练。
（2）能够正确应对聚合物配制站的突发事件。

视频　聚合物
配制站应急管理

> **素质目标**

（1）能认识到安全生产的重要性，熟知安全操作的规范和流程，自觉遵守安全生产规定，预防事故的发生。
（2）具有安全生产意识，能形成良好的安全习惯和行为模式。

> **工作过程知识**

一、聚合物配制站应急管理常识

1. 应急管理概述

聚合物在配制生产过程中，由于其特定的工艺和化学品特性，可能面临多种突发事件的风险。因此，建立并完善应急管理体系，是确保聚合物配制站安全稳定运行的重要措施。应急管理主要包括风险评估、预防、应对、恢复等环节，旨在减少事故发生的可能性，降低事故对人员、设备和环境的影响。

2. 风险评估与预防

1）风险评估

通过对聚合物配制站的生产工艺、设备、环境等因素进行全面评估，识别潜在的风险源和事故类型，分析事故发生的可能性和严重性，为制定应急预案提供依据。

2）风险预防

针对评估出的风险，采取针对性的预防措施，如加强设备维护、优化工艺操作、改善环境条件等，减少事故发生的风险。

3. 突发事件应对

1）应急预案

根据风险评估结果，制定详细的应急预案，明确应急处置流程、人员职责、救援资源等，确保在突发事件发生时能够迅速、有效地应对。

2）应急响应

一旦发生突发事件，应立即启动应急响应机制，按照预案要求进行处置。同时，加强与相关部门的沟通协调，确保信息的及时传递和资源的有效调配。

4. 应急演练与培训

1）应急演练

定期组织应急演练，模拟各种突发事件场景，检验预案的可行性和人员的应对能力。演练结束后，对演练过程进行总结和评估，发现存在的问题和不足，提出改进措施。

2）培训

对相关人员进行应急知识和技能培训，提高员工的应急意识和应对能力。培训内容应包括应急基础知识、操作技能、安全意识等方面。

5. 法律与合规问题

在应急管理过程中，必须遵守相关法律法规和标准要求，确保应急管理工作的合规性。同时，要加强对法律法规的学习和宣传，提高员工的法律意识和合规意识。

6. 紧急救援与危机处理

1）紧急救援

建立紧急救援体系，与相关部门建立联动机制，确保在突发事件发生时能够及时获得外部救援支持。

2）危机处理

在应对突发事件的过程中，要注重危机处理，通过有效沟通和协调，降低事故对企业和社会的影响。

7. 信息安全管理

在应急管理中，信息安全也是一个重要的方面。要加强对信息安全的管理和防护，防止因信息泄露或系统崩溃而影响应急管理工作的正常进行。同时，要加强信息安全知识的培训和宣传，提高员工的信息安全意识和防护能力。

总之，应急管理常识是确保企业安全稳定运行的重要基础。通过建立健全的应急管理体系、加强风险评估与预防、提高突发事件应对能力、加强应急演练与培训、遵守法律法规和标准要求、建立紧急救援体系以及加强信息安全管理等措施的实施，可以有效降低事故风险，保障人员和设备的安全。

二、配制站设备管理规范和维修保养要求

1. 管理规范

（1）设备必须达到紧固、清洁、润滑、防腐、性能良好。
（2）设备连接螺丝做到不松不缺，静密封点不渗漏。
（3）新装置、新设备要试运合格后才可投产。
（4）正确使用设备、严格按照操作程序进行操作，不准超温、超压、超速、超负荷运行。
（5）掌握设备故障的预防、判断和紧急处理措施，保证安全生产。
（6）主要流程，取样器及阀门应有标志，质量检查点或巡回检查点标明点号。
（7）设备要定人、定机，有挂牌。
（8）严格执行交接班制，在检查中发现问题应及时处理，重要问题及时采取安全措施，并向上级部门汇报并做好记录。

2. 维修保养

（1）严格执行维修保养规定，经常性保养要每班进行，一级保养、二级保养、三级保养要按规定的时间、指定的人员进行。
（2）各级保养的内容按石油管理局企业标准执行。
（3）检修完的设备要有检修记录，并存档。
（4）若机泵运转正常，经有关单位检查确定，可以延长三保周期，在设备档案上登记清楚，并上报主管部门备案。

3. 电脑、计量仪表管理

（1）装置正常使用的电脑、仪表要有专人管理。每台仪表要有铭牌、有档案、校验单、原始数据单。
（2）正常使用的电脑、仪表要反应灵敏，测量准确，控制平稳，记录曲线不许断线。
（3）正常使用的电脑、仪表，要定期保养，清洗润滑。
（4）备用仪表要定期检查，确保能正常运行。
（5）报废仪表必须由主管部门做技术鉴定，才可报废。
（6）各种仪表要按时校对、准确好用，计量仪表装表率，校表率和完好率都应该达到100%。

技能训练——分散装置溶解罐冒罐应急处置

一、准备工作

材料：电话1部，绝缘手套2副，试电笔2支，F型扳手2把。
人员：主岗、副岗各1人，持证上岗，劳动保护用品穿戴齐全。

二、操作步骤

（1）值班人员发现溶解罐冒罐后，副岗应立刻向值班领导汇报。
（2）副岗停运该溶解罐供水水泵，切断相应电源。
（3）主岗停运发生冒罐的分散装置，切断相应电源。
（4）关闭分散装置的上水阀，禁止水继续进入溶解罐。
（5）打开溶解罐底部的排污阀，排走罐内溶液，防止进一步溢流。
（6）待故障排除后，按照投产流程，逐一对设备进行恢复。

三、注意事项

（1）遇到突发事件时，一定快速、有序，切莫紧张、慌乱。
（2）操作阀门时，一定侧身、平稳操作。
（3）操作电器设备时，需要用试电笔先验电，确认无漏电后再戴上绝缘手套打开开关箱进行操作。
（4）在有泄漏聚合物溶液的地面行走时，要平稳，小心滑倒跌伤。

素质提升园地

聚合物配制站安全生产案例分享：某大风天，员工小王上熟化罐巡视，在爬梯处因风大没站稳，摔倒在平台上，导致右脚扭伤。事故发生的直接原因就是风天员工进行了高空作业，违反了严禁五级以上大风、雨雪天气进行室外高空作业的规定。间接原因是员工安全意识淡薄，对环境风险识别不够。对于配制站内熟化罐、清水罐等有高空坠落风险的高空作业来说，预防措施是要做到：（1）五级以上大风、雨雪天气不得进行室外高空作业。（2）登高作业必须系安全带。（3）高空作业等操作、维修必须有人监护，监护人戴安全帽，佩戴现场监督牌。生产安全无小事，在工作中一定要严格遵守生产安全规定。

任务六　填写聚合物配制站班报表

知识目标

（1）能准确说出聚合物配制站班报表填写要求。
（2）能准确说出聚合物配制站班报表填写内容。

视频　填写聚合物配制站日班报表

技能要点

（1）能够正确录取聚合物配制站的资料。
（2）能够正确填写聚合物配制站班报表。

素质目标

（1）能够实事求是地填写聚合物配制站班报表。
（2）能够严细认真地对所填写的每一份报表进行审核。

工作过程知识 ——配制站资料管理要求

一、所需图表

（1）所有图表、报表、记录齐全准确，字迹整洁、工整、用蓝黑墨水填写。

（2）两图齐备，包括生产工艺流程图（单独站要有高压配电线路图）、巡回检查路线图。

（3）两表齐备，包括生产日报表、工用具明细表。

（4）八本齐备，包括值班工作记录本、岗位练兵本、设备档案本、站史本、校表记录本、加药药品使用记录本、泵效测试综合数据本、材料消耗记录本。

（5）岗位责任制和工作标准明确。

（6）两个规程一个规定（配制站主要设备操作规程、化验岗位主要操作规程、安全生产技术规定）明确。

二、资料管理要求

（1）配制浓度应控制在 4900~5100mg/L 范围内，黏度相应保持在 50~60mPa·s 之间（根据聚合物干粉种类不同而定），配制清水总矿化度控制在 900mg/L 以下。

（2）更换聚合物干粉批号时，由化验室重新做标准浓度曲线，原曲线由化验室保存。

（3）配制站编制月报，内容包括日、月配制干粉量、清水量、化验资料等，由矿工艺队相关人员负责将数据进机。

（4）配制站负责每月对配制所用清水取样送矿化验室做水质分析。每百吨聚合物干粉取两个样，送往检测部门检测。

（5）配制站对聚合物干粉质量进行严格把关。

（6）配制站内 5 个取样点及对应取样密度合规：熟化罐出口一周两次；螺杆输送泵出口一周一次；过滤器出口一周一次；储罐出口一天一次；螺杆增压泵出口一天一次。

技能训练 ——填写聚合物配制站日班报表

一、准备工作

材料：日班报表 1 张，钢笔 1 支，计算器 1 个，200mm 直尺 1 把。
人员：1 人操作，持证上岗，劳动保护用品穿戴齐全。

二、操作步骤

（1）填写基础数据，包括队名、站名、日期、填表人等。

（2）填写清水区数据，包括来水汇管压力、清水储罐液位、清水过滤罐出口压力以及高压清水泵出口压力。

（3）填写分散区数据，包括站内所有分散装置的上水压力。

（4）填写外输区数据，包括站内所有在运外输泵的运行电流和出口泵压。

（5）填写过滤器区数据，包括站内所有精细过滤器进口、出口压力，一旦进出口压差超过规定范围（0.3MPa），需要对滤袋进行及时更换。

（6）填写外输母液数据。每一班外输至各注入站的母液量，为交班时流量计读数减去前一个班次交班时流量计读数的差值，三个班次合计母液量为单个注入站单日接收的母液量。

（7）填写耗电数据。目前油田越来越重视节能，因此报表中要求准确录取单日能耗。用电量为全站各段用电总量之和，依据站内电表读数进行计量；综合单耗为全站全天每外输 $1m^3$ 母液需要的耗电量，单位 kWh/m^3。

（8）填写日用清水及干粉总量，包括配制站全天用水量（m^3）和干粉总用量（袋）。

（9）填写值班记事。所有生产数据填写完毕后，还要填写值班记事。值班记事主要记录在岗值班期间，站内有无刺漏、维修、更换、保养以及停电停水等事项，需要详细记载事件发生的位置、原因及时间。

所有数据填写完毕后，经班长审核、签字后，方可提交。

三、配制站日报表填写要求

配制站日报表的手写填写要求可以用全、准、美、审四个字概括。
（1）全：就是指数据要取全，不得缺项、漏项；
（2）准：数据要真实、准确率100%；
（3）美：使用钢笔，以仿宋体书写，字迹美观整洁，不得有涂改；
（4）审：审核要细致、严格，确认报表无误后方可上交。

素质提升园地

由于配制站流程较为复杂，设备仪表较多，需要录取的数据较多，对于配制站新上岗的员工，为了做到全面、准确、快速地录取生产数据，首先必须掌握配制站工艺流程，熟悉站内生产区域划分情况，熟知数据录取的具体位置。初学者可以在流程图上分别标出需要录取的数据点，在生产现场逐一录取生产数据，这样就可以有效地避免数据漏录、错录。有句话说得好，"不下笨功夫，哪来明白人"。填写日报表虽然是配制站最常规、最基础的工作，但把基础工作做扎实，把简单工作做完美，把重复工作做细致，不断学习和积累，只有这样才能干更大的事业，担更大的责任。

四、配制站监控系统启动操作

1. 检查和准备

（1）监控操作台整洁、接地良好。
（2）电脑主机、显示器、打印机供电正常，通讯电缆连接可靠。
（3）键盘、鼠标器灵活可靠，能准确进行各种操作。
（4）控制柜供电良好，各型仪表电源指示正确。
（5）各项仪表接地良好。

2. 操作

（1）给电脑送电，启动电脑进入系统运行。
（2）电脑各种信息准确，备用系统状态以及各阀门开关信号正确可靠。
（3）流程显示直观正确，系统动作反应迅速可靠，画面切换迅速。

（4）通过电脑查看各系统运行情况，修改参数。

3. 定期维护

（1）定期用防静电干布清理微机和控柜内灰尘。

（2）定期清除无用的报警记录和历史记录。

4. 风险提示及应急处理

（1）触电。绝缘老化，接地线损坏致使机体带电发生触电事故。人员触电后，立即切断相关电源或使伤者脱离电源，然后对伤者进行救护，严重时送往医院。

（2）电脑死机，造成冒罐。设备老化，电脑通讯不畅。发现电脑死机应及时停止运行设备，重新启动电脑进入系统运行。

笔记

项目二　聚合物注入站运行管理

聚合物注入站是负责把聚合物配制站配制好的聚合物母液，按地质方案的要求稀释、输送、注入到注入井的机构。

任务一　聚合物注入站工艺流程

知识目标
（1）能准确说出注入站工艺流程。
（2）能准确说出注入站的主要设备及工作原理。

技能目标
（1）会操作注入站设备。
（2）能录取注入站资料。

视频　聚合物注入站工艺流程

素质目标
能按"四个一样"要求做人、做事。

工作过程知识

一、聚合物注入站工艺流程

聚合物配制站配制好的聚合物母液（一般浓度为 5000mg/L），经母液输送管道到达聚合物注入站，经过计量后进入高架缓冲罐缓存，通过软连接弯管，采取静压上供液方式经过滤器进入注入泵，经注入泵增压后，在静态混合器内与注水站输来的高压水按地质方案的要求配制成聚合物目的液（聚合物母液与水混合稀释后形成的符合注入浓度要求的水溶液，一般浓度为 1000mg/L），再通过注入管网输送到注入井井口。其工艺流程见图 1-14。

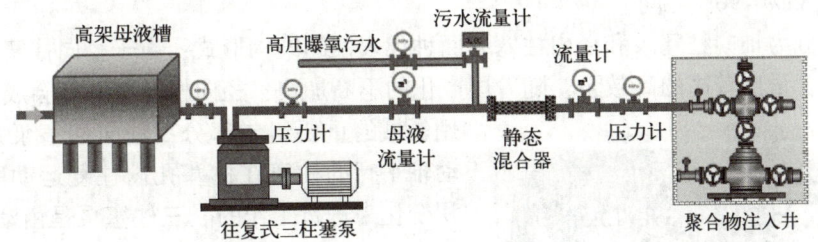

图 1-14　聚合物注入站工艺流程图

我国油田聚合物注入站的工艺流程主要有两种：一种是大庆流程即单泵单井工艺流程；另一种是大港流程，即一泵多井工艺流程。这两种流程均避免了因阀门和流量计造成的剪切降解影响。

1. 注入站单泵单井工艺流程

注入站单泵单井工艺流程是指由一台注入泵为一口注入井供给高压聚合物母液，高压母液与高压水混合稀释成低浓度的聚合物目的液，然后输送给注入井。

注入站单泵单井工艺流程的优点是每台泵与每口井的压力、流量均相互对应，流量及压力调节无需大幅度节流，能量利用充分，单井配注方案比较容易调整。

注入站单泵单井工艺流程的缺点是设备数量多、占地面积大、工程投资高、维护量大。

2. 注入站一泵多井工艺流程

注入站一泵多井工艺流程是指由一台大排量注入泵给多口注入井供高压聚合物母液，泵出口安装流量调节器调控液量及压力，对单井进行高压聚合物母液分配，然后与高压水混合稀释成低浓度聚合物目的液，再输送给注入井。

注入站一泵多井工艺流程的优点是设备数量少，占地面积小，流程简化，维护工作量少。

注入站一泵多井工艺流程的缺点是全系统为一个注入压力，注入井单井压力、流量调节能量损失较大，增加一定的黏度损失，单井注入方案不好调整，增加了流量调节器的投资。

素质提升园地

聚合物注入站，是实施聚合物驱油项目的基本单元，是能否按地质方案要求精准注入的关键环节。熟知站内流程，清楚站内设备、仪表的功能及操作维护要点，无论何时，不管在什么情况下，都要严格按照要求管理好每一台设备，监控好每一口井，做到"黑天和白天干工作一个样、坏天气和好天气干工作一个样、领导不在场和领导在场干工作一个样、没有人检查和有人检查干工作一个样"，确保每台设备都能正常运转，保证每口井都能顺利注入。

二、聚合物注入站主要设备及计量仪表

1. 注聚泵

1）三柱塞泵的结构

聚合物注入站的主要设备为注聚泵，目前油田使用的注聚泵多为三柱塞泵。

柱塞泵是往复泵的一种，它是利用柱塞的往复运动来输送液体的机械设备，柱塞泵效率高，一般在 85%~90% 之间。

柱塞泵分为轴向柱塞泵和径向柱塞泵两种代表性的结构形式；由于径向柱塞泵属于一种新型的技术含量比较高的高效泵，随着国产化的不断加快，径向柱塞泵必然会成为柱塞泵应用领域的重要组成部分；轴向柱塞泵是利用与传动轴平行的柱塞在柱塞孔内往复运动所产生的容积变化来进行工作的。三柱塞泵是由动力端总成、液力端总成、底座总成、电机总成、传动件等部件组成（图1-15）。

（1）液力端由缸体、进出口阀、柱塞、填料等构成。缸体采用不锈钢材料，耐高压，对聚合

图 1-15　三柱塞泵

物黏度无化学降解。进出口阀采用单导向阀,导向性能好,水力损失小,阀泄漏少,对聚合物黏度降解低。柱塞采用陶瓷材料,耐磨损。填料采用的是新型材料,密封性能好,使用寿命长。

(2) 动力端由泵体、曲轴、十字头、连杆等组成。泵体采用 CAM 技术,加工精度高。曲轴和十字头采用球墨铸铁,耐磨,吸振。

(3) 底座将动力端、液力端、电机、皮带罩紧凑地集中于其上,形成一个整体,便于泵的包装、运输、安装和使用。

(4) 传动件有皮带轮、键和皮带。皮带传动一方面具有减速功能,可降低噪声;同时它还起到了过载保护作用,皮带罩起安全防护作用。

2) 三柱塞泵的工作原理和特点

柱塞泵工作原理是:在原动力的带动下,柱塞泵的柱塞做往复运动,当柱塞向后移动时,泵腔内容积扩大,压力降低,排出阀关闭,吸入阀打开,泵开始吸入液体,当柱塞向前移动时泵腔内容积缩小,压力增加,吸入阀关闭,排出阀打开,泵排出液体。

柱塞泵的特点是:柱塞泵具有泵效高、工作平稳可靠、操作方便、压力排量调节范围广、流量均匀性好、噪声低、工作压力高、易损件寿命长等特点。

3) 注入泵供液方式

为减少剪切降解的发生,聚合物溶液的注入泵采用高压往复泵,而往复泵的入口,大约需要有 0.03MPa 左右的供液压力。为了满足这一条件,聚合物注入泵的供液方式可以采取以下三种方式。

一是静压头供液方式,即在注入站设置高架聚合物母液缓冲罐,利用母液的静压头给注入泵供液。其优点是供液压力稳定、没有泵间干扰、利于气泡释放、有一定缓冲时间、便于管理等。其缺点是不易保温、不利于隔氧(工艺需要时)、投资较高。

二是泵—泵供液方式,就是直接利用配制站外输泵余压给注入泵供液。其优点是流程密闭、利于隔氧、工艺简化,且节省投资。其缺点是供液压力不稳定、存在泵间干扰、不便于管理。

三是螺杆泵喂液方式。就是在注入站采用螺杆泵给注入泵喂液。为保证注入泵平稳运行,螺杆泵的排量必须能够调整,或采用出口回流方式调整排量。其优点是能够满足注入泵供液压力的需要,管理方便。其缺点是工艺复杂、存在泵间干扰、泵共振大、投资较高。

这几种供液方式各有特点,在大庆油田聚合物驱工程中均有应用。

4) 柱塞泵采用阀门的类型

为减少机械剪切对聚合物溶液黏度的影响,柱塞泵大多采用锥阀和平板阀,都是经特殊处理的,耐磨耐用。

5) 柱塞泵的性能参数

柱塞泵的性能参数包括流量、压力、泵效、轴功率、有效功率、转数等。

(1) 转数及其单位:转数是指泵轴每分钟旋转的次数,用符号 n 表示,单位为转/分 (r/min)。

(2) 功率及其单位:泵在单位时间内对液体做的功称为功率,用符号 N 表示,单位为瓦特 (W)。

(3) 效率及其单位:泵的有效功率与轴功率的比值,就是泵的效率,用符号 η 表示。

6）高压往复式柱塞泵主要参数的指标范围

高压往复式柱塞泵主要参数的指标范围是：泵的流量范围为 $0.6 \sim 133 m^3/h$；泵的吸入压力范围为 $0.03 \sim 35MPa$；泵的排出压力范围为 $10 \sim 50MPa$；泵的输入功率范围为 $4 \sim 500kW$。

7）泵的润滑

柱塞泵采用的润滑方式为飞溅润滑。所用的润滑油品推荐采用 $30^{\#}$ 或 $40^{\#}$ 机械油。

KD 泵用油量约为 4L；KD76 泵用油量约为 12L；KD80 泵用油量约为 16L；KD80A 泵用油量约为 18L；KD120 泵用油量约为 60L。

加油时，要按泵上油标位置，加至油标中部偏上位置为宜。建议在使用的第一周后换油一次，以后每月换油一次。

8）新泵启动前的检查

新泵安装后，在第一次启动前，应对泵的各部分进行认真检查，以防止启泵和运转时出现不应有的损坏和事故。应检查的事项包括：

（1）首先打开曲轴箱盖，检查曲轴箱内有无积水、锈蚀，各连杆的紧固螺母有无松动。锈蚀较轻的，可以用细砂布打磨、擦净，锈蚀严重的零件应予更换；螺纹有松动的，锁紧螺纹。

（2）用手盘动皮带，检查转动是否灵活，有无卡阻现象，有无不正常的声响和冲击。若有异常，应予以判断并排除。曲轴箱如不干净，应清洗干净。然后，在各方面均正常的情况下，上紧曲轴箱盖螺钉，注入新润滑油。

（3）检查塑胶件有无老化，如有老化和损坏，应予以更新。

（4）再一次盘动皮带，使曲轴箱内各运转部件产生相对运动，以尽可能多地沾上润滑油；同时，也检查一下曲轴箱各部有无泄漏现象。

（5）对缓冲器充氮气，达到缓冲器使用说明书中规定的压力。

（6）检查皮带张紧程度，皮带应有合适的张紧力。

（7）来液通畅，其压力不低于规定的吸入压力。

（8）曲轴箱油面高度是否符合标准。

注意：对新投产的泵站，在启泵前，应将上游罐和管路清理干净，然后方可启泵，否则可能损坏泵阀组和仪表。

9）判断柱塞泵是否正常排液的方法

判断柱塞泵是否正常排液的方法有：用听针听三个工作腔运行声音，用手摸泵头的温度，用手摸出口管线湿度，观察出口压力表摆动情况。

10）注聚泵常见故障诊断及排除方法

注聚泵常见故障诊断及排除方法见表1-5。

表1-5 注聚泵常见故障诊断及排除

序号	故障	原因	排除方法
1	异常的碰撞	（1）阀簧损坏； （2）液流不足； （3）阀未紧闭； （4）液体中有气体	（1）检查并更换阀簧； （2）检查吸入管线是否合适，有无局部狭窄，有无杂物堵塞； （3）检修阀门； （4）排气

续表

序号	故障	原因	排除方法
2	持续的节律性敲击	(1) 轴承不当； (2) 轴瓦磨损； (3) 柱塞连接松动； (4) 曲轴箱内部故障	(1) 调整轴承间隙； (2) 视情节调整或更换轴瓦； (3) 调整紧固； (4) 检修曲轴箱
3	压力或流量不够	(1) 阀簧损坏或阀关不严； (2) 吸入管线尺寸不合适； (3) 吸入管线堵塞； (4) 净正吸入压头不够； (5) 安全阀提早动作	(1) 检修进出口阀； (2) 更换吸入管路； (3) 检修吸入管线； (4) 检查上游罐液位； (5) 检修安全阀
4	泄漏	(1) 密封件安装不当； (2) 润滑不当； (3) 柱塞磨损严重； (4) 填料破坏	(1) 调整密封件； (2) 调整润滑； (3) 更换柱塞； (4) 更换填料
5	压力表摆动严重	(1) 缓冲器充气不足； (2) 缓冲气胶囊破坏； (3) 进出口阀故障	(1) 停机充气； (2) 修复或更换胶囊； (3) 检修或更换进出口阀
6	轴承温升过高噪声异常	(1) 轴承缺油或装配不当； (2) 轴承零件疲劳磨损； (3) 皮带过紧； (4) 皮带轮偏重	(1) 加油并重新调整； (2) 更换轴承； (3) 重新调整皮带并找正皮带轮； (4) 把皮带轮去重并平衡
7	液力端磨损超常	(1) 介质中含杂质，有磨损性； (2) 介质有腐蚀性； (3) 装配不当	(1) 对介质过滤，或改进液力端零件材质及热处理； (2) 选耐腐蚀材料； (3) 调整重装
8	动力端磨损严重	(1) 缺油； (2) 油中有杂质； (3) 泵过载运行； (4) 装配不当	(1) 加油； (2) 对油过滤或换新油； (3) 调整载荷； (4) 检修装配问题
9	动力端油池温度过高	(1) 润滑油油质变坏； (2) 润滑油油量过多或过少	(1) 更换润滑油； (2) 放油或增加润滑油

2. 静态混合器

1）静态混合器的概念

静态混合，它是相对于动态混合（如搅拌）而提出的。所谓静态混合，就是在管道内放置特别的结构规则的部件，两种或两种以上流体被不断分割和转向，使之充分混合，这种混合方式，因为管道内的构件并不运动，所以被称为静态混合。这种特别的构件称为静态混合单元，许多单元装在管道内组成静态混合器。

2）注聚合物用静态混合器

（1）注聚合物用静态混合器的特殊要求。

静态混合器的大量应用是在化工行业，用于乳化和萃取反应，用于注聚合物还是近些年的事。虽然静态混合器的种类繁多，但适用于聚合物驱油的静态混合器却较少。用于化学反应，乳化和萃取中的静态混合器要求高剪切，大都是纯机械分割式的。而注聚合物用静态混合器不仅要求混合效果好，而且要求对聚合物的降解要小。随着大庆油田聚合物驱油技术的发展，静态混合器用于注聚合物领域的量越来越大。目前，用于聚合物注入站上的静态混合器大体有以下几种：SMV 型、SMX 型（图 1-16）、SML 型、K 型、K 型与 SMX 型组合型，这些混合器大都是从化工行业移植过来的，没有针对聚合物溶液的特殊要求进行专门研究，从现场使用看，黏度降解大。

（2）几种新型的静态混合器。

① 旋流式静态混合器；指两种介质在混合过程中，没有通过任何分割单元，只是靠流体自己的力量产生旋转，从而达到混合的目的的静态混合器。

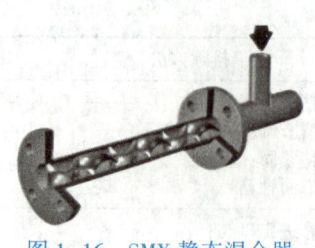

图 1-16　SMX 静态混合器

② 分割与旋流相结合式静态混合器；针对旋流式静态混合器混合强度不够的问题，有人又研制了一种分割与旋流相结合的静态混合器。

（3）静态混合器的选择。

比较混合器的工作性能有多种方法，如单位动力消耗少而混合效果好；取得必要的混合效果而混合器的长度短等。对于注聚合物用静态混合器还要附加一条黏度损失小。一般来讲，K 型、SML 型静态混合器的总长度短，而单位长度压降大。

事实上，只要混合器长度足够，均可取得必要的混合效果，确定其选择依据，必须按其应用，使用的不同方式加以评价：如动力费用、投资费用、剪切力、维修性能、使用寿命等。

3. 变频器

变频器是用来改变交流电频率的电气设备。

变频器主要由主电路、控制电路组成，包括整流器，平波回路，逆变器，运算电路，电压、电流检测电路，驱动电路，速度检测电路，保护电路等。

主电路是给异步电动机提供调压调频电源的电力变换部分，变频器的主电路大体上可分为两类：电压型是将电压源的直流变换为交流的变频器，直流回路的滤波是电容。电流型是将电流源的直流变换为交流的变频器，其直流回路滤波是电感。它由三部分构成，将工频电源变换为直流功率的"整流器"，吸收在变流器和逆变器产生的电压脉动的"平波回路"，以及将直流功率变换为交流功率的"逆变器"。

1）变频调速器的优点

用变频调速来实现恒压供液，与用调节阀门来实现恒压供液相比，节能效果十分显著（可根据具体情况计算出来）。其优点是：

（1）起动平衡，起动电流可限制在额定电流以内，从而避免了起动时对电网的冲击；

（2）由于泵的平均转速降低了，从而可延长泵和阀门等的使用寿命。

2）变频器在实际应用中应注意的事项

（1）当不知道哪个参数出问题了，或者被其他人把参数调乱了，那么应先回改成出厂设定。

（2）变频器的输出端绝对不允许接入工频电源，为防止此类错误，在进行变频、工频切换时一般不采用电路互锁，而应采用机械互锁，也有使用多位开关或辅助触点来切换的，但一定要加防过流保险，防止触点黏连。

（3）变频器选用功率能力最好是所带实际负荷的 120%。在实际应用中，应避免大功率电机配小功率变频器的问题，若遇到电机负载率增加超过变频器最大功率时，就会容易烧坏变频器。

（4）变频器可以超过50Hz运转，首先保证没有超负荷，其次保证所带电机和泵是否允许超速运转。

（5）变频器也可低于10Hz运转，关键调好转矩补偿，保证低速下有合适的转矩，而且应保证低速下的电机冷却，因为大多电机的冷却风扇是和电机轴同步，同时保证泵有足够的润滑，因为注聚用柱塞泵的机油也是靠泵本身的转动带动润滑系统，只有少数大排量柱塞泵是独立润滑泵提供润滑，不受泵转速影响。

（6）如果使用大功率的变频器带动小负荷的设备，一定注意将其内部保护值设定为所带负荷接近的数值，避免对电机造成损害，也可达到真正监视设备是否正常运行。

（7）变频器外接电位器电阻大小要按照变频器使用说明书的要求选用，过大、过小都不合适，电位器电阻过小频率就调不上去，电位器电阻过大就不易调节控制。

（8）应避免变频器外接电位器接线不正确的问题。接线不正确，尽管变频器也能正常运行，但电位器电阻值变化与频率变化正好相反，调频操作不方便，解决办法是将接线重新调整。

4. 电磁流量计

为了防止聚合物水溶液机械剪切降黏，要求计量该介质的流量仪表最好是与介质不发生机械切割，因此必须选用非容积式计量仪表，经过筛选认为电磁流量计比较适合测量聚合物水溶液流量，该仪表具有测量范围比较宽，反应快，压力损失小，使用寿命长，对仪表前后直管段长度要求不高以及被测液体的温度、压力、密度、黏度和流动状态对仪表示值影响小等特点，特别是目前又研制出了高压电磁流量计，耐压可达35MPa，适合于聚合物母液注入流量的计量，该仪表主要由变送器和转换器组成，被测介质经变送器变换成感应电势，然后由转换器变成0～10mA或4～20mA直流信号作为输出，以便进行指示、记录或与电动单元组合仪表配套使用。

1）电磁流量计的选用

合理选用电磁流量计，对提高测量精度及延长使用寿命都是极其重要的。电磁流量计包括变送器与转换器两大部分，而变送器是受工况条件影响的。因此，选用电磁流量计的主要问题是如何正确选用变送器，转换器。只要与之配套使用就行了。正确合理地选用变送器，可以根据具体使用条件从以下几个方面来考虑。

（1）口径与量程的选择。

作为流量计，首先需要确定它的口径和流量范围，或确定变送器测量管内的流速范围。

变送器的量程可以根据不低于最大流量值的原则选择满量程刻度，正常流量最好能超过满量程流量的50%，这样可以获得较高的测量精度。变送器通常选用的口径与管道口径相等或略小些，在量程确定的条件下，口径是根据测量管内流体的流速与压头损失的关系确定的，流速以2～4m/s为最合适，在特殊情况下，如液体中带有固体颗粒，考虑到磨损的情况，常用流速不大于3m/s；对于易黏附管壁的流体，常用流速不小于2m/s。确定流速后，再确定变送器的口径。

（2）压力的选择。

使用压力必须低于电磁流量计规定的工作压力，用于计量注入聚合物的流量计一般都在10～16MPa之间，因此电磁流量计耐压必须大于或等于16MPa。

（3）温度的选择。

介质不能超过内衬材料的允许使用温度，介质温度还受到电气绝缘材料的性能的限制。

国内现已定型生产的电磁流量计通常工作温度为 5~60℃，超过该温度范围做特殊规格处理。

(4) 内衬材料及电极材料的选择。

变送器的内衬材料及电极材料必须根据介质的物理化学性质来正确选择，否则仪表会由于衬里和电极的腐蚀而很快损坏，而且腐蚀性能强的介质一旦泄漏容易引起事故。因此必须根据生产过程中具体测量介质的防腐蚀经验，慎重而正确地选用变送器的电极和衬里材料。聚合物水溶液物理化学性质比较稳定，只要耐压够，不含可生成二价阳离子的材料即可。

2) 电磁流量计的安装

(1) 安装环境。

安装场所不应有强烈震动，应尽量避开具有强电磁场的设备，如大电机、大变压器等，选择便于维修，活动方便的地方。

(2) 安装位置。

① 安装管道应保证变送器测量管内始终充满被测介质。

② 测量两相流体时，应选择不易引起相分离的管道位置。

③ 安装变送器的管道，其前置直管段长度至少应为测量管内径 D 的 5 倍，后置直管段为 $3D$。

④ 在垂直安装时，介质流动方向应该自下而上，经过变送器确保测量管内充满介质。

⑤ 当变送器口径与管道口径不同时，应采用锥度小于 15°的渐缩管和渐扩管连接，该管可视为直管段。

(3) 变送器的安装。

变送器的外壳接地端应采用总截面大于 $4mm^2$ 的多股铜线可靠接地，接地电阻小于 100Ω。必须注意接地线不能接在其他电力设备的公用地线上，应单独配置。

(4) 转换器的安装。

转换器应尽量避免安装在如下地点：

① 有腐蚀性气体的地方；

② 周围温度低于-25℃或大于 55℃的区域，相对湿度超过 85%的地方；

③ 容易受到震动和撞击的地方；

④ 灰尘多的地方；

⑤ 可能浸水和滴水的地方；

⑥ 容易受到阳光直射和风吹雨淋的地方；

⑦ 附近有大电流、大电机和大变压器的地方；

⑧ 不利于调整和接线的地方。

(5) 转换器与变送器的安装距离。

转换器与变送器的安装距离越近越好，这一距离和被测介质的电导率有关，当电导率大于 $50\mu S/cm$ 时，两者间隔的最大距离为 100m 左右。

(6) 电源。

电源由电网供给，为单相 200V/50Hz，分别按相线和中线接至转换器的"相""中"端子上。而变送器的电源由转换器供给。

(7) 信号线。

对于变送器和转换器分体的电磁流量计，信号线采用双芯屏蔽话筒线，屏蔽层应用塑料套管绝缘，避免与芯线相接触。信号线不可与电源线置于同一钢管中，且信号线应远离强电流线。

3）电磁流量计的使用和调整

（1）检查电缆。

变送器和转换器安装完毕后，在通电前要检查所有敷设好的连接电缆是否良好，有无断路、短路、绝缘不良等故障。

（2）运行准备。

① 让传感器充满被测介质，并使流体静止；

② 接通电源；

③ 调零（由于大地电位差影响，零点有可能会发生查位器，调节到零点显示发光管闪烁或有其他标志出现为止。一般情况下，在出厂时已经调节好，不要随意调节）。

（3）维护。

平时维护时，如果是隔爆型，一定要先断电源才能开盖，由于变送器检测元件传感器是整体固封塑料内，所以平时维护只要在壳体中拆下传感器清洗测量管和电极上的结构即可。

（4）常见故障判断与处理。

当电磁流量计工作异常时，首先要弄清故障的原因，切忌乱动。另外要求使用者对工作原理、安装、接线和使用运行中的一些操作方法要有足够的理解。在维护、修理时，一定要先断开电源。

下面将分析一些可能的故障和排除方法。

① 运行开始时的故障（新安装的情况）。

对于新安装电磁流量计的用户，在投入运行时，可根据转换器的输出电流或数字显示仪的指示情况来判断故障，见表1-6。

表1-6　运行开始时的故障判断与处理

故障现象	可能原因	消除方法
显示跳动或空管报警	传感器中被测流体介质没有充满到电极处，致使电极开路，或电极被绝缘物封死	使流体充满管道，改变安装方法或安装地点，拆洗电极
显示波动10%以上	水平安装时，流体未充满整个管道；接地有故障	使流体充满整个管道，改变安装方法或安装地点
流量计值偏小或偏大	管路有泄漏或堵塞	检查管路

② 运行中的故障。

在正常运行了一段时间后，如果出现故障，可根据过去的流量记录以及被测介质的情况来判断故障，见表1-7。

表1-7　运行中的故障判断

故障现象	可能原因	消除方法
显示跳动	电极被绝缘物体完全覆盖	清洗电极
	电极被绝缘物严重地覆盖	清洗电极
	脉动流（如高位槽中液面影响等）	增加阻尼时间
	电极处泄漏等原因使电极对地的绝缘电阻降低	调换传感器

> 技能训练 ——清洗注聚泵进口过滤器 Y 型滤芯技能操作

一、准备工作

（1）穿戴好劳保用品。
（2）材料准备：废液桶 1 只、清水桶 1 只、刷子 1 把、擦布 1 块。
（3）设备准备：注入泵进口装置一套。
（4）工、量具准备：200mm 活动扳手 1 把、250mm 活动扳手 1 把、球阀扳手 1 把。

二、操作程序

（1）停泵：停泵，关闭泵进出口阀门。
（2）倒流程：放空泄压。
（3）拆卸螺丝：拆下过滤器盲端法兰压盖螺丝。
（4）排放废液：放掉废液。
（5）取芯：取出滤芯。
（6）清洗：用清水清洗滤芯。
（7）检查滤芯：检查滤芯的缺陷情况。
（8）安装滤芯：按原位置把滤芯放入过滤器内，按对角上紧法兰压盖螺丝。
（9）打开阀门：打开过滤器前后阀门。
（10）启泵试运：按操作规程启泵。
（11）清理场地：回收工具，清理现场，达到工完料净场地清。
（12）安全文明操作：按国家或企业颁发的有关安全规定执行操作。

三、注意事项

（1）电气开关拉闸要侧身。
（2）倒流程必须先开后关，并且做到侧身开关阀门。

任务二　聚合物注入站应急演练

> 知识目标

（1）能准确说出聚合物注入站所面临的主要风险因素。
（2）能准确说出聚合物注入站可能面临的突发事件。

> 技能要点

（1）能按应急演练程序进行应急演练。
（2）能够正确应对聚合物注入站的突发事件。

> 素质目标

（1）能认识到安全生产的重要性，熟知安全操作的规范和流程，

视频　聚合物注入站应急演练

自觉遵守安全生产规定，预防事故的发生。

（2）具有安全生产意识，能形成良好的安全习惯和行为模式。

工作过程知识

聚合物注入站的应急管理涉及多个方面，包括应急处置程序、预防措施、个人防护方法及各类可能突发事件的应急处置方法等。以下以聚合物聚丙烯酰胺为例进行说明。

一、事故应急处置程序

1. 事故报告

一旦发生事故，现场人员应立即向生产部负责人报告，生产部负责人接到报告后，应立即向指挥部报告。

2. 应急响应

指挥部接到报告后，应立即启动应急预案，组织应急救援。各相关部门按照职责分工，迅速到位，开展应急救援工作。

3. 现场处置

包括切断事故源，防止事故扩大；组织人员撤离危险区域，确保人员安全；对受伤人员进行现场急救，并送往医院救治；对事故现场进行环境监测，确保环境安全。

4. 信息报告

事故发生后，指挥部应立即向公司领导、当地政府及相关部门报告。事故处理结束后，指挥部应向公司领导、当地政府及相关部门提交事故调查报告。

5. 事故调查

指挥部组织相关部门对事故进行调查，查明事故原因。

以下以聚合物聚丙烯酰胺为例进行说明。聚丙烯酰胺的安全操作规程还强调了其存放、使用、处理与废弃物管理的安全要求，以及在发生聚丙烯酰胺泄漏事故或皮肤接触时的应急处理措施。所有使用聚丙烯酰胺的员工必须接受相关的安全培训和教育，了解聚丙烯酰胺的危险性和安全操作规程。

二、预防措施

贯彻"安全第一、预防为主"的方针，增强安全意识，充分认识事故危害，掌握防护和应变措施，注重预防，尽最大努力避免安全事故的发生。

（1）在使用聚丙烯酰胺之前，了解其性质、用途和潜在风险。

（2）严格按照使用说明和安全操作规程使用聚丙烯酰胺，并配备适当的防护设备。

（3）对于可能产生聚丙烯酰胺泄漏的区域，需设立警戒线和警示标志，限制人员进入，并采取适当的防护措施。

（4）应重视静电的危害，采取适当的工艺控制法和静电接地法来防止静电积累引发的安全事故。

（5）定期进行安全检查，及时发现并处理安全隐患。

三、个人防护

在使用聚丙烯酰胺时，必须戴好个人防护装备，包括口罩、化学护目镜、橡胶耐油手套和防护服。这是为了防止皮肤直接接触聚丙烯酰胺，并防止吸入其粉尘或溶液，从而保护眼睛和皮肤免受伤害。

四、各类事故的应急处理方法

1. 聚丙烯酰胺溶液泄漏的应急处理

聚丙烯酰胺溶液泄漏应急处理措施主要包括以下几个步骤。

（1）上报：发现聚丙烯酰胺溶液泄漏，应立即向相关领导汇报。

（2）个人防护：进入现场的人员必须配备必要的个人防护器具，如化学防护服、手套、呼吸器等，以保护自己免受伤害。

（3）设置警戒线：设置警戒线，防止无关人员进入现场，以减少伤害风险。

（4）立即切断泄漏源：首先，必须立即停止泄漏源，这可能包括关闭阀门、停止泵送等操作，以防止液体继续泄漏。

（5）控制泄漏：通过设置警戒线、使用隔离设备等方式隔离泄漏区域，防止泄漏物质扩散。

（6）处理泄漏：根据泄漏物质的性质，采用适当的应急处置方法。例如，对于四处蔓延的液体，可以采用引流的方法将其引流到安全地点；对于泄漏量不大的液体，可以使用消防沙覆盖吸收泄漏的液体。

（7）修复设备和物资：对造成泄漏的设备或管道进行及时修复或更换，以防止再次发生泄漏。

（8）清理现场：对泄漏所涉及的物资进行清理，确保现场清洁和安全。

（9）完成报告及记录：完成处理报告，记录整个处理过程，以便后续分析和改进。

此外，对于聚丙烯酰胺溶液这种非危险品，虽然无毒、无腐蚀性，但在应急处理过程中仍需谨慎操作，避免长时间或反复接触，以防对皮肤造成刺激。在处理完毕后，应进行适当的清洁，以防止残留物对环境和人体造成潜在影响。

2. 聚丙烯酰胺接触事故应急处理

（1）如果皮肤接触到聚丙烯酰胺，应立即用大量清水冲洗，并立即就医。

（2）如果眼睛接触到聚丙烯酰胺，应立即用大量清水冲洗至少15min，并立即就医。

（3）如果吸入聚丙烯酰胺，应立即移至通风良好的地方，并就医。

（4）如果不慎食入聚丙烯酰胺，应立即漱口、饮水，禁止催吐，如有不适感，应立即就医。

五、应急预案的制定与实施

应根据聚合物注入站的具体情况，制定详细的应急预案，包括泄漏、火灾等紧急情况的应对措施。

应急预案应明确各部门和人员的职责，确保在紧急情况下能够迅速响应。

对员工进行定期的安全培训和教育，确保他们了解应急管理的基本知识和操作技能。

定期进行应急演练,以提高员工对紧急情况的应对能力和自救互救能力。

通过上述措施,可以有效提高聚合物注入站的安全管理水平,减少事故发生的风险。

> **技能训练**——配制站来母液管线穿孔事故应急处置

一、准备工作

材料:电话1部,绝缘手套2副,试电笔2支,F型扳手2把。

人员:主岗、副岗各1人,持证上岗,劳动保护用品穿戴齐全。

二、操作步骤

(1)值班人员发现配制站来母液管线穿孔后,主岗通知相应的配制站停止供母液,副岗立刻向值班领导汇报。

(2)副岗停运站内各柱塞泵,切断相应电源。

(3)副岗关闭配制站来液阀门。

(4)主岗通知注水站停止对本注入站供高压水。

(5)主副岗确认注水站、配制站停止对本站供液后,分别关闭站内各单井出口阀门。

(6)主岗负责通知矿调度和相关维修人员,并做好记录,等待后续维修以及恢复正常生产。

三、注意事项

(1)遇到突发事件时,务必快速、有序,切莫紧张、慌乱。

(2)操作阀门时,一定侧身、平稳操作。

(3)操作电器设备时,需要用试电笔先验电,确认无漏电后再戴上绝缘手套,打开开关箱进行操作。

(4)在有泄漏聚合物溶液的地面行走时,要平稳,小心滑倒跌伤。

> **素质提升园地**
>
> 面对可能发生的各类事故,培养快速、有效的应急反应能力至关重要。应急演练作为提升我们应对紧急情况的重要手段,不仅可以让我们在模拟的危机情境中熟悉应急程序,还能检验各项应急措施的实用性和可操作性。积极参与到应急演练中来,提高自我保护意识,共同构建安全、稳定的工作环境,是我们必须承担的责任。

任务三 填写聚合物注入站班报表

> **知识目标**

(1)能准确说出聚合物注入站班报表填写要求。

(2)能准确说出聚合物注入站班报表填写内容。

技能要点

（1）能够正确录取聚合物注入站的资料。
（2）能够正确填写聚合物注入站班报表。

素质目标

（1）能够实事求是地填写聚合物注入站班报表。
（2）能够严细认真地对所填写的每一份报表进行审核。

工作过程知识

一、聚合物注入站资料录取规定

1. 压力资料录取规定

注入站需要记录来水汇管压力。来水汇管压力的录取地点为来水汇管，每2h记录一次压力值，并将压力值填写在班报表内。

注入站需要记录站内每一口井的阀压。阀压的录取地点为每口井的注入阀组，每2h记录一次压力值，并将压力值填写在班报表内。

2. 单井母液注入量、注水量资料录取规定

站内每一口井的母液注入量、注水量。聚合物母液注入量录取地点为阀组单井母液注入管线，注水量注入地点为阀组单井注水管线。正常注入井每天核算一个母液注入量、注水量，并将数值填写在班报表内。

3. 电量资料录取规定

注入站应记录注入站耗电量。注入站耗电量的录取地点为配电室。电量由人工录取，录取时以实读数据为准。应每8h记录一次电度表底数电量，并将记录的耗电量值填在班报表中。

4. 浓度资料录取规定

注入站需要化验并记录储罐聚合物母液浓度。储罐聚合物母液浓度的取样地点为储罐出口管线。浓度根据分光光度计测量数据，经人工计算后确定。应每24h记录一次浓度，将记录的浓度值填在班报表中。

5. 黏度资料录取规定

注入站需要化验并记录储罐聚合物母液黏度。储罐聚合物母液黏度的取样地点为储罐出口管线。黏度为人工录取，以实读数值为准。应每24h记录一次黏度，将记录的黏度值填在班报表中。

6. 注入站及注聚合物注入井聚合物溶液取样规定

（1）聚合物储罐出口和增压泵出口每天各取样一次。
（2）泵出口和静态混合器出口每5d各取样一次。
（3）聚合物注入井每10d取样一次。
（4）以检查聚合物的浓度和黏度为取样化验的目的。

二、填写报表质量标准

（1）用仿宋字填写，原始资料报表和综合资料一律用蓝黑墨水钢笔填写。

（2）填写原始资料报表，要求字迹清晰工整，不许涂改。填写综合资料报表，要求行列整齐、字迹工整、清楚、不潦草，备注填写齐全准确。

（3）资料报表填写内容必须齐全，按照资料录取有关规定及时准确地填写，相同数据不许点点代替，要正规书写，不能漏取和漏填数据。

（4）填写完毕后，需要审核、签字后方可上交。

技能训练——填写聚合物注入站日班报表

一、准备工作

材料：日班报表 1 张，钢笔 1 支，计算器 1 个，200mm 直尺 1 把。
人员：1 人操作，持证上岗，劳动保护用品穿戴齐全。

视频 填写聚合物注入站日班报表

二、操作步骤

1. 基础数据

基础数据包括队名、站名、所属配制站、母液类型、来水类别、总泵数、日期及填表人等。

2. 卡片数据

这里所说的卡片，指的是注入井卡片，它就像每口单井的身份证件，上面标示着该井基础地质数据、配注方案（包括母液、水、聚合物溶液的日配注、瞬时注入量、配比），以及破裂压力等单井生产所需的重要信息。填写日报表时，将注入单井卡片上的相关内容抄写在报表上的相应位置即可。

3. 录取数据

包括时间、压力、流量、注入聚合物溶液的浓度、黏度以及站内耗电量等生产运行数据。

（1）时间：包括站内所有注入泵应运行时间、注入泵实际运行时间以及单井日注入时间。

（2）压力：包括站内来水汇管压力和各注入井阀组压力。

（3）流量：包括母液流量、混合水流量和总注入量。

（4）浓度、黏度：包括总检测数、合格数、不同取样点的浓度和黏度数值。

（5）日耗电量：日耗电量可通过站内电表读取当日底数，与前一日电表底数做差，即为当日耗电量。

4. 备注信息

主要记录注入站当天生产情况，如某单井出现扣注，需要填写扣注原因、时间。所有数据填写完毕后，经班长审核、签字后，方可提交。

三、注入站日报表填写要求

注入站日报表的手写填写要求可以用全、准、美、审四个字概括。

（1）全：就是指数据要取全，不得缺项漏项；

（2）准：数据要真实、准确率100%；
（3）美：使用钢笔，仿宋体书写，字迹美观整洁，不得有涂改；
（4）审：审核要细致、严格把关，确认报表无误后方可上交。

 素质提升园地

  油田上，从事报表资料填写工作的大多是女工，因此涌现出了很多巾帼资料班组。她们每个人都是油气勘探开发第一手资料的直接责任者，负责作业区生产动态数据、地质数据、综合报表、工程资料等各项数据的录入、审核、分析、汇总和上报，在平凡的岗位上，将女性特有的细心、耐心发挥到极致，让大量数据畅通无阻地流入生产数据管理平台，有力地保障了生产和科研，是我们学习的好榜样。

任务四　聚合物注入站参数调控

知识目标

（1）能准确说出聚合物注入站参数调控的内容。
（2）能准确说出聚合物注入站参数调控的依据。

视频　聚合物注入
站参数调控

技能要点

能够正确调控聚合物注入站参数。

素质目标

能够严细认真地对每项参数进行调控。

工作过程知识

一、注入站参数调控的内容

  当聚合物注入站的母液注入量、注水量、压力、浓度、黏度等数据超出波动范围时，或者注入井阀压接近油层破裂压力时，需要及时进行调控，以满足注入方案的需要。

二、参数调控依据

1. 聚合物母液量调控依据

  日配母液注入量$\leqslant 20m^3$，母液注入量波动不超过$\pm 1m^3$；日配母液注入量$> 20m^3$，母液注入量波动不超过配注的$\pm 5\%$；超过波动范围应及时调整。

2. 混合水量调控依据

  按照注入井方案配比调整注水量，配比误差不超过配注的$\pm 5\%$。注入站内单井的注入母液和水混合前，分别由电磁流量计和科达表计量，两种仪表均每年校对一次。使用其他新式仪表记录，也必须按仪表检查的规定定期标定。

3. 浓度、黏度调控依据

  站内在静态混合器后对单井配比后的目的液取样，同步化验浓度和黏度。注入聚合物溶液浓度和黏度不得超过配注要求的±15%（钻井、泵坏等特殊原因影响除外），超过标准应备注原因或加取样一次。浓度、黏度超波动范围的井，通过调节注入量来进行调控。

4. 压力调控

站内单井注入压力不得超过油层破裂压力，压力的调控可通过调节流量来实现。对于不能完成配注的井，按照最高允许注入压力注入母液。长期完不成配注，按小层平欠处理，需上报上级部门，视情况下调配注量。

技能操作——聚合物注入站参数调控

一、准备工作

材料：单井注入卡片，F 型扳手 1 把。
人员：1 人操作，持证上岗，劳动保护用品穿戴齐全。

二、操作步骤

1. 聚合物母液注入量调控

对于设有母液流量变频控制柜的注入站，母液调控方法是：
（1）用控制屏上的触摸数字键，选择要调控的井号。
（2）读取单井瞬时母液流量，与折算瞬时配注量对比，相应调大或调小母液瞬时流量。
（3）按确定键，待数值稳定合格后，方可离开。

注入站若无母液变频柜，则需调节单井阀组的母液控制阀门，依据流量计读数，对照单井注入卡片进行相应调控。

2. 混合水量调控

读取单井阀组水表瞬时水量，计算瞬时配比，确定调整方向，相应开大或关小注水阀门，待水表读数稳定后，方可离开。

三、注意事项

（1）调控参数时，切记注入压力不得超过该井最高允许注入压力，不能为了完成配注，盲目上调注入参数。
（2）对单井注入母液量和混合水量调控后，需要对照配注方案再检查其误差是否在允许误差范围内。
（3）开关阀门时需要侧身、缓慢、平稳操作。

任务五　用低剪切取样器取样

知识目标

（1）能准确说出用低剪切取样器取聚合物溶液样品的原因。
（2）能准确说出低剪切取样器的工作原理。

技能要点

能够按操作规程，在指定的取样点用低剪切取样器取样。

素质目标

（1）能够一丝不苟地用低剪切取样器取样。
（2）培养创新思维。

工作过程知识

视频　用低剪切取样器取样

一、用低剪切取样器取聚合物溶液样品的原因

在聚合物驱油过程中，熟化罐、储罐、输送泵、过滤器、高压计量泵、静态混合器、注入井井口的取样都为在一定压力下取样，其中计量泵出口、静态混合器出口、注入井井口都为高压取样，熟化罐、储罐、输送泵、过滤器等是在一定的压力下取样，由于取样时，取样阀门必须完全打开，液体可能会喷出，不仅取样不方便，降解也比较严重，因此这些点的取样必须使用低剪切取样器（如图1-17），使用取样器从高压管道、容器中取聚合物溶液，可以使聚合物溶液不受剪切力或受剪切力极小，从而使取得的样品黏度能真实反映管道或罐中溶液的黏度。

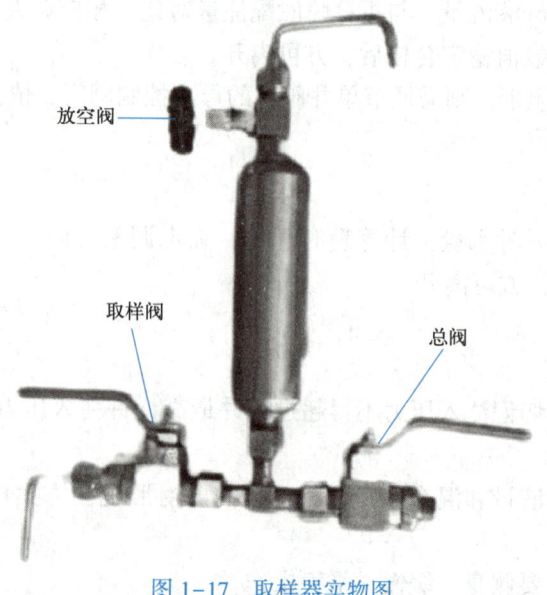

图1-17　取样器实物图

二、低剪切取样器的结构及工作原理

1. 结构组成

低剪切取样器结构如图1-18所示，包括总阀、取样阀、放空阀和用于暂存溶液的腔体。总阀、取样阀和放空阀与腔体都是相连通的，腔体的进口端依次连接总阀和取样阀，出口端连接放空阀，总阀的另一端与管道连接，取样阀外连取样管，放空阀外连放空管。为了

防止使用针形阀带来的黏度损失，取样器上的阀门一般为球阀；为了防止铁离子对聚合物溶液黏度的影响，取样器一般由不锈钢制成；阀体密封面和阀瓣密封面为锥面密封，阀体为铬、镍不锈钢锻件，阀门与管路采用卡套式垫片密封连接。

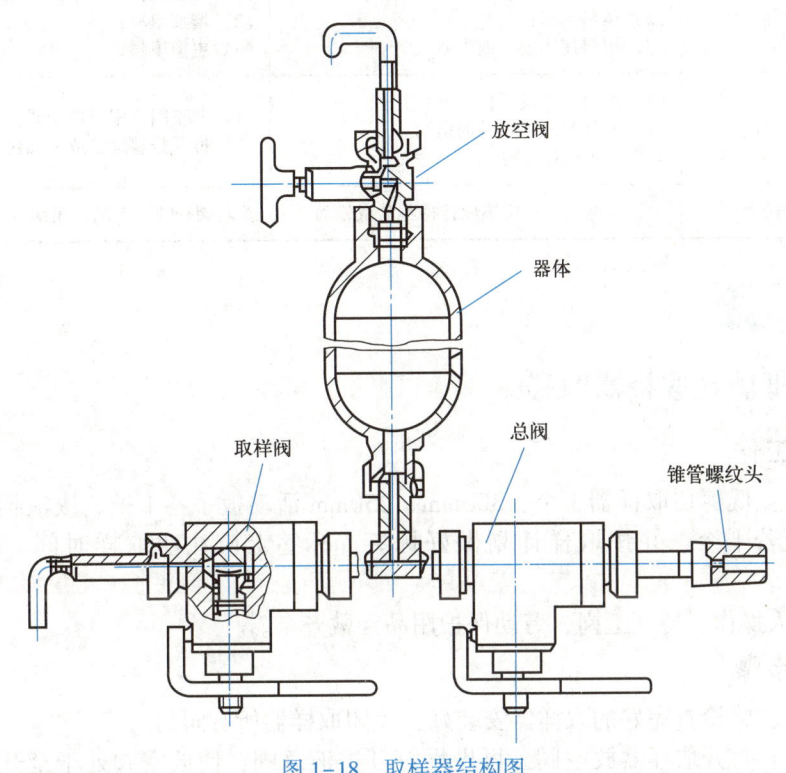

图1-18　取样器结构图

2. 工作原理

取样器上的总阀和取样阀由手柄控制，将手柄旋至与管路平行的方向，阀门开启，管路畅通；将手柄旋至与管路垂直的方向，阀门关闭，通路切断。放空阀是由手轮控制，通过与手轮相连的阀杆的升降实现开启或关闭。逆时针方向旋转手轮时，阀杆和阀瓣上升，阀门开启；顺时针方向旋转手轮时，阀杆和阀瓣下降，通路切断，阀门关闭。

取样时，将总阀的一端连接口与取样点管道相连，打开总阀，聚合物溶液通过管道自身压力进入腔体，此时开启放空阀，使空气排空并排出部分溶液，待排出的溶液稳定后，关闭放空阀，同时关闭总阀。进入腔体暂存的溶液，压力会降低为常压，这样会给后续的取样带来很大方便。再开启放空阀和取样阀，所取的溶液就会从腔体通过取样阀从取样管排出。

三、常见故障及排除方法

可能发生的故障、原因及排除方法见表1-8。

表1-8　取样器常见故障及排除方法

故障现象	原因	排除方法
阀瓣密封面与阀体密封面处渗漏	(1) 密封面间夹有污物； (2) 密封面有损伤	(1) 清洗干净； (2) 重新研磨、或更新阀瓣

续表

故障现象	原因	排除方法
填料处渗漏	（1）填料未压紧； （2）填料不够； （3）填料使用过久或失效	（1）拧紧阀杆螺母； （2）增加填料； （3）更换填料
阀杆转动不灵活	（1）填料压得过紧； （2）阀杆与阀杆螺母的螺纹有损伤或积有污物	（1）调整阀杆螺母的旋紧力； （2）拆开修整螺纹或清除污物
阀杆螺母有松动	阀杆螺母上的六角螺母拧得不紧或松动	拧紧阀杆螺母上的六角螺母

技能训练

一、用低剪切取样器取样

1. 准备工作

工具用具：低剪切取样器1个，300mm、250mm活动扳手各1把，废液桶1个，抹布若干。取样瓶若干个，并按取样计划做好标签，标签上应注明取样时间、取样点、取样人。

人员：1人操作，持证上岗，劳动保护用品穿戴齐全。

2. 操作步骤

（1）安装：将检查完好的取样器安装好，关闭取样器所有阀门。

（2）放空：打开取样器放空阀，再慢慢打开进液总阀，使放空阀处于全开状态。放净取样器内气体，2min后，慢慢关小放空阀开度，使放空液流均匀，待放空液流变得清澈后，关闭放空阀，同时迅速关闭取样器的进液总阀，放空过程结束。

（3）取样：把放空阀旋到全开位置，慢慢打开取样阀。用取样液冲洗样瓶三次后，开始正常取样，取样量为样瓶容积的三分之二左右。

（4）放空：取样完毕后，取样阀继续处于开启状态，使取样器内液体全部流尽，以免被取液在取样器内结膜。

（5）拆卸：取样器内余液放净后，关闭所有阀门，卸下取样器保存。

（6）返样：样品取完后，盖好瓶塞，防止污染，并立即返回化验室，超过24h应用石蜡封口。

3. 注意事项

（1）安装取样器前，应确保所有阀门处于关闭状态。

（2）放空液量大约相当于取样器的容积，必须待溶液澄清后才能停止放空。

（3）取样完毕后，取样阀继续处于开启状态，使取样器内液体全部流尽，以免被取液在取样器内结膜。

二、低剪切取样器常见故障及排除方法

1. 准备工作

工具用具：低剪切取样器1个，200mm、150mm活动扳手各1把，密封填料、黄油若

干，废液桶1个，抹布若干。

人员：1人操作，持证上岗，劳动保护用品穿戴齐全。

2. 操作步骤

（1）在使用取样器过程中如果发现故障，应立即停止使用，查明原因，并排除故障，再进行取样操作。

（2）最常见的故障现象就是渗漏、阀杆转动不灵活、阀杆螺母有松动和出液口堵塞。操作中需根据故障现象分析原因，再做有针对性地处理。

视频　低剪切取样器故障排除

（3）如果是填料处渗漏，其原因可能是填料未压紧，可以尝试拧紧阀杆螺母；也可能是填料不够，需要增加填料；还可能是填料使用过久或失效，需换新的填料；也有可能是螺纹受损，那就必须更换新零件了。

（4）如果是阀瓣密封面与阀体密封面处渗漏，其原因可能是密封面间夹有污物，要清洗干净密封面；也有可能是密封面有损伤，那就要重新研磨或更新阀瓣了。

（5）如果是阀杆转动不灵活，第一种可能是填料压得过紧，需要调整阀杆螺母的旋紧力；第二种可能是阀杆与阀杆螺母的螺纹有损伤或积有污物，需要拆开修整螺纹或清除污物。

（6）如果阀杆螺母有松动，原因基本是阀杆螺母上的六角螺母拧得不紧或松动，只需拧紧阀杆螺母上的六角螺母。

（7）如果是出液口堵塞，这种情况一般都是未清理干净取样液，导致出液口堵塞。需用通针疏通出液口即可。

3. 注意事项

（1）使用过程中应保持清洁，定期检查各部件。

（2）用手轮开关阀门时，不许使用辅助增力工具。

（3）使用过程中发现故障应立即停止使用，查明原因，并排除故障。

素质提升园地

为了确保聚合物驱油项目的顺利实施，发挥最佳的驱油效果，石油工作者们不畏艰难，研发各种创新型机具，如聚合物管道取样器、聚合物井口取样器等，以确保所取样品能真实反映管道或容器中样品的实际状况。操作人员一定要严格按照取样规程进行取样，检测好每口井的注入状况，为及时跟踪调整奠定基础。同时也要培养自己的创新思维，为更好地服务油田做准备。

笔记

项目三　聚合物注入井、采油井管理

任务一　聚合物注入井管理

知识目标

能准确说出聚合物驱油注入井和注水井的区别。

技能目标

(1) 能巡回检查聚合物注入井。
(2) 能录取聚合物注入井资料。

视频　聚合物注入井管理

素质目标

能按"三老四严"的要求学习和工作。

工作过程知识

聚合物溶液必须由注聚井注入油层，由于聚合物溶液在通过小的孔眼（如射孔炮眼、水嘴等）时极易发生机械降解，黏度损失较大，所以聚驱注入井的地面设备、完井方式、注入井管柱、分层注入管柱、井口取样方式等，都和水驱的注水井有着明显的不同。

一、聚合物注入井与注水井管理的区别

1. 井口装置的区别

1）外观的区别

(1) 聚合物注入井（下文简称注聚井），井口装置是蓝颜色的，而注水井是绿色的。

(2) 注聚井的井号中会有字母 P，指的是聚合物的英文首写，注水井的井号中没有这个字母。

(3) 为了保护聚合物溶液的黏度，聚合物井口管线尽量不用弯管，但注水井却可以用。

(4) 两种井的井口都装有过滤器，注聚井的井口过滤器两个月就要清洗一次，注水井一年冲洗一次即可。

2）井口取样方式的区别

注聚井用专门的、没有针型阀的井口取样器取样，每口井都需要取，一般 5d 取样 1 次。注水井只在定点井取样，其他井可以不取，取样时，直接用安装在管线上的针型阀就可以，一个月取样 1 次。

2. 井下分层配注管柱的区别

我们可以用封隔器和配水器组合来实现分层配注。注水井的配水器，是在配注芯（堵

塞器）中装上带有小孔的配水嘴（图1-20）来实现的；聚合物驱的分层配注，不能用这种带有小孔的配水嘴，而是在配注芯上装环形降压槽（图1-21）来实现的，配注芯上的槽数越多，配注量越小；反之，配注量越大。

图1-19 配水器的配注芯

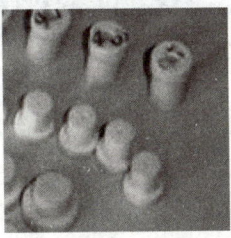
图1-20 配水嘴

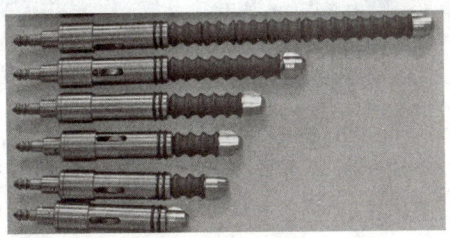
图1-21 带有环形降压槽的配注芯

3. 射孔工艺的区别

由于聚合物溶液在通过小的孔眼时，黏度损失比较大，所以对于注入井的射孔工艺，也有着特殊的要求，那就是多相位、大孔径、高孔密、深穿透，可以提炼为四个字，那就是多、大、高、深。图1-22中所展示的是装有不同射孔弹的射孔枪，第①条，射孔弹的安装方式一正一反，其相位角是180度，两个相位；第②条有四个相位；第③条有8个相位；很明显，第③条的相位最多；第①条、第②条中用的是普通射孔弹，第③条用的是聚能射孔弹，穿透力更强，射出的孔眼半径更大，可以实现大孔径、深穿透；单位深度的孔眼数量越多，孔眼密度就越高，在单位长度范围内，第③条的炮弹数量最多，射孔密度最大；所以，应用第③条所示的射孔枪，就可以实现多相位、大孔径、高孔密、深穿透。

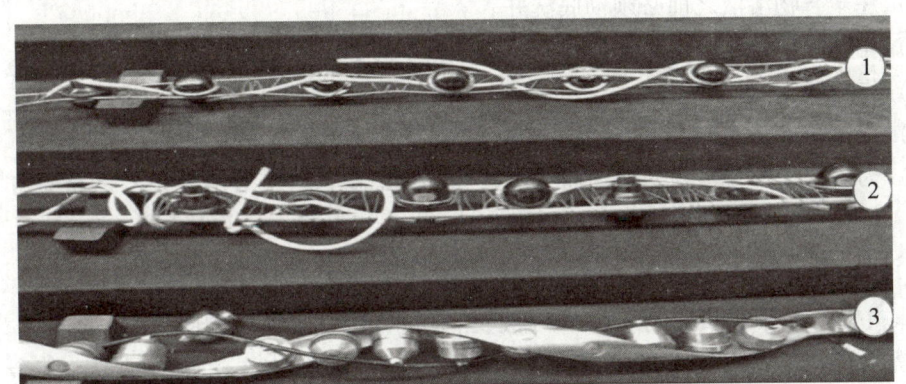
图1-22 几种射孔枪

二、注聚井采取的黏度保护措施

在聚合物注入过程中，为了有效地保护它的黏度，降低黏度损失率，一般会采取如下的黏度保护措施：

（1）地面管线尽量减少弯管的设计。
（2）用专门的低剪切取样器在井口取样。
（3）油管采用镀镍或镀铬的强化防腐内涂层。

(4) 采用环形降压槽配注芯实现分层配注。
(5) 射孔的原则为多相位、大孔径、高孔密、深穿透。

 素质提升园地

在聚合物驱油过程中，为了能以最少的用量达到最佳的驱油效果，除了精细地设计驱油方案外，还需在聚合物的注入过程中，时时处处保护好聚合物溶液的黏度，降低黏度损失率。而在注聚井中的黏度损失是整个注入过程中黏度损失率最大的一个环节，所以我们必须分析好可能发生黏度损失的每一个因素、每一个细节，并尽量采用各种方法手段，在操作过程中老老实实地落实到底，把黏度损失率降到最低。

三、注聚井的生产管理

1. 注聚井的操作要求

1）开关井要求

(1) 注聚合物之前必须彻底洗井，保持井筒内清洁。
(2) 冲洗干线，保持干线内的清洁。
(3) 保证注入干线，井口管阀不渗不漏，达到标准要求。
(4) 以上工作正常后按上级通知准备开井。
(5) 岗位工人未经上级同意不得随意开关井，以免造成注入站憋泵而造成事故。
(6) 如果需要关井时，在关井前必须通知注入站停泵，确认停泵后，方可关井。

2）洗井要求

(1) 注聚合物溶液之前必须彻底洗井。
(2) 相同注聚合物溶液工作压力下，吸入量下降20%。
(3) 作业施工完的井。
(4) 正常注入井，原则上不要求洗井。
(5) 为了保护环境，洗井水不能乱放，必须由罐车运到指定地点，严格遵守环境保护法。

2. 注聚井资料录取要求

注聚井需要录取的资料有：注入母液量、注水量、油压、套压、泵压、静压、浓度、黏度、洗井资料。其中注入母液量、注水量、泵压在聚合物注入站内录取，其余在井上录取。

(1) 油压、套压。油压每天录取一次，套压每10天录取一次，特殊情况加密录取，每月应有25天以上（不得连续缺3天）为全。指针式压力表每季度校对一次，录取压力值在压力表量程的1/3~2/3之间；数字式压力表按规定时间进行校对。
(2) 静压：动态监测系统定点井，每半年测静压一次。
(3) 聚合物溶液浓度、黏度。正常注入井必须严格按操作步骤和规程要求进行现场取样，浓度和黏度同步化验。10天检测一次，每月3次为全，前后两次检测误差不得超过15%为准，超过标准应备注原因或加取样一次。
(4) 洗井资料全准：按规定洗井为全，洗井达到质量标准，洗井记录符合要求为准。

> 技能训练

一、注聚井巡回检查

1. 检查和准备

（1）正确穿戴劳动保护用品。

（2）准备工用具：450mm 管钳或 F 型扳手一把；25.0MPa 压力表一块；300mm、250mm 活动扳手各一把；抹布一块。

（3）检查井口流程正常，设备完好。

2. 操作步骤

（1）检查生产流程是否正常，有无刺、漏、渗等问题。

（2）录取油压、套压等资料。

（3）检查井场平整，无油污、无杂草、无积水、无明火、无散乱器材。

（4）检查埋地管线是否无裸露、无渗漏。

（5）收拾工用具，清理操作现场，做好记录。

3. 安全提示

（1）压力表量程要选择合适，使测量压力值在压力表量程 1/3~2/3 之间，应校验合格，在有效期内。

（2）套压每月录取 2 次，两次间隔不得少于 10 天。

（3）读取压力值时要三点一线：眼睛、表针、刻度三点成一线。

（4）在允许压力范围内调整注聚量，禁止顶、超破裂压力注聚。

二、注聚井洗井操作

1. 准备工作

（1）穿戴劳保用品。

（2）污水罐车 1 辆，连接管线，300mm、350mm 活动扳手各 1 把，流量计 1 块，F 型扳手 1 把，记录笔、本，擦布若干。

2. 操作步骤

（1）检查流程正常，各闸门灵活好用。

（2）对于单泵单井流程，需要停注聚泵，关闭聚合物母液注入阀门；如果是一泵多井流程，只需停该井的母液注入即可。

（3）将反洗井的放空管线与罐车连好，并进行试压，确保其不渗不漏。

（4）倒反洗井流程（在注入站、井口正常注水流程下）。

（5）开反洗井放空阀门，放 5~10min 溢流。

（6）缓慢调整套管阀门，控制流量至 15m³/h，洗井 2h，与进口水表水量对比 2~3 次，并作好记录。

（7）缓慢开大套管阀门，控制流量至 20m³/h，洗井 4h，进口水量对比 2~3 次，并作好记录。

(8) 缓慢开大套管阀门，控制流量至 25m³/h，洗井 4h，与进口水量对比 2~3 次，并作好记录。

(9) 洗井时间和水量应以水质化验合格为准。

3. 倒开井流程（正注）

(1) 关反洗井放空阀门。

(2) 开大生产阀门。

(3) 打开油压阀门。

(4) 关闭套管阀门。

(5) 打开注入站母液注入阀门，启动注聚泵（如果是单泵单井流程）。

(6) 整理洗井资料，并填入报表。

4. 洗井标准

(1) 洗井排量由小到大，变换三个排量（即 15m³/h、20m³/h、25m³/h）。

(2) 出口水量应大于进口水量 2m³/h。

(3) 水质达到化验合格，或洗井总水量达到 200~400m³。

(4) 洗井资料录取要齐全准确。

知识延伸——注聚井的解堵增注

聚合物驱存在的问题之一是部分井逐渐产生堵塞，注入能力下降，注入压力过高甚至注不进去。造成堵塞的原因很多，有聚合物的原因，如不溶颗粒的存在，聚合物与金属离子及有机物交联，鱼眼的形成等；也有水质和地层的原因。注入井堵塞发生后，近井地带渗流面积减小，流速加大，聚合物溶液机械剪切严重，降低了驱油剂的黏度，影响驱油效果。

研究表明，造成堵塞的物质既有有机物又有无机物。对于无机物堵塞，采取酸化的办法即可奏效。对于有机物堵塞，必须采取特殊办法如化学解堵或者水力压裂才行。

一、化学解堵

常用强氧化剂来解除聚合物和细菌产物产生的堵塞，如二氧化氯、次卤化物、过氧化氢以及与其他化学剂的复配。

次卤化物（如漂白粉）要求在高 pH 值条件下使用以降低腐蚀。一般条件下，漂白粉使用是安全的，但遇到强酸时会产生氯气，氯气是剧毒的，这一点要充分注意。此外，与有机物反应会产生氯化有机物副产品，会带来环境问题并毒害炼厂的催化剂。

过氧化物种类虽然很多，但用于油田的只有过氧化氢。这种物质在浓度小于 10% 条件下一般是安全的，但浓度高了，储存、运输、使用都有危险。酸性条件下（如与酸化联作）会放出分子氧，有时会产生危险。

一般来说，过氧化氢比次氯酸钠对钢材的腐蚀率低，并常用在低 pH 值条件下。但是溶解的铁作为催化剂可以分解分子氧，降低过氧化氢的活性，结果，往往是过氧化氢在接触地层以前在油管中就被消耗掉了。

过氧化物是相当不稳定的化合物，容易发生热均裂解反应形成氧化物自由基。这些自由基活性极强，极易和甚至很弱的还原剂发生反应，在溶液中，均裂型反应仅和温度有关，其催化剂可以是胺类、过渡金属盐类等，因为大多数过氧化物是强氧化剂，他们可以被很弱的还原剂（如钢铁、硫化物及有机物等）消耗。形成自由基是氧化降解聚合物过程的第一步，自由基被认为随机地攻击聚合物的主链，经过复杂的机理造成聚合物大分子断链，聚合物降解的速度与自由基和聚合物的浓度有关。理想条件下，聚合物可被完全降解为 CO_2，当然这在注聚合物井解堵中是不必要的，只要将大分子打断几节就可达到目的了。

采用强氧化剂配方解堵要有严格的 HSE 措施，否则很容易发生事故。

大庆油田某现场试验效果：

现场采用注 $120m^3$ 清水段塞+处理半径 3m 的氧化剂+处理半径 3m 的表面活性剂体系的施工工艺。施工过程中需注意氧化剂和表面活性剂必须连续注入，防止由于聚合物反吐造成岩石孔壁重新黏附上聚合物。

在施工过程中可明显看到，随着解堵剂的注入，注入压力逐渐降低（如图 1-23 所示）。该工艺现场应用 212 口井，平均单井日增注 $24m^3$，注入压力下降 1.46MPa。平均有效期已达 15 个月，平均单井累积增注 $0.78×10^4m^3$，措施后平均单井视吸水指数增加 55%。

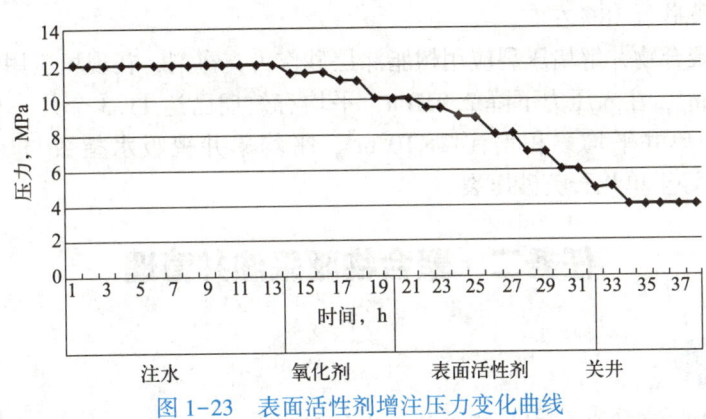

图 1-23　表面活性剂增注压力变化曲线

二、压裂解堵

水力压裂也是有效的解堵技术。但是在大庆油田初期应用效果不够理想，有效期短。通过研究发现，造成聚合物驱注入井压裂失效的主要原因是聚合物溶液的黏度高、携砂能力强，加之注聚井的注入压力较高，聚合物容易将支撑剂带入地层深部，造成井筒附近没有支撑剂，裂缝闭合，所以压裂效果不好。

为了防止支撑剂的运移，选择树脂涂层砂作为支撑剂。

树脂涂层砂的作用原理是在作为压裂支撑剂的石英砂颗粒表面涂覆一层薄而有一定韧性的树脂层，当支撑剂进入裂缝以后，由于温度的影响，树脂层首先软化，然后在固化剂的作用下发生聚合反应而固化，使颗粒固结在一起，将原来颗粒之间的点与点接触变成小面积接触，固结在一起的砂砾形成带有渗透率的网状滤段，阻止压裂砂的运移。而且原油、地层水和酸对树脂砂性能没有影响。

低温树脂砂（40℃固化）粉末固化、固化后两种状态，在不同闭合压力下，对其导流能力、渗透率进行了测试，并与石英砂进行了对比，详见表 1-9。

表1-9 石英砂及树脂砂导流能力、渗透率数据表

闭合压力,MPa	参数	石英砂（20℃）	树脂砂（20℃）	固化后树脂砂
10	渗透率 mD	95.7	61.0	78.6
20		54.2	41.4	45.2
30		28.7	18.9	29.7
40		16.9	10.6	22.5
50		13.0	7.8	16.3
10	导流能力 $\mu m^2 \cdot cm$	68.3	41.1	54.8
20		36.3	25.2	29.6
30		18.3	11.0	19.7
40		10.5	6.2	13.7
50		7.8	4.5	9.4

从表中可以看出：固化后树脂砂与石英砂相比，当闭合压力在20MPa以下时渗透率及导流能力仅比石英砂低18%左右。

大庆油田注聚合物井解堵压裂应用树脂涂层砂作为支撑剂，在现场应用189口井，平均单井日增注41.2m³，注入压力下降2.9MPa，平均有效期已达11.3个月，且持续有效，最长已达31个月，单井平均累积增注$2\times10^3m^3$，平均单井视吸水指数与压前对此增加了124%。效果远远好于单纯石英砂压裂。

任务二 聚合物驱采油井管理

> **知识目标**
>
> （1）能准确说出聚合物驱对举升工艺提出的新要求。
> （2）能准确说出聚合物驱采油井热洗周期短的原因。
>
> **技能目标**
>
> 能对聚驱抽油机井进行热洗操作。
>
> **素质目标**
>
> 能按"三老四严"的要求学习和工作。
>
> **工作过程知识**

视频 聚合物驱采油井管理

在聚合物驱油项目中，聚合物溶液在油层中不断推进，并逐渐抵达采油井井底。采油井中见到聚合物后，会导致采出液的黏度增高，并且随着采出时间的推移，浓度也相应发生变化，给采油工艺带来了很多新问题。

一、聚合物驱油采出液的特征

大庆油田于1972年开展首个聚合物驱先导性矿场试验，1996年投入工业化应用，2002

年聚合物驱年产油量突破一千万吨，到2023年底，大庆油田化学驱年产油量已连续22年保持在千万吨以上，是世界上最大的化学驱生产基地。大庆油田经过长期的聚驱应用，将采出液的变化特征总结如下：

1. 产油量的变化大体可分为三个阶段

第一阶段是产量上升期。此阶段含水由聚合物驱前的最高含水下降到见效后的最低含水，产油量由低产上升到高产，采出液中聚合物溶液含量从无到有并逐步上升。

第二阶段是产量相对稳定期。此阶段含水相对稳定，产油量相对稳定在较高的水平上，采出液中的聚合物浓度基本稳定。

第三阶段是产量递减期。此阶段含水缓慢上升，产油量由相对稳定转为缓慢下降，采出液中聚合物浓度逐步升到最高。

2. 聚合物驱油井采出液含聚浓度变化规律

聚合物采出液中的聚合物含量可分为三个级别，即低含量（小于200mg/L）、中含量（200~400mg/L）、高含量（大于400mg/L）等。从总体看，低含量存在于产油上升期，中含量存在于产油相对稳定期，高含量存在于产油递减期。但是，各口单井的各期时间是不一样的，这主要是受油层条件和受效方向的影响。

和聚合物注入浓度相比，采出液中聚合物浓度和注入浓度恰恰相反，采出液中聚合物浓度和各产油期有密切关系。在聚合物驱过程中，随着采出液中聚合物含量的增加，对采油工艺的影响也增大，因此，在各阶段中采油井要采取相应的措施。

二、聚合物驱采油井举升工艺适应性分析

经过大量的矿场试验研究，电泵井、抽油机井、螺杆泵井对聚合物驱采出液的适应性分析如下：

1. 电泵井对聚合物驱采出液的适应性分析

（1）随着采出液含聚合物浓度的增大，电泵井排量效率明显下降。

（2）随着采出液含聚合物浓度的增大，泵扬程降低。

（3）随着采出液含聚合物浓度的增大，吨液耗电升高。

综上分析，由于采出液中含有聚合物，因此，电泵井在聚合物驱油举升过程中排液效率影响很大，并直接影响聚合物驱油的增油效果。

2. 抽油机井对聚合物驱采出液的适应性分析

（1）在满足液量的情况下冲次增加，功率增加，并随着聚合物浓度的变化而变化，说明聚合物驱油增加了抽油机井的负荷。

（2）抽油井的示功图中功率随着采出液浓度的增加而明显变肥变大，随着浓度的降低而变小变瘦，说明聚合物驱油增加了抽油机井的负荷。

（3）虽然抽油机负荷增加，但由于可在地面调节冲程和冲次，可以满足聚合物驱油采液量的要求。

只要利用抽油机井的可调性，不论在采出液中何种聚合物含量的情况下，都可以满足保持稳定产液量的要求，而电泵井则无此优越性。因此，抽油机井只要选型合理，加强管理，是聚合物驱油的一种理想的采油工艺设备。

3. 螺杆泵井对聚合物驱采出液的适应性分析

（1）在有效举升高度与转速一定的条件下，采出液含聚合物浓度对螺杆泵的工作特性无负面影响。

（2）在抽汲参数不变的情况下，随着采出液含聚合物浓度的升高，螺杆泵驱动电机电流的升高，有效举升高度的变化，是引起螺杆泵井做功状况改变的主要原因。

4. 结论

（1）相近排量举升方式一次性投资和生产运行能耗均为螺杆泵最低、电泵次之、抽油机最高，从主要经济指标对比来看，电泵经济指标最高、螺杆泵次之、抽油机最低。

（2）电泵井由于在排量上已经系列化，检泵周期较长，并且和变频装置的配套使用，可以满足生产需要，因此产液量高于120t宜采取电泵生产。

（3）螺杆泵排量调整是靠调整转速实现的，排量调整受到限制，初期下泵时要求产量预测偏差小。

（4）由于抽油机是一种比较成熟的举升设备，参数调整比较灵活，排量适应范围宽，对聚驱产液变化能力强，并且随着聚驱抽油机井采油工艺的逐渐完善，检泵周期逐渐延长，仍是聚合物驱较好的举升方式。

三、聚驱油井易结蜡原因分析

在聚合物驱油生产过程中，人们发现，油井更容易结蜡，其原因主要有以下几点：首先，石蜡是石油中的长链烃类，流动性相对较差，而在经历了水驱之后，油中相对较稀的部分由于流动性好、被采出的程度较高，剩余油中的蜡含量相对就会增加，从而聚驱采出液中，蜡的含量就会有所提高，蜡含量提高就容易结蜡；其次，由于注入的聚合物溶液黏度比水高，波及了更多的油层体积，所以减少了原来注入水的低效循环，采出液的含水会下降，这也是聚驱见效的标志之一，而含水越低越容易结蜡；再有，随着聚驱项目的进展，有一部分聚合物会从油井中采出，而且采出液含聚浓度越高，越容易结蜡。

对于举升方式选取潜油电泵的聚驱油井，其清蜡方式仍然是机械清蜡；对于举升方式选取螺杆泵、柱塞泵的聚驱油井，其清蜡方式仍然是热洗清蜡；对于抽油机井，实践经验表明，若满足下面五个条件的三条，就应该热洗了：①产液量下降幅度超过10%；②上电流上升超过1.12倍；③示功图肥大（其中上载荷上升5%以上）；④示功图肥大（其中下载荷下降3%以上）；⑤沉没度上升100m以上。一般情况下，水驱抽油机井热洗周期为90~120d，聚驱抽油机井热洗周期为30~60d。

素质提升园地

"三老四严"的优良传统，来源于一个"刮蜡片的故事"，一个和油井清蜡相关的故事。其实不仅是油井清蜡，我们不管做什么事情，都应该严细认真、老老实实，不能有丝毫的马虎，传承好"三老四严"的优良传统，这样才能真正立得稳、行得远，为油田的高质量发展做出应有的贡献。

> 技能训练 ——聚合物驱抽油机井热洗操作

一、准备工作

（1）穿戴好劳动保护用品，包括衣、裤、鞋、帽、手套。

（2）准备好工具用具，包括F型扳手或管钳、钳形电流表、绝缘手套、试电笔、擦布、测温枪、记录本、记录笔等。

二、操作前排查

（1）检查井口流程是否正常；检查抽油机井各部件，油压、套压、掺水、来水温度是否正常；测量抽油机上、下冲程电流，并做好记录。

（2）确定是否具备热洗条件，遇到以下情况不得洗井：

① 来水压力低不洗；

② 来水温度低于75℃不洗；

③ 流程中有刺漏没及时处理好不洗；

④ 抽油机有故障未排除不洗；

⑤ 已通知有停电、停泵情况时不洗。

这也是通常所说的"五不洗井"。

（3）通知中转站提高炉温，热洗汇管温度应达到80~85℃。

（4）放套管气，使套压低于热洗泵泵压0.3~0.5MPa，然后关死套管阀门和放气阀。具体操作步骤是：先打开油套联通阀门，再打开套管生产阀门，这样套管中的天然气就会沿回油管线汇集到计量间。待套压低于热洗泵泵压的0.3~0.5MPa后，依次关闭套管生产和油套联通阀门。

三、操作步骤

（1）通知中转站启动热洗泵，通知计量间倒流程、同时倒通井口流程。

（2）可以按"四步热洗法"进行热洗操作：第一步替液阶段，打开直通阀，关闭井口掺水阀，用热水将地面管线中的凉水替出。

（3）第二步化蜡阶段，待井口来水温度达到75℃，地面替液阶段结束，打开套管生产阀门、热洗阀门，关闭直通阀，使热洗水进入油套环形空间。用小排量进行化蜡，时间大概是2h。

（4）第三步排蜡阶段，待井口回油温度达到60℃时，将排量调至最大进行排蜡，大约1h左右，测电流，上电流下降，下电流上升。

（5）第四步巩固阶段，将热洗排量适当调小，洗井1h左右，中排量巩固。同时测电流，并检查是否达到质检标准。

（6）如果达到质检标准，就可以通知中转站停热洗泵、倒流程，通知计量间倒流程，与此同时，倒井口生产流程。倒井口生产流程的步骤是：打开掺水阀，关闭热洗阀和套管生产阀门，恢复掺水流程。

四、注意事项

（1）倒流程时，开阀门应先开下流阀门，再开上流阀门；关阀门应先关上流阀门，再关下流阀门。在有开有关时，一般是先开后关，但在计量间倒洗井流程时是先关后开。

（2）热洗过程中要关注来水温度、压力变化情况。

（3）热洗过程中不能停抽。

> 笔记

项目四　聚合物驱油效果分析

聚合物溶液驱油最早在美国开始于20世纪50年代末、60年代初期，1964年进行了矿场试验。1970年以后，苏联、加拿大、英国、法国、罗马尼亚和德国等国家都迅速开展了聚合物驱矿场试验。国内自1972年在大庆油田开展小井距驱油矿场试验以来，先后在大庆、大港、胜利、吉林、辽河和新疆等油田开展了矿场试验及扩大化工业试验，并取得了较好的效果。特别是通过国家"七五"、"八五"重点科技攻关，已形成聚合物驱油的配套研究能力和矿场驱油的配套技术，取得了聚合物驱比水驱提高采收率12%，每注1吨聚合物增油120吨的显著效果。大庆油田自1996年聚合物驱油技术工业化以来，聚驱规模不断扩大，经过广大科技人员潜心研究和精心管理，在"十五"期间研究形成了完善配套的一类油层聚驱开发技术，发展了二类油层聚驱开发技术，加大了三类油层的三次采油技术研究力度，聚驱效果得到进一步改善，到2023年底，大庆油田化学驱年产油量连续22年超过1000万吨，成为大庆油田乃至东部油田持续高产稳产的重要技术措施。

知识目标

（1）能准确说出聚合物驱油的适用条件。
（2）能准确说出聚合物驱油动态指标的计算方法。

技能目标

能结合实际对聚合物的驱油效果进行分析。

视频　聚合物驱注入方案设计

素质目标

具有严谨求实的科学态度和精益求精的工匠精神。

工作过程知识

利用聚合物溶液驱油时，由于地层岩石、液体等的复杂性，会影响聚合物的驱油效果。因此，在现场应用时，必须考虑到聚合物溶液的性能，并对适合聚合物驱的油藏进行筛选工作。

一、聚合物驱油藏的筛选

1. 油层温度

温度高于70℃时，聚合物会发生降解，黏度降低。另外温度和水解度有关，温度升高会促进水解，水解度越大，黏度越高，但是水解度过高会产生絮凝而使溶液的稳定性变差。研究指出，最适合聚合物驱的油层温度是45~70℃。如果在温度超过70℃的油藏应用聚合物驱，就需要研制耐高温的聚合物。

2. 油层深度

对于浅油层，注入压力有一个限度，尤其是遇到渗透率不高的浅油层，注入聚合物驱油时，易使油层出现裂缝。但更应该避开深油层，因为这些油层内温度和水的矿化度高，易造成聚合物降解及黏度下降,而达不到聚合物驱的效果。由于不同地区地温梯度的差别,人们还不能建立关于深度的具体筛选标准。但公认的是,使用部分水解聚丙烯酰胺驱油时的油层温度最好不超过70℃。

3. 油层非均质性

一般来说,聚合物驱适合于水驱开发的非均质油田。油层的非均质从宏观上看,有纵向非均质和平面非均质;从微观上看,有孔隙结构非均质及矿物组成非均质等。目前,人们已经对纵向渗透率非均质与聚合物驱的关系做了研究。其中大多数砂岩油层的渗透率变化情况通常具有"对数正态分布"特性。油层的纵向非均质用渗透率变异系数(V_K)来表示,为

$$V_K = \frac{\overline{K} - K_\sigma}{\overline{K}} \tag{1-11}$$

式中 $\overline{K}$——平均渗透率,即占累计样品数50%处的渗透率值;
K_σ——占累计样品数84.1%处的渗透率。

在其他条件一定时,应用聚合物驱数值模拟,对大庆油田正韵律油层进行了计算,结果见图1-24。

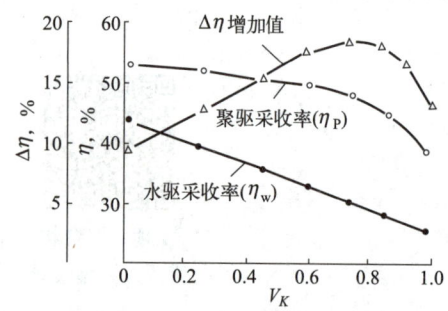

图1-24 V_K 与聚合物驱油效果的关系

从图1-24可以看出,油层渗透率变异系数V_K对聚合物驱效果有很大的影响,在V_K<0.72时,聚合物驱效果随V_K的增大而变好;当V_K>0.72以后,随着V_K的增加,聚合物驱效果又急剧下降。因此,对一个具体的油层来讲,渗透率变异系数存在着一个最佳区间。大庆油田萨中以北地区的正韵律、复合韵律、多段多韵律等三种类型油层的渗透率变异系数在0.6~0.8之间,因此,萨中以北地区的主力油层特别适合聚合物驱。但需要特别指出的是,当砂岩油层中有裂缝时,会造成聚合物绕流;砂岩中泥质含量高或渗透率低于$20 \times 10^{-3} \mu m^2$时,由于聚合物的滞留影响其驱油效果,在使用聚合物驱油时,必须综合考虑油层岩石的各种非均质因素。

4. 地层水矿化度

聚合物溶液怕"盐",如果地层水的含盐量高,会影响聚合物的驱油效果。研究表明,最适宜聚驱的地层水矿化度为1603~30045mg/L,其中二价阳离子含量为7~738mg/L。大庆地层水的矿化度为7000mg/L左右,非常有利于聚合物驱油。

5. 原油黏度

原油黏度和聚合物驱油效果之间也存在着明显的关系。在相同的地层条件下,原油黏度越低,水驱采收率越高,聚合物驱提高采收率的幅度也越小;原油黏度越高,所需聚合物段塞的黏度越大,聚合物溶液在地面及地下的流动阻力越大,致使工艺上变为不可行。数值模拟研究表明,采用相对分子质量为1000万左右的聚合物,注入浓度为1000mg/L的聚合物溶液段塞,原油黏度为10~100mPa·s时,采收率提高幅度较大。从工艺及经济角度考虑原油黏度大于100mPa·s的油田,则更适合热采方法。此外,油层中的含油饱和度越高(一般应大于10%油层孔隙体积),聚合物驱油效果越好。

二、聚合物驱注入参数优选

根据聚合物溶液的性质筛选出适合聚合物驱的油藏后，就要着手编制聚合物驱油的注入方案，优选聚合物的相对分子质量、用量、聚合物溶液注入段塞及井网等各项指标。

1. 聚合物相对分子质量的选择

（1）聚合物相对分子质量与增黏效果、阻力系数、残余阻力系数的关系。

聚合物相对分子质量越高，增黏效果越好，在油层中产生的阻力系数和残余阻力系数越高，见表1-10。

表1-10 不同相对分子质量的指标测试结果

相对分子质量 浓度, mg/L	黏度, mPa·s		阻力系数 R_F		残余阻力系数 R_{RF}	
	750	1500	750	1500	750	1500
400	2.46	4.15	3.55	7.14	1.60	2.20
600	3.76	6.50	5.45	12.50	1.88	3.40
800	5.50	10.60	7.75	18.90	1.95	4.10
1200	9.50	21.15	13.00	36.80	2.05	4.40

（2）聚合物相对分子质量与渗透率的关系。

众所周知，聚合物在水溶液中的分子链互相缠结呈网状结构，它通过多孔介质时将受到孔隙结构即渗透率的影响，一定相对分子质量的聚合物只能通过与之相适应的多孔介质，否则会出现油层堵塞或近井地带剪切降黏现象。国内外研究结果表明，当油层孔隙半径中值（R_{50}）与聚合物分子回旋半径（R_p）之比大于5时，聚合物不会对油层造成堵塞。表1-11是人们计算出的不同相对分子质量聚合物分子的回旋半径及推荐使用聚合物驱的多孔岩石。

室内实验表明，在相同的剪切速率下，虽然聚合物相对分子质量越大，其溶液通过射孔炮眼剪切降黏损失越大，但其保留的黏度值仍比低相对分子质量的高。除此之外，聚合物相对分子质量越高，达到等效增黏驱油效果所需聚合物的用量越少。

综合上述，在注入压力允许的情况下，只要是聚合物相对分子质量和油层渗透率匹配，应最大限度地采用高相对分子质量的聚合物。

表1-11 不同相对分子质量聚合物分子的回旋半径

相对分子质量, 10^4	水解度, %	r_P, μm	R_{50} (=$5r_P$), μm
750	30	0.261	1.305
1000	30	0.283	1.416
1500	30	0.342	1.71

2. 聚合物用量的确定

聚合物的用量一般用油层孔隙体积（PV）和聚合物溶液的浓度（单位为mg/L）的乘积来表示。如某油田设计注入量为380mg/(L·PV)，要求注入浓度为1000mg/L，则聚合物溶液需求量为0.38PV，但实施过程中，如果聚合物浓度没有达到1000mg/L，那么注聚合物溶液的PV数就要增加。

在确定聚合物的注入量时，还必须考虑不可及孔隙体积和聚合物用量与经济效益的关系。

1) 不可及孔隙体积（IPV）

由于聚合物的分子很大，致使油层中一部分较小的孔隙只允许水通过，而不允许聚合物分子通过，这部分孔隙体积占岩石孔隙体积的分数，即聚合物的不可及孔隙体积。通常不可及孔隙体积为 0.15PV 至 0.35PV。

2) 聚合物用量与驱油效果的关系

数值模拟计算表明，在一定的油层条件和聚合物增黏效果下，聚合物用量越大，提高采收率的幅度越高，但当聚合物用量达到一定值以后，提高采收率的幅度就逐渐变低了。聚合物的最佳用量应保证提高采收率的幅度较高，而且吨聚合物的增油量又较大。图1-25中的综合技术指标曲线是由提高采收率值和对应的每吨聚合物的增油量值相乘而得到的，该曲线的拐点380mg/(L·PV)就是要确定的聚合物的最佳用量。除此之外，还必须考虑到注聚合物的投入与产出的关系，结合油田具体情况来确定聚合物的最佳用量。

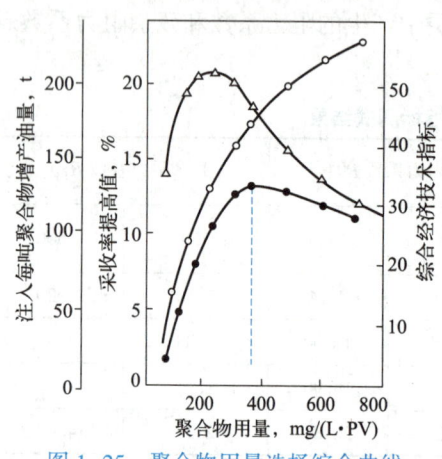

图 1-25　聚合物用量选择综合曲线

3. 聚合物溶液的段塞浓度和"阶梯型"段塞的设计

在聚合物相对分子质量和总用量确定以后，就应该考虑聚合物溶液的段塞浓度和"阶梯型"段塞问题。国内外研究表明，在油层注入能力允许的情况下，聚合物浓度越高越好，见表1-12。

表 1-12　不同浓度聚合物驱油效果

聚合物用量 mg/(L·PV)	段塞浓度 mg/L	含水量下降最大值 %	提高采收率 %	每吨聚合物增油量 t
380	800	17.44	11.08	178.08
380	1000	19.89	11.15	180.99
380	1200	20.73	11.24	181.53
380	1500	21.01	11.33	182.96

另外，油层渗透率的变异系数越大，即油层非均质越严重，采用高浓度聚合物溶液段塞，对扩大波及体积的作用就越大，驱油效果也越好。

"阶梯型"段塞是指为了防止后续注水将聚合物段塞突破，影响聚合物的驱油效果而提出的依次降低聚合物溶液浓度的注入方式，甚至使最后一个阶梯段塞的黏度接近注入水的黏度。数值模拟研究表明，优化的聚合物"三阶梯"段塞驱油效果优于相同条件下的聚合物整体段塞。在聚合物用量为380mg/(L·PV)的情况下，其中第一段塞用量要占94%以上，第二、第三段塞用量仅占6%。当聚合物用量增加到500mg/(L·PV)时，就不必再用第二、第三段塞了，这样可大大地减少聚合物的注入时间，节约注入过程中的操作费用。

在聚合物驱油的注入方案中，还应考虑到地层水矿化度的问题。为了防止地层水的矿化度引起聚合物溶液的黏度下降，应该在聚合物溶液段塞前加入低矿化度预冲洗段塞和聚合物溶液段塞后加入低矿化度保护段塞，重点应搞好预冲洗段塞的设计。

4. 聚合物溶液段塞前后加保护段塞注入方式

聚合物溶液提高采收率的作用在于它提高了注入液的黏度，使油水流度相近，但聚合物溶液的黏度对注入水的矿化度高低十分敏感，矿化度高、黏度就下降，驱油效果就差。

为了保持注入到油层的聚合物溶液能保留较高的黏度，在聚合物段塞前后分别注入低矿化度的清水或含聚合物的产出污水，对聚合物段塞起保护作用。

在方案编制中对聚合物溶液段塞前后加保护段塞问题，应根据注入水（清水或含聚合物的产出污水）的矿化度，应用数值模拟方法进行效果计算，由计算结果确定是否需要预注保护段塞或后置保护段塞及段塞的大小。

此外，还应根据各油田实际情况，设计好注采井距及注入速度。井距过大、油层渗透率低的情况下，易造成注入压力超过油层的破裂压力；井距过小，则会引起聚合物驱油经济效益问题。因此，在聚合物驱油中应综合地考虑上述因素。

三、聚合物驱油阶段开采指标的统计方法

聚合物驱油效果分析方法和水驱的相比存在着许多不同之处，其主要表现在聚合物驱开采指标的变化特点与水驱不同，如注入压力、吸水指数、采液指数、含水率、采油量、采出液含聚合物浓度的变化特点和开采时间的长短等。因此，聚合物驱开采指标的统计和评价方法也与水驱不同，不能照搬水驱开采指标的评价方法来评价聚合物驱开采指标，必须建立聚合物驱开采指标的统计和评价方法，其目的是要正确地评价聚合物驱的开采效果。

视频　聚合物驱注入参数统计

聚合物驱阶段开采指标包括聚合物驱开发区块基础数据、聚合物驱注入参数和聚合物驱采出参数三个部分。这里只介绍一些常用数据的统计方法。

1. 区块面积

在计算区块面积时，如区块边界井排为间注间采类型，以区块井排外扩半个排距为准来计算区块面积。如区块边界井排为油井井排类型，则以区块边界井排为准来计算区块面积。

2. 油层有效厚度

油层的有效厚度按聚合物驱工业化生产区块和聚合物驱试验区两种情况分别计算。

对于聚合物驱工业区块的油层有效厚度，按算术平均方法来计算，即

$$h = \sum_{i=1}^{n} h_i / n \tag{1-12}$$

式中　h——区块油层有效厚度，m；

　　　h_i——单井注聚合物层有效厚度，m；

　　　n——区块内聚合物驱注采井总数，口。

对于聚合物驱试验区的油层有效厚度按注聚合物层有效厚度和井网系数加权平均方法来计算，即

$$h = \sum_{i=1}^{n} h_i J_i \bigg/ \sum_{i=1}^{n} J_i \tag{1-13}$$

式中　h——试验区油层有效厚度，m；
　　　h_i——单井注聚合物层有效厚度，m；
　　　J_i——单井井网系数（井网系数=井网控制面积/油层面积）；
　　　n——区块内聚合物驱注聚合物井总数，口。

3. 油层孔隙体积

$$V = 10^2 Sh\varphi \tag{1-14}$$

式中　V——区块油层孔隙体积，10^4m^3；
　　　S——区块面积，km^2；
　　　h——区块油层有效厚度，m；
　　　φ——油层有效孔隙度，%。

4. 地质储量

$$\overline{V} = d_c Sh \tag{1-15}$$

式中　$\overline{V}$——区块注聚合物层地质储量，10^4t；
　　　d_c——单储系数，$10^4 \text{t}/(\text{km}^2 \cdot \text{m})$；
　　　S——区块面积，km^2；
　　　h——区块油层有效厚度，m。

5. 月注聚合物溶液量

$$Q_{\text{il}} = 10^{-4} \sum_{i=1}^{n} Q_{\text{il}_i} \tag{1-16}$$

式中　Q_{il}——区块月注聚合物溶液量，10^4m^3；
　　　Q_{il_i}——区块内各注聚合物井月注聚合物溶液量，m^3；
　　　n——区块内聚合物驱注聚合物井数，口。

6. 月注聚合物干粉量

$$Q_{\text{ip}} = 10^{-6} \overline{C_i} \sum_{i=1}^{n} Q_{\text{il}_i} \tag{1-17}$$

其中

$$\overline{C_i} = \frac{1}{n} \sum_{i=1}^{n} C_i \tag{1-18}$$

式中　Q_{ip}——区块月注聚合物干粉量，t；
　　　Q_{il_i}——区块内各注聚合物井月注聚合物溶液量，m^3；
　　　n——区块内聚合物驱注聚合物井数，口；
　　　$\overline{C_i}$——区块内各注聚合物井月平均注入浓度，mg/L；
　　　C_i——注聚井检测的聚合物溶液浓度，mg/L；
　　　n——注聚井月检测聚合物溶液浓度的次数。

7. 区块月平均井口黏度

区块月平均井口黏度按各注聚合物井月平均注入浓度的加权平均计算，即

$$\overline{\mu} = \sum_{i=1}^{n} \overline{\mu_i C_i} \Big/ \sum_{i=1}^{n} \overline{C_i} \tag{1-19}$$

其中
$$\overline{\mu_i} = \sum_{i=1}^{n} \mu_i / n \tag{1-20}$$

式中 $\overline{\mu}$——区块月平均井口黏度，mPa·s；

$\overline{C_i}$——区块内各注聚合物井月平均注入浓度，mg/L；

n——区块内注聚合物井数，口；

$\overline{\mu_i}$——区块内各注聚合物井月平均井口黏度，mPa·s；

μ_i——注聚井的井口检测黏度，mPa·s；

n——注入井月检测井口黏度次数。

8. 注入孔隙体积倍数

$$Q_{iPV} = \frac{1}{V} \sum Q_{il} \tag{1-21}$$

式中 Q_{iPV}——注入孔隙体积倍数，PV；

V——区块油层孔隙体积，$10^4 \mathrm{m}^3$。

9. 聚合物用量

$$Q_{CPV} = C Q_{iPV} \tag{1-22}$$

式中 Q_{CPV}——聚合物用量，mg/(L·PV)；

C——区块累积平均注入浓度，mg/L；

Q_{iPV}——区块注入孔隙体积倍数，PV。

10. 注入速度

$$Q_V = \frac{1}{V} \sum_{i=1}^{12} Q_{il_i} \tag{1-23}$$

式中 Q_V——注入速度，PV/a；

Q_{il_i}——区块月注聚合物溶液量，$10^4 \mathrm{m}^3$；

V——区块油层孔隙体积，$10^4 \mathrm{m}^3$。

11. 区块月产液量

为了准确地统计出区块内聚合物驱目的层的月产液量，首先要统计出区块注聚合物前一个月区块外供给和区块非目的层采出的月产液量，以此作为注聚合物前区块外供给和区块非目的层采出的初始月产液量，并假定此初始月产液量在聚合物驱过程中基本保持不变。其次统计出注聚合物过程中区块每月的总产液量，便可计算出区块内聚合物驱目的层的月产液量。

若区块内聚合物驱目的层月产液量用 Q_l（$10^4 \mathrm{t}$）表示，区块月总产液量用 Q_{lt}（$10^4 \mathrm{t}$）表示，区块外供给和区块非目的层采出的初始月产液量用 Q_{lb} 表示，则

$$Q_{lt} = 10^{-4} \sum_{i=1}^{n} Q_{l_i} \tag{1-24}$$

$$Q_{lb} = 10^{-4} \sum_{i=1}^{n_1} Q_{lb_i} [1 - J_i(1 - R_i)] \tag{1-25}$$

$$Q_l = Q_{lt} - Q_{lb} \tag{1-26}$$

式中 Q_{l_i}——区块聚合物驱各采出井月产液量，t；

n——区块聚合物驱各采出井数（$n=n_1+$单采井数），口；

Q_{lb_i}——区块各边角井和中心合采井投注聚合物前一个月的月产液量，t；

n_1——区块聚合物驱边角井和中心合采井总数，口；

J_i——区块聚合物驱边角井的井网系数；

R_i——区块聚合物驱合采井非目的层的产液量比例系数，单采井 $R_i=0$。

12. 区块月产油量

为了准确地统计出区块内聚合物驱目的层的月产油量，首先要统计出区块注聚合物前一个月区块外供给和区块非目的层采出的月产油量，以此作为注聚合物前区块外供给和区块非目的层采出的初始月产油量，并假定此初始月产油量在聚合物驱过程中按自然递减率递减，从而可以计算出在聚合物驱过程中区块外供给和区块非目的层采出的逐月产油量。其次，统计出注聚合物过程中区块每月的总产油量，便可计算出区块内聚合物驱目的层的月产油量。

若区块内聚合物驱目的层月产油量用 $Q_o(10^4\text{t})$ 表示，区块月总产油量用 $Q_{ot}(10^4\text{t})$ 表示，区块外供给和区块非目的层采出的初始月产油量用 $Q_{on}(10^4\text{t})$ 表示，则

$$Q_{ob} = Q_{lb}(1-f_{wb}) \tag{1-27}$$

$$D_m = 1-(1-D_a)^{1/12} \tag{1-28}$$

$$Q_{on} = Q_{ob}(1-D_m)^m = Q_{lb}(1-f_{wb})(1-D_a)^{m/12} \tag{1-29}$$

$$Q_{ot} = 10^{-4} \sum_{i=1}^{n} Q_{o_i} \tag{1-30}$$

$$Q_o = Q_{ot} - Q_{on} \tag{1-31}$$

式中 Q_{ob}——注聚合物前一个月区块外供给和区块非目的层采出的月产油量，10^4t；

Q_{lb}——注聚合物前一个月区块外供给和区块非目的层采出的月产液量，10^4t；

f_{wb}——注聚合物前一个月区块聚合物驱采出井综合含水率，%；

D_m——区块外供给和区块非目的层采出油量月递减率；

D_a——区块外供给和区块非目的层采出油量年递减率；

m——区块聚合物驱时间，按月计算；

Q_{o_i}——区块聚合物驱各采出井月产油量，t；

n——区块聚合物驱采出井总数，口。

13. 区块月综合含水率

区块综合含水率分为全区综合含水率和区块内注聚层综合含水率，计算方法分别如下。全区月综合含水率用 f_w 表示：

$$f_w = 100\%(Q_{lt}-Q_{ot})/Q_{lt} \tag{1-32}$$

区块内聚合物驱目的层月综合含水率用 f_{wp} 表示：

$$f_{wp} = 100\%(Q_l-Q_o)/Q_l \tag{1-33}$$

式中各符号意义同前。

14. 区块月增油量

区块月增油量的计算方法涉及聚合物驱区块目的层目前的综合含水率、采出程度、水驱到综合含水率98%时的采收率值及不进行聚合物驱仅靠水驱还能采出的油量和开发时间等。

而这些水驱开采指标，只能根据区块的开发实际情况，用数值模拟方法进行预测。然而预测的水驱开采时间与聚合物驱开采时间往往不对应，聚合物驱开采 7~8 年就结束，而预测的水驱开采时间需要 10 年甚至更长。为了解决这一问题，采用归一化方法对预测的水驱开采指标进行处理，使得预测的水驱开采时间和聚合物驱开采时间一一对应。这样就可以求出各个阶段对应的预测水驱油量，从而求出聚合物驱各个阶段对应的增油量。

设水驱归一化逐月递减率为 D，则水驱归一化逐月产油量分别为 $Q_{wo}(1-D)^i (i=1,2,\cdots,m)$，则水驱阶段累积产油量可用下式表示：

$$\sum Q_{wo} = Q_{wo} \sum_{i=1}^{n}(1-D)^i \tag{1-34}$$

又因

$$\sum Q_{wo} = \overline{V} R_w$$

$$Q_{wo} = 10^{-4} \sum_{i=1}^{n} Q_{o_i} - Q_{lb}(1-f_{wb}) \tag{1-35}$$

所以

$$\overline{V} R_w = \left[10^{-4} \sum_{i=1}^{n} Q_{o_i} - Q_{lb}(1-f_{wb}) \right] \sum_{i=1}^{m}(1-D)^i \tag{1-36}$$

式中 $\sum Q_{wo}$ ——预测的水驱阶段累积产油量，10^4 t；

Q_{wo} ——注聚合物前一个月区块内目的层月产油量，10^4 t；

$\overline{V}$ ——区块内聚合物驱目的层地质储量，10^4 t；

R_w ——预测水驱阶段采出程度，%；

Q_{lb} ——注聚合物前一个月区块外供给和区块非目的层采出的月产液量，10^4 t；

Q_{o_i} ——区块聚合物驱各采出井月产油量，t；

f_{wb} ——注聚合物前一个月区块聚合物驱采出井综合含水率，%。

用牛顿迭代法求出上式中水驱归一化月递减率 D 后，则可逐个求出水驱归一化每月产油量，从而进一步求出区块每月增油量 $Q_{Po_i}(10^4 \text{t})$：

$$Q_{Po_i} = Q_{o_i} - Q_{wo}(1-D)^i \quad (i=1,2,\cdots,m) \tag{1-37}$$

针对聚合物驱的开采特点，即当区块投注聚合物后，聚合物驱初期阶段油井综合含水是逐步上升的，当综合含水上升至最高点后，随着聚合物驱油井见效，区块综合含水开始逐渐下降，聚合物驱增油量应从区块月综合含水下降之月开始计算。

15. 区块月采出聚合物量

$$Q_P = 10^{-6} \sum_{i=1}^{n} Q_{l_i} f_{w_i} \overline{C}_{P_i} \tag{1-38}$$

式中 Q_P ——区块月采出聚合物量，t；

Q_{l_i} ——区块内聚合物驱各采出井月产液量，m³；

f_{w_i} ——区块内聚合物驱各采出井月综合含水率，%；

n ——区块内聚合物驱采出井总数，口；

$\overline{C}_{P_i}$ ——区块内聚合物驱各采出井月平均采出液浓度，mg/L；

$$\overline{C}_{P_i} = \sum_{i=1}^{n} C_{P_i}/n \tag{1-39}$$

式中 C_{P_i} ——采出井检测采出液浓度，mg/L；

n——采出井月检测采出液浓度次数。

16. 区块月采出液浓度

$$C_P = 10^6 Q_P / \sum_{i=1}^{n} Q_{l_i} f_{w_i} \tag{1-40}$$

式中 C_P——区块月采出液浓度，mg/L；
Q_P——区块月采出聚合物量，t；
Q_{l_i}——区块内聚合物驱各采出井月产液量，m³；
f_{w_i}——区块内聚合物驱各采出井月综合含水率，%；
n——区块内聚合物驱采出井总数，口。

17. 区块内聚合物驱目的层阶段提高采收率值

$$\Delta \eta = 100\% \sum Q_{Po} / \overline{V} \tag{1-41}$$

式中 $\Delta \eta$——区块内聚合物驱目的层阶段提高采收率值，%；
$\sum Q_{Po}$——区块内聚合物驱目的层累积增油量，10^4t；
$\overline{V}$——区块内聚合物驱目的层地质储量，10^4t。

四、聚合物驱在油田矿场中的实际应用及规律

大庆油田自 1996 年聚合物驱油技术工业化以来，聚驱规模不断扩大。截至 2023 年底，取得了化学驱年产油量连续 22 年超过 1000×10^4 吨的开发效果，并且逐步加深了对聚合物驱开发规律的认识。

1. 确定了油层的分类标准

为了更好地利用聚合物驱提高原油采收率，大庆油田勘探开发研究院的科技工作者通过对典型区块的解剖，按照三次采油的技术要求，制定了喇萨杏油田的三大类六小类的油层分类标准。

表 1-13 喇萨杏油田高含水期油层分类标准

油层类型		钻遇率，%	单层有效厚度，m	有效渗透率范围，μm^2
一类油层	ⅠA	≥60	≥3	≥0.5
	ⅠB	≥60	≥1.5	≥0.3
二类油层	ⅡA	20~60	≥1	≥0.3
	ⅡB	<20	≥1	0.1~0.3
三类油层	ⅢA	≥60	<1	<0.1
	ⅢB	表外储层		

2. 含水变化规律

含水变化规律可以用"两升，一降和一稳"描述。"两升"是指空白水驱和注聚初期含水继续上升，注聚中后期的含水回升；"一降"是指聚驱见效后的含水下降；"一稳"是指生产井含水在低含水值稳定。图 1-26 是典型的聚合物驱含水变化规律。

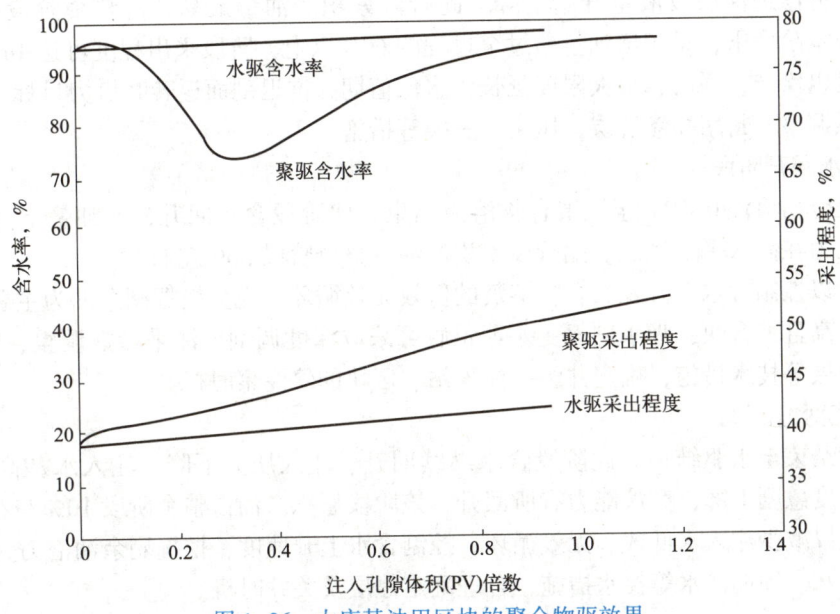

图 1-26　大庆某油田区块的聚合物驱效果

3. 聚合物驱全过程五个阶段的划分

通过对大庆油田主力油层聚合物驱的实际含水变化规律的分析,并结合其他指标的动态特点,将聚合物驱的全过程分为五个阶段。

1) 水驱空白及见效前期

此阶段包括空白水驱及注聚未见效阶段,聚合物溶液注入量为 0~0.05PV,油井尚未见效,含水继续上升,聚合物溶液主要进入大中孔道,改善了非均质油层的吸水剖面和不利的油水流度比,注水压力急剧上升。

该阶段应结合动态资料,进一步深化对聚驱区块的认识,为聚合物驱方案优化提供准备。应着重采取以下几项措施,一是对聚驱控制程度低的局部井区完善注采系统;二是调整注采参数缓解平面矛盾;三是适当下调注入速度,为注聚及聚驱前调剖预留压力上升空间;四是明确深度调剖井及分层注聚井,编制深度调剖及分层注聚措施方案;五是水驱阶段注入压力不正常、动静不符的井在此阶段应完成治理。

2) 注聚见效及含水下降阶段

此阶段注入压力继续上升,油井含水快速下降,高渗透层油墙逐步形成,注入剖面初步得到改善,产油量比上一阶段增加了 3~4.8 倍,此阶段的注入液量为 0.05~0.2PV,累积产油占整个阶段 15%左右。

该阶段以保证注入液均匀推进、采油井均衡受效为调整目标,平面各生产井的见效差异及层内层间的动用状况差异为主要治理对象。及时录取分层吸水剖面资料,对见效差和剖面未得到有效调整的注入井尽早查明原因,积极采取分层注聚和注入参数调整等手段进一步提高聚驱效果。

3) 低含水阶段

在注入聚合物溶液 0.2~0.4PV 时,处于低含水阶段,此阶段产油量达到峰值,含水达到最低点,生产井产液量下降、产聚浓度开始上升,注入压力上升速度减缓,吸水剖面开始发生反转,低渗透油层吸液量开始下降。此阶段累积产油量最高,占整个阶段40%左右。自注聚起至本阶段末,累积增油量超过全过程的60%以上,阶段采出程度可达14%~18%。

该阶段以增产、提液、最大限度延长含水低值期、推迟剖面返转时机为目标,可采取局部注采关系调整、封堵高渗透层、压裂、三换等措施。

4)含水回升阶段

注入聚合物溶液0.4PV至注聚合物溶液结束,此阶段含水回升,产油量下降,产聚浓度和注入压力在高水平上稳定。此阶段累积产油占整个阶段30%左右。

该阶段以控制含水上升及聚合物溶液的低效无效循环、充分挖掘剩余油为主要目标,针对采聚浓度高且上升快,吸水剖面变差等矛盾可采取深度调剖、注采参数调整、周期注聚、封堵高渗透层等技术措施,确定井组、注入站、区块的停注聚时机。

5)后续水驱阶段

由注聚结束至水驱结束。此阶段含水继续回升、注入压力下降,注入水从高渗透层突破,采聚浓度急剧下降,产液能力有所回升。该阶段累积产油占整个阶段10%左右。

此阶段以减少注入水低效、无效循环,控制含水上升速度,挖掘剩余油潜力为目标,可采取细分注水、周期注水等控水措施,合理确定停层及关井时机。

五、聚合物驱效果分析方法

1. 效果分析的一般步骤

动态效果分析的一般步骤为:(1)根据需要收集整理资料;(2)绘制生产曲线;(3)分析动态变化的原因;(4)得出结论;(5)根据所得出的结论,提出相应的措施建议。

2. 聚合物驱注入动态特征

(1)聚合物溶液黏度较高,聚合物在油层中的滞留作用,使油层渗透率下降,渗流阻力增加,因此在相同的注入速度下,注入压力上升。

(2)注聚初期,由于注入井周围油层渗透率下降较快,渗流阻力迅速增加而导致注入压力快速上升。

(3)注入量、流体浓度、流体黏度、聚合物分子量越高,注入压力上升就越快。

(4)随着注入时间的延长,即聚合物用量达到一定数量以后,近井地带油层对聚合物的吸附、捕集达到平衡,注入压力趋于稳定或上升缓慢。

(5)注入井的吸水剖面会得到改善,会增加吸水厚度。

3. 聚合物驱采油动态特征

(1)注聚初期产出液含水上升,见效后含水大幅度下降,产油量明显增加,产液能力下降。

(2)注聚合物一段时间后,采油井中会见到聚合物,采出液中聚合物浓度会逐渐增加。

(3)采出液含水率先升后降,然后在一个较低水平上稳定一段时间后开始回升。

(4)采油量先降后升,然后在一个较高水平上稳定一段时间后开始下降。

(5)采油井的产液剖面会得到改善,会增加出油厚度。

4. 大庆油田聚驱开发的"四最"和"520"

"四最"是指:最小尺度的个性化设计,最及时有效的跟踪调整,最大限度地提高采收率,最佳的经济效果。也就是说,应用最小尺度的个性化设计尽可能地减小聚合物的用量,最及时有效地跟踪分析以便随时调整生产中出现的问题,最大限度地提高采收率,达到最佳的经济效果。

"520"目标是指:一类油层提高采收率 15 个百分点,二类油层提高采收率 12 个百分点,三类油层提高采收率 10 个百分点。

技能训练

一、聚合物驱注入效果分析

案例:表 1-14 为某聚合物注入井 1-31 综合数据表,试分析一下其注入状况是否正常。

视频 聚合物驱注入效果分析

表 1-14 聚合物驱注入井 1-31 压力变化曲线

日期 (年月)	注水压力,MPa			日注入量,m³/d		母液,m³/d		清水,m³/d		备注
	泵压	油压	套压	配注	实注	配注	实注	配注	实注	
201801	14.00	8.3	8	200	210					破裂压力:16.5MPa 2018 年 2 月注聚
201803	14.95	11.5	9.1	200	195	40	40	160	155	
201805	15.90	13.6	10.2	200	198	40	40	160	158	
201807	16.22	14.1	10.3	200	203	40	41	160	162	
201809	16.38	14.6	10.8	200	204	40	41	160	163	
201811	16.79	14.8	11.2	200	204	40	40	160	160	
201901	16.70	14.9	11.1	200	205	40	42	160	163	
201903	16.80	14.9	11	200	208	40	42	160	166	
201905	16.81	15.0	11.2	200	206	40	41	160	165	

1. 准备工作

(1) 工具用具准备:电脑 1 台、纸、笔、直尺、橡皮等。

(2) 资料准备:收集用于分析的静态资料和动态资料。静态资料包括井位图、油层资料、小层数据表、射孔数据表、油层联通状况等;动态资料包括泵压、油压、套压、日注入量、注入浓度、注入黏度、洗井资料、测试资料等。

微课 用 Excel 绘制生产曲线

2. 分析步骤

1) 绘制曲线

绘制泵压、油压、套压与时间之间的关系曲线,可以将三条曲线绘制在一幅图中,如图 1-27 所示。

2) 分析曲线

分析压力曲线变化情况,图中三条曲线变化情况如下:泵压始终高于油压;除了 2018 年 1 月油压值和套压值相等外,其余时间油压均高于套压。

3) 剖析原因

上文提到,注聚合物后注入压力会上升,这个压力指的就是油压。数据表中备注了油层

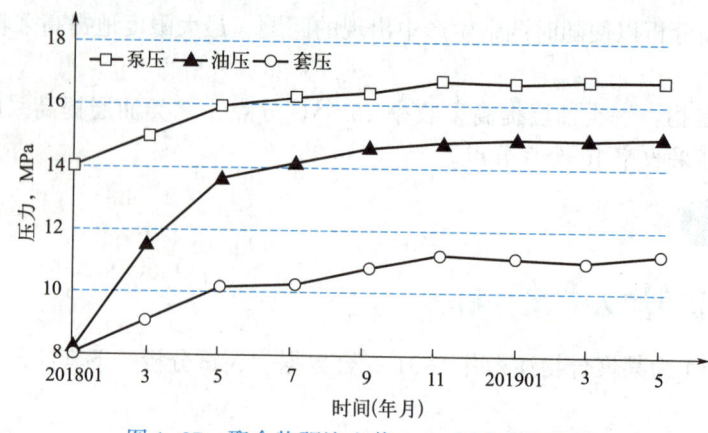

图 1-27 聚合物驱注入井 1-31 压力变化曲线

破裂压力为 16.5MPa，那么油压就绝对不可以超过 16.5MPa，本井最高注入压力是 15.0MPa，未超破裂压力；数据表中还备注了该井从 2018 年 3 月开始注聚，我们也在曲线图上标注上。从注入数据曲线可以看出，注聚后在注入量相对稳定的情况下，泵压、油压、套压都逐渐上升，特别在注入初期，油压上升速度较快，2 个月后，压力上升减缓，8 个月后，油压上升速度逐渐趋于平稳。对于注聚井，这些状况都是正常的。但如果压力上升速度一直较快（24 小时的压力上升值超过 0.1MPa），或者注入压力与破裂压力差值达到 1MPa 甚至更小，那就必须实时调整注入量和注入浓度，来降低压力上升速度。

4）得出结论

由于本井的注入状态与聚合物驱注入的一般特征相符，注入压力没有达到破裂压力，且当前压力平稳，判断为正常状态。

5）措施建议

维持目前方案正常注入即可。

二、聚合物驱采油效果分析

视频　聚合物驱采油效果分析

案例：表 1-15 所示为某聚合物驱油区块中采油井 1-32 的综合数据表，试分析该井采油效果。

表 1-15 聚合物驱采油井 1-32 综合数据表

日期（年月）	日产液 m³/d	日产油 m³/d	含水率 %	沉没度 m	泵径 mm	油嘴 mm	采聚浓度 mg/L	采聚黏度 mPa·s	注入孔隙体积（PV）	备注
201705	171	16	90.6	918.2	150	14				
201707	150	11	92.7	614.5	150	14				
201709	145	8	94.5	600.3	150	14				注聚
201711	132	7	94.7	582.4	150	14				
201801	100	10	90.0	503.6	100	9	68	1.3	0.05	换油嘴
201803	97	15	76.4	496.4	100	9	82	1.5		
201805	95	19	80.1	452.1	100	9	105	1.7		
201807	93	22	76.4	403.8	100	9	130	1.7		

素质提升拓展阅读

毛泽东：看来发展石油工业还得革命加拼命

1956年2月，毛泽东主席在听取石油工业部汇报时说："搞石油工业艰苦啊！看来发展石油工业还得革命加拼命！""革命加拼命"是大庆石油会战的指导思想，也是大庆石油会战中形成的以"爱国、创业、求实、奉献"为主要内涵的大庆精神的特质与禀赋。

新中国成立之初，全国仅有甘肃玉门、陕北延长、新疆独山子几个小油田，原油产量只有12万多吨，石油专业技术力量缺乏、石油开采技术装备落后，基础十分薄弱。经历了20世纪50年代的发展，石油工业取得了一定成绩，扩建了玉门油矿，先后发现和建设了新疆克拉玛依油田、青海冷湖等油田。但是，我国依赖"洋油"的状况、石油工业落后的面貌并没有得到根本改变。当时，全国探明的天然石油储量只有0.56亿吨，实在少得可怜。1957年在全国很低的石油消费总量中，国产油只占38%，进口油占比达62%。国家缺油，就如同人缺了血液。因为严重缺油导致国内不少汽车在行驶途中抛锚，一些工厂被迫停产，许多拖拉机、飞机、坦克不能正常工作，连国防执勤、空军飞行训练都受到了不同程度的影响。北京长安街上的公共汽车背上了沉重的"煤气包"，其他一些地方则烧起了酒精甚至"老白干"。到1959年，我国原油年产量虽然达到了373.3万吨，但自给率仅有40.6%，缺口巨大。毛泽东在"一五"计划执行之初，就感叹地说："要进行建设，石油是不可缺少的，天上飞的、地下跑的，没有石油都转不动啊！"美国军事家也曾预言：红色中国并没有足够的燃料进行一次哪怕是防御性的现代战争……连几个星期也不行。国家缺油，使得石油系统的职工从上到下都感到千斤重担般的压力。1959年，玉门油田的王进喜当选为全国劳动模范到北京参加群英会。休会期间，王进喜在参观首都"十大建筑"时，看到行驶的公共汽车上背着"煤气包"，才知道国家缺油，他感到一种莫大的耻辱，责任与愧疚让这位坚毅的西北汉子蹲在北大红楼附近的沙滩街头哭了起来。他感慨地说，没有石油，国家有压力，我们要自觉地替国家承担这个压力，这是石油工人的责任。

由于长期受"中国贫油论""陆相无油论"思想的桎梏，人们对中国石油发展前景的认识是不同的。美孚石油公司在中国没有找到石油，日本人在中国东北也没有"嗅"到石油的痕迹。理论界普遍认为中国无论是海相地层，还是陆相地层，都不可能生产大量石油。时任石油工业部部长的余秋里要带领石油职工在不利的国际国内环境下，在起步较晚、勘探理论准备不足、技术装备落后、勘探队伍经验贫乏、石油工业发展缓慢等严峻的形势下"摘掉中国贫油的帽子"，唯有发扬"革命加拼命"的精神，不怕困难、艰苦奋斗、顽强拼搏，没有条件创造条件也要上，才能战胜一个又一个困难，不断取得胜利。

"革命加拼命"作为石油工业发展的指导思想，与抗日战争时期毛泽东为延长石油厂厂长陈振夏题写的"埋头苦干"一脉相承，都是中国共产党伟大精神的重要内容。邓小平在1980年12月25日对党的伟大精神作过概括："在长期革命战争中，我们在正确的政治方向指导下，从分析实际情况出发，发扬革命和拼命精神，严守纪律和自我牺牲精神，大公无私和先人后己精神，压倒一切敌人、压倒一切困难的精神，坚持革命乐观主义、排除万难去争取胜利的精神，取得了伟大的胜利。搞社会主义建设，实现四个现代化，同样要在党中央的正确领导下，大大发扬这些精神……使之成为中华人民共和国的精神文明的主要支柱。"

摘选自国家行政学院出版社《大庆精神（铁人精神）——镌刻在历史丰碑上的辉煌》

单元训练题

一、填空题

1. 影响聚合物溶液黏度的因素有（　　　　）、（　　　　）、（　　　　）、（　　　　）、（　　　　）等。
2. 聚合物的降解可分为（　　　　）、（　　　　）和（　　　　）。
3. 聚合物配制站的工艺流程可以概括为：（　　　　）→（　　　　）→（　　　　）→（　　　　）→（　　　　）→（　　　　）→外输。
4. 在注入压力允许的情况下，只要是聚合物相对分子质量和（　　　　）匹配，应最大限度地采用高相对分子质量的聚合物。
5. 聚合物的用量一般用（　　　　）和油层（　　　　）的乘积来表示。

二、问答题

1. 为什么聚丙烯酰胺在水中的溶解时间比较长？
2. 聚丙烯酰胺的黏度主要受哪些因素的影响？是怎么影响的？
3. 聚合物降解的防护方法有哪几种？
4. 在聚合物溶液的配制及注入过程中，为了保护聚丙烯酰胺的黏度应该注意哪些问题？
5. 聚合物驱油的机理是什么？
6. 什么是阻力系数和残余阻力系数？如何计算？
7. 在聚合物配制站，如何用天吊进行加料？
8. 聚合物溶液的高压取样的步骤是什么？
9. 如何计算聚合物驱采油井的井口注聚浓度和注聚黏度？

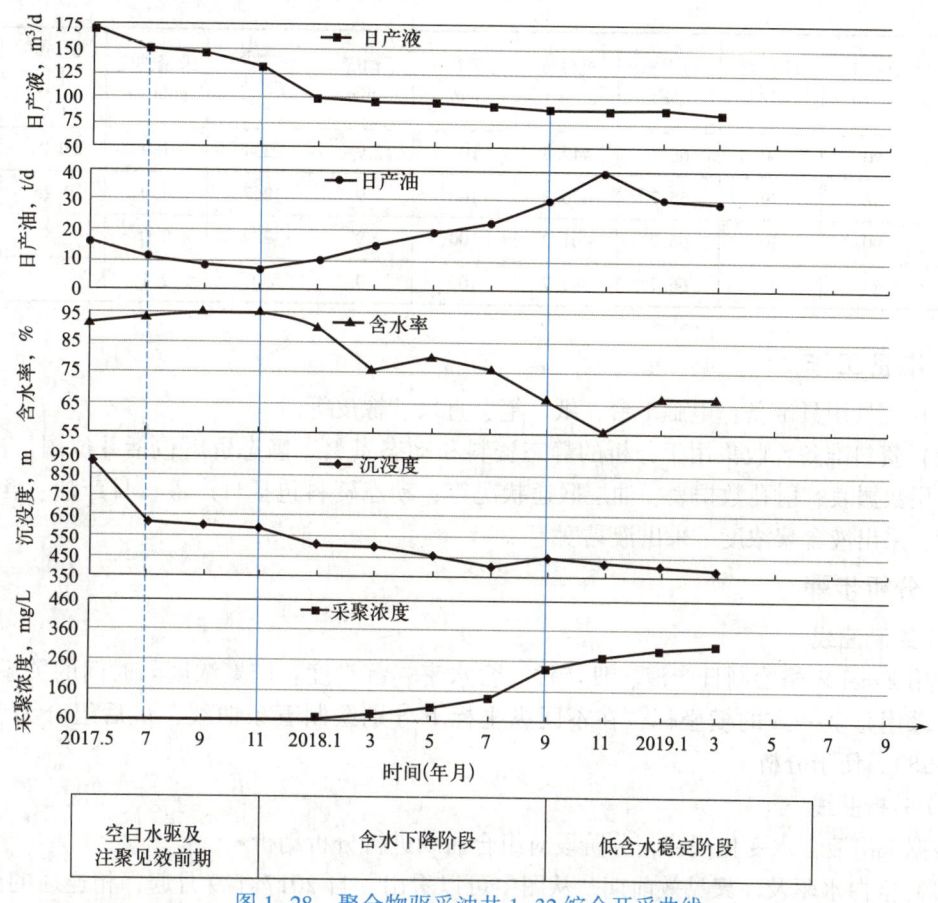

图 1-28　聚合物驱采油井 1-32 综合开采曲线

5）措施建议

低含水阶段，是采油的黄金时期，为尽量延长该阶段的生产时间，建议根据实际情况采取补孔、压裂等措施，提高油井的排液能力，稳定采收率提高的效果。

笔记

续表

日期 (年月)	日产液 m³/d	日产油 m³/d	含水率 %	沉没度 m	泵径 mm	油嘴 mm	采聚浓度 mg/L	采聚黏度 mPa·s	注入孔隙体积 (PV)	备注
201809	90	30	66.7	449.5	100	9	234	1.9	0.2	
201811	88	39	55.7	426.3	100		267	2.0	0.25	
201901	90	30	66.7	401.2	100	9	289	2.0		
201903	87	29	66.7	382.7	100	9	301	2.1		

1. 准备工作

（1）工具用具准备：电脑1台，纸、笔、直尺、橡皮等。

（2）资料准备：收集用于分析的静态资料和动态资料。静态资料包括井位图、油层资料、小层数据表、射孔数据表、油层联通状况等；动态资料包括日产液、日产油、含水率、沉没度、采出液含聚浓度、采出液黏度等。

2. 分析步骤

1）绘制曲线

应用 Excel 表格绘制日产液、日产油、含水率、沉没度、产聚浓度与时间的关系曲线。要求：采用完全一致的横坐标，在不同纵坐标下分别绘制五条曲线，最后组合为一幅图（图1-28），便于分析。

2）分析曲线

根据采出液含水变化规律，分阶段对组合曲线进行分析剖析：

（1）空白水驱及注聚见效前期。从图中可以看出，自2017年9月起，相连通的注聚井开始注聚，11月含水达到最高值后开始持续下降，所以2017年5月至2017年11月为第一阶段——空白水驱及注聚见效前期。在这个阶段，日产液下降，日产油下降，含水率上升，沉没度下降。这与聚合物驱见效前的一般规律相符。

（2）含水下降阶段。自2017年11月起，本油井开始见效，与见效前对比，日产液下降，日产油上升，含水率下降。到2018年9月，产油和含水的变化相对平稳，所以将2017年11月至2018年9月划分为第二阶段——含水下降阶段。但这里也出现了一个问题，就是自空白水驱以来，沉没度一直在减小，虽然更换小泵，将油嘴调小，但沉没度一直在下降。

（3）低含水稳定阶段。自2018年9月起，进入第三个阶段——低含水稳定阶段。在这个阶段，产液量继续平稳下降，产油量先升后降，然后在高值处趋于平稳；含水降到低点后小幅反弹，在低值处趋于平稳。但沉没度持续走低，这说明油井的排液能力在变差。

3）剖析原因

通过前面的分析我们发现，该井增油降水效果非常明显，较之注聚合物前，日产油量上升为原来的4倍，已经连续六个月在每天30t以上，含水降低约30%，2019年3月已进入低含水稳定阶段，但沉没度持续走低，说明油井的排液能力在下降，可结合产液剖面图、沉积相带图、射孔数据等，做进一步分析。

4）得出结论

油井排液能力下降。

学习情境二　三元复合体系驱油技术

碱/聚合物/表面活性剂三元复合体系驱是指在注入水中加入低浓度的表面活性剂、碱和聚合物的复合体系进行驱油的一种提高原油采收率方法（简称ASP三元复合驱）。三元复合体系既有较高的黏度，又能与原油形成超低界面张力，从而提高原油采收率。矿场实践表明，三元复合驱可比水驱提高约20%采收率。

本学习情境是根据三元复合体系驱油技术的现场实施过程进行设计的，并按这一过程设计了三个学习项目：

项目一　三元复合体系的配注
项目二　三元复合驱注入井、采油井管理
项目三　三元复合体系驱效果分析

项目一　三元复合体系的配注

知识目标

（1）能准确说出三元复合体系的组成及其特点。
（2）能准确说出三元复合体系驱油机理。

技能目标

（1）能正确绘制三元配注站流程。
（2）能正确录取三元配注站资料。

视频　三元复合体系的配注

素质目标

（1）能用严细认真的态度绘制流程图。
（2）能用实事求是的作风填写班报表。

工作过程知识

三元体系的配注是指按配制方案的要求将碱、表面活性剂和聚合物三种化学剂按体系配方浓度经静态混合器混合均匀后，经三柱塞泵加至需要的压力后输送至各注入井。

一、三元复合体系的组成及其特点

1. 表面活性剂

表面活性剂是指能够在低浓度下自发地吸附在两相界面上、显著地降低界面张力的一类物质。表面活性剂都是两亲分子，即分子是由非极性的亲油基和极性的亲水基两部分组成。亲水基易溶于水，具有亲水性质；亲油基不溶于水而易溶于油，具有亲油性质。

表面活性剂单体通常可用 O~ 表示，波浪状短曲线表示非极性基团，而圆圈表示极性基团。降低表面张力是所有表面活性物质的共性，它们降低表面张力的情况大致如图 2-1 所示。

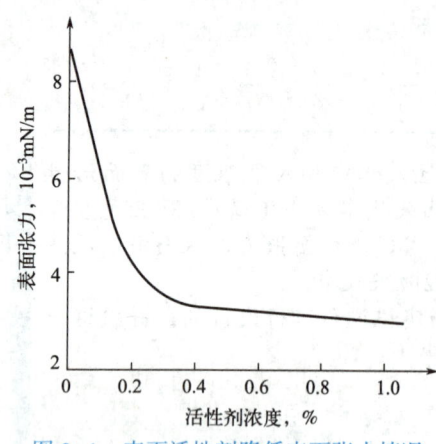

图 2-1 表面活性剂降低表面张力情况

1）表面活性剂的分类

表面活性剂亲水基部分的基团种类繁多。表面活性剂性质上的不同主要与亲水基的不同有关，因而表面活性剂的分类一般是以其亲水基的结构为依据，即按表面活性剂溶于水时形成的离子类型来分类。

表面活性剂溶于水时，凡能离解成离子的称为离子型表面活性剂；不能离解成离子的称为非离子型表面活性剂。对于离子型表面活性剂，按其在水中形成的表面活性离子的种类又可分为阴离子型表面活性剂、阳离子型表面活性剂、两性离子型表面活性剂。

（1）阴离子型表面活性剂。

阴离子型表面活性剂是发展最早、应用最广的一类极其重要的产品。其产量占表面活性剂总量的 60%～70%。尤其在我国，阴离子表面活性剂占总量的 90% 左右。此类表面活性剂在水溶液中可离解出表面活性阴离子。这种表面活性阴离子由亲油基和亲水基两部分构成，所以它具有表面活性剂两亲的结构特点。例如十二烷基苯磺酸钠在水溶液中按下式离解：

$$C_{12}H_{25}\text{—}\phi\text{—}SO_3Na \longrightarrow C_{12}H_{25}\text{—}\phi\text{—}SO_3^- + Na^+$$

离解出的阴离子为十二烷基苯磺酸基 $(C_{12}H_{25}\text{—}\phi\text{—}SO_3^-)$，其结构中既有亲油基 $(C_{12}H_{25}\text{—}\phi\text{—})$，又有亲水基（—$SO_3^-$），所以它是一个很好的阴离子表面活性剂。

阴离子型表面活性剂可细分为如下几类：

① 羧酸盐型（如 R—COOM）；

② 磺酸盐型（如 R—ϕ—SO_3M）；

③ 硫酸脂盐型（如 R—OSO_3M）；

④ 磷酸酯盐型（如 R—OPO_3M_2）。

上述分子式中 R 一般为 C_{12}～C_{18} 的烃链，M 为 Na^+、K^+、NH_4^+ 等阳离子。

由于电中性的需要，阴离子表面活性剂并不带电荷。分子中有一个无机金属阳离子，通常是 Na^+，与单体相连结。在水溶液中，表面活性剂分子产生电离并分离成为阳离子和阴离子单体。在提高石油采收率中应用最广的是阴离子表面活性剂，因这类表面活性剂具有显著的抗滞留性质，比较稳定，而且价格也较便宜。因此在提高原油采收率中是较好的一类活性剂。

(2) 阳离子型表面活性剂。

这类物质通常是那些具有表面活性的含氮化合物，即有机胺衍生出来的盐类。它们在水溶液中能离解出表面活性阳离子，所以被称为阳离子型表面活性剂。由于该类表面活性剂很容易被黏土阴离子表面吸附，所以在提高原油采收率中很少使用。

(3) 两性离子型表面活性剂。

这类表面活性剂在水溶液中离解出的表面活性离子是一个既带有阳离子又带有阴离子的两性离子，而且此两性离子随着 pH 值变化而变化。通常在碱性条件下它呈现阴离子性质；在等电荷时显示非离子性质；在酸性条件下呈现阳离子性质。此类表面活性剂毒性甚低，生物降解性能好，而且具有优良的洗涤、乳化、缓蚀、杀菌以及抗静电等作用。

(4) 非离子型表面活性剂。

这类表面活性剂在水溶液中不能离解成离子，是以分子或胶束状态存在于溶液中。因各组成成分之间的负电性有明显差别，因此简单地表现出活性剂特性。与阴离子型和阳离子型表面活性剂相比，非离子型表面活性剂对水溶液中的高含盐度显得不敏感。

2) 表面活性剂的驱油机理

(1) 降低油水界面张力，使残余油变为可流动油。

向注入水中加入表面活性剂后，表面活性剂必然会向油水界面进行定向吸附，从而引起油水界面的净吸力发生变化。由于水分子极性较大，当以极性较小的表面活性剂的极性部分代替了界面层中的水分子时，结果使水相内部对表面的吸引力减弱。再由于表面活性剂分子的非极性部分与油相的吸引力，随着相对分子质量的增大而增大。因此，当表面活性剂的分子代替了界面层水分子并将其非极性部分插入油相时，油相对表面的吸引力增强了。综合上述两个方面的变化，显然界面层上的净吸力大大减弱，结果界面收缩力明显减小，从而使油水界面张力明显下降。

大量实验证明，当油水界面张力降低时，油滴易于变形，且通过喉道时阻力减小。这样在亲水岩石中处于高度分散状态的二次残余油就会被驱替出来，形成流动油。

(2) 改变岩石表面的润湿性。

在亲油岩石中，水驱油后剩余的残余油以薄膜状态吸附在岩石的表面。表面活性剂在岩石上的吸附可使岩石的润湿性发生变化，使润湿接触角变小，即水对岩石的润湿性增强，增加了可流动油份额，使可流动孔道尺寸变大、液体流动阻力变小、流量变大，使多孔介质对原油和水的相对渗透率增加。

(3) 增加原油在水中的分散作用。

油和水是互不相溶的，所以要用水把油带出来就不太容易。当有表面活性剂的加入时，就会使原油容易分散于水中。

发生于两种互不相溶的液—液之间的分散现象称为乳化。其中总有一种液体是水（或水溶液），简称"水相"；而另一种通常是有机液体，如苯、原油等，简称"油相"。一种液体或多种液体以微小的液珠均匀地分散于另一种液体中形成的乳液，称为乳状液。乳状液的分散相液珠直径在 $0.1 \sim 100 \mu m$ 的范围内。乳状液可分为两大类，即以油为分散相、水为连续相的乳状液，称为水包油乳状液，用 O/W 表示。反之，以水为分散相，油为连续相的乳状液，称为油包水乳状液，用 W/O 表示。单纯的油和水不能形成稳定的乳状液，只有加入表面活性剂之类的物质才能得到较稳定的乳状液。

表面活性剂溶液注入地层后，随着油水界面张力的降低，原油可以分散在活性水中，形成水包油型乳状液，表面活性剂起稳定剂作用。同时，由于表面活性剂在油滴表面的吸附而使油滴带有电荷，这样油滴就不易重新黏回到地层表面，从而被活性水夹带着流向采油井。

(4) 改变原油的流变性。

很多油田的原油因含有沥青、胶质、石蜡等而具有非牛顿流体的性质，其黏度随剪切应力而变化。这是因为原油中胶质、沥青和石蜡一类的高分子化合物容易形成空间网状结构，这种结构在原油流动时一部分被破坏，破坏的程度与流动速度有关。当原油静止时，结构得以恢复，重新流动时黏度就很大。所以原油具有异常黏度，在渗流时发生滞后现象。原油的这种非牛顿流体性质直接影响驱油效率和波及系数，使得原油的采收率很低。要提高这类油田的采收率，需要改善异常原油的流变性，即降低其黏度和极限动剪切应力。而用表面活性剂水驱油时，一部分表面活性剂溶入油中，吸附在沥青质点上可以减弱沥青质点间的相互作用，削弱原油中大分子的网状结构，从而降低原油的极限动剪切应力，提高采收率。

3）驱油用表面活性剂的选择

应用表面活性剂驱油主要是提高油藏的采收率和开采速度，所以在选择表面活性剂时应考虑以下几个条件：

(1) 在油水界面上的表面活性高，使油水界面张力降低至 $0.01\sim0.001\text{mN/m}$ 以下；

(2) 在地层介质中的扩散速度较高；

(3) 与地层流体配伍性好，不与地层流体发生化学反应；

(4) 在岩石表面的吸附量低，以减少表面活性剂的消耗量；

(5) 当在水中的浓度较低时，应具有较强的驱油能力；

(6) 廉价易得，以降低表面活性剂驱油的成本。

虽然表面活性剂溶液驱油技术能够很大程度地提高原油采收率，但是由于其采油成本过高，因此，很难在油田矿场上独立使用。然而，随着油田开发技术的不断发展，表面活性剂和其他驱油介质联合使用，在提高石油采收率方面发挥了巨大作用。

2. 碱

注碱水驱油是强化采油的另一种方法。该方法是通过将比较廉价的化合物（如氢氧化钠）掺加到注入水中，以增加其 pH 值。碱与原油的某些成分发生反应，生成表面活性剂，降低水与原油之间的界面张力，使油水乳化，改变岩石的润湿性，并可溶解界面薄膜，从而提高原油的采收率。

1）降低界面张力

在碱性水中含有 OH^-，但 OH^- 本身并不是一种表面活性剂。然而，当碱性水与原油中的有机酸混合时，则会生成表面活性剂并集中在油水界面上，降低油水界面张力。因此，碱水驱油时，若降低油水界面张力，原油中必须有一定的有机酸。原油的酸值是确定原油特性是否适于碱水驱的一项指标。所谓原油酸值是指中和 1g 原油（pH=7）时所需氢氧化钾的毫克数。一般说来，若要碱水驱使界面张力显著下降，原油的酸值应大于 0.5mg/g。

2）改变岩石表面的润湿性

碱水驱生成的表面活性剂除聚集在油水界面外，还有一部分表面活性剂吸附在岩石表面，改变岩石表面的润湿性。如岩石表面的润湿性由亲油转变为亲水时，水变为润湿相，从而水在毛细管力作用下进入小孔道及颗粒表面，而油占据孔隙中间，油和水的相对渗透率向有利于提高采收率的方向转化。

3）乳化和捕集携带作用

当碱水驱产生的表面活性剂使油水界面张力足够低时，在亲水岩石中的剩余油将被乳化，形成水包油乳状液。在流动过程中，若遇到比乳状液滴还要小的孔隙喉道，乳状液将被捕获，从而产生阻塞效应，抑制了水驱油时的黏性指进，提高了洗油效率，扩大了波及系数。

当稳定的乳状液滴的平均尺寸小于或等于岩石的平均孔隙直径时，这些乳状液滴被携带着进入连续流动的碱性水相中，残余油以非常细小的乳状液随水一起流出。如果剪切速度高时，乳状液滴受到剪切后，其尺寸将减小，有利于携带。

4）增溶油水界面处形成的刚性薄膜

油与岩石接触处，原油中的沥青质、卟啉、石蜡等成分吸附在岩石表面，形成坚硬的刚性薄膜。由于这种薄膜的存在，不仅增加了残余油饱和度，而且使充塞在孔隙内的油流阻力增加，限制原油通过孔喉。同时，它抑制了水包油乳状液进行聚并。随着碱性水溶液的注入，由于界面化学反应，碱相吸入到油相中，这种溶胀的油相，加上其形态的改变，使油水界面上的刚性薄膜破坏，并被增溶，从而使剩余油具有较强的流动能力。

上述为碱性水驱油的基本机理。这些机理是在特定的 pH 值、碱的浓度等条件下出现的。

3. 三元复合体系驱油机理

当三元液注入地层后，一方面由于聚合物的增黏作用改善了流度比，克服了指进现象，使水驱前缘均匀推进。另一方面，表面活性剂及碱的作用使油水间的界面张力大大降低，使水驱不动的残余油得以启动，并在向前推进过程中形成油墙，油墙的形成和扩大加大了油相的分流量，促进了油相渗流，波及系数和驱油效率都比水驱有显著提高，效果明显。

三元复合体系驱油得以推广应用的一个重要原因是，体系中的表面活性剂浓度很低，但靠它和廉价碱的协同作用仍旧可以形成 10^{-3} mN/m 的超低界面张力。从而使采油成本降低。

二、三元复合驱地面工艺

在碱/表面活性剂/聚合物三元复合驱先期的矿场试验及后续的推广实践中，化学剂的注入工艺有很多种，这里只按其发展历程，介绍典型的三种：目的液配注工艺、单泵单井单剂配注工艺和低压二元—高压二元配注工艺。

1. 目的液配注工艺

这种工艺是将碱、表面活性剂和聚合物三种化学剂分别配制为高浓度母液，然后泵入 ASP 混合罐。在混合罐中，以体系配方浓度混合均匀后，以单泵的方式注入地下（图 2-2）。其优点是，注入的化学剂浓度基本可以达到配方的规定值且注入井为单泵注入，单井注入量与配注量基本一致；其缺点是，当井数增多时，所需罐的数量会增多。这是大庆油田在1994 年至 1998 年开展三元复合驱矿场试验时主要应用的工艺，应用这种工艺，目的液中化学剂浓度误差低于 3%，三元复合体系的黏度、界面张力合格率均达到 96% 以上，单井注入量误差低于 2%。

2. 单泵单井单剂配注工艺

聚合物、碱和表面活性剂溶液分别通过注入泵升压，计量后按次序与高压水混合，通过静态混合器混配成三元复合体系，工艺流程如图 2-3 所示。该工艺的特点是每一口注入井

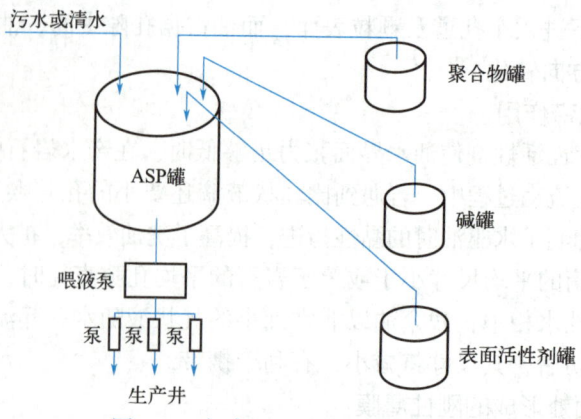

图 2-2　复合驱目标溶液注入流程

配备一套注入装置,该注入装置包括三联计量泵、注入水组合流量计和静态混合器。无论是不同条件的注入井,还是注入井的不同注入阶段,都能根据动态调整要求对三元复合体系中每种化学剂浓度进行适当的调整,全过程满足开发方案对三元复合体系注入的要求。

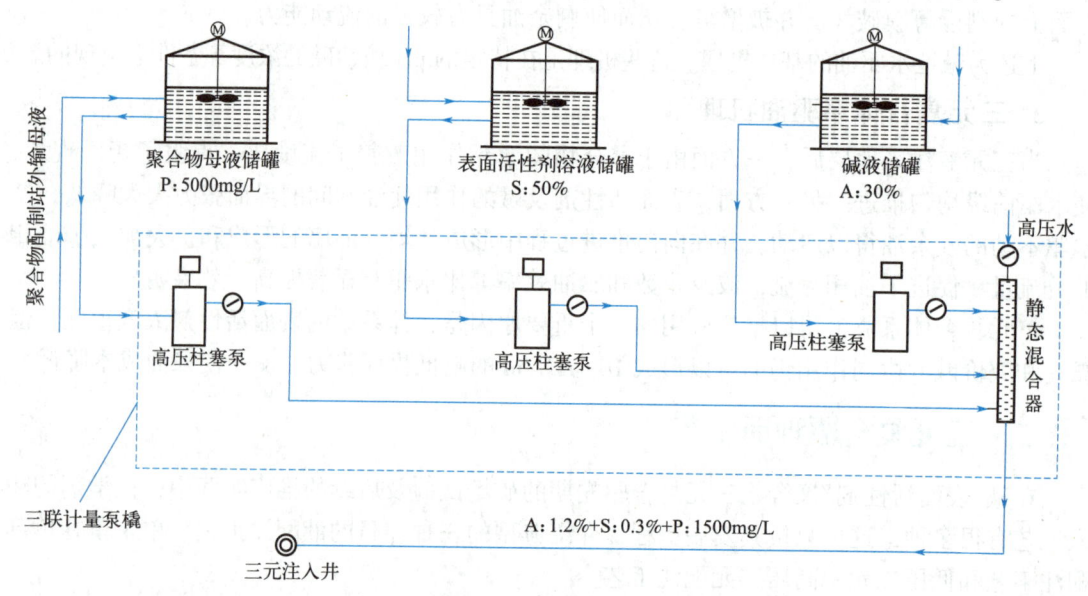

图 2-3　单泵单井单剂配注工艺流程图

P—聚合物;A—碱;S—表面活性剂

虽然该工艺在技术上完全能够满足开发对配注三元复合体系的要求,但在实际生产运行中存在的问题有:首先,多联泵制造技术在国内尚未达到规模生产,大多需要从国外采购,投资较高,后期的维护费用相应随之增大;其次,碱和表面活性剂的注入量非常低,这两种化学剂调节浓度很难满足开发的要求。

3. 低压二元—高压二元配注流程

低压二元—高压二元配注流程如图 2-4 所示,大庆油田在工业推广中,应用较为普遍。其中低压二元,是指用低压的表面活性剂溶液配制聚合物溶液,形成低压二元液;高压二元,是指高压的表面活性剂溶液和高压碱液通过静态混合器形成高压二元液。在低压二元液和高压二元液中,表面活性剂的浓度相同,都是目的液所需的浓度。低压二元液经注聚泵加压后，和高压二元液在单井静态混合器混合后注入。这种流程的优点，一是碱液通过大型高压柱塞泵加压，不进入小型的单井泵，可以有效缓解结垢给注入端造成的不利影响；二是可以根据方案需要灵活调整每一口井的聚合物溶液的浓度或者碱液的浓度。

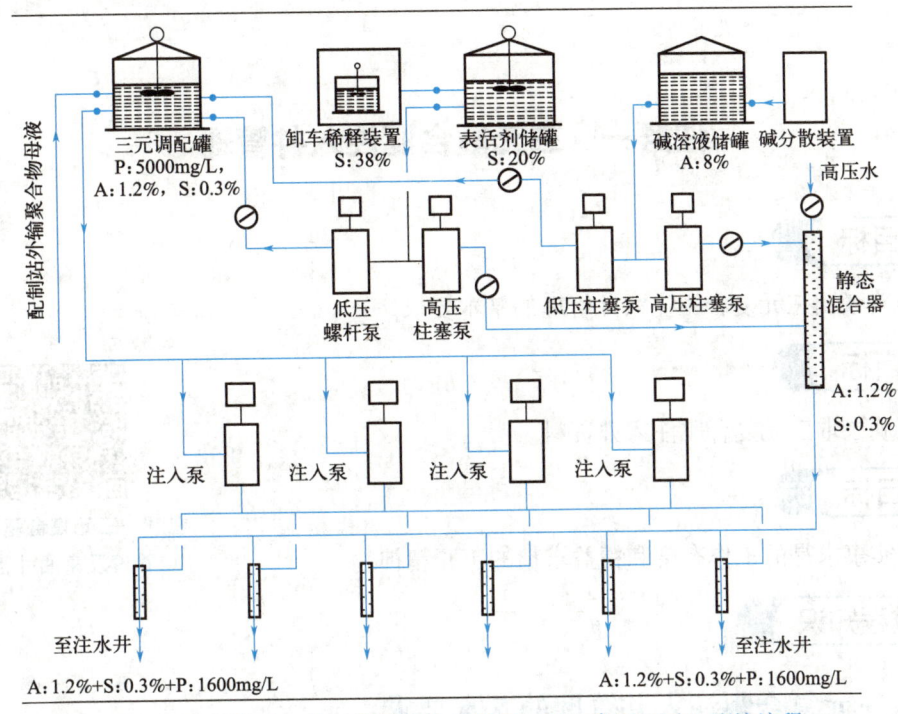

图 2-4　大庆油田某三元配注站"低压二元—高压二元"配注流程

P—聚合物；A—碱；S—表面活性剂

素质提升园地

聚合物、碱、表面活性剂三种化学剂的驱油效果，好于单独的聚合物驱。但生产中所面临的困难也增多了，这就需要石油工作者们迎难而上，发扬"没有条件，创造条件也要上"的精神，改进方法、改进流程，最大程度地发挥三元复合驱的优势，最大限度地提高石油采收率。

笔记

项目二　三元复合体系驱注入井、采油井管理

任务一　三元复合驱注入井管理

知识目标

能准确说出三元复合驱注入井管理的基本要求。

技能目标

能正确录取三元复合驱注入井资料。

素质目标

具有实事求是的工作态度和精益求精的工匠精神。

视频　三元复合驱注入井管理及采油井管理

工作过程知识

一、三元复合驱注入井管理的基本要求

为了保证碱/表面活性剂/聚合物三元复合驱的顺利进行并准确、正确和客观地评价技术效果，应严格按照方案的规定及资料录取要求进行管理。

（1）注入井的注入压力必须小于油层破裂压力，否则减慢注入速度；生产井的产液量也按同一比例降低。

（2）配制的聚合物、表面活性剂和碱母液浓度，井口注入溶液黏度，井口注入聚合物、表面活性剂和碱浓度，以及体系与原油的界面张力必须达到方案设计要求，否则不得注入油层。

（3）在油水井检修、作业或其他原因停注时，在此期间不得注水，除非方案规定的其他测试作业。

（4）所有生产井试验层以下绝对密封且无漏点，井况良好，各井均能测定油层中部压力，部分井能测产液剖面。

（5）注入井采用防腐油管，目的层以下绝对密封。

（6）各种计量仪表、设备及仪器要按规定校验，以保证录取资料及时正确。

二、三元复合驱注入井资料录取管理规定

1. 三元复合驱注入井资料录取内容

三元注入井需录取注母液量、注水量、油压、套压、泵压、静压、分层流量测试及注入液（聚合物、碱、表面活性剂）浓度、注入体系黏度、界面张力等资料。

2. 三元复合驱注入井资料录取要求

1）注母液量、注水量

正常注入井每天录取日注母液量、注水量、碱液量、表面活性剂量、三元混合液量，各注入量与方案对比误差应小于±10%。对因注入压力限制不能正常完成配注的井，以上各注入量按照方案对比进行下调，现场按照新调整后的注入量进行管理，对应注入量误差应小于±10%。由于流程或其他原因无法直接计量，根据当日化验浓度进行计算。

对碱、表面活性剂直接掺入注入水的流程，应按照化验资料折算注入碱液量、活性剂量。注水量按照注入井方案调整注水，误差不超过±5%。关井30天以上的注入井开井，按照相关方案要求逐步恢复注水。分层注入井封隔器不密封或分层测试期间不得计算分层水量，待新测试资料报出后，从测试之日起计算分层注入量。注入井放溢流时，采用流量计或容器计量，溢流量从该井日注入量或月度累积注入量中扣除。电磁、涡街流量计每两年校验1次。流量计发生故障应记录底数，按油压估算注入量，估算时间不得超过24h。

2）油压、套压、泵压的录取

油压、套压、泵压每天录取一次，特殊情况加密录取，每月应有25天以上（不得连续缺3天）为全。泵压录取地点为注入泵出口管线，油压录取地点为阀组单井管线，井口套压录取地点为注入井井口套管。压力表每月校对一次，不超过标定范围，录取压力值以在压力表量程的1/3~2/3内为准。

3）静压的录取

油层静压是在关井后，井底流压恢复到与油层压力同等水平时所测得的压力数据。这个数据只在动态监测系统定点井录取，每半年测静压一次。

4）分层流量测试资料的录取

对于分层注入井，需要定期进行分层流量测试。分层流量资料的录取，每四个月一次。

5）井口注入液浓度、黏度、界面张力的录取

每月井口取样检测2次，两次时间间隔在10天以上。在母液浓度稳定的情况下，聚合物注入浓度、黏度的正常波动范围为±10%，碱和表面活性剂正常波动范围是±10%。在波动范围内，直接选用。超过波动范围，对变化原因清楚的注入井，注入浓度、黏度波动与变化原因一致，当天注入浓度、黏度值可直接选用；对变化原因不清楚的注入井，第二天复样，选用接近上次选用的浓度、黏度值，并落实变化原因。

6）井口界面张力稳定性录取

复合驱阶段每月选4口井进行井口界面张力稳定性评价。

三、碱/表面活性剂/聚合物三元复合驱注入资料的整理

（1）注入井 Hall 曲线的绘制（从水驱开发到整个试验结束：累积注入量—累积注入压力关系曲线），以评价三元复合体系对储层的有无伤害或伤害程度；确定三元复合体系阻力系数及残余阻力系数的大小。

（2）试验区全区开发曲线的绘制（从水驱开发到整个试验结束：累积采油量—含水率关系曲线）。

（3）试验区各生产井单井开发曲线的绘制（从水驱开发到整个试验结束：累积采油

量—含水率关系曲线)。

(4) 各注入井单井和注入井合计(全区)注入量或注入时间与注入压力、碱、聚合物和表面活性剂浓度,溶液黏度,油水界面张力以及吸水指数的关系曲线。

(5) 注入井合计(全区)注入量或注入时间与全区生产井的日产液量、日产油量、累积产液量、累积产油量、综合含水率、碱的产出浓度、聚合物产出浓度(黏度)、表面活性剂浓度、油水界面张力、总矿化度、氯离子含量、产液指数、产油指数以及流动压力的关系曲线。

(6) 注入量或注入时间与试验区所有生产井的单井日产液量,日产油量,累积产液量,累积产油量,含水率,碱、聚合物和表面活性剂产出浓度,总矿化度,氯离子含量,产液指数,产油指数和流动压力的变化曲线。

任务二 三元复合驱采油井管理

知识目标

能准确说出三元复合驱采油井管理的基本要求。

技能目标

能正确录取三元复合驱采油井资料。

素质目标

具有实事求是的工作态度和精益求精的工匠精神。

工作过程知识

一、资料录取及要求

1. 资料录取内容

三元复合驱油井的举升方式,可以根据实际需要选择抽油机、螺杆泵或电泵。三类井均要求录取的资料有油压、套压、电流、产液量、采出液含水、动液面(流压)、静液面(静压)、采出液聚合物浓度、采出碱浓度、采出液表面活性剂浓度、采出液水质及硅、铝离子、泵效等多项资料,螺杆泵井还需录取有功功率、系统效率,抽油机井还需要录取示功图、有功功率和系统效率。其中,油压、套压、电流、产液量(见化学剂前及后续水驱阶段)、动液面(流压)、静液面(静压)、示功图(抽油机井)与聚合物驱油井资料录取要求相同,这里不再赘述。

2. 日产液量(见化学剂后)的录取

三元采出液见聚(碱、表面活性剂)后,日产液量每5天录取1次。日产液量≥100t的油井,正常波动范围为±5%;50t≤日产液量<100t的油井正常波动范围为±10%;5t≤日产液量<50t的油井正常波动范围为±20%;日产液量<5t的油井正常波动范围为±30%。

日产液量超波动范围的井,应连续复量两次,选取接近上次量油值。经电流等资料验证，泵况变化与产液量变化一致的量油值，可以适时选用。

3. 采出液含水的录取

三元复合驱采出井在见效后需加密取样，每5天取样化验采出液含水1次，每月录取6次含水资料，且月度取样次数不少于量油次数。在含水下降阶段，含水值下降不超过5个百分点，可直接采用；含水值下降超过5个百分点，当天含水值借用上次采出液含水值，并于第二天复样，选用接近上次含水值；含水值上升不超过2个百分点，可直接采用；含水值上升超过2个百分点，当天含水值借用上次采出液含水值，并于第二天复样，选用接近上次含水值，变落实变化原因。在其他阶段，按水驱井采出液含水波动范围进行录取。

4. 采出液聚合物、碱、表面活性剂浓度录取要求

采出井未见聚合物、碱、表面活性剂时，采出液聚合物、碱、表面活性剂浓度每月化验1次；采出井见聚合物、碱、表面活性剂后，采出液聚合物、碱、表面活性剂浓度每月化验2次，两次间隔不少于10天，与采出液含水同步录取，采出液聚合物、碱、表面活性剂浓度值直接选用；当采出液含水加密录取时，根据开发要求，适当选取部分样品同步进行采出液聚合物、碱、表面活性剂浓度化验，并同步选用采出液含水值和聚合物、碱、表面活性剂浓度值。

5. 采出液水质录取要求

采出液见聚合物、碱、表面活性剂的采出井，采出液水质每月化验1次，与采出液含水同步录取，采出液水质资料直接选用；当采出液含水加密录取时，根据开发要求，适当选取部分样品同步进行采出液水质化验，并同步选用采出液水质数据。

二、三元复合驱清防垢配套技术

1. 结垢类型

在三元复合驱中，由于配方中含有碱，使复合驱的注采系统产生结垢问题。这主要是由于碱同岩石和地层水中的多价离子反应，在适当的压力、温度、离子构成和pH值条件下，沉淀并堆积成垢。在三元复合驱中所形成的垢主要有：碳酸钙（镁）、氢氧化钙（镁）、硅酸钙（镁）等，有时也能见到钡盐或镁盐垢。

2. 清防垢配套技术应用

某强碱体系三元复合驱试验区，共有采油井63口，其中抽油机井28口，螺杆泵井35口。采油井主要采取化学防垢剂+防垢泵组成的防垢措施：抽油机井采用长柱塞短泵筒AOC合金防垢抽油泵（下文简称AOC泵），螺杆泵井采用陶瓷转子小过盈螺杆泵，同时试验了几种物理防垢器。

试验期间，共发现10口井14井次出现不同程度的结垢现象，结垢厚度0.2~1.2mm，垢样成分以碳酸盐为主。抽油机主要表现为卡泵和凡尔球结垢导致漏失，螺杆泵主要表现为卡泵、漏失（表2-1）。

表2-1 三元油井结垢情况统计表

分类	防垢方式	应用井数，口	结垢井数，井次
抽油机井	AOC泵+磁防垢	3	2
	AOC泵+化学固体防垢块	7	1

续表

分类	防垢方式	应用井数,口	结垢井数,井次
抽油机井	AOC泵	4	1
抽油机井	动筒泵	3	1
抽油机井	长柱塞短筒泵	2	1
抽油机井	长柱塞短筒泵+化学固体防垢块	1	
抽油机井	常规泵+化学固体防垢块	4	1
抽油机井	常规泵(无防垢)	4	2
螺杆泵井	陶瓷螺杆泵+磁防垢+化学固体防垢块	2	
螺杆泵井	陶瓷螺杆泵+化学固体防垢块	16	3
螺杆泵井	陶瓷螺杆泵	9	1
螺杆泵井	普通螺杆泵+化学固体防垢块	1	1
螺杆泵井	普通螺杆泵(无防垢)	7	
合计		63	14

1)抽油机井防垢措施效果及采出井结垢情况

28口抽油机中,共有24口井采取防垢措施,其中结垢7口井9井次,采取防垢抽油泵+化学固体防垢块、防垢抽油泵+磁防垢、防垢抽油泵、普通抽油泵+化学固体防垢块措施井大多出现了结垢现象。

2)螺杆泵井防垢措施效果及采出井结垢情况

35口螺杆泵井中,共有28口井采取防垢措施,其中化学固体防垢块+陶瓷泵18口,磁防垢+化学固体防垢块+陶瓷泵2口,陶瓷泵单项措施8口。至目前结垢3口井、5井次,在采取陶瓷螺杆泵+化学固体防垢块、陶瓷螺杆泵、普通螺杆泵+化学固体防垢块措施井上均出现结垢现象。

3)化学清垢措施效果

2016年,试验区抽油机井采取化学清垢处理5口井,6井次,见表2-2。

其中,泵效下降井采取复合酸酸洗措施2井次,措施效果较好;卡泵井采取酸洗处理4井次,其中2井次处理成功,均为AOC防垢泵,2井次不成功,分别为动筒泵1口、普通泵1口。分析动筒泵化学清垢无效原因是结垢部位为泵筒内和柱塞之间,化学清垢剂不能与垢有效接触,造成酸洗效果不好。

表2-2 结垢井化学清垢效果表

井号	泵型	措施日期	措施前				措施后				备注
			日产液 t/d	日产油 t/d	含水率 %	泵效 %	日产液 t/d	日产油 t/d	含水率 %	泵效 %	
北1-42-斜E64	AOC防垢泵	11.04	18.7	1.5	92	19.0	75	21.8	71	78.1	
北1-44-斜E66	AOC防垢泵	12.06	41.2	12.65	69.3	36.1	76.9	20.4	73.5	66.8	

续表

井号	泵型	措施日期	措施前				措施后				备注
			日产液 t/d	日产油 t/d	含水率 %	泵效 %	日产液 t/d	日产油 t/d	含水率 %	泵效 %	
北1-44-E61	AOC防垢泵	11.09	卡泵				91	6.8	92.6	77.1	
北1-42-E66	动筒泵	11.25	卡泵				卡泵				12.2 检泵
	AOC防垢泵	12.14	卡泵				68	10.2	58.12	56.7	
北1-53-E65	普通泵	12.11	卡泵				卡泵				12.14 检泵

4）存在问题及对策

一是有6口井下入井下固体防垢器后仍然出现结垢现象。从北1-51-E62井起出的防垢器中药剂变化情况计算，固体防垢剂40天溶解13.5kg，速度较慢，液相药剂浓度约5.6mg/L，防垢率为34%，液相药剂浓度没有达到20mg/L，使防垢率没有达到95%以上。因此下步在井口安装加药装置，将液相药剂浓度提高到20mg/L，达到防垢率95%以上。

二是检泵情况表明，与常规泵相比，AOC防垢抽油泵的柱塞和泵筒表现出了较好的防垢性能，但是存在凡尔部位结垢严重导致漏失的现象。下一步需要从材料及工艺方面进行改进，提高泵阀组抗结垢性能，从而延长检泵周期。另外，长柱塞短筒泵及动筒泵由于下入井数少、下入时间短，防垢效果有待观察。

三是现场作业中发现陶瓷转子螺杆泵也出现了结垢现象，并且转子表面结垢厚度远远大于杆管表面，因此需要进一步提高陶瓷螺杆泵的抗结垢性能，延长检泵周期。

四是对于短期漏失或卡泵井，继续实施化学清垢措施。

三、三元复合驱采油井管理要求

（1）由于三元复合体系的注入，可能会使采油井出现不同程度的结垢情况，根据三元复合驱机采井录取的生产资料，结合检泵见垢状况，将三元复合驱机采井做如下分类：未见垢井（Ⅰ类井，作业检泵未发现结垢的井）；见垢井（Ⅱ类井，作业检泵发现结垢的井）。

（2）采油队技术人员负责每天对生产数据进行分析对比，如发现异常变化，在核实量油的基础上采取增测示功图、动液面等资料进行综合分析，查明原因，并及时采取有效措施，不能处理的异常情况应做好记录，并及时上报矿大队主管部门，等待直接管理部门处理意见。

（3）三元复合驱机采井结垢期间，不允许非计划人为停机，意外停机时（停电、零部件损坏、过载保护等），首先落实停机原因和停机时间，同时执行汇报制度。

（4）结垢期机采井计划停机前要进行洗井（反洗），冲洗出泵筒和油管中采出液及其不溶性垢，使井筒中充满清水。

（5）抽油机井停机时，驴头必须停在下死点，减少卡泵几率。

（6）螺杆泵井故障停机后，会造成再次启动扭矩增大，启动后应低转速运转一段时间，再逐步调整到要求转数。

（7）机采井停机后的处理按以下制度执行：

① Ⅰ类机采井停机后，可直接启动。

② Ⅱ类抽油机井意外停井时间小于4h，可以尝试以点动方式启机，如未启动，应以反洗的方式进行酸洗，同时作业机组应配合活动管柱。成功启动后，应再次进行酸洗，保证机采井正常生产。

③ Ⅱ类抽油机井计划停井时间小于4h，则在停机前先进行酸洗（反洗），并用清水注满井筒。

④ Ⅱ类抽油机井计划停井时间大于4h，则在停机前先进行酸洗。

⑤ Ⅱ类螺杆泵井意外停井时间小于4h，可以尝试以点动方式启机，如未启动，上报相关部门，分析原因后再进行处理；Ⅱ类螺杆泵井计划停井前先进行酸洗，然后再启机，措施完成后直接启机。

（8）机采井热洗方法采用反循环洗井法，采用以计量间热洗为主，高压蒸汽为辅的热洗方式，热洗时出口返出液温度不低于60℃。

① Ⅰ类抽油机井热洗按照"油井热洗清蜡规程"操作即可；

② Ⅱ类抽油机井热洗井时，先用小排量热水替出井中液体，再使用大排量热水洗井，热洗完成后再用清水进行替挤，避免洗井过程中采出液中悬浮垢的沉积而卡泵；

③ 螺杆泵井热洗时采用边转边洗的方法（转子留在泵筒内），过程中可适当提高螺杆泵转速，保证洗井排量。

（9）应根据三元机采井采出液的pH值、Ca^{2+}、Mg^{2+}浓度和HCO_3^-浓度和CO_3^{2-}浓度、Si^{4+}浓度等数据，在不同结垢阶段的变化情况及作业现场跟踪情况，制定机采井结垢阶段判定图版，划分各区块的机采井结垢阶段，指导清防垢措施实施。

（10）化学防垢剂加药具体要求：

① 定期监测机采井采出液、采出液离子浓度及垢质分析等数据，及时调整防垢剂配方浓度和药剂量；

② 对作业加药井，应在开井生产前进行加药，并可适当加大药剂浓度及加药量；

③ 定期对加药装置进行巡检、维护，每次加药时应全面检查装置运行的各项参数，发现异常情况及时上报；

④ 压差式井口加药装置注药压差控制在0.5~0.8MPa范围内。

技能训练——三元复合驱结垢油井酸洗操作

一、准备工作

（1）穿戴好劳保用品：耐酸碱防护服、耐酸碱手套、工靴、安全帽、护目镜、防护面罩。

（2）泵车、酸洗药液、废液罐车、连接管线、水龙带、扳手、管钳、压力表、pH试纸、验电笔、绝缘手套、钳形电流表、远红外测温仪等。

二、操作步骤

（1）不停机状态下反洗井4h：先用60℃水热洗2h，再用80~90℃水热洗2h。

（2）停机，按要求连地面管线，试压15MPa，稳压10min压力不降为合格。

（3）将20m³清水（40~60℃）从油套环空注入。

（4）将 10m³ 药液用高压泵车从油套环空注入。

（5）用水龙带连接生产与套管放空阀门，开井循环反应 3h；如果用的是有机酸，关井反应 24~48h。

（6）清水替液：停机用泵车打 20m³ 清水替出药液，用罐车运到指定地点。

（7）测量井口返排液 pH 值，直至 pH 值大于 6。

（8）替液后开井生产。

（9）收拾工具、用具，清理现场，并做好记录。

三、注意事项

（1）防护服、手套一定选用耐酸碱的，以免酸液溅出灼伤；操作时需要佩戴护目镜和面罩。

（2）停抽油机时，一定要用验电笔验电；启抽油机时一定要确保抽油机附近无障碍物；拉、合闸刀开关时必须戴绝缘手套、侧身操作，以免弧光伤人。

（3）管线必须连接牢固，试压合格后，方可进行下一步操作。

笔记

项目三 三元复合体系驱效果分析

知识目标

能准确说出复合驱的油层适应性。

技能目标

能对三元复合体系驱油效果进行分析。

素质目标

具备团结互助、求实创新的精神。

工作过程知识

一、复合驱的油层适应性

在复合驱提高采收率技术中,除了驱油体系性质(界面张力、黏度、化学剂浓度、吸附滞留量)、注入量、油层流体性质(地层水矿化度、组成、原油组成及黏度)和油层温度外,由于油层砂体的分布状况和特点、油层的非均质性、透率大小不同等因素的影响,不同类型井网的控制程度也不同,在适宜的压力条件下,油层的注采速度也不同,因此,井网井距是影响复合驱整体技术经济效果的重要因素。

1. 复合驱合理井网及合理井距

1)合理井网

复合驱的开发特点不同于单纯聚合物驱。除了考虑井网对复合体系驱油效果的影响外,同时还要考虑复合驱的注入能力、产液能力的影响以及复合驱理想井网与现有井网的衔接问题,并考虑上返油层的适应性。

利用数值模拟技术研究了直列、斜列、四点法、五点法、七点法、九点法,反九点法(井网命名以中心井为油井的方式命名)七种不同井网的复合体系驱油效果,结果见表2-3。模拟时的注入程序是先注入0.30PV的三元复合体系(0.3%ORS-41+1.0%NaOH+1200mg/L聚合物),然后注入0.15PV的聚合物后续保护段塞(浓度600mg/L),最后水驱到水驱经济极限条件(即含水率达到98%)时止。

表2-3 井网类型对水驱和复合体系驱油效果的影响

井网	水驱采收率 %OOIP	复合驱最终采收率 %OOIP	复合驱提高采收率 %OOIP
直列	39.99	59.63	19.64
斜列	41.02	61.36	20.28
五点法	41.12	61.44	20.32

续表

井网	水驱采收率 %OOIP	复合驱最终采收率 %OOIP	复合驱提高采收率 %OOIP
反九点法	40.26	59.76	19.50
九点法	40.78	60.93	20.15
四点法	40.34	60.56	20.24
七点法	39.12	57.78	18.66

结果表明，对于水驱来说，在油层条件、复合体系、注入量以及注采速度相同的条件下，井网类型对水驱采收率的影响不大。水驱效果最差的是七点法井网，水驱采收率只有 39.12%OOIP（original oil in place，原始石油地质储量）；水驱效果最好的是五点法井网，水驱采出程度为 41.12%OOIP。两者相差 2.0 个百分点，对于复合驱来说，水驱效果好的复合驱效果也好，但最终采出程度差值增大，相差 3.66 个百分点，这说明复合驱的驱油效果对井网的敏感程度比水驱的大。直列井网、七点法井网和反九点法井网的驱油效果相对要差一些。

2）合理井距

在实际复合驱中，另外一个不得不考虑的重要因素就是井距的大小。在相同条件下，井距越大，油田的投入就越小。但缺点不仅是单井的控制程度低、驱油效果差，还由于复合体系是高黏度的溶液，因此，注入压力比水驱有很大的上升。如果井距过大，将导致注入压力上升过快而无法注入甚至超过油层破裂压力。

大庆油田多年的矿场试验及理论研究结果表明，复合驱注入能力、生产井采液能力及油层渗透率都与注采井距有很大关系。下面以大庆油田的统计数据为例进行说明。

（1）复合驱注入能力与注采井距的关系。

复合驱注入能力与注采井距的关系如图 2-5 所示。若限定注入压力上升值 ≤5MPa，注采井距为 200m 时，最大年注入速度可以达到 0.43PV；注采井距为 250m 时，最大年注入速度可以达到 0.28PV；注采井距为 300m 时，最大年注入速度可以达到 0.20PV；当注采井距达到 400m 时，最大年注入速度下降到了 0.11PV 左右。因此，对于复合驱来说，当年注入速度在 0.1~0.2PV 时，从注入压力角度看，复合驱的注采井距比单纯聚合物驱的大，可以采用 300m 以内注采井距。

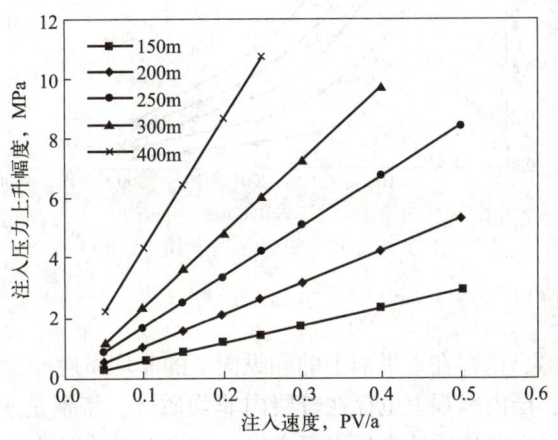

图 2-5　注入压力上升幅度与注采井距和注入速度的关系

（2）生产井采液能力与注采井距的关系。

生产井采液能力与注采井距的关系如图2-6所示。当复合驱油井井底压力保持在2~3MPa以上，注采井距为150m时，年产液速度可以达到0.25PV；注采井距为200m时，年最大产液速度可以达到0.16PV；当注采井距为250m时，最大年产液速度只有0.12PV。因此可以判断，对于复合驱来说，采用250m以内的注采井距，对生产井适当采取深穿透射孔以及压裂等技术，年产液速度（地下体积）可以达到0.12~0.25PV的要求。

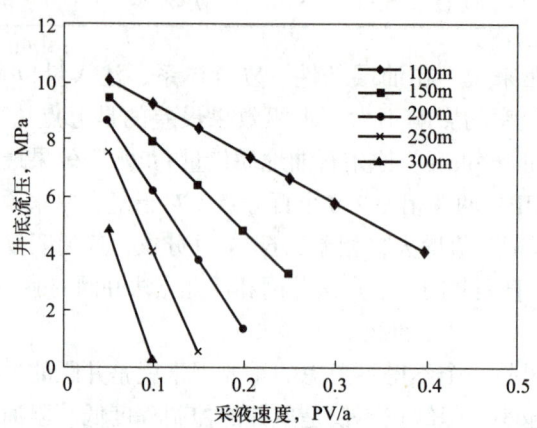

图2-6 油井井底流压与采液速度和井距的关系

（3）油层渗透率与注采井距的关系。

油层渗透率与注采井距的关系如图2-7所示。对于渗透率大于200mD的油层来说，250m以内的注采井距，在不超过油层破裂压力注入的前提下，可以满足年注入速度0.10~0.12PV的要求。对于渗透率低于200mD的油层，可以适当缩小注采井距的方式来实现。

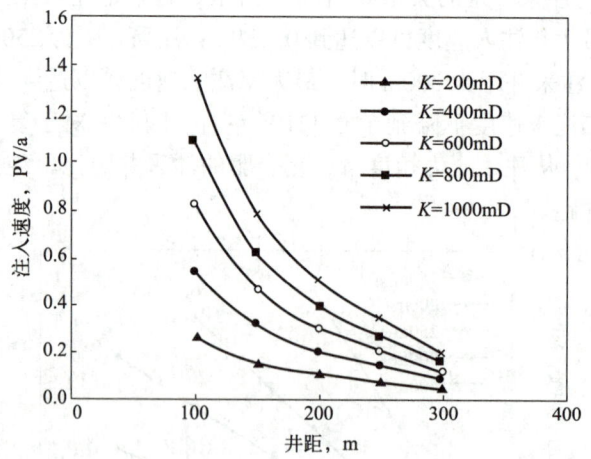

图2-7 注入速度与油层渗透率和井距的关系

2. 油层非均质性

任何一个油田或油藏，都存在着平面上的和纵向上的非均质性。无论目的层是单层还是多层。即使是所谓的单层，层内客观上也存在着层内非均质性。特别是多层或多段笼统注入时，更因层间的非均质性，纵向非均质性表现得更突出。正是由于油层的这种非均质性，导致水驱开发过程中，高渗透层过早水淹、水洗程度高。个别离注入井距离较近且长期注水区块油井含水率甚至已经达到100%，而那些渗透率相对较低的油层，由于注入水不能到达或进入的水量非常有限，水淹程度不高，甚至完全未动用。尽管近年来各油田都在进行细分注水或分散注入的工艺技术研究，仍然没有完全解决长期以来困扰石油业的这个老大难问题。这也是目前水驱采出程度没有达到理想结果的主要原因。对于ASP三元复合体系来说，这个问题同样存在。

油层非均质严重程度可以用渗透率变异系数来表示，其计算方法是将油层岩心渗透率按由大到小的顺序排列，在去除最高渗透率值后，从次高渗透率开始累加，将累加数据依次排列出来，然后在半对数坐标上依次绘出这些数据点。如果这些样品的渗透率值呈对数正态分布，基本上应该在一条直线上。而后在该直线上找出样品百分数分别为50%和84.1%的对应点，再确定这两点对应的渗透率值$\overline{K}$和K_σ，则渗透率变异系数被定义为

$$V_k = \frac{\overline{K} - K_\sigma}{\overline{K}} \tag{2-1}$$

式中 $\overline{K}$——平均渗透率，即占累积样品数50%处的渗透率值；

K_σ——占累积样品数84.1%处的渗透率。

V_k数值越小，油层越均匀；数值越大，表示油层越不均匀，非均质性严重。

为了准确地得到油层非均质性对复合驱驱油效果的影响，利用数值模拟技术进行计算和分析。结果如图2-8所示，其中图中所标识的黏度为复合体系的黏度。从图中可以看出：V_k越小，驱油效果越好；复合体系黏度越高，所适应的V_k的范围越大；V_k在0.5~0.8范围内时，复合体系黏度对驱油效果的影响最敏感、采收率变化幅度最大；在两个极端条件下，即$V_k<0.2$或$V_k>0.85$时，复合体系的黏度对驱油效果作用不明显。

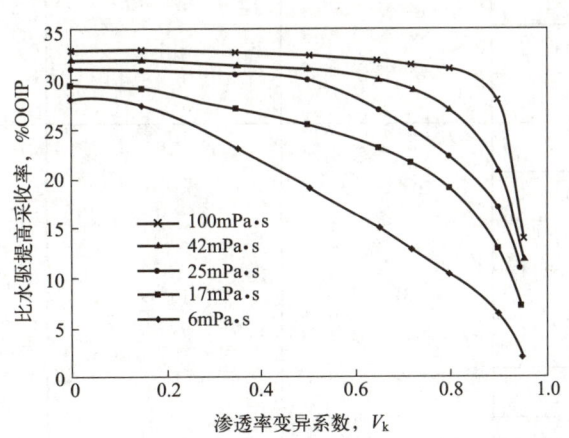

图2-8　油层渗透率变异系数和体系黏度对复合体系驱油效果的影响

这说明对于复合驱技术来讲，最适宜的渗透率变异系数的范围是0.5~0.8，而且适当增加体系黏度，不但可以进一步提高扫及区域和微观波及效率，而且还可以提高驱油体系在非均质油层中的宏观波及系数。

3. 油层沉积韵律

油藏是长期演变而逐渐沉积形成的。从纵向上看，通常由若干小层或沉积单元构成。这些小层或单元可能被隔层完全或部分隔离，也可能没有隔层。但不管是否存在隔层或隔层是否稳定，各小层或沉积单元的渗透率可能是不同的，因此从纵向上看，存在各种形式的渗透

率组合。有的是按自上而下逐渐增大，这就是通常所说的正韵律油层；反之，则是所谓的反韵律油层。当然还有以其他方式组合的油层，如总体上以正韵律为主但个别小层可能相反的油层，即复合正韵律油层；总体上以反韵律为主但个别小层渗透率顺序相反的油层，即复合反韵律油层。显然，油层韵律可能还存在上反下正的多段多韵律油层以及上正下反的多段多韵律油层。而不同韵律的油藏，在长期的重力作用下，密度较大的水会自然地逐渐向下运移，密度相对较小的原油在水向下运移和浮力作用下，使原油逐渐向上运移。这样，可能具有油层底部的含油饱和度低、中高部油层的含油饱和度高的特点。此外，在长期的水驱开发过程中，除注入水沿高渗透层渗流外，同样由于水柱压力的作用和水本身密度比原油大，有自动流向油层底部的趋势。因此，油层韵律特点对水驱开发效果和复合驱提高采收率的效果有重要影响。表 2-4 给出了复合体系注入段塞为 0.30PV 以及后续聚合物保护段塞为 0.15PV 的在油层平均渗透率为 1000mD、$V_k = 0.65$ 时，油层韵律对水驱采收率、复合驱采收率以及最终采收率结果的影响。

表 2-4 油层韵律对水驱和复合体系驱油效果的影响

韵律特征	渗透率 mD	水驱采收率 %	复合驱采收率 %	复合驱最终采收率 %
正韵律	120	29.18	21.93	51.11
	252			
	394			
	580			
	854			
	1350			
	3450			
反韵律	3450	37.97	16.39	54.36
	1350			
	854			
	580			
	394			
	252			
	120			
复合正韵律	252	32.39	19.76	52.15
	394			
	580			
	120			
	854			
	1350			
	3450			

续表

韵律特征	渗透率 mD	水驱采收率 %	复合驱采收率 %	复合驱最终采收率 %
复合反韵律	1350	39.56	18.16	57.20
	580			
	120			
	3450			
	854			
	394			
	252			
上反下正多段多韵律	1350	36.30	20.35	56.65
	854			
	394			
	252			
	120			
	580			
	3450			
上正下反多段多韵律	120	36.08	17.55	53.63
	1350			
	3450			
	854			
	580			
	394			
	252			

结果表明，在上述给出的韵律中，正韵律油层的水驱采出程度最低，只有29.18%。而复合驱比水驱提高的采收率最高，为21.93%，复合驱后的最终采收率却也是最低的，只有51.11%。反韵律的结果与正韵律的正好相反。也就是说，水驱采收率越高的油层，复合驱比水驱提高的采收率值越低，反之亦然。这主要是由于正韵律油层下部层段的渗透率高，受重力作用的影响，水驱时，在水柱压力和注入水本身重力的影响下，注入水有向下运移的趋势，加之油层底部渗透率高，因此注入水主要沿着底部高渗透层流动。一旦水突破并形成通道后，注入水很难进入油层上部且渗透率低的部位，所以采油量明显减少，水驱采收率不高。而注入高黏度的复合体系后，尽管也存在重力作用，但由于注入压力升高，特别是高于油层的启动压力后，驱油体系将逐渐渗流进入那些原来水驱不能进入的层位，或者随着注入压力的升高，原来水驱进入量少的层位复合体系进入量增加，使采收率明显提高。

4. 注入时机

为了从理论上分析不同含水条件下注入复合体系对驱油效果的影响，利用数值模拟技术进行研究，结果见表2-5。可以看出，在含水0~95%的范围内，实施复合驱时的含水率越高，最终采出程度也越高，但上升的幅度非常小。例如，在油田投入初期就实施复合驱（含水率为0），则最终采出程度为58.89%，而在含水95%时实施复合驱，最终采出程度为59.63%，相差仅0.74个百分点。复合驱比水驱提高的采收率值却随着含水的增高而略有降低。这种结果不难理解，因为含水上升都是在水驱开发时长期注水所致，但由于实施复合驱时，驱油体系的注入量相同，因此在实施复合驱之前水驱开发大量的注入水，由于长期的冲洗作用，或多或少地对进一步提高水驱采出程度有利。

表 2-5 不同注入时机对复合驱驱油效果的影响

含水率, %	0	23	34	57	68	81	92	95	98
最终采收率 %OOIP	58.89	58.91	58.95	58.98	59.31	59.47	59.57	59.63	61.09
复合驱提高采收率 %OOIP	19.73	19.73	19.69	19.69	19.68	19.67	19.65	19.64	21.07

二、三元复合体系驱油注入程序

为了保证三元复合体系的驱油效果，在进行 ASP 三元复合驱时，一般按如下程序进行注入：

（1）空白水驱。空白水驱是指，在注入化学剂之前注入一定地层孔隙体积（PV）的低矿化度盐水，以达到对地层进行预冲洗的目的，更好地发挥后续化学剂的驱油作用。

（2）聚合物前置段塞。为了更好地发挥三元复合体系的驱油效果，尤其是为防止由于扩散造成的主段塞最佳条件被破坏，通常在主段塞之前注入适当梯度浓度的聚合物溶液，以达到保护三元主段塞的目的。

（3）三元复合驱主段塞。三元复合驱主段塞是 ASP 三元配方体系溶液段塞中的核心部分。

（4）三元复合驱副段塞。在驱油过程中为保护主段塞不被破坏而随后注入的浓度较低的三元溶液段塞。

（5）后置聚合物保护段塞。为防止后续注入水的突破对三元体系驱油效果的影响，在三元复合驱副段塞和后续水之间注入适当浓度的聚合物溶液，起到保护三元段塞的作用。

（6）后续水驱。为减少化学剂的用量，降低驱油成本，在注入保护段塞后即可注入水来驱替前面的段塞，进而将在主段塞前形成的油墙驱至生产井井底。

技能训练——三元复合体系驱油效果

案例 采油井 1-20-E14 井在三元复合驱期间，通过个性化调整，含水率下降了 13 个百分点，日产油上升到 95t，试分析取得该效果的原因。

一、准备工作

准备该井的静态、动态资料，包括基础数据、厚度等值图、沉积相带图、吸水剖面资料以及试井资料。

二、操作步骤

1. 整理1-20-E14井基本信息

1-20-E14井是大庆油田某三元区块的一口采油井，注采井距140m，射开砂岩厚度17.7m，有效厚度11.9m，原始地层压力10.7MPa，饱和压力7.2MPa，周围有4口注水井。该井于2007年8月20日投产，初期日产液35.2t，日产油2.6t，含水92.5%，沉没度728m。空白水驱结束时日产液65.7t，日产油4.7t，含水92.8%，沉没度826m，目前处于三元主段塞注入阶段。

2. 分析取得良好开发效果的原因

（1）该井厚度大、含油饱和度高。

1-20-E14有效厚度为11.9m，周围注入井平均有效厚度为7.5m。另外，1-20-E14两个单元均位于河道边部。平均含油饱和度为49.5%，剩余油较为富集，如图2-9和图2-10所示。

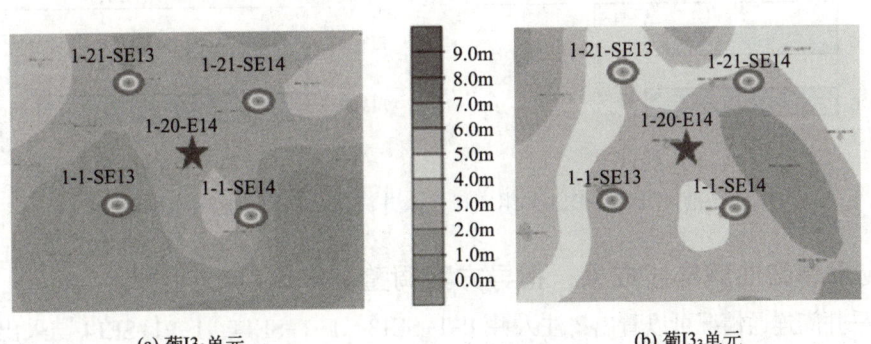

(a) 葡$I3_2$单元　　　　　　　　(b) 葡$I3_3$单元

图2-9　1-20-E14井组砂体厚度等值图

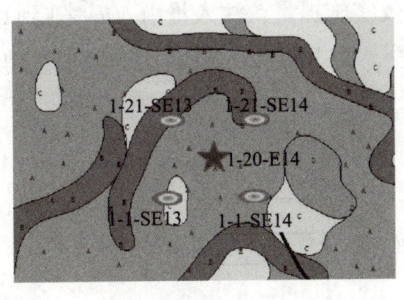
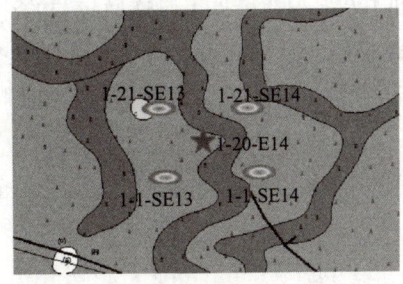

(a) 葡$I3_2$单元　　　　　　　　(b) 葡$I3_3$单元

图2-10　1-20-E14井组沉积相带图

A—河道砂；B—废弃河道；C—河口坝；D—河间砂

彩图 1-20-E14 井组砂体厚度等值图　　　　　彩图 1-20-E14 井组沉积相带图

（2）从周围注入井吸水剖面看，层间动用差异较大。

从空白水驱同位素吸水剖面资料看，周围 4 口注入井除 1-21-SE13 井 $PI3_2$、$PI3_3$ 单元吸水较为均匀外，另外 3 口井 $PI3_2$、$PI3_3$ 单元吸水状况差异较大，如图 2-11 所示，单层突进现象较为严重。为此，需要对注入井实施方案调整，以改善剖面动用状况。

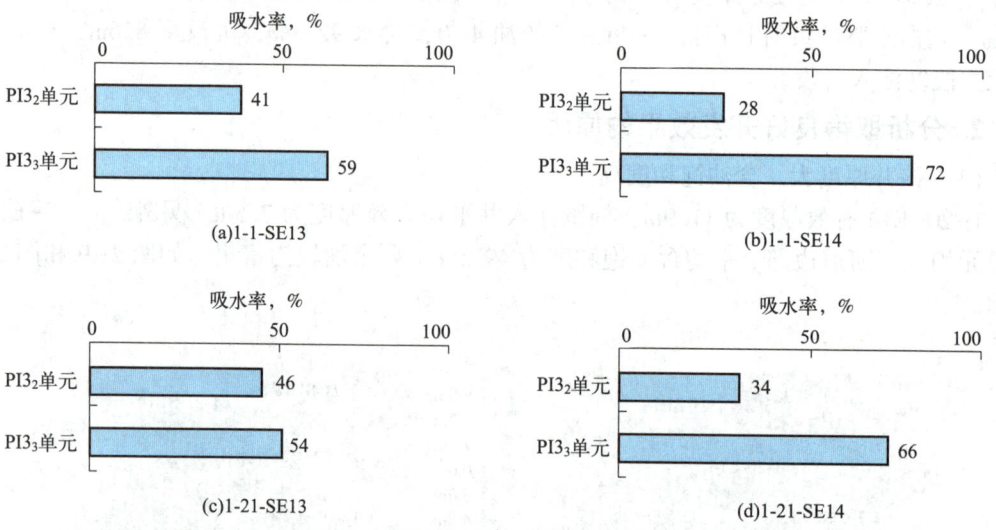

图 2-11　1-20-E14 井组 4 口注入井注聚合物段塞前吸水剖面

3. 应用精细油藏描述成果，指导方案调整

从注采井间连通情况可以看出，注入井 1-1-SE13、1-1-SE14、1-21-SE14 与采出井间砂体发育状况较好，而另外 1 口注入井与采出井间砂体发育状况较差。为此，对 1-1-SE13、1-1-SE14、1-21-SE14 实施提浓提量，前后对比，注入浓度由 1800mg/L 到 2200mg/L，注入量由 140m³/d 到 190m³/d。另外 1 口连通较差的注入井仅实施提量，注入量由 40m³/d 到 60m³/d。

方案调整后，从注入井 1-1-SE14 吸水剖面看，葡 Ⅰ 3_2 单元吸水比例增加，单层突进现象得到一定控制，层间矛盾得到改善，如图 2-12 所示。

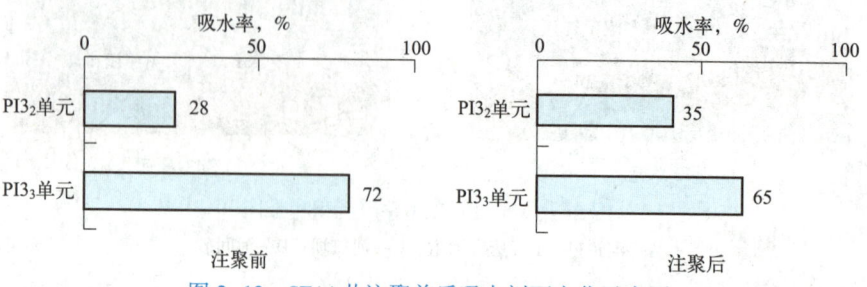

图 2-12　SE14 井注聚前后吸水剖面变化示意图

注入剖面改善后，及时对采出井进行测压。从 1-20-E14 井的试井曲线（图 2-13，t_D 为无应次时间，p_{WD} 为无因次井底压力，p'_{WD} 为无因次井底压力的导数）可以看出，注聚前导数曲线晚期段上翘，表明距离测试井一段距离的砂体渗透性变差，表现为均质复合地层。注聚后导数曲线凹子变浅，表明层间矛盾得到改善，导数晚期段上翘时间提前，压力波探测到"流动界面"，表明聚合物向采出井逐步推进。分析认为该井有受效趋势，应择机进行调整。

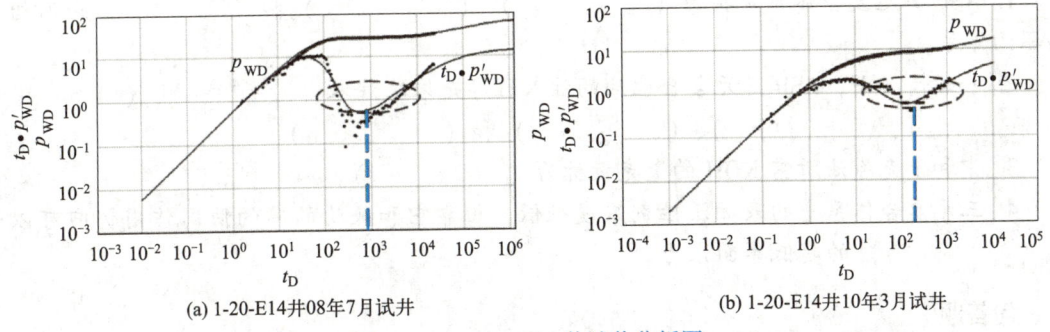

(a) 1-20-E14井08年7月试井　　　　(b) 1-20-E14井10年3月试井

图 2-13　1-20-E14 井试井分析图

综合以上分析，该井于 2009 年 4 月实施调大参。前后对比，日产液由 66t 到 77t，日产油由 4.0t 到 9.5t，含水率由 94.0% 下降到 87.6%，沉没度由 619m 降到 487m。1-20-E14 井于 2010 年 6 月含水率大幅度下降，含水率最低降至 44.9%，与水驱空白末对比，含水率下降 51.6 个百分点，日增油 31.1t，取得了较好的开发效果。

三、注意事项

（1）在进行三元单井动态分析时，一定要充分利用动、静态资料。
（2）应用精细油藏描述成果，指导方案调整。
（3）措施建议要有针对性。

笔记

单元训练题

一、填空题

1. ASP 三元复合体系是指由（   ）、（   ）和（   ）所组成的驱油体系。
2. 一般情况下，ASP 三元复合驱油的注入程序是依次注入（   ）、（   ）、（   ）、（   ）、（   ）和（   ）。
3. 中和 1 克原油所需 KOH 的毫克数称为（   ）。
4. 三元复合体系中的表面活性剂浓度很低，但靠它和廉价的碱的协同作用仍旧可以形成（   ）的超低界面张力。

二、问答题

1. ASP 三元复合体系驱油的机理是什么？
2. 油田矿场上在应用 ASP 三元复合体系驱油时，对碱、表面活性剂和聚合物注入浓度、黏度及油水界面张力的监测有哪些要求？
3. 在进行 ASP 三元复合体系驱油时，很容易出现结垢现象，对于三元采出井目前有哪些防垢措施？
4. 在进行 ASP 三元复合体系驱油时，前置聚合物段塞的作用是什么？

素质提升拓展阅读

忆"三老四严"作风的形成

三老：对待革命事业要当老实人、说老实话、做老实事；
四严：对待工作要有严格的要求、严密的组织、严肃的态度、严明的纪律。

　　1962年8月，大庆工委把当时的采油钢铁四队分为3个采油队，任命我为大庆采油一厂三矿四队的队长。这时，井场上的钻机还没有全部撤走，采油树还都没有刷漆，井场周围高低不平，杂草丛生，油污遍地。在几平方公里的草地上，点缀着数十口"光屁股"井。说是安家落户，可房无一间，我们只好挤住在老三矿的一个破烂不堪的库房里。晚上，我带领大家在煤油灯下学"两论"；白天，怀揣野菜团子干在井上，吃在井上。面对艰苦的条件，同志们响亮地提出："**天塌我们顶，地陷我们填，钢铁意志英雄胆，不创标杆非好汉**"的豪迈誓言。一个多月后全队的同志都陆续来齐了，大家冒着零下40℃的严寒，苦战恶战，抢镐刨土，平整井场。不少同志的虎口震裂了，用布包扎一下继续干，殷红的鲜血浸透了包扎布，染红了镐把，都全然不顾。就这样，我们把新井投产的会战打了上去。"**血染镐把战严冬**"的故事也成了动人的佳话。

　　投产后的一天，我踩着厚厚的积雪到西六排2号井去检查。途中，发现新来的徒工小孙手里拎着一个崭新的刮蜡片急匆匆地上井去。我心里有点纳闷：小孙井上的那个刮蜡片刚领几天，怎么又坏了？于是，我返身走向材料库，问材料员。材料员拿出一个变了形的刮蜡片说："小孙今早清完蜡，也没有注意检查刮蜡片是不是起到井口就去关清蜡阀门，结果，把刮蜡片挤扁了。还让我替他保密呢。"我走出库房，思潮翻卷。想起从钢铁四队分出来的时候，同志们决心把好作风带到新战场。可今天，小孙却隐瞒事故，缺乏一个石油工人起码的老实态度，这么下去，怎么行呢？"**小洞不补，大洞尺五**"啊，问题虽然出在小孙的身上，可这一段时间，我只忙着新井投产，放松了抓队伍的思想建设，没有提出严格的要求，根子还是在我身上啊。想到这，我急奔西六排2号井。一走进值班房，只见小孙刚换完刮蜡片，正在用破毛毡擦手。我开门见山地问："小孙，你刚才为啥又领了个新刮蜡片？"小孙不由得脸上一红，支支吾吾地说："原来那个刮蜡片不好用，就换掉了。"我启发地说："小孙哪，要干好工作，没有一个老实态度是不行的，对任何事情，丁是丁，卯是卯，对就是对，错就是错。对待革命事业要忠诚老实……"小孙低下了头，诚恳地说："辛队长，我错了，说了假话，办了错事。"接着，他详细地讲了刮蜡片挤变形的经过，并检讨说："当时自己想，反正刮蜡片没掉到井里，换一个算了，别人也不知道。以后在工作中注意一点就行了，没想到这种说假话的行为欺骗了组织，欺骗了领导。"为了用这件事教育全队的职工，党支部决定第二天在小孙管的那口井上召开"事故分析现场会"。党支部书记李忠和重点讲了事故原因及对待事故的态度问题。他说："采油工人的工作特点是单兵作战，没有老老实实的态度，严格的要求，是管不好油井的。"小孙越听越坐不住，当即站起来，眼含热泪，激动地表示，要求把那个变了形的刮蜡片挂在自己管的油井上，要时刻不忘这个教训。我激动地说："干部是带队伍的人，我们怎么带，队伍就怎么走。我们不能严格要求自己和别人，队伍就不可能具有高度的革命自觉性。事故出自小孙，可根子在我身上，我这个队长只埋头抓生产，放松了职工的思想工作。"大家一致表示：应该把那只变形的刮蜡片挂在队上，让全队的人天天看到，时时想到，小孙的教训也是大家的教训，要说老实话，要办老实事，做个老实人，要严格要求自己，对每一件事要具有一种严肃的态度，这样才能管好油井。

第二天，党支部订出了"干部上岗，工人监督，要求工人做到干部首先要做到"的制度，得到了全队职工的拥护。没过几天，正巧是我上4点班。那天，我从矿上开完会赶到队部，一看表，离接班时间只有10分钟了。从队里到油井要走15分钟才能到，怎么办？不能因为开会就上班迟到。于是，我一路小跑，赶到井上一看表，还提前了2分钟。值班工人王化琪一看我跑得气喘吁吁、满头大汗，零下30℃的天气，热得连皮帽子都没戴，拿在手上，便惊异地问："你上班为啥这么慌？"我照实说了。老王心疼地说："开会迟到几分钟有什么关系？"我严肃地说："战场上晚一分钟就要付出血的代价，搞社会主义建设也要有战争年代那种铁的纪律啊！"

在队党支部的带领下，全队开展了一个"当老实人、办老实事、说老实话、严格要求、严明纪律"的活动，大大提高了全队职工的思想觉悟，干部带头，工人自觉，在我们队逐渐形成了风气。除夕的晚上，技术员傅孝余逐井逐站认真细致地检查验收。他检查到最后一口油井时，发现套管法兰缺一个螺栓，这时已是深夜九点了。他为了装上这个螺栓，从这个井排找到那个井排，从材料库找到维修队，终于找到一个适用的螺栓，然后回到井上把它配好。有一次，小尹家来了客人，喝了两盅酒，接班时，被19岁的徒工小李闻出来了。小李不准他接班，叫他在井场上铲草，等酒味没有了再来接班，小尹无可奈何，只好拿起锄头铲了2个小时的草……全队职工对每盘长达1500米的清蜡钢丝都要用放大镜一寸一寸地检查，确认合格后才准使用。记得一天夜晚，一场特大风雪席卷油田。我迎着呼啸的北风和漫天飞舞的大雪，向离队最远的油井走去。当我来到那口井时，油井干线炉的火苗被风吹得时大时小，我想找块破毛毡挡在火口前面，可是找遍井场一块也没有。忽然又一阵狂风刮来，险些把火吹灭，我忙把身上的棉衣脱下来挡在干线炉前面。这时有一个人朝这里跑来，正是值班的小孙，我打亮手电筒一看表，还有30多分钟才到检查的时间呢，就问他为什么来得这么早，他说："风雪天不放心，担心加热炉火被吹灭。"我发现他没穿棉大衣，就问他："为啥不穿棉大衣？"他说："有一口井分气包的放空阀门在外面，这么冷的天气容易冻，我就用棉大衣包上了。"我被感动得热泪盈眶，连忙跑步返回队里，扛了一捆毛毡，按岗位分下去，然后又冒着风雪连夜包好易冻部位。由于大家严格执行制度，坚持严细作风，扎扎实实地干工作，确保了油井的安全生产。建队3年录取的3万多个数据，无一差错，油水井资料分别达到八全八准和六全六准，在用设备台台完好，井井站站达到一类，连续被评为油田标杆单位。

1964年5月，石油部在召开的第一次政治工作会议上，**把我们在实践中摸索并创造的一些经验，概括为"三老四严"的革命作风，即对待革命事业，要当老实人、说老实话、办老实事，干革命工作，要有严格的要求、严密的组织、严肃的态度、严明的纪律。**并授予我们三矿四队"高度觉悟，严细成风"的石油部标杆单位。领导同志还亲自给我们全队职工每人胸前戴上大红花。

从此，"三老四严"的作风，在大庆油田蔚然成风。就在这时，大庆工委号召全油田认真学习毛主席关于"加强相互学习，克服固步自封，骄傲自满"的指示，掀起了一个大学"两分法"、学先进、找差距的高潮。记得刚开始，我们队有的同志认为找差距会否定成绩，还有的同志认为找差距是跟自己过不去。但多数同志认为找差距正是为了揭露问题，解决问题，不断前进。通过反复学习、讨论，大家统一了认识。当时，我们就以管理得最好的某排

7 井为榜样，对自己的标准严要求，翻"箱"倒"柜"，大找差距，仅一个上午就找出 72 个问题。大家说："**不找不比，沾沾自喜；一找一比，相差万里**"。震动了全队，轰开了局面。接着全队在不到 10 天的时间里，从政治思想、生产管理、生活后勤等方面共找出了 1300 多个问题。大家说："**成绩不说跑不了，缺点不找不得了。**"就这样狠扫了低水平。紧接着又大抓整改，使全队面貌焕然一新，有的同志高兴地写了一首诗："大庆会战成绩大，全靠'两论'来起家。艰苦创业迈大步，前进全靠'两分法'。"1965 年和 1966 年，石油部又分别给我们队颁发了"团结的核心，战斗的堡垒"和"红旗单位标兵"两面红旗。我们连续 3 年获得石油部锦旗，既表明了我们艰苦创业的成绩，也忠实地记录了我们所走过的道路……

摘选自《大庆石油会战——大庆文史资料第二辑》（本文作者　辛玉和）

学习情境三　热力采油技术

热力采油技术是通过向油层中注入热流体等方法来加热油层，降低原油黏度，从而提高石油采收率的技术，主要包括蒸汽吞吐、蒸汽驱、热水驱、火烧油层等。热力采油主要用于稠油油藏，此外还用于高凝油油藏的开采，普通黑油油藏也开展过热力采油的尝试。热力开采石油是目前世界上规模最大的提高原油采收率(EOR)工程项目。国内外的实践证明，运用热力采油是行之有效的方法，尤其是注热蒸汽进行吞吐和驱替已成为开采各种稠油、超稠油资源的现实可行措施。

本学习情境是根据热力采油技术的现场实施过程设计了如下五个学习项目：

项目一　蒸汽注入站运行管理
项目二　蒸汽注入井生产管理
项目三　注蒸汽采油井生产管理
项目四　注蒸汽效果分析
项目五　火烧油层技术

项目一　蒸汽注入站运行管理

任务一　认识稠油

知识目标

（1）能准确说出稠油的定义及其特点。
（2）能准确说出稠油油藏注蒸汽开采方法的特点。

技能目标

能根据原油黏度判断稠油类型，并选用合适的开采方法。

素质目标

能透过现象发现本质，找到解决问题的有效途径。

视频　认识稠油

工作过程知识

一、稠油的基本知识

稠油,就其物理特性来讲,主要是黏度高,密度大。在我国,将油层条件下的原油黏度大于 50mPa·s 或油层温度下的脱气油黏度大于 100mPa·s,相对密度大于 0.92(20℃)的高黏度重质原油视为稠油。稠油的黏度变化很大,可从几十毫帕·秒到几千或几十万毫帕·秒。稠油与正常原油显著的差别是烃类组成。我国陆相正常原油中,烃类组分(饱和烃+芳香烃)一般大于 60%,最高可达 95%;而稠油中,烃类组分一般少于 60%,最少可在 20% 以下。随着非烃和沥青质的增加,稠油密度呈规律性地增大。沥青质是原油中结构最复杂、相对分子质量最大的成分,其在正常原油中的含量一般不超过 5%,但在稠油中可达 10%~30% 或更高。

气体含量高是原油在地层条件下最主要的特性之一,相对来说稠油中气体含量不高。稠油的体积系数一般等于 1 或更小,也就是说稠油体积从地下升到地面时或许不变,或许多少增加。此外,稠油中都含有硫、镍、钒、钼等金属。

对于稠油的定义和分类,目前还未有公认的统一标准。国内称黏度高、相对密度大的原油为稠油(viscous oil),国外称为重油(heavy oil)。

1982 年 2 月在委内瑞拉由联合国训练研究署(UNITAR)组织的专家讨论会议所推荐的稠油分类标准见表 3-1。

表 3-1 UNITAR 推荐的重油分类标准

类型	黏度,mPa·s(油层温度下,脱气)	密度,kg/m³(常压,15.6℃)
重油	100~10000	934~1000
沥青砂油	>10000	>1000

我国稠油的沥青及金属含量较低,胶质含量很高,具有黏度高而密度低的特点,这也正是我国一般将重质原油称之为稠油的原因。例如,辽河曙光油田稠油油藏的原油相对密度在 0.9159~0.9240 之间,但油层温度下原油黏度达到 100~1000mPa·s。新疆克拉玛依油田九区浅层稠油油藏的原油相对密度在 0.9270~0.9620 之间,油层温度下原油黏度在 1100mPa·s 以上,而脱气原油黏度达到 2300~100000mPa·s;红山嘴浅层稠油油藏的原油相对密度在 0.9260~0.9460 之间,油层温度下原油黏度为 10000~30000mPa·s。根据我国稠油的特点,我国热采工作者提出了适合我国油田的稠油分类标准,见表 3-2。在分类标准中,以原油的黏度为第一指标,相对密度为辅助指标,当两个指标发生矛盾时候,按黏度指标进行分类。

表 3-2 稠油分类标准

分类	第一指标 黏度,mPa·s	第二指标 相对密度(20℃)	开采方式
普通稠油	100*(或 50)~10000	>0.9200	可以先注水
特稠油	10000~50000	>0.9500	热采
超稠油(天然沥青)	>50000	>0.9800	热采

*指油层条件下的原油黏度;其余指油层温度下脱气原油黏度。

我国稠油的一般特性可归纳为：（1）轻质馏分很少，大多在5%左右；胶质含量很高，例如新疆克拉玛依油田九区稠油胶质含量为25.2%，而辽河高升油区稠油中胶质含量达45.5%；（2）稠油黏度随密度的增加而增加，但不是线性关系；（3）含硫量低，一般小于0.8%；（4）金属含量低；（5）石蜡含量低，多数稠油油藏原油含蜡量一般小于5%；（6）对温度的敏感性很大。图3-1给出了几个稠油油田的原油黏度随温度变化的关系。随着温度的增加，原油黏度下降很快。

二、注蒸汽开采方法

稠油黏度高，在开采过程中流动阻力大，因而难于用常规方法进行开采。稠油开采的关键是提高其在油层、井筒和集输管线中的流动能力。一般使用降低稠油黏度、减小油流阻力的方法进行开采。因为稠油的黏滞性对温度非常敏感，所以热力采油已成为强化开采稠油的重要手段。尤其是注热蒸汽进行吞吐和驱替已成为开采各种稠油、超稠油资源的现实可行措施。

稠油油藏注蒸汽采油就是把高压、高温的蒸汽（一般是50%~80%干度的湿蒸汽）注入油层进行采油的方法。其中蒸汽干度是指单位重量的湿蒸汽中，干蒸汽所占的百分比。注蒸汽采油出现后，一直是热力采油的主要方法。在世界范围内注蒸汽采油的产量约占热力采油产量的90%以上。注蒸汽采油发展到今日，已形成了蒸汽吞吐、蒸汽驱、蒸汽辅助重力泄油（SAGD）等多种方法。

1. 蒸汽吞吐

蒸汽吞吐最早出现在20世纪50年代，目前已经成为热力采油的主要方法。蒸汽吞吐又称循环注入蒸汽方法（cyclic steam injection），它是周期性地向油井注入蒸汽，将热能带入油层使原油黏度大大降低，并在同一口井上进行原油开采的稠油增产措施，又称单井吞吐采油。每一个吞吐周期包括注汽、焖井和采油三个阶段。

1）注汽阶段

由锅炉产生的高温高压蒸汽经地面的配汽管网由井口快速沿井筒注入油层。注汽量一般在千吨当量水以上，注入时间一般为几天到十几天。

2）焖井阶段

焖井是指注汽完成后停注关井，使蒸汽和油层进行热交换的过程。焖井时间的长短是影响蒸汽吞吐效果的一个重要因素，一般使蒸汽完全凝结为热水后再开始生产，可避免开井回采时携带过多的热量，降低热能的利用率。焖井时间过长，将增大注入蒸汽向顶层和底层的热损失。而焖井时间过短则热量尚未达到充分交换，会降低蒸汽热能的作用半径。一般认为深层油藏压力较高，井底蒸汽干度小于70%的情况下，关井焖井时间一般为2~3d，最长不超过7d。为了提高蒸汽吞吐效果，尽可能在注汽后作好投产准备，争取利用油层压力比较高的条件自喷生产，这有助于排除油层中存在的堵塞。对于浅油层油藏所推荐的焖井时间也不宜过长，一般不宜超过3d。

3）采油阶段

焖井结束后，开井生产一般分自喷和抽油两个阶段。自喷一般持续几天到数十天，主要产出油井周围的冷凝水和大量加热原油，因高温高压蒸汽使油井附近压力较高，为自喷提供了能量，随着油井压力降低而油井停喷后，即转入抽油阶段。

当抽油阶段的产量接近经济极限的时候，即转入下一个吞吐周期（见图3-1）。由于第一周期的预热解堵作用，第二周期的峰值产量往往要高于第一周期的峰值产量。但从第三周期开始峰值产量逐步降低，直到若干周期后，完全无经济效益，此时蒸汽吞吐完成。

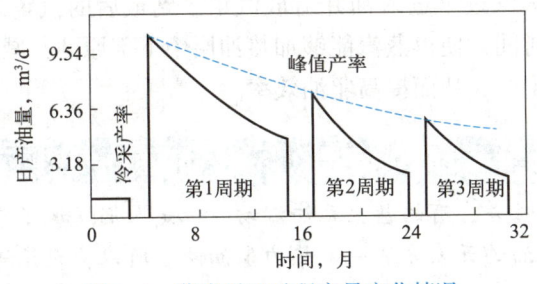

图 3-1 蒸汽吞吐过程产量变化情况

蒸汽吞吐的特点是用汽少、见效快、适用范围广，但加热半径较小（一般为 20~40m），采收率并不高，一般不超过 15%。因此它通常作为蒸汽驱的先导。

2. 蒸汽驱

蒸汽驱（steam flooding）是按照一定注采井网，从注汽井中连续注入蒸汽，将原油驱替到周围生产井使其连续生产的热力开采方法。与蒸汽吞吐相比，蒸汽驱需要较长的时间才能看到效果，费用的回收期较长。

如图 3-2 所示，当注入的蒸汽从注入井向生产井流动时，主要形成蒸汽带、热凝析液带、冷凝析液带、油藏流体带。

蒸汽驱的主要作用表现为降黏、热膨胀、蒸汽蒸馏、溶解气驱、混相驱、乳化等多种作用，如图 3-3 所示。油层注汽后，注汽井井底附近的油层吸收了大量蒸汽热能，油层温度逐步上升，油层压力稳定回升。在注气初始阶段，由于热能尚未传递到生产井附近，油井周围的油流阻力仍然很大，其产油量低。随着注汽的延续，大量蒸汽热能逐渐传递到生产井周围，提高了原油的流动能力，原油产量上升，注汽见效，生产井进入高产阶段（注汽见效阶段）。

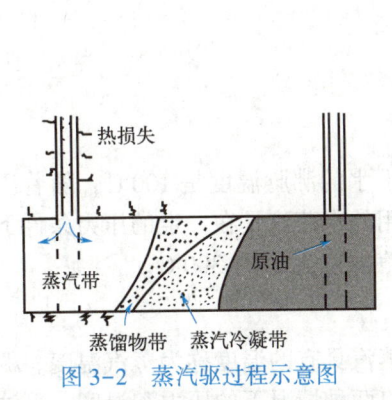

图 3-2 蒸汽驱过程示意图　　图 3-3 蒸汽驱采油各作用机理的贡献

随着油层中原油逐步被驱替出来，蒸汽和热水在油层中向生产井推进，当蒸汽前缘突破油井，蒸汽和热水进入油井，随同原油被一起采出来，生产井进入蒸汽突破阶段（汽窜阶段）。在此阶段，由于蒸汽窜入油井，油气流动阻力迅速下降，蒸汽注入压力急剧下降，且蒸汽驱油能力随之下降，使油井产油量下降，油汽比降低，含水率迅速升高。

在蒸汽驱的上述三个阶段中，注汽初始阶段较后两个阶段时间短。为了提高蒸汽驱原油采收率，应采取一切有效措施，延长注汽见效阶段的生产时间。对非均质性严重的油藏，应予以高度重视，以防止蒸汽过早进入油井造成汽窜。到最后的汽窜阶段则应关闭严重产汽井，或关闭采油井一段时间，使得蒸汽能够加热油层中下部原油，减少蒸汽超覆现象带来的不利影响，然后再开井生产，从而提高驱油效率。

 素质提升园地

稠油黏度高、流动性差，有的甚至无法流动。但是人们发现了它在受热后黏度快速下降这个特点，找到了稠油的开采方法——热力采油法。所以，无论遇到什么样的难题，只要我们能沉得下心去钻研，透过现象去发现本质，就一定能找到解决的办法。

任务二　蒸汽注入站工艺流程

知识目标

（1）能准确说出注汽流程。
（2）能准确说出注汽锅炉的运行条件。

技能目标

（1）能进行注汽锅炉的运行与停运操作。
（2）能进行软水器的相关操作。

素质目标

具有不怕脏险苦累、勇克难关的精神。

视频　蒸汽注入站工艺流程

工作过程知识

一、有关蒸汽注入的几个基本概念

1. 蒸汽

蒸汽是由水在锅炉中加热到沸腾后产生的。常压下水的沸腾温度是100℃，随着压力的升高，水的沸腾温度也跟着上升。注蒸汽开采稠油所用的水蒸汽是在一定的压力条件下得到的，其锅炉出口蒸汽压力一般在10~20MPa之间，蒸汽温度为250~300℃。

2. 蒸汽压力和蒸汽温度

蒸汽压力是指产生蒸汽时的压力，在此压力下，蒸汽具有的温度称为蒸汽温度。稠油注汽开采中的蒸汽压力和蒸汽温度指的是锅炉出口和井口两种情况下的压力和温度。采油生产中一般指的是井口蒸汽压力和蒸汽温度。

3. 饱和水、饱和蒸汽及蒸汽干度

当水沸腾汽化后，汽化的水分子与回到水中的水分子数相等时达到动态平衡，这种状态称为饱和状态。处于饱和状态的蒸汽和水称为饱和蒸汽和饱和水。

在一定压力下的沸腾点温度时产生的蒸汽称为干饱和蒸汽,此时干度为100%。但实际应用中很难产生100%的干蒸汽,通常都带有一定量的水滴。如果蒸汽中含有10%质量的水分,则蒸汽干度为90%。蒸汽干度是指每千克湿饱和蒸汽中干饱和蒸汽所占的质量百分数。蒸汽干度越大,说明单位质量水蒸汽中所含热量越高。

二、注汽流程

稠油注蒸汽开采的注汽流程是由注汽站产生的水蒸汽经地面管线输入配汽站。配汽站主要是由来汽总闸门、配汽阀门、计量装置及管汇等组成。如图3-4所示。来汽总阀门控制汽站(锅炉房)输送来的蒸汽,经节流计量后,由配汽阀门根据注汽井所需汽量控制分配到各注汽井。

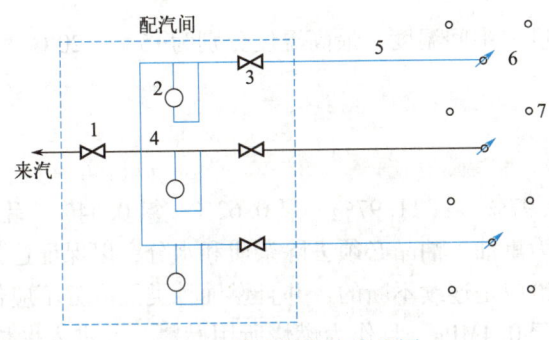

图3-4 蒸汽驱注汽流程图

1—来汽总阀门;2—节流计量装置;3—配汽阀门;4—管汇;5—地面输汽管线;6—注汽井;7—采油井

三、注汽锅炉

注汽站主要包括注汽锅炉的机组和注汽锅炉的辅助设备,注汽锅炉的机组包括锅炉本体,锅炉范围内管道、烟风和燃料系统,自控测量仪表以及其他附属设备。注汽锅炉的辅助设备是保证锅炉本体正常运行所必需的辅助设备。

锅炉本体是注汽锅炉的骨架,它由辐射段(即炉膛)、对流段、过热段和给水预热器(或给水换热器、水水换热器)组成。

1. 锅炉的工作过程

任何锅炉的工作过程均包括三个同时进行着的过程:燃料的燃烧过程、烟气向水的传热过程和水的受热汽化过程。

1)燃料的燃烧过程

燃料的燃烧过程是指燃料在炉膛内与空气中的氧发生化学反应并放出热量的过程,这一过程直接影响到锅炉出力和热效率。

2)锅炉的烟气向水的传热过程

(1)烟气向水的传热过程是指燃料燃烧后产生的热量通过锅炉受热面传递给炉管内的水的过程。

(2)传热方式:在炉膛内主要以辐射方式传热;在对流段等受热面金属内部,主要以热传导方式传热;在金属的外部主要以热对流的方式传热。

3）水的受热和汽化过程

这是锅炉内的水吸收热量后变成蒸汽，并且输出的过程。这一过程主要包括水循环和汽水分离过程。经过水处理后的锅炉给水是由水泵加压，先经过省煤器预热，然后流进汽锅。

注汽锅炉工作时，汽锅中的工质是处于饱和状态下的汽水混合物。位于烟温较低区段的对流管束，因受热较弱，汽水工质的密度较大；而位于烟气高温区的水冷壁和对流管束，因受热强烈，相应的工质密度较小；从而密度大的工质则往下流入下锅筒，而密度小的工质则向上流入上锅筒，形成了锅水的自然循环。此外，为了组织水循环和进行输导分配的需要，一般在炉墙外还设置有不受热的下降管，借以将工质引入水冷壁的下集箱，而通过上集箱上的汽水引出管将汽水混合物导入上锅筒。

2. 注汽锅炉的运行条件

1）环境条件

环境温度：最低温度、中间温度、最高温度分别为-5℃、20℃、38℃

平均湿度：60%RH。

2）燃料条件

（1）重油。

燃料油成分：碳85.97%、氢11.97%、氧0.62%、氮0.34%、硫1.06%、水1.3%。

湿蒸汽发生器燃料为重油，油品必须去除杂质和水分，以保证达到表3-3之规定。

在运行时，燃油供给应是连续不断的，并且燃油种类及成分不应任意变动，运行时燃油的炉前进口压力不得低于0.4MPa，且作为燃烧所用燃料，其进入燃烧器喷嘴时黏度必须达到100SSU（赛式黏度）以下。系统入口处压力一般应在1.0~1.2MPa之间，温度在65℃左右。

表3-3 湿蒸汽发生器燃料油参数指标

序号	名称	单位	参数
1	低位发热值	J/kg	$\geq 3.35\times 10^7$（20℃）
2	闭口闪点	℃	≥ 100
3	灰分	%	≤ 0.3
4	水分	%	$\leq 0.2\%$
5	机械杂质	%	$\leq 2.5\%$
6	硫含量	%	$\leq 0.5\%$
7	黏度	m^2/s	32×10^{-6}（100℃）

（2）天然气。

湿蒸汽发生器燃料为天然气，天然气必须经过脱水、脱油、脱硫、除尘和干燥等处理，以保证其中杂质含量达到表3-4之规定。

表3-4 湿蒸汽发生器燃料用天然气杂质含量

序号	元素名称	单位	参数
1	硫化氢	mg/m^3	<20
2	氨	mg/m^3	<50

续表

序号	元素名称	单位	参数
3	焦油及灰尘	mg/m³	<10
4	汞	mg/m³	<50（冬季）<100（夏季）
5	一氧化碳	%	<10
6	含湿量	g/m³	<0.3（0.098MPa、-30℃时饱和含湿量）

在运行时，天然气供给应是连续不断的，并在炉前不低于 0.1MPa。在燃烧过程中如果天然气成分发生了改变则应适当进行调整，否则会产生下列几种情况：①出力不足，燃烧稳定性恶化；②不完全燃烧热损失增加，运行效率降低；③出口蒸汽干度过高，可能达到过热状态。

3）给水条件

没有可靠的水处理设施，湿蒸汽发生器不得投入运行。对进入水处理装置之前的原水也有一定的条件。在湿蒸汽发生器给水入口和蒸汽出口设有取样口用于汽水质量监测。给水指标可参照表 3-5 的规定，以现行相关标准为依据。

表 3-5 给水指标

序号	名称	单位	参数
1	硬度	mg/L	0
2	溶解氧	μg/L	7
3	二氧化硅	μg/L	20
4	pH 值		8.8~9.3（25℃）
5	铁	μg/L	10
6	铜	μg/L	3
7	含油量	μg/L	0.3

4）电源条件

湿蒸汽发生器的动力采用 380V、50Hz 三相交流电。在正常运行时，交流电必须保证电压和频率的稳定。低于额定频率 5Hz 就将引起电力故障使其自动停炉（包括一些其他电力驱动设备）。另外，电压过低或过高（正常电压的±20%）也会引起自动停炉。同时，低电压还会导致电机的过热以及其他电控装置工作不良，特别是电感装置表现得更为明显。高电压也会在停炉前使某些部件损坏。因此，对于电控设备来说，出现电压波动是相当忌讳的事情，尤其是电压脉冲或瞬间失电所造成的电压不稳定现象。电源要有足够的硬特性，以保证电机启动时所产生的高电流。供电容量可参照表 3-6。

表 3-6 供电容量

序号	型号	锅炉容量，kW	水处理容量，kW	总功率，kW	备注
1	YZF23-17-P	245	50	315	北美燃烧器
2	YZF23-17-PT	335	50	405	扎克燃烧器
3	YZF11-17-P	160	30	210	北美燃烧器
4	YZF11-18-P	160	30	210	北美燃烧器

续表

序号	型号	锅炉容量,kW	水处理容量,kW	总功率,kW	备注
5	YZF11-21-P	180	30	230	北美燃烧器
6	YZF9-17-P	135	30	185	北美燃烧器
7	YZF9-18-P	135	30	185	北美燃烧器
8	YZF9-21-P	150	30	200	北美燃烧器
9	YZF7-21-P	135	20	175	北美燃烧器
10	YZG15-21-H	245	50	315	扎克燃烧器
11	YZF(G)23-21-H(D)	285	50	350	北美燃烧器

四、软水器

为达到注汽锅炉的给水条件，需要对水进行处理，软水器是主要的水处理设备。

注汽锅炉水处理的主要任务是：降低水中钙、镁盐类的含量（俗称软化），防止炉管内壁结垢现象；减少水中的溶解气体（俗称除氧），以减轻对锅炉受热面的腐蚀。

通常意义上水处理装置由砂滤器、软水器、热力除氧器、盐水系统、化学除残硬设备、化学除氧装置、自动控制系统和检测仪表等组成。在实际运用过程中，砂滤器和化学除残硬已经与软水器合为一体，软水器的一级罐底部石英石、鹅卵石起到了砂滤器的作用，软水器的二级罐起到了化学除残硬的效果。

1. 不合格的水质对锅炉的危害

（1）结垢：使锅炉炉管传热能力降低，并由此而造成管壁过热使其强度下降，甚至变形或发生爆管事故。

（2）积盐：能使锅炉的热效率下降，积盐严重时可引起管壁爆裂。

（3）腐蚀：在蒸汽锅炉中，炉水不断蒸发、浓缩，碱性逐渐增大，造成对锅炉的腐蚀，影响安全生产，缩短锅炉的使用寿命。

2. 水质标准

1）悬浮物

悬浮物又称悬浮固形物，即水过滤后分离出来的固形物，单位是 mg/L。悬浮物含量越多，水质越浑浊。悬浮物可以通过沉淀和过滤的方法除掉。

2）溶解固形物

分离出悬浮固形物后的水，经蒸发、干燥后所得的残渣，称为溶解固形物。通常把悬浮物和溶解固形物的总和称全固形物。它表示溶于水中各种盐类的总含量，单位是 mg/L。

3）硬度

硬度（常用符号 H 表示）是表示溶解于水中能形成水垢的物质——钙、镁盐类的总含量。由于水中的钙、镁离子进入锅炉后，在水的蒸发浓缩过程中，会与某些阴离子共同形成水垢，因此，将水中钙、镁离子的总浓度称为总硬度。

4）碱度（常用符号 A 表示）

碱度为水中所含 OH^-、CO_3^{2-}、HCO_3^- 及其他一些弱酸盐类的总含量。因为这些盐类在水溶液中都呈碱性，可以用酸中和，所以统称为碱度。碱度可分氢氧根碱度、碳酸根碱度及重碳酸根碱度。

水中保持一定的碱度，固然可以避免酸性物质对金属壁的腐蚀，但当碱度过大时容易引起汽水共鸣，使蒸汽大量带水，恶化蒸汽品质，并使金属苛性脆化。

5）pH 值（pH =1~14）

pH 值是表示水的酸碱性的指标。pH＝7，溶液呈中性；pH＜7，溶液呈酸性，而且 pH 值越小，酸性越强；pH＞7，溶液呈碱性，而且 pH 值越大，碱性越强。

天然水的 pH 值为 6~8.5，炉水的 pH 值为 10~12 为好。当 pH＜8 时，容易对钢材产生酸性腐蚀；pH＞13 时，容易将钢材表面的保护膜溶解，加快腐蚀速度。

3. 生水水质要求

为保证水处理设备正常运行，充分发挥树脂交换能力，确保注汽锅炉给水质量，进口原水水质应满足表 3-7 的要求。

表 3-7　生水水质要求

序号	名称	单位	参数
1	原水浑浊度	mg/L	＜1
2	Fe^{2+} 浓度	μg/L	＜10
3	Na^+、K^+ 浓度	mg/L	＜70
4	总硬度	mg/L	＜300
5	pH 值		7~12
6	含油量	mg/L	1
7	H_2S	mg/L	0

4. 基本技术参数

在保证原水指标的条件下，水处理设备可达到表 3-8 技术参数。

表 3-8　水处理设备处理指标

序号	名称	单位	参数
1	处理量	t/h	25（13）
2	额定工作压力	MPa	≤0.6
3	处理后硬度	ppm	＜1
4	含氧量	ppb	＜10
5	再生周期	h	≥8
6	再生耗盐量	kg	160（90）
7	周期制水量	m^3	200（104）

5. 软水器的工作过程

软水器的工作过程一般分为运行、停止、反洗、进盐、置换、一级罐正洗和二级罐正洗，共七个步骤（图 3-5）。

1）运行（软化）

离子交换器运行时需定期化验出水的硬度，通常每小时化验一次。当出水硬度逐渐升高，接近对水质的限值时，则应缩短化验时间（一小时或半小时化验一次）；当出水硬度达到锅炉给水硬度极限数值时，应立即停止运行。

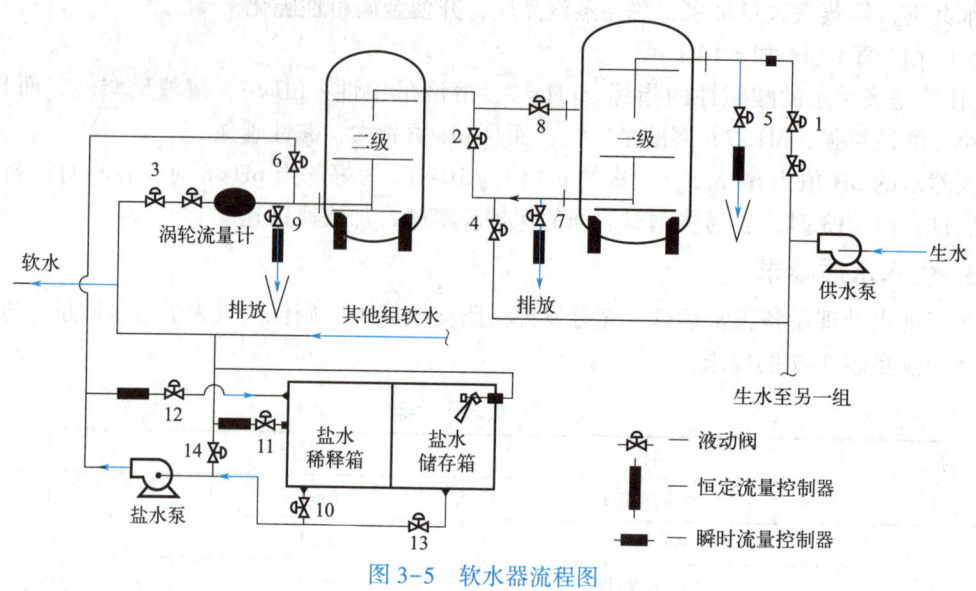

图 3-5　软水器流程图

生水经给水泵和液动阀 1 进入一级软水罐顶部，经过离子交换树脂床后钙离子、镁离子被置换掉。然后软水通过液动阀 2 进入二级软水罐，再进一步除掉可能漏掉的钙镁离子。从二级软水罐流出的软化水通过圆盘（涡轮）流量计和液动阀 3 送给该锅炉柱塞泵入口。在流量计上的计算器是累计水的流量，并在流过预定水量时，向 PLC 程序控制器发出一个表明树脂已失效的电信号，系统即可自动停止运行，转入再生。

目前，鉴于各锅炉所处水质的不同，不能用同一个制水量标准作为树脂是否需要再生的依据，应以水处理操作人员取样化验得出的硬度数据为依据，人为进行手动再生。

软水器启动运行时，软水器上部呼吸阀具有只排气不排水的作用。在软水器启动时，可排出软水器内的空气，当空气排完后，呼吸阀在水压作用下自动关闭，使水充满软水器，保证运行压力的稳定。

如果选用自动控制时，当通过交换器的软水总量达到预先设计的出水时，控制系统将该组退出运行状态，进入再生状态。

2）停止

在停滞状态该组所有的自动控制阀均保持关闭状态，稳定系统压力，为下一步骤做准备。

3）反洗

反洗的目的：（1）翻松钠离子交换剂层，为再生创造条件；（2）将交换剂层表面的泥渣等污物及破碎的交换剂细小颗粒冲出；（3）排除交换剂层中的气泡。

反洗是在钠离子交换剂再生以前，先用水自下而上进行的过程。

生水（原水）经供水泵升压后，通过液动阀 4 进入一级软水罐底部，向上流过树脂床后经过液动阀 5 排掉。在一定的水压条件下，反洗流量是固定的，由排水管上装的恒定流量控制器控制。反洗时间由 PLC 程序控制器上的计时器控制，通常为 10~20min。二级软水罐不反洗。在反洗的同时，启动盐水泵，以稀释盐溶液。

4）进盐（软水器的再生）

再生的目的是使失效的离子交换树脂恢复软化能力。再生过程的好坏直接影响钠离子交换器运行的经济性，因此，必须选用合理的再生液浓度、再生流速及改进再生方法，以提高再生效率，降低耗盐量。

盐水泵从盐水箱中抽出的饱和浓盐水，经12号阀和盐水瞬时流量计，与一组软化水处理系统来的软水混合稀释成一定浓度的稀盐水，稀盐水用的软水也是用瞬时流量计计量的。

稀盐水则通过6号阀打入二级罐底部，盐水向上流过树脂床，用钠离子置换钙镁离子，使树脂得到还原（再生）。盐水经二级罐顶部流出后经过液动阀8进入一级罐顶部，然后向下流经树脂床，使树脂床得到再生。最后废水则从下部集水器收集，通过阀7和恒定流量控制器排掉。再生用的稀盐水要清洁，这对不进行反洗的二级罐是极为重要的。当用完定量的盐水时，说明树脂再生完毕，即树脂得到再生。

再生用的盐水浓度为10%，用盐水多少是通过计算确定的。

5）盐水置换

置换流程：进盐结束后，在软化器中还存在大量盐水，必须清除掉，这时只要将液动阀11关掉，置换阀门打开即可，使软化水沿着进盐流程流过软水器，将盐水冲洗掉。盐水置换时间是由PLC程序来控制的，通常定为50min。

置换的作用是在进盐结束后，用软化水替换掉留在软水器及进盐管路内的盐水，这样可使盐水充分利用，加强树脂的还原效果。置换时间是根据排污水中含盐量小于1.5%时确定的，一般为40min。

6）一次正洗

一次正洗的目的是彻底洗掉置换在一级交换器中的盐水和再生废液。

生水通过液动阀1进入一级罐的上部进水分配器，向下流经树脂床后，进入下部集水器，经过液动阀7排掉。其流速由7号阀后安装的固定流量控制器来控制。

7）二次正洗

一次正洗步骤结束后，7号阀关闭。生水经1号阀进入一级罐的上部进水分配器，往下流过树脂床后，进入下部集水器，通过2号阀进入二级交换器上部，经过上部安装的进水分配器，往下流过树脂床，进入下部集水器，并通过9号阀排出。

二次正洗的流速由安装在9号阀后的恒定流量控制器控制。

一级正洗时间，以排放水与生水氯离子质量浓度差小于25mg/L且硬度为零时来确定。

五、水—汽系统的工艺流程

锅炉的水—汽系统（图3-6）是不断地向锅炉供给符合水质标准要求的水，并将所产生的蒸汽（或热水）分送到各用热部门的系统。它由给水泵、水处理设备和锅炉控制件等组成。

由水处理设备来的软化水，经气囊式减震器进入柱塞泵，经泵升压后再经泵出口的动力式减震器、节流孔板、安全阀等分为两路：一路直接进入对流段，经过对流段加热升温到318℃左右后，进入给水换热器的内管；另一路进入给水换热器的外管。换热器的内、外管的水由于存在较大温差而进行热量交换。热交换的结果是：换热器外管的水温升高到烟气露点温度（116℃～138℃）以上，再进入对流段继续升温；而换热器内管的水温由于损失一部分热量而下降到274℃左右，然后进入辐射段。水在辐射段经大约56根串联炉管，吸收热量,变为温度为354℃、压力为17.5MPa、干度达80%的饱和蒸汽,经取样汽水分离器、单向阀、截止阀而送到井口。

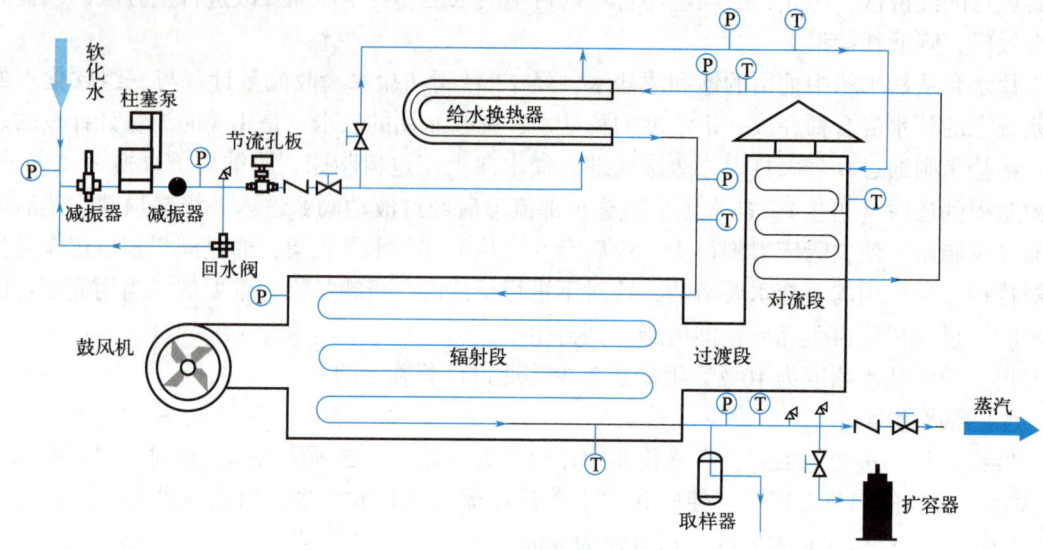

图 3-6 水—汽系统工艺流程图

技能训练——注汽锅炉的操作

一、启动运行前检查

1. 水处理等设备运行情况检查

这一部分运行正常,可以供足湿蒸汽发生器用水。

1)水处理设备启动前检查

① 打开进出水罐的手动阀,应控制半罐以上水位。
② 检查浓盐水,浓度在10%以上。
③ 检查生水泵及电机,盘车几圈,同时打开出入口手动阀门。
④ 打开各压力表手动阀,使仪表投入工作。
⑤ 检查手动排污阀是否在关的位置。
⑥ 各空气开关应打在"OFF"的位置。
⑦ 操作盘各开关应打在"停"的位置。
⑧ 根据实际情况,执行水处理软水器的运行标准。

2)水处理设备启动操作

① 首先启动空压机,使仪表气压在0.4MPa以上。
② 合上总电源保险开关,电源指示灯亮。
③ 依次合上所有空气开关。
④ 各水泵开关打向自动,其中运行组水泵立即启动打水。
⑤ 按要求浓度配制亚硫酸钠溶液,启动加药泵。
⑥ 运行软水器,把排气阀打开排气,见水后关掉。
⑦ 观察出口压力升至0.4MPa后转入正常运行。

每小时化验一次一级、二级硬度，一级硬度<50ppm，二级硬度<0.002ppm（二级硬度站上无法测定如此准确。并且应增加污水使用规程）。

3）再生操作

① 当一级罐硬度在30~50ppm或二级罐硬度≥0.002ppm时，按再生按钮开始再生（二级硬度站上无法测定，干度化验时没有进行比色）。

② 盐水配置：适当调整软化水与盐水配比，使盐水进入树脂床，盐水质量浓度在10%左右。

③ 再生过程中，注意观察进盐量和各运行压力，正常情况下其他按钮不要乱按，否则会产生误动作，影响再生。

④ 再生结束后，连接到待机位置，化验硬度是否符合要求，将泵根含量去掉，实际不化验，未配备药品。

2. 湿蒸汽发生器各阀门的检查

1）水汽系统

① 打开柱塞泵出口阀门，对流段进口阀门和蒸汽出口放空阀门，关闭对流段旁通阀和蒸汽出口注汽阀门；

② 打开各压力表阀门，注意高压压力表针型阀开放的程度不得超过一整圈，适当即可；

③ 打开差压变送器正负压室一次阀及二次阀，关闭平衡阀。

2）排污系统

① 关闭辐射段、对流段、炉管及汽水分离器排污阀；

② 关闭雾化和取样过滤器闸阀；

③ 打开汇总排污阀。

3. 柱塞泵检查

（1）查柱塞泵、空压机外观，无松动部件，附近无杂物等；

（2）检查柱塞泵及空压机曲轴箱油位；

（3）盘车检查柱塞泵及空压机运转是否正常。

4. 燃料供给检查

（1）燃油时，调压阀前油压应在1.0~1.2MPa之间；

（2）燃气时，天然气入口压力应在100~250KPa之间。

5. 动力电源检查

（1）检查配电室给锅炉送电情况；

（2）打开动力柜，合上柱塞泵、鼓风机、空压机、控制变压器和总电源空气开关；

（3）若燃油时，合上电加热器空气开关；

（4）检查完毕，确认三相电源正常，合上柜门。

6. 自控盘上开关位置检查

在操作盘及触摸屏内，依次点击：电源——断；供水泵——停；鼓风机——停；空压机——断；电加热器——断；带加热——断。

二、启动点火

（1）接通电源开关，电源指示灯亮并发出声光报警，即时消音。

（2）若燃油时接通电加热器开关，开始加热燃油，详细检查燃油供回循环情况。

（3）接通空压机开关，检查空压机运转情况及仪表用气源整定情况。

（4）按动指示灯测试按钮，检查报警指示灯是否完好。

（5）若燃油时检查燃油炉前温度达100℃左右，开始点火前操作，依次将供水泵设定为自动、鼓风机设定为自动、点火回路设定为通，按联锁按钮，联锁指示灯亮，柱塞泵、鼓风机依次启动开始至少5min的点火前吹扫。吹扫结束后，点火程序器联锁开始自动点火过程。

（6）点火成功，火焰稳定后，若燃油时将引燃延时关断调火开关转至自动，调节火量使火量自动跟踪水量，注井升压过程中，注意观察各种情况变化，达到注井所需的各种负荷条件。

（7）燃油时，产生蒸汽后就可打开供汽管路上的阀门加热燃油，PID自动调节和控制调节阀的行程，达到燃油温度的恒定。

（8）燃油时，蒸汽出口干度达到30%左右转换蒸汽雾化，调整自力式压力调节阀，打开反馈引压针阀，逐步达到供汽基本平稳。调节95H压力调节阀，排泄针阀略放开一些余量，将雾化选择开关从"空气"转至"混合"后进行观察，视情况适当调节95H压力调节阀，关闭排泄针阀，转到蒸汽雾化。如转换雾化有一定难度，可降成小火，打开引燃延时进行转换，转换成功后恢复。火焰工况正常后关闭空气雾化手动阀门；扎克燃烧器采用转杯式机械雾化，由控制系统自动运行。

（9）产生一定负荷的蒸汽后进行投注，投注时要先打开注汽截止阀，再慢慢关闭排空阀，在此过程中提醒注意观察注汽井蒸汽压力等情况，注汽井正常后，适当调整负荷，使注汽井达到最佳工况。

三、运行

1. 运行中应记录的数据

（1）汽水系统各压力温度：如相互压力降不断上升，表明管道内壁结垢在增多，达到一定值时须停运进行清洗；

（2）蒸发量：该参数是湿蒸汽发生器的主要参数，计算注井当量；

（3）炉膛压力：如炉膛压力回压上升，表明对流段内肋片管束积灰增多；

（4）燃烧器油喷嘴压力：其压力变化异常表明油嘴组件有磨损现象发生；

（5）蒸汽干度：蒸汽干度不能过高或过低，干度过低稠油采收效果不好，干度过高极易过热危及安全运行，根据注井地质状况，确定最佳蒸汽干度；

（6）燃料量：记录燃料的消耗量可以作为调整燃烧达到最佳状态的重要参数，也为计算运行成本提供依据；

（7）燃料压力和温度：压力和温度的恒定是保持蒸汽干度稳定性的重要条件。

2. 运行中的调整

（1）合理调节燃料与空气的比例，雾化与燃料的比例，保持最佳的过剩空气系数；在合理调节最佳风量的基础上，还要合理调节湿蒸汽发生器燃烧量，以达到最佳比例，降低化学不完全燃烧时的热量损失；

（2）根据炉膛内的火焰形状、颜色、大小、长度进行调整，达到燃料趋于完全燃烧的工况，以减少热量损耗；

（3）根据烟囱排烟情况，无论大火或小火状态均不能冒黑烟或白烟，应重新调整燃烧比例，燃料压力和温度等；

（4）根据检测的蒸汽干度，调节水量与火量的比例，以使蒸汽干度达到注井的最佳值。

3. 运行规定

（1）运行期间，保持 1h 检测一次干度；

（2）运行期间，保持 1h 或 2h，按日志表记录各点参数；

（3）运行期间，保持燃料压力、温度和供电电压恒定、雾化压力平稳；

（4）运行期间，定时检查各机泵的润滑油液位以及电压、电流、温度及声音等。

四、停运

停运分为正常停运和紧急停运，无论哪一种停运，必须严格按规程进行操作，否则，将会给湿蒸汽发生器带来不可估量的损失，严重者，甚至危及人身安全。

1. 正常停运

湿蒸汽发生器因负荷减少或检修等原因而有计划地停运，称为正常停运。正常停运的特点是湿蒸汽发生器由高温状态向完全冷却状态过渡，为防止停运中各部件冷热不均而发生泄漏和损坏，停运操作如下：

（1）降低低负荷，将点火回路开关断开，关闭进入油嘴前阀门。灭火后进行 20min 后吹扫，同时柱塞泵鼓风机继续运行，风量与泵排量的大小也应根据炉膛缓慢冷却原则来定。后吹扫结束，柱塞泵及鼓风机会自动停止。

（2）熄火同时打开蒸汽出口放空阀门，关闭注汽阀门。

（3）调整回油 98H 调压阀，增加油路循环量。

（4）吹扫结束后，将各电源开关断开，系统均处在失电状态。

（5）炉膛完全冷却后，应将炉水放尽。

2. 紧急停运

当运行过程中发生事故时，如不立即停运就有扩大事故甚至危及人员和设备安全的可能，因此必须立即停运。此类情况被称为紧急停运。

（1）运行过程中遇到下列情况，必须紧急停运：

① 柱塞泵损坏，无法供水；

② 安全阀失效；

③ 蒸汽压力超过工作压力，安全阀已在排汽，燃料已减弱，并采用加强给水等措施后，蒸汽压力仍在上升；

④ 炉墙倒塌，外壳已烧红等严重威胁湿蒸汽发生器安全运行情况发生；

⑤ 湿蒸汽发生器受压元件损坏，危及人身、设备安全等。

（2）紧急停运操作：

① 切断燃料来源，严防燃料进入炉膛，同时减少风机风量；

② 打开入孔门强行送通行风，应注意操作安全；

③ 打开安全阀进行排汽；

④ 若湿蒸汽发生器是因严重缺水而紧急停运时，严禁向炉内供水，以防止因缺水而过热的受热面遇水后产生急剧的应力变化，造成更大的事故。

素质提升园地

在盛产稠油的辽河油田，我们可以看到这样一句标语"油稠人不愁，技术争一流"。由于稠油黏度高、流动性差、开采难度大，给油气开采工作提出了很多新挑战，但是广大石油工作者们不畏艰难、勇于迎接各种挑战，攻克一个个难关，把那些在地下没有流动能力的石油"挖"了出来，为祖国的石油事业做出了贡献。

笔记

项目二 蒸汽注入井生产管理

知识目标
（1）能准确说明注汽井完井技术。
（2）能准确说出注汽井管柱的特点及其技术指标。

技能目标
能对注汽井注入参数进行监控。

素质目标
具有严细认真的学习态度和精益求精的工作精神。

视频　蒸汽注入井管柱

工作过程知识

一、注汽井完井

热力采油井的完井技术是注蒸汽开采稠油的重要技术之一。我国稠油热采生产井采用以下几种完井方法：裸眼完井、射孔完井、防砂完井和特殊完井。与常规油井完井方法不同，热采井对完井有较特殊的要求。对热采井完井总的要求是：要适合注汽需要，在高温下能长期安全工作，套管不伸长、不损坏，管外水泥环要有较高的强度和耐热隔热性能，油层不出砂，原油含砂量要小于万分之三。为达此目的，热采油井一般采用先期完井方法进行套管预应力固井和先期防砂处理。下面仅对完井先期处理技术做简要介绍。

1. 套管预应力固井

油井注蒸汽时，井内套管和水泥环受高温影响会发生很大的体积膨胀，由于受井筒的限制，在内部会产生很大的压缩应力，降温后，拉应力又增加。当温度差超过一定限度，特别是多次重复变化时，强大的热胀冷缩作用就会引起管外水泥环破坏、套管滑动挤压损坏，以致油井不能正常生产，因此，需要进行套管预应力固井。

套管预应力固井，就是在固井时给套管施加一定的拉应力，将其拉长固定。当注汽温度升高时，套管内部产生压缩应力，当压缩应力和预拉应力数值相等时，两种应力刚好抵消。如果温度再增加，套管柱轴向才会出现压缩应力。因此，套管预拉应力越大，耐温能力就越强。

1）两凝水泥法

这种方法是采用缓凝和速凝两种水泥固井。固井时井内下套管，在套管外注入水泥，使下部一小段水泥为速凝水泥，上部一直到井口为缓凝水泥。当下部速凝水泥凝固后，套管下部先被固定住，在井口用钻机拉起套管并提拉至预定的总拉力，在保持拉力状态下候凝，待缓凝水泥凝固后整个套管被固定并获得永久性拉应力，即完成了预应力固井。

2）套管地锚法

这种方法是利用套管地锚将套管下端固定在井下，然后拉伸，进行预应力固井。

2. 稠油井先期防砂

稠油油层多是比较疏松的砂岩油层，稠油流动时摩擦力大，油井生产压差大，因此，稠油井易出砂，在进行蒸汽吞吐时，井内压力波动大，也是造成易出砂的原因，因此很多稠油井都要进行先期防砂，稠油井需要进行先期防砂的另一个重要原因是防止油层被污染堵塞而影响油井产量。

造成油井污染堵塞的主要原因有：钻井、固井以及修井作业中，钻井液、固井液、修井液中的固体颗粒进入油层堵塞孔隙孔道，或者是水进入地层产生油水乳化现象增大流动阻力或引起黏土膨胀。稠油层一旦被污染堵塞，影响会比稀油井严重，解除堵塞也比稀油井困难。这是因为堵塞物容易进入较大的孔隙孔道，这些大孔道正是稠油流向井内的主要通道，在这些孔道中堵塞物与稠油混合，结果使黏度大大升高，即使用大压差抽油，堵塞物也不易流动。由于油层砂粒表面、堵塞物表面黏附有稠油，若对稠油井进行酸化解堵处理，也会因为稠油隔绝了酸与岩石的接触，使酸化效果变差。

稠油井先期防砂，是在油井裸眼完成的基础上，下扩径钻头扩大油层段井筒直径，然后下入筛管，在筛管与井壁间填入砾石，即可起到较好的防砂作用。

二、注汽管柱

注蒸汽井基本注汽管柱由隔热油管、伸缩管、高温封隔器等组成，采用隔热油管旨在保护套管，减小井筒热损失，将高干度的饱和蒸汽送至油层。伸缩管可满足对管柱因温度变化引起的长度变化的补偿。高温封隔器亦是完井管柱的关键部件，依靠它密封油管、套管环形空间从而达到保护套管和减少井筒热损失的目的。一般说来，还应该在注汽管柱（封隔器上方）上加装循环阀，以便在向油层注汽之前，将封隔器以上的油管、套管环形空间中的水举空，使之保持干的环形空间，这对减小井筒热损失是十分有利的。

中国注蒸汽开采的稠油油藏的埋藏深度变化较大，浅者约 200~300m，大部分为 1000m 左右，最深达 1600~1700m。随着注蒸汽井深度的变化，其注汽管柱略有差异。但是，除极浅的稠油井以外，中国绝大多数注蒸汽井注汽管柱是相似的。

注汽管柱在国内稠油油藏开采技术已取得突破：研制成功国际领先水平的高真空隔热管以及热采封隔器系列、伸缩管等；热采封隔器系列有热敏封隔器系列、Y241 封隔器系列以及 Y341 封隔器系列，这些热采封隔器基本解决了高温密封、管柱锚定或洗井起管柱作业中的部分问题。设计注汽管柱时需要考虑的主要因素是：保护套管在注蒸汽过程中免受损害；满足注蒸汽设计方案的要求，尽可能减少井筒的热损失。

现介绍的注蒸汽管柱包括注蒸汽管柱和采油井注蒸汽吞吐管柱，注蒸汽井注汽管柱有选层注汽管柱、分层注汽工艺管柱等，采油井注蒸汽吞吐管柱包括注采一次管柱等多种形式，这些注蒸汽管柱都是现场广泛应用的，具有成功率高、可靠性强、经济实用的特点，借鉴使用时要注重针对性。

1. 注蒸汽吞吐管柱

在蒸汽吞吐过程中，注蒸汽热采效果的好坏主要取决于蒸汽热量的利用程度，即从蒸汽发生器出来的热量，能尽可能多地注入油层，注入油层的热量尽可能多地加热油层，减少热损失。在注蒸汽过程中的热损失主要是地面管线的热损失和井筒的热损失，所以，管柱隔热技术是减少注蒸汽过程中热损失的关键。

1）常规注汽管柱

（1）管柱结构。

如图3-7所示，常规注汽管柱由隔热油管、井下补偿器、热敏封隔器、环空空气管柱构成。

（2）工作原理。

高温、高压蒸汽经井口进入井筒，热敏封隔器热膨胀，将油套环形空间密封，管柱长度变化由井下补偿器来补偿，保证热敏封隔器正常工作。注汽完成后，井口放喷，压力降为零后，起出原注汽管柱下生产管柱。

（3）主要技术指标。

① 适应井斜度≤45°；
② 井深≤1000m；
③ 最高工作温度350℃；
④ 最高工作压差25MPa。

（4）适应性分析。

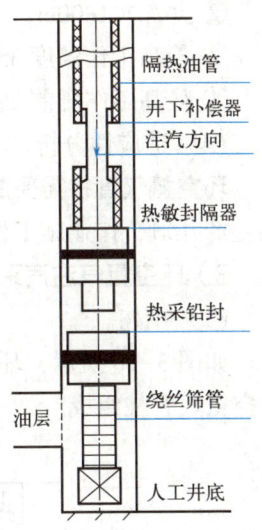

图3-7 常规注汽管柱

该种管柱注汽完成后，起出原注汽管柱下生产管柱，更换生产井口，作业施工程序多。因此对井深小于1000m的稠油井，蒸汽吞吐周期较长，采用这种管柱结构比较经济。环空气柱这种井筒隔热方式是目前最理想的，应用也最广泛。由于有了注汽封隔器，可以防止大量的热量上返，保护了套管。同时蒸汽将更多的热量带进油层，提高了热效率，增加了周期采油量。

（5）管柱特例。

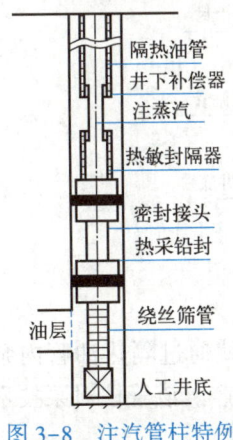

图3-8 注汽管柱特例

若注汽尾管离油层相距太远，对油层注汽热采效果较差，同时也可导致蒸汽直接冲刷该部位的套管，采用专用密封接头工具进行密封式对接，蒸汽直接进入油层，这样可减少蒸汽在热敏封隔器以下的套管内的热损失，这样注汽效果将更好（图3-8）。工作原理与图3-7工作原理一样。在施工中对密封接头要求高，井斜比较大的井对接难度大。

2）环空氮气管柱

充分利用注氮设备，将氮气与蒸汽混注，可降低原油黏度，又可补充地层能量，延长有效期，提高蒸汽吞吐效果。由于氮气的导热系数比水低1.8倍，从油管注入蒸汽，从套管注入氮气，既可提高井筒的隔热性能，减少注气过程中的热损失。另一方面，注入氮气有利于保持地层压力，氮气是可压缩气体，经高压压缩注入油层，具有一定的弹性势能，其能量释放可起到良好助排作用，提高蒸汽吞吐效果。

（1）管柱结构。

如图3-9所示，环空氮气管柱由隔热油管（油管）、环空氮气管柱组成。

(2) 工作原理。

先将氮气从套管注入，使油套环形空间充满高纯度氮气并保持一定压力，从油管注入高温、高压蒸汽加热油层，然后，每天注氮气12h使套管保持一定压力，保证油套环形空间具有良好的隔热性，注汽完成后，井口放喷，压力降为零后，起出原注汽管柱，下生产管柱。

(3) 主要技术指标。

① 适应井斜度≤45°；

② 井深≤1800m；

③ 最高工作温度350℃；

④ 最高工作压差25MPa。

(4) 适应性分析。

环空氮气管柱需要配套的注氮设备，注汽完成后，要起出原注汽管柱，下生产管柱，更换生产井口，作业施工程序多。

3）环空氮气注汽采油管柱

(1) 结构。

如图3-10所示，环空氮气注汽采油管柱由隔热油管（油管）、泵（整体套装抽稠泵）、环空氮气管柱组成。

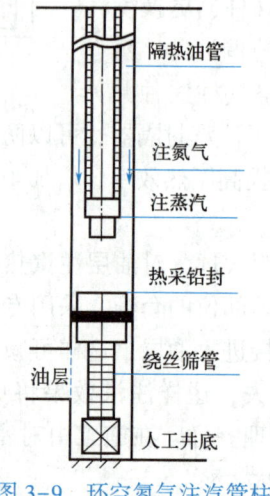

图3-9　环空氮气注汽管柱

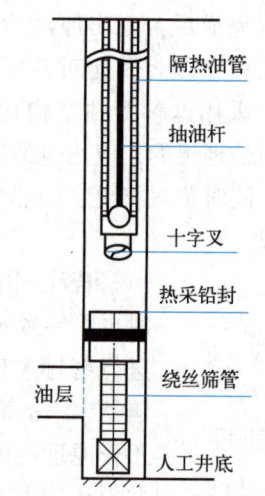

图3-10　注汽采油一趟生产管柱

(2) 工作原理。

注汽前将光杆上提6m，将柱塞提出泵工作筒，高温、高压蒸汽就通过隔热油管内泵筒注入油层，注汽完成后，井口放喷，压力降为零后，下放光杆碰泵生产。该管柱对泵技术要求很高。

(3) 主要技术指标。

① 适应井斜度≤45°；

② 井深≤1800m；

③ 最高工作温度350℃；

④ 最高工作压差25MPa。

（4）适应性分析。

该管柱又称注汽采油一趟生产管柱，其最大优点是能简化施工工序，减轻施工劳动强度，充分利用热能，在注完汽后马上进行生产，不再上作业施工队伍，井下注汽采油生产管柱可以重复使用。

2. 蒸汽驱注汽管柱

1）基本注汽管柱

（1）结构。

注蒸汽井基本注汽管柱如图 3-11 所示，由隔热油管、伸缩管、高温封隔器、筛管和丝堵等组成。

（2）原理。

高温、高压蒸汽经井口进入井筒，封隔器将油套环形空间密封（当井下温度达到 200℃ 时热敏封隔器自动坐封，封隔油套环形空间，其余类型的封隔器要先坐封），管柱长度变化由井下补偿器来补偿，保证封隔器正常工作，最后蒸汽经过绕丝筛管进入油层，将油层加热，达到热采目的。

（3）主要技术指标。

① 适应井斜度 ≤45°；
② 井深 ≤2000m；
③ 最高工作温度 350℃；
④ 最高工作压差 25MPa。

（4）适应性分析。

适应性分析见表 3-9 至表 3-12。

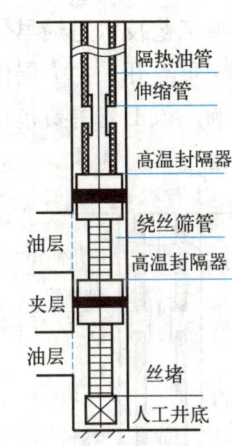

图 3-11 注蒸汽井基本注汽管柱

表 3-9 性能适应性

井深适应性	浅井	中深井	深井
	√	√	√
温度适应性	低温	中温	高温
	√	√	√
压力适应性	低压	中压	高压
	√	√	√

表 3-10 工艺适应性

注入	采出	压井	补偿	锚定	防喷	安全措施		
√			√		√			
开关方式					洗井		分层	
上提下放	旋转	下压	液压	电动	正洗	反洗	细分层	大厚层
					√			√

表 3-11 井况适应性

直井	斜井	分支井	水平井	套损井		裸眼井
				破损	变形	
√	√					

表 3-12 油气藏的适应性

常规油气藏	气藏	凝析气藏	稠油油藏	出砂油藏
			√	√

2）选层注汽管柱

这项工艺技术是最早使用的，它的最大特点是强制性地将某些高渗透层、汽窜层、底水层封堵，重点开采主力层位通过高温封隔器将所选油层分开，实现单独作用，以减少其他油层的影响。该工艺主要包括封上注下（图3-12）、封下注上（图3-13）、封上下注中间工艺（图3-14）。

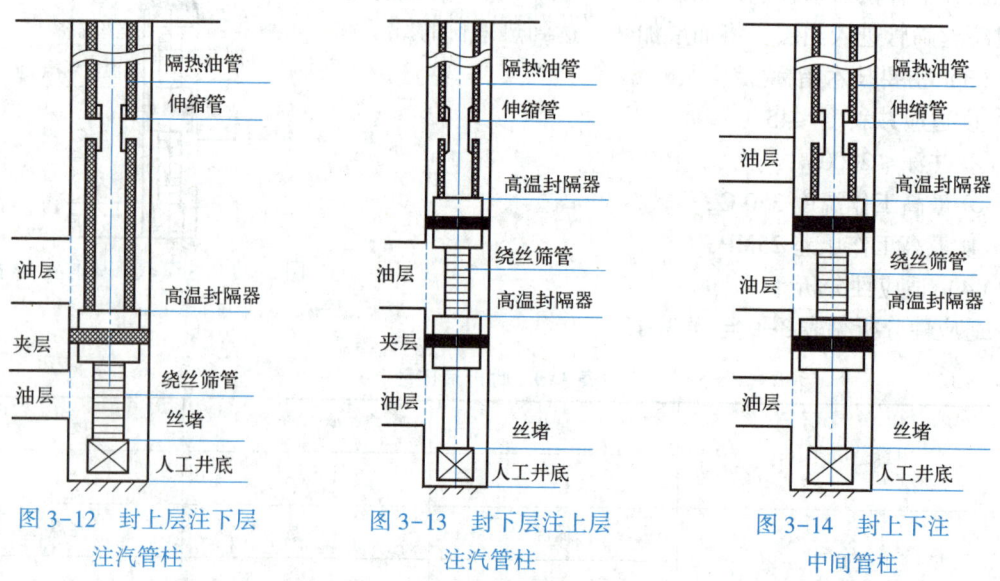

图 3-12 封上层注下层注汽管柱　　图 3-13 封下层注上层注汽管柱　　图 3-14 封上下注中间管柱

封上注下：在注汽过程中因为蒸汽超覆现象的存在而使上部油层吸收更多的蒸汽，而下部油层只能吸收少量蒸汽。针对这一情况，利用一个封隔器将吸汽性好的上部层位与下部层位分开，单独对下部吸汽，进而加大了下部油层的吸汽量，降低蒸汽超覆造成的吸汽不均现象，获得较好的注汽效果。

封下注上：某些稠油蒸汽吞吐井的下部油层渗透率高，上部油层渗透率低，注汽时下部油层大量吸汽，上部没有很好动用，封下注上管柱就是主要针对这一类油井。它采用两级封隔器将吸汽性好的下部油层的上、下端封闭，使注入的蒸汽通过筛管直接进入上部油层，达到对上部油层单独注汽的目的，平衡油层吸汽不均的现象，提高了低渗透油层的动用程度。

封上下注中间：某些油井下部为底水侵入层，上部为高渗透层，中间油层为主力层位，如果采用笼统注汽效果不好。采用两级封隔器把吸汽性好的中部油层的上、下端封闭，使注入的蒸汽通过筛管直接进入中部油层，达到对中部油层单独注汽的目的，最大限度地利用油层资源，提高油层整体动用程度。

(1) 结构。

选层注汽管柱有封上层注下层、封下层注上层、封上下注中间（分别对应图3-12、图3-13、图3-14），管柱结构由隔热油管、伸缩管、高温封隔器、筛管和丝堵等组成。

(2) 原理。

高温、高压蒸汽经井口进入井筒，热敏封隔器热将油套环形空间密封（当井下温度达到200℃时热敏封隔器自动坐封，封隔油套环形空间，其余类型的封隔器要先坐封），管柱长度变化由井下补偿器来补偿，保证热敏封隔器正常工作，注入的蒸汽通过筛管直接进入油层，达到对油层单独注汽的目的。

(3) 主要技术指标。

① 适应井斜度≤450°；

② 井深≤2000m；

③ 最高工作温度350℃；

④ 最高工作压差25MPa。

(4) 适应性分析。

选层注汽管柱适用于同时射开多层的油井。依封隔器的卡封位置的不同，可分为封上层注下层、封下层注上层等。管柱主要部件与常用注汽管柱相同。

3) 稠油注汽自动控制管柱

(1) 结构。

分层自动控制注汽工艺管柱由Y441—152（115）注汽封隔器、Y341—152（115）注汽封隔器、自动配汽器1、自动配汽器2、HF缓冲单流阀组成，如图3-15所示。

(2) 原理。

通过上下密封器将上下注汽单元分割开，配汽孔道大小调节机构在各单元地层压力的作用下自动调节配汽孔道的大小，以实现各注汽单元注汽量按需分配。

(3) 主要技术指标。

① 适应井斜≤45°；

② 井深≤2000m；

③ 最高工作温度350℃；

④ 最高工作压差25MPa。

(4) 适应性分析。

分层配汽工艺经多年的研究、应用已经比较成熟，但是多轮吞吐后，面对变化了的油层，原有的配汽方式显得力不从心。对于调补层井，由于受到周围环境压力变化的影响，新老层压力参数无法得到准确的数值。对于多轮吞吐后的油井，由于各储层参数发生变化，无法得到准确的地层参数数值。在以上情况下，很难计算出准确的实际配汽量，给配汽工作带来很大困难。

稠油注汽自动控制技术就是为解决以上困难而设计的，稠油注汽自动控制管柱即分层自动配汽管柱，通过配汽孔道大小调节机构的设

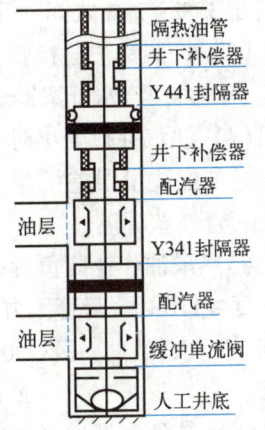

图3-15 分层自动配汽管柱

视频 注汽参数监测

计来实现，根据各储集层的压力差异自动调节各储集层的吸汽量，实现注汽量的自动控制和调节，提高了配汽的准确性，达到解决或缓解层间矛盾以及注入蒸汽最合理、最有效利用的目的。

三、注汽参数的监测

跟踪监测注蒸汽过程中注入蒸汽在各井点的吸汽剖面及油藏开发区块内蒸汽推进动态，对及时调整注汽方案、改进注采工艺，从而改善注蒸汽开发效果，是必不可少的。不论是蒸汽吞吐开采阶段，还是蒸汽驱阶段，通过各注汽井、生产井及观测井进行动态监测的方法很多，但最主要的是注汽井的吸汽剖面或温度剖面、观察井的温度、压力反映及生产井的产液剖面，在有条件而必需时，还要对多井组先导试验区或油藏区块进行蒸汽前沿的动态监测。根据这些实际监测资料，通过热采数值跟踪模拟，进行温度场、饱和度场及压力场的分析，再结合少数取心井的岩心分析，了解清楚油藏中纵向及平面上的油层动用程度及剩余油分布状况，这就为整体上改善和提高热采稠油油藏开发效果及开发水平创造了先决条件。

注汽井监测是为了解注汽井井筒内压力、温度及蒸汽干度的变化情况，各小层的吸气状况。目前主要采用定点测试方法，采用单一的高温压力、温度计或综合测试仪，测取井筒中各个位置的压力、温度、蒸汽干度和流量。由于利用仪器很难直接测取井筒各个位置的蒸汽干度，因此在新疆、辽河等油田研制了井底蒸汽干度取样器，利用在井筒中的某个位置取得注入的饱和蒸汽样品，通过实验确定其蒸汽干度。具体操作如下：

（1）蒸汽出口排量要严格按照油藏方案要求进行控制，保证平稳注汽，锅炉出口干度要求控制在75%以上。

（2）汽水分离器各阀门必须灵活好用，各仪表必须工作正常，分离器内汽液界面必须控制在35%~75%之间，确保蒸汽出口干度≥95%，外排污水温度≤90℃。

（3）按照锅炉巡检要求定期巡检，并记录相关运行参数。录取参数包括锅炉出口排量、温度、压力，汽水分离器蒸汽出口和外排污水出口的排量、压力、温度。

（4）注汽井每4小时巡检1次，记录相关参数，并及时调整中心管和油管注汽量，使注汽量与配注量误差控制在±5%以内。录取参数包括中心管、油管的压力及排量，套管压力及套管外壁温度。

（5）采油作业区负责每天监测注汽井套管外壁温度。水平注汽井（氮气隔热）套管外壁温度≥110℃、套管压力上升≥0.1MPa时，要及时汇报并进行补充氮气，正常情况下每2d补充一次氮气，每次2000m³；直井注汽井（封隔器隔热）视实际情况确定补氮时间及补氮量。

（6）其他常规注汽要求按照相关规定执行，见表3-13。

表3-13　注汽井录取资料规定

序号	项目名称	取资料规定	使用单位	取值要求
1	井口油压	每8h记录1次	MPa	保留小数点后一位
2	井口套压	每8h记录1次	MPa	保留小数点后一位
3	井口温度	每8h记录1次	℃	取整数
4	套管伸长	每8h记录1次	cm	保留小数点后一位

续表

序号	项目名称	取资料规定	使用单位	取值要求
5	日注汽量	每小时记录1次(锅炉岗取),每日汇总1次(锅炉岗取)	t	保留小数点后一位取整数
6	井口干度	(目前用锅炉出口干度代替锅炉岗取),每小时化验一次	%	保留小数点后一位
		每日干度用每小时干度平均值,周期干度用累计干汽与总注量之比,不用每天平均干度值	%	取整数
7	注汽时间	以注汽井为准;8:00~20:00 结算1次;多炉倒注时以注汽井是否停注为准	d,h,min	精确到分钟
		每周期注汽时间	d	精确到小时,并换算成十进制,保留小数点后一位
8	注汽井井底流压	新井、措施井(压裂、酸化、堵水、换层)定点测压井,注汽稳定后测压1次	MPa	保留小数点后一位
9	流温 (或井底干度)	新井注汽措施井、定点测压井注汽稳定后测流温,干度任选1项与流压同时测试	℃(%)	温度取整数、干度取整数
		非定点测压井,注汽稳定后取井底干度1次	%	干度取整数
10	焖井压力	新井、措施井、定点测压井焖井的最后1天测井底压力表1次;每开发单元选12口井测"焖井压力恢复曲线"1次	MPa	保留小数点后二位

笔记

项目三　注蒸汽采油井生产管理

任务一　焖井、放喷管理

知识目标

能准确说出焖井、放喷的原理。

技能目标

(1) 能确定合理的焖井时间和放喷时机。
(2) 能正确控制放喷过程。

素质目标

能按"三老四严"的标准做人、做事。

视频　焖井、放喷管理

工作过程知识

一、焖井、放喷的原理

焖井是蒸汽吞吐采油的一个生产过程，是指注汽油井停注关井，使蒸汽热能与油层进行热交换的过程。油井注汽后，为了使蒸汽的热量与地层充分进行热交换，使热能在地层扩散得更远些，同时也使井筒附近地层的温度比注汽时降低一些，必须进行焖井。焖井时间的长短也是影响蒸汽吞吐效果的重要因素之一，只有焖井时间合适，才能使蒸汽热量充分地传递到油层中去。若焖井时间过长，则井底附近地层温度下降太大，稠油黏度又会升高，原油流动能力降低，使得开井产量降低。若焖井时间过短，则蒸汽热量还没有充分与油层进行热交换，使油层的受热半径小，开井生产时供油面积不大，同样会降低稠油产量。合理的焖井时间是由经验方法及温度变化曲线来确定的。

由实践中得出，油井焖井时间一般在 1~4d。对于注汽量不大、蒸汽扩散快、注入压力相对偏低的油井，焖井时间可适当缩短 12~24h；对于注汽量大、注入压力较高的油井，可适当延长焖井时间，但焖井时间一般不要超过 6d。

稠油升温最明显的作用是降低了原油黏度，当高温高压的水蒸汽注入油层后，稠油黏度随着温度的升高而迅速下降，这就提高了稠油在油层中的流动能力。另外，由于井筒周围地层本身也吸收了大量的热能量，当低温油流流经这个高温区时，原油黏度会进一步降低，促使油流更快地流入井底。这些就是稠油热采的主要机理。

注蒸汽热采不仅能有效地降低稠油黏度，提高其流动能力，而且还会有一些其他增产效果伴随产生。例如，稠油中沥青沉淀物和石蜡沉淀物所引起的井底附近地层孔隙堵塞，会在高温下熔化而被解除；在钻井和井下作业时造成的井底污染物等，也会在蒸汽的热力作用和吞吐形成的"蒸扫"作用（即蒸汽冲刷）下被清除，使得井底附近渗透能力得到改善。

蒸汽吞吐开井生产初期，油井有可能自喷生产。这是由于给油层注入了高温高压蒸汽，在井底附近建立了一个高温高压带，在热能和地层压能的作用下，原油可能能够克服井筒液柱压力等阻力喷到地面。

油井自喷初期，喷出的是热水。这是焖井过程中井底附近地层和井筒中的蒸汽冷凝形成的热水。热水产出时间的长短与注入蒸汽量的多少及吞吐周期有关。注入蒸汽量大，热水产出时间也长。吞吐周期次数多，热水产出时间也长。一般产热水时间在几小时到一两天之内。

在热水喷完之后，油井则进入高产油（液）期。为了保持地层能量和保护地层，一般在自喷期要装油嘴以适当控制产量。由于吞吐采油的自喷期一般只有几天到一个多月的时间，油嘴的选择不像普通油井那样要求严格。更换油嘴时也应由小到大。例如某吞吐井自喷使用的油嘴从初期的 5mm 依次增大到 10mm。

油井自喷一段时间后，由于蒸汽热能的不断消耗，油层温度不断降低，原油黏度回升，原油流动能力降低，油井将不能维持正常自喷，此时应及时转为抽油生产。油井转抽一般不要等到停喷后再进行，因为待完全停喷后再转抽，必定要经过一段自喷低产期，这样将会影响油井采油速度。但过早转抽，由于井底能量大，使用清水常压不住井，而且高温条件进行井下作业容易发生事故。因此，转抽应选择一个适当的时机。即用清水能压住井，能正常进行作业时即可。

目前大多数热采抽油井仍采用管式抽油泵生产。对于井深、油稠的井可采用电动潜油泵或螺杆泵生产。抽油设备及抽汲参数的选择步骤与普通抽油井一样。

吞吐井转抽常规方法一般是重新起下油管柱，下抽油泵生产。由于吞吐井自喷期短，井下温度高，且出油管线回压高，转抽时地层还有很大的能量，虽然采取了清水压井，但仍易发生短时井喷，会给转抽作业带来困难。另外，常规转抽方法还存在以下问题：

（1）转抽时，因等待修井作业会耽误有效采油期；
（2）修井因用清水压井，会使油层温度降低和污染油层；
（3）工人在高温环境下作业危险；
（4）需要修井费用。

基于上述原因，目前现场上已研制出一批注汽、抽油两用泵，下这类泵不必在转抽时重新作业下泵，而且可以多次重复使用，避免了转抽时的修井作业。

注汽前，将泵下到井内，但要将泵的柱塞、实心光杆提出泵筒，以便为蒸汽提供一个从油管通往油层的通道。注汽时，蒸汽沿油管进入泵筒，并沿密封短节及尾管进入油层。开井生产时，自喷油流沿注汽通道上返流到地面。自喷结束需转抽时，只需要将柱塞与光杆下放到泵筒内，并提好防冲距，就可以抽油生产。环流泵具有过流面积大、过流流程短、进油阻力小、充满系数较大及泵效高等特点。

二、焖井、放喷前准备工作

（1）停注后，将井口油、套压表更换成合适量程的压力表。
（2）根据区块情况对有放喷能力的油井连接放喷管线，安装接力泵，并保证管线畅通和接力泵灵活好用，冬季要有防冻堵措施。
（3）根据试放喷时的井口压力，安装合适的油嘴。

三、焖井过程管理

根据《采油技术手册》相关内容，停注后 5d 内近井地带压力降低较快，以后减缓，10d 内井底温度降低较快，以后减缓。由于蒸汽凝结成热水的过程体积减小、压力减小，说明停注后 5d 内蒸汽基本上凝结成热水，焖井结束试放的时间应该选择蒸汽完全凝结成热水的时间，这样可以提高热能的利用率。

1. 焖井时间的界定原则

结合不同区块的开发性质，根据不同的注汽量、不同的注汽强度确定合理的焖井天数，以 5d 作为参考标准时间，以 24h 压力不降或压降小于 0.2MPa 作为焖井结束进行试放的临界时间。

2. 焖井时间的现场确定

（1）停注后焖井压力小于 2MPa，焖井 1d 组织试放。

（2）停注后焖井压力大于 2MPa 小于 3MPa，焖井 2d 组织试放。

（3）停注后焖井压力大于 3MPa 小于 4MPa，焖井 3d 组织试放。

（4）停注后焖井压力大于 4MPa，焖井时间以 5d 作为参考标准时间，以 24h 压力不降或压降小于 0.2MPa 作为焖井结束进行试放的临界时间。

（5）特殊情况如发生汽窜反应、地质方案特殊要求、作业施工措施等原因影响，可以根据生产实际动态调整焖井时间，但也不宜太长。

 素质提升园地

> 把握好焖井时间，合理组织试放，是蒸汽吞吐采油技术成功的关键。如果焖井时间太长，就会使井内及地层的温度下降，热损失增加；如果焖井时间太短，就会使蒸汽所携带的热量不能完全传递给地层，热量利用不充足。所以我们必须严格按照管理要求老老实实地管好每一口井，使其处于最佳的工作状态。

四、放喷过程管理

根据区块地层、油品性质确定合理的生产压差。控制生产压差可通过控制合理的放喷液量和放喷温度来体现，放喷液量的控制参考地质下泵初期的产量要求，进而实现放喷过程平稳连续，避免造成油层激动出砂，保证作业一次下泵成功率，提高生产时率。

1. 放喷初期管理

放喷开始是液量逐渐上升，温度逐渐上升的过程，井口一般出水或蒸汽和水的混合物，为保证初期"放活"，先放大生产压差，待温度升高到 100℃时，控制生产压差平稳放喷。

放喷初期井口温度控制在 100～120℃之间，产液量控制在 35～45m³/d（水平井 40～70m³/d），出砂井控制在 25～35m³/d（水平井 30～60m³/d）。

2. 放喷中期管理

放喷井进入放喷中期，井底地层能量仍很充足，井口产出液蒸汽含量明显减少，一般出水或油水混合物，因此放喷参数控制相对较容易，但由于放喷压力连续下降，为了获得合理的生产压差，控制产液量的油嘴等参数调整相对频繁。

放喷中期井口温度控制在 90～120℃之间，产液量控制在 30～45m³/d（水平井 35～

$70m^3/d$），出砂井控制在 $20\sim35m^3/d$（水平井 $25\sim60m^3/d$）。在放喷中后期，根据井口化验含砂情况，逐渐增大生产压差，保证放喷彻底。

3. 放喷末期管理

放喷末期井底地层能量下降，井口压力较低（小于 1MPa），产液量明显下降，温度下降较快，产出液黏度增加，为了保证放喷彻底下泵一次成功，无需控制放喷液量和温度，要将油嘴拆除，井口闸门开大，倒进高架罐生产，将生产压差放到最大，当井口产液量低于 $20m^3/d$ 时起接力泵辅助放喷。

为了避免油井放喷不彻底，易出现"假死"复喷影响作业进度的情况，放喷末期井口含水小于 50% 时改地下掺油，降低井筒的黏度，提高流动性，地下掺稀油初期排量适当加大，待发现井口明显稀油上返后降低稀油用量，对个别易出现复喷的油井，作业区根据现场实际情况应提前组织热油车替油。

注：下泵初期，为了避免油层因生产压差波动造成出砂卡泵，增加下泵返工几率，要在下泵开井 6h 内控制生产压差，将抽油机冲次调低，降低泵效，液量控制在 $25m^3/d$（水平井 $50m^3/d$）以内，待油层出液平稳后，根据产量要求逐渐提高产液量，转入正常生产管理。

五、资料录取

（1）要求井口压力、温度取全取准，每 4h 录取一次。
（2）随时跟踪井口产液量，每 4h 计量一次。
（3）定期跟踪含水、含砂变化，每天化验一次。

六、注意事项

（1）焖井、放喷各项操作要严格执行操作规程。
（2）保证注汽井口、井口流程畅通，放喷初期开启闸门时要侧身，操作应缓慢、平稳。
（3）井口接力泵要及时保养，保证泵效，放喷末期避免接力泵空转"干磨"，应采用地面掺水或安装变频器等措施。
（4）冬季要有防冻堵措施保证井口、地面流程畅通，接力泵灵活好用。

任务二　掺稀油井的管理

知识目标

能准确说出掺稀油井井筒降黏原理。

技能目标

（1）能确定最佳的掺油比。
（2）能确定最佳的掺油时机。

视频　掺稀油井的管理

素质目标

能按"四个一样"的标准控制好掺油（水）量，选用合适的掺油（水）方式管理好每一口井。

工作过程知识

在蒸汽吞吐热采油井采用有杆泵采油过程中,油层温度和油层压力将逐渐下降,原油在采出时也不断脱气和降温,这将导致井筒原油黏度增高,流动阻力增大,油井产量降低,机泵杆故障增多,过早结束生产周期。为此,各稠油田都采用了一系列井筒降黏技术,如掺稀油降黏、掺活性水降黏技术等,都收到了不同程度的增产效果。

一、掺稀油降黏的原理及流程

井筒中掺入稀油后,可以使稠油中的胶质、沥青质含量相对减小,降低黏度。

掺稀原油井筒流程如图3-16所示。

稀油加热后,由干线和支路分配到各个稠油井,热稀油从油套管环形空间掺入,经筛管与稠油混合,从而降低稠油黏度,混合油进入抽油泵被抽汲至地面。

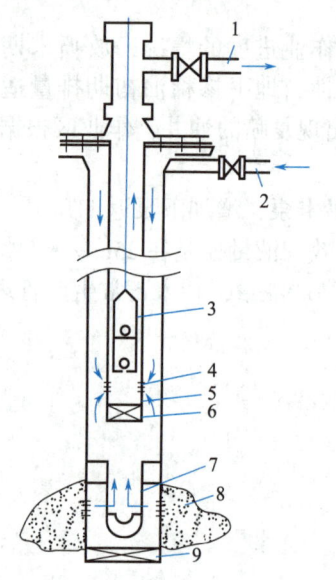

图3-16 掺稀油井筒流程
1—混合油出口;2—热稀油进口;3—深井底;
4—筛管;5—尾管;6—尾堵;7—金属绕丝防砂管;8—稠油层;9—人工井底

二、最佳掺油比的确定

稠油井掺入轻质油降黏,并非掺入轻质原油越多越好。如果井筒环形空间中掺入过多轻质原油,会造成过高的动水柱压力,干扰了稠油进泵,使稠油的充满系数降低,造成单井减产,若掺入轻质油过少则达不到降黏减阻的目的。因此存在着一个最佳掺油量的问题。

掺油比是指掺入轻质油与产出稠油量的比值。最佳掺油比是通过实验来确定的。它是在不同的掺油比下,计算其泵效。当泵效最高时所对应的掺油比即为最佳掺油比。胜利油田某稠油油藏经过试验得出,当含水率在0~50%的生产井,掺油比在25%~50%最佳(图3-17)。含水率高于50%以上的油井,不用掺入轻质油就可以正常生产。

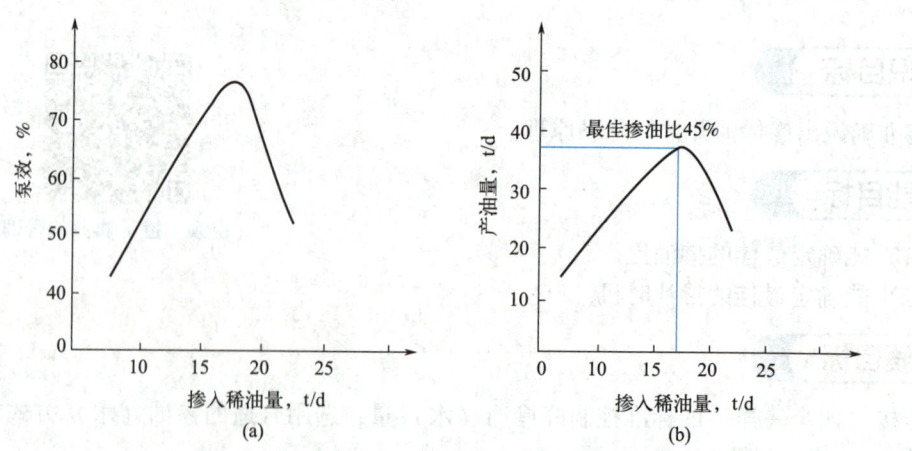

图3-17 某掺入稀油最佳掺入量试验曲线(该井含水率为39%)

三、最佳掺油时机的确定

在蒸汽吞吐后期采用掺轻质油开采时，存在着一个掺油时机的问题。如何选择最佳掺油时机，使其产量最高，某油区稠油开采经过现场试验与理论计算，绘制出了确定最佳掺油时机图板。该图版是通过掺油时井口温度来确定的。由图3-17中可见，产量越高，掺油时井口温度越高。当含水小于50%，随着含水率的增高，掺油时井口温度也越高。例如，产量为每天22.5t，含水率为30%，此时的转掺井口温度为57.5℃。也就是说在该产量和含水率下，当井口温度降到57.5℃时，就应该掺入轻质油开采，此时效果最佳。

四、掺油（水）流量计管理

（1）掺油（水）小表、总表完好、灵活好用，配掺标牌齐全、完好、整洁，配掺量清晰。

（2）单井掺油（水）小表严格按配掺量调节，小表瞬时量上下浮动不能超过$0.02m^3/h$。掺油（水）总表瞬时量不得超过配掺瞬时量。

（3）掺油（水）总表旁通闸门要打铅封，没有特殊情况不得打开。

任务三 掺活性水井的管理

> **知识目标**

（1）能准确说出掺稀油井井筒降黏原理。
（2）能准确说出掺活性水井井筒降黏原理。

> **技能目标**

（1）能确定最佳的掺油比及掺油时机。
（2）能确定掺水降黏参数，选择掺水方式。

视频 掺活性水井的管理

> **素质目标**

能按"四个一样"的标准控制好掺油（水）量，选用合适的掺油（水）方式管理好每一口井。

> **工作过程知识**

一、相关基本概念

1. 乳化、乳化剂

乳化：一种液体在另一种不溶性液体中被分散成细小粒子的现象。由于乳化所形成的液体称为乳状液。

乳化剂：两种互不混溶的液体很难形成乳状液，但加入某种表面活性剂后，可使一种液体以细小粒子分散于另一种液体中，即形成乳状液，这种表面活性剂称为乳化剂。

2. 亲水基和亲油基

表面活性剂分子具有亲水基和亲油基。如图 3-18 所示。亲水基与水亲和，易溶于水。亲油基与油亲和，易溶于油。

表面活性剂种类很多，通常分为四大类型：阴离子型、阳离子型、非离子型和两性型等。在乳化降黏开采稠油中，常用的表面活性剂有：氢氧化钠、水玻璃、ABS（烷基苯磺酸钠）、2070（聚氧乙烯聚氧丙烯二醇醚）、SP169、AP22 等。为了配合脱水，实现一剂多用，既能降黏又能脱水，多采用 SP169 和 AP22。

3. 液体的表面张力

如图 3-19 所示，处在液体内部的分子由于周围受到的分子引力是均衡的，所以它的运动就不受方向的限制。但是处在表面的分子就不同了，因为在液体表面分子间的引力大，而在气体方面分子间的引力小，结果就形成了一个合力，垂直地指向液体内部，使得处在表面上的分子产生了一种向液体内部挤压的作用，这种作用就表现为液体表面的一种特性，即表面具有缩小面积的趋势。这种作用在分界面上单位长度的收缩力就称为表面张力，单位为 N/m。

图 3-18　亲水基和亲油基

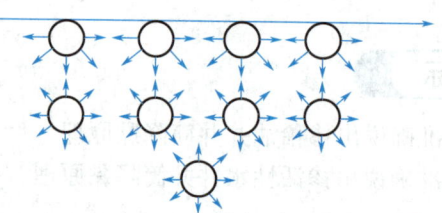

图 3-19　液体分子引力

4. 稠油乳化的类型

油包水：就是油为外相，水为内相的乳状液，亦即油把水包起来。油包水时，由于是油与油的摩擦，其内摩擦力很大，所以油包水乳状液黏度很大。油包水常用符号"W/O"表示。

水包油：是以水为外相，油为内相的乳状液，亦即水将油包起来。水包油时，由于油珠周围被活性水膜包围，使得油分子间的摩擦变为水的摩擦。因而降低了原油的黏度。水包油常用符号"O/W"表示。

5. 表面活性剂使稠油乳化成水包油乳状液的原理

要想能形成水包油的乳状液，则表面活性剂的亲水能力必须大于其亲油能力，这样所形成的乳状液为水包油。因为形成水包油乳状液的界面能低于形成油包水乳状液的界面能。界面能越小，体系越稳定，原油在亲水能力大于亲油能力的水溶性表面活性剂作用下，活性剂分子便在油珠表面排列一层亲水端向水，亲油端向油的水膜保护层，这样就使油珠与油珠之间不得轻易碰撞，不致很快聚结成大的颗粒。

二、掺活性水降黏原理

1. 乳化降黏

在稠油中加入一定量的水溶性表面活性剂水溶液,在适当的温度和搅拌下,使稠油以微小的油珠分散在活性水中形成水包油乳状液。油珠被活性水膜包围,其外相是水,使稠油分子间的摩擦变为水的摩擦,因此稠油黏度大幅度下降。如图3-20所示。

2. 润湿降阻

在实际生产中,不可能完全形成理想的乳状液,原油多呈较大颗粒分散在活性水中,形成一种水包油型粗分散体系,也可以大大降低流动阻力。同时在油管壁和抽油杆柱表面上形成一层活性水膜,使稠油与管壁及抽油杆柱的摩擦变成与水膜的摩擦,从而减小了摩擦阻力。大面积掺活性水降黏生产的降黏原理主要属于润湿减阻,如图3-21所示。

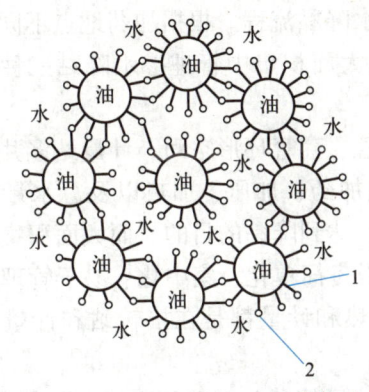

图3-20 活性剂形成水包油型乳化示意图
1—亲油端;2—亲水端

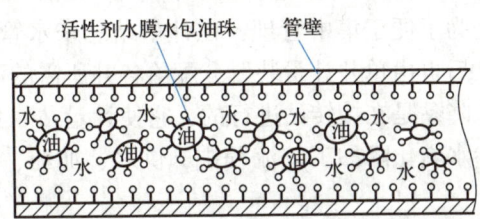

图3-21 水包油型乳状液管内流动示意图

三、乳化剂的选择及掺水降黏参数的确定

1. 乳化剂的选择

乳化剂在稠油掺水降黏中起着重要作用。如乳状液的形成类型及稳定性等都与乳化剂本身的性质有直接关系。选用乳化剂一般按其亲水亲油平衡值(HLB)来确定。HLB值表示能力的大小,通常形成水包油型乳状液的HLB值为8~18。我们在实际选择中,为了满足稠油乳化降黏并结合破乳脱水。我们规定了如下三条标准:

(1) 活性剂比较容易与稠油形成水包油乳状液,并具有一定稳定性,流动性能良好。
(2) 乳化剂用量要少,室内实验浓度不高于0.05%。
(3) 静止后,油水分层要快,油中含水低于5%,水中含油在0.05%以下(实验室中)。

2. 掺水降黏参数的确定

1) 活性水浓度

使用活性水浓度要适当,浓度过低时不能形成水包油乳状液,过高时乳状液黏度下降幅度不大,又浪费活性剂。而且有些药剂如烧碱、水玻璃等,在高浓度时反而反相形成油包水乳状液,稠油黏度不但不能下降,而且还会升高,这是应该避免的。

2）温度

温度对已形成的乳状液黏度变化影响不大，乳状液一旦形成，它的黏度就基本稳定下来。但是在乳化过程中，温度却是一个不可忽视的因素，试验证明，低温时乳化效果不好，温度较高时乳化效果好。一般掺入的活性水温度在井口时应保持在40℃以上。

3）水液比（掺水比）

水液比是指活性水与总液量的比值，它直接影响乳状液的类型、黏度和油井产量。水液比是根据油井实际情况而定。某油田经过大面积试验结果得出：在井口掺入水温保持60℃左右，活性剂浓度为 0.02~0.03 时，不同的稠油黏度，其水液比为：黏度为 1000~2000mPa·s，水液比为 25~30%；黏度为 2000~3000mPa·s，水液比为 30%左右；黏度为 3000mPa·s 左右，水液比大于 35%。

四、乳化降黏井的掺水方式

乳化降黏开采工艺，是在地面油气集输中建成的掺水降黏流程。根据加药地点不同，乳化降黏井可分为单井乳化降黏、计量站多井掺水降黏及大面积集中管理掺水降黏三种地面流程。

单井乳化降黏是在井口加药，然后把活性水掺入油管、套管环形空间。计量站多井掺水降黏是为了便于集中管理，在计量站总来水管线上完成加药、加压、加热以及总水量的计量，然后再由单井计量装置分配给各井所需的活性水量，达到降黏的目的。而大面积集中管理掺水降黏是在接转站进行的，它使计量站一套繁杂的设备简单化、集中化、易于管理。目前的掺水乳化降黏工艺流程中，供水、加药、加压、加热和计量都是在接转站和计量站进行的。

由上述可知，为了完成掺水中加药、加压、加热和计量等工作，必须有一套仪器设备。这些仪器设备是药剂混合器、流量计、水表、膜合式减压阀及加热炉等。

1. 地面掺水

地面掺水乳化降黏解决稠油的输送问题，起到润湿降阻、降低回压的作用。这种方式适用于油井能正常生产，抽油杆可以顺利下行，原油黏度较低的油井。地面掺水流程如图 3-22 所示。稠油从井中流出，经油水混合器与活性水混合成为乳化液降低黏度，由输油管线输到集油站。

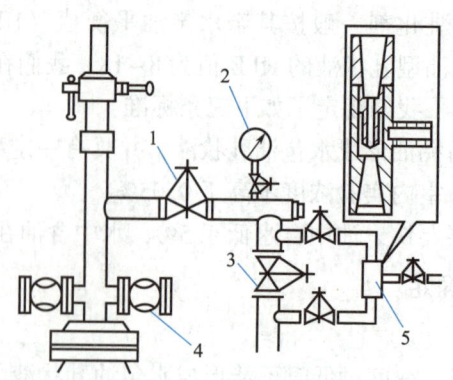

图 3-22　地面掺水井口装置

1—生产阀门；2—回压表；3—回压阀门；4—套管阀门；5—油水混合器

2. 泵上掺水

泵上掺水是在油管上装置封隔器和单流阀，掺水进入油管与稠油乳化起降黏作用。其管柱如图 3-23 所示。

这种方式适用于抽油杆不易下行但泵的充满程度还较好的抽油井。由于活性水不经过深井泵，所以不影响产量。

3. 泵下掺水

泵下掺水是活性水从油、套管环形空间掺入，在抽油泵下经掺水器（筛管）与油管内稠油混合，经抽油泵抽汲搅拌乳化后的抽油方式。这种方式适用于油井不能正常生产，泵的充满程度很低，稠油黏度较高的油井。如图 3-24 所示。

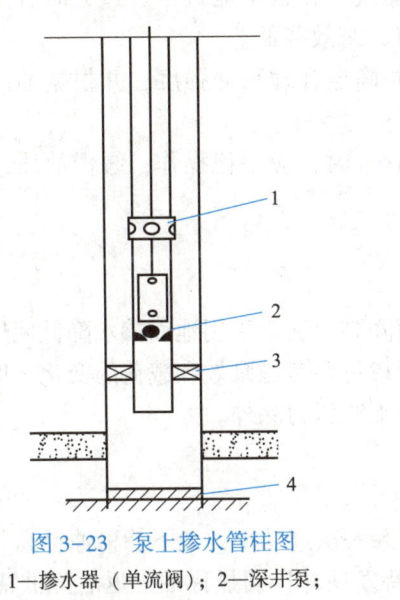

图 3-23　泵上掺水管柱图

1—掺水器（单流阀）；2—深井泵；
3—封隔器；4—人工井底

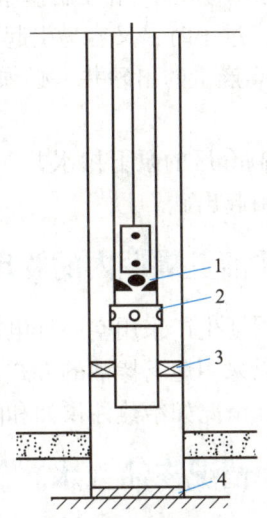

图 3-24　泵下掺水管柱图

1—深井泵；2—掺水器；
3—封隔器；4—人工井底

选择一口井的掺水方式时，一定要根据实际情况来确定。如果掺水方式不当，会使油井生产不正常。

五、乳化降黏井的管理

1. 泵下掺水降黏井的管理

泵下掺水操作要点是开井前先掺水，生产中控制水，停水前多掺水。开井前先掺水，就是说开井以前必须先掺进一些活性水，便于顺利开井。正常生产中，就要根据油井的具体情况，严格控制掺水量，以达到最高采油量。停水以前，为了使油井在停水过程中不停产，就要多掺一些水，使井筒内有一部分余水逐渐与油乳化。在关井时，为了不使活性水积在井筒内，造成关井期间油水重力分离而渗到地层，就需要先停水而后停抽。

2. 地面掺水井的管理

操作要点是"开井前水循环，生产中水稳定，关井后再水冲"。就是说，开井前水循环，以保证出油管线畅通，开井时顺利。同时用活性水预热管线。生产正常时，一定要平稳均匀地掺水。关井后不用扫线，可以用活性水冲洗管线，将油冲到输油干线去，给以后开井做好准备。

3. 容易出砂的乳化降黏井的管理

通过生产实践证明，对于这类油井应该采取以下措施：

（1）开井前应该作好一切准备工作，尽量减少停抽和开井次数。因故必须停抽时，抽油机驴头应停在上死点，以防砂卡抽油泵柱塞。

（2）对于未进行过防砂措施的井，开井时必须平稳操作。先用小冲程、慢冲数生产，待生产正常后，再调至经过系统试井所确定的合理参数。其目的是避免给油层突然造成过大的生产压差，而引起出砂。

（3）泵下掺水井应严格控制掺水比，不能过大，也不能过小。过大时容易引起油井只出水而不出油；过小时，又容易引起乳化不好，泵效降低。

（4）对于高产量的出砂井，必须通过试井确定合理采油强度，并根据油层的有效厚度合理配产。

（5）对于高套压的泵下掺水井，须放套管气时，应平稳操作，缓慢放压，防止因压差突然增大，而引起出砂。

六、新井前三周期内的管理

新井前三周期生产采用空心杆电加热井筒降黏，通常采用地面掺水降低回压，根据油井的生产实际可以采用地下掺油的方式，但是配掺量要考虑泵效和载荷的变化，原则上不允许地面掺油，特殊情况如给热注供油和降低外输干线压力除外。

七、其他情况掺油（水）管理

放喷末期为了使放喷更彻底，提高作业下泵一次成功率，地下掺稀油提高井筒液体流动性，地下初期排量适当加大（10~15m³/d），待发现井口明显稀油上返后降低稀油用量（不高于7m³/d）。上作业井地面掺水，在夏季、春秋采取停掺；冬季保证地面管线畅通的最低流量（3~5m³/d）。掺水代采暖，保证采暖正常运行的情况下应控制在30m³/d以下。

任务四　出砂井管理

视频　出砂井的管理

知识目标

（1）能准确说出稠油井出砂原因、危害。

（2）能准确说出稠油井的防砂方法。

技能目标

能够通过工艺措施和管理制度的落实，提高出砂井生产时率，减少躺井。

素质目标

具有不怕困难，吃苦耐劳的精神。

> 工作过程知识

一、稠油油藏油井出砂的原因及危害

稠油油层多是比较疏松的砂岩油层，同时原油黏度高，携砂能力强，稠油流动时摩擦力大，油井生产压差大，因此，稠油井易出砂；在注入蒸汽时，井内压力波动大，蒸汽溶解了井底充填的砾石及地层砂，也是造成易出砂的原因。

油（汽）井出砂是疏松砂岩油（气）藏面临的重要问题之一。出砂的危害主要表现在以下三个方面：

1. 油井减产或停产

油（气）井出砂，极易造成砂埋产层，油管砂堵及地面管汇和储层积砂，从而被迫停产作业。冲洗被埋的地层，清除油管砂堵，既费时又费工，问题还不能得到彻底解决，恢复生产不久，又需重新作业，周而复始，出砂更趋严重，生产周期越来越短，造成大量躺井，使产量大减，作业成本剧增，经济损失严重。

2. 地面及井下设备磨蚀加剧

油、气流中携带的地层砂粒，其主要成分是 SiO_2，硬度高，流速大，容易造成井下泵阀点蚀、油管刺穿、柱塞拉坏、砂卡、地面阀门失灵。从而经常造成被迫关井作业，更换或维护设备，使产量下降，成本上升。

3. 套管损坏，油井报废

长期的严重出砂可在套管外形成巨大的空穴，内、外受力不平衡引起地层突发坍塌，轻则造成套管变形，重则套管被错断挤毁，很难修复，使油（气）井工程报废，损失惨重。其他危害还很多，在此不一一列举。所以必须立足先期、早期防治，以减少对油层胶结的破坏，为正常生产或后期防砂创造条件。

二、高温井的防砂

蒸汽吞吐和蒸汽驱，因蒸汽温度很高，最高达 360℃，防砂必须采用耐高温系统，绕丝筛管砾石充填仍是最有效、最可靠的防砂途径，但由于高温注汽井的特定条件，又使砾石充填系统与常规井存在一定的技术区别。

1. 砾石设计的区别

国外有些学者认为：在注蒸汽的高温条件下，井底饱和湿蒸汽液相 pH 值可高达 11~12，因此会对充填砾石和地层砂产生严重的溶蚀，据说溶蚀量竟高达 32%~46%，于是否定了石英砂作为注蒸汽井防砂充填材料的有效性和可靠性。因此，某些公司积极寻找耐高温、低溶蚀的新型防砂充填材料，如镀镍砂、树脂控膜砂、高铝陶粒等。经测试，各种材料的热稳定性及溶蚀量列于表 3-14 中。但鉴于成本昂贵，很多材料无法推广。

表 3-14 不同材料热碱溶蚀对比

砾石材料	主要成分	温度,℃	时间,h	pH 值	溶蚀量,%
16~20 目 石英砂	SiO_2，含量 99.9%	282~304.4	192	7	31.9

续表

砾石材料	主要成分	温度,℃	时间,h	pH值	溶蚀量,%
16~20目 石英砂	SiO_2, 含量99.9%	260~282	72	11	46.1
12~18目 石英砂	SiO_2, 含量99.9%	276.7~298.9	72	11	56.0
20~40目 陶粒	Al_2O_3, 含量87%	293.3~315.6	72	11	3.5
20~40目 高铝陶粒	Al_2O_3, 含量94%~95%	293.3~315.6	72	11	3.7
20~40目 树脂涂层砂		271.1~298.8	72	11	24.3
20~40目 涂镍砂		300	72	11	0.8

显然，这些新型材料的热碱溶蚀量大大低于传统的防砂充填材料石英砂。但是上述试验的一个重要条件是：蒸汽液相取样是在大气环境下（0.1MPa）获得的，这与井底的真实的注汽高压环境有本质区别，井底注汽压力至少10MPa，在中国的大部分油田高达15MPa以上。胜利油田防砂技术中心经过室内和现场反复试验证明：石英砂在井下高压注汽环境中，蒸汽液相pH值不会达到11~12，而只有8~8.5。于是在这种弱碱性介质中，石英砂实际溶蚀量只有2%左右。所以，作为一种防砂充填材料，不必担心石英砂在井底的溶蚀量，它不会影响防砂的有效性。事实上，国内外数千口井的工业应用充分证明，砾石充填在注汽井中长期有效，如美国加州的BakersField，有效期已达10a以上，辽河、胜利、新疆等油田砾石充填有效期也长达5~8a，可见，石英砂在砾石充填防砂中的有效性、可靠性不容置疑。正因为地面试验（采样条件）与井底工况有本质的不同，导致测试的蒸汽液相pH值严重失真，因此国外某些学者误认为石英砂在井底高压下也有地面实验时产生的巨大溶蚀量。尽管如此，石英砂在注汽高温条件下仍有轻微的溶蚀，因此，进行砾石设计时，要考虑到这一因素并进行适当修正：

（1）将砾石附加用量由常规井的20%提高到50%。

（2）适当增加设计砾石直径，对于传统井，最小砾石粒径比筛缝大约1/3；而对于注汽井可将这一数值提高到1/2。这样保守的设计就能确保热采井防砂更安全。

2. 筛管设计的区别

由于注汽热采井井底温度高达300℃以上，而筛管周围又被密实的砾石充填体掩埋而受约束，在高温时产生的巨大热应力可能破坏筛管结构，而常规井不存在这一问题。因此注汽井热采筛管结构设计必须做特殊考虑，以保证筛管在注汽条件下正常生产，与常规筛管相比，热采筛管具有以下技术特点。

（1）中心管可以自由滑动：热采筛管中心管一端用3个销钉与筛套连接（常规筛管的筛套两端被直接组焊到中心管上）。注汽时，井底温度迅速上升，因筛套周围被砂砾埋住而不动，中心管受热膨胀迫使销钉剪断，使中心管自由伸长，避免了筛管产生热应力破坏。

（2）高温密封好：当中心管自由滑动时，筛套与中心管的径向间隙由两端的盘根盒密封，填料选用耐高温橡胶石棉盘根（耐温400℃，耐压10MPa），防止砂砾进入筛套内，保证正常注汽和采油。

（3）中心管渗流面积大：由于特稠油流动阻力高于常规井，故热采筛管中心管孔眼流通面积比常规筛管大20%，有利于稠油流动。

3. 防砂管柱设计的区别

由于防砂施工后要注入高温蒸汽，常规井中用于密封砾石充填环空的普通橡胶封隔元件难以胜任，故必须选用耐高温、耐油、耐水蒸汽的防砂封隔器——铅封封隔器代替。国外大多采用机械式丢手铅封封隔器，我国在20世纪90年代已开发出水力式丢手铅封封隔器。铅封是用于密封筛管—套管环形空间的耐高温封隔器，防止注汽和采油时，充填的砾石从环空内逸出，以保证防砂的长期可靠性，是注汽防砂井的一种必不可少的井下装置。

4. 防砂施工工艺设计的区别

1）施工工艺流程与常规井基本相同

常规井：井眼准备→下入常规筛管→充填砾石→起出施工管柱→下生产管柱投产。

注汽井：井眼准备→下入热采筛管→充填砾石→下入铅封管柱→坐放铅封封隔器→丢手起管柱。

可见，完成注汽井砾石充填需下两次管柱，第一次管柱完成充填，第二次管柱坐放铅封，比常规井更复杂。20世纪90年代中期，胜利油田的"一次管柱"系统用于注汽热采防砂井，已在现场应用数百井次，从而取代了传统的"两次管柱"防砂系统。系统中所采用WQ1多功能工具。采用WQ1充填工具后，注汽井砾石充填防砂工艺可简化为：井眼准备→下入筛管防砂管柱→充填砾石及坐放铅封→起管柱。可见，"一次管柱"系统将传统的充填砾石和坐放铅封两道工序合二为一，从而减少起下一次管柱的时间和费用，具有明显的经济效益，确实比传统的"两次管柱"充填在技术上有重大突破。

2）黏土稳定技术的改进

注汽井井底温度远远高于常规井，对于具有潜在黏土伤害的油层，需在砾石充填时进行黏土稳定处理，但常规井应用的有机类长效黏土稳定剂通常耐温低于120℃，故必须筛选注汽井用耐高温黏土防膨剂。20世纪90年代以来，胜利、辽河等油田相继开发了工作温度超过300℃的高温防膨剂，应用于注汽井，成为防止黏土伤害的有力技术手段，胜利油田采油工艺研究院研发的K—2高温防膨剂不仅能预防黏土膨胀，对已经造成黏土伤害的近井堵塞，还有一定的解堵作用，进行K—2剂处理后，注汽压力可以明显降低（最大降2MPa），有利于保证注汽的顺利进行。

辽河油田在已有的化学固砂技术和金属绕丝筛管、TBS筛管、激光割缝筛管等机械防砂技术基础上，又开发了一批新型机械防砂工具。一是膨胀筛管防砂工艺，将膨胀筛管和大通径悬挂器合理组合，使筛管紧贴套管壁，筛、套间没有砂环，从而增大了过流面积，减少了油流阻力。提捞时筛管径向收缩，增大筛套空间，避免提捞时砂卡；二是研制了复合射孔防砂技术，在射孔的同时将防砂材料填入射孔孔道，实现了油井的先期防砂；三是地层深部防砂工艺技术，通过向油层高压注入砾石或胶结砂，在油井近井地带造成微裂缝，砾石或胶结砂被高压挤入裂缝，形成一定厚度的人工滤砂屏障，达到防砂增油、保护套管的目的。

三、出砂井正常生产的管理

（1）结合出砂区域油层地质特点，确定合理的防砂工艺措施，优化泵挂、泵径等管柱设计，并选用携砂能力强的深井泵。

（2）油井检、下泵作业开井前，将更换全部井口密封填料。对光杆进行除毛刺处理，开井前对设备、配电系统进行维护保养，保证机采设备的正常运行，尽量避免生产阶段不必要的停井。

（3）作业冲砂时，应根据不同地层压力下采取不同的冲砂介质，主要有泡沫冲砂、暂堵剂冲砂等，对出砂量大的井，冲砂至人工井底后稳砂 2 小时再回探无砂后方可进行下道工序。

（4）作业开井后要稳压启动，即开井初期（特别是刚开井 6 小时内）将抽油机参数调低，控制生产压差，液量不能过高，避免因液量过高造成的油层激动出砂倒井。

（5）利用井口变频器、安装油嘴等措施动态调整生产参数，控制油井产液强度，产液强度根据不同区块的生产特点制定，杜绝强采、高排造成油层出砂。

（6）合理使用井筒降黏措施（电加热、掺稀油），在不影响油井产量的前提下，适当降低掺油比，增大产出液黏度，增加携砂能力，减少掺油、掺水洗井。

（7）控、收、放套管气要平稳操作，可以采用油嘴或定压阀控气，采用表补心放套管气。

（8）加强汽窜井的跟踪管理，对正常生产井要调小生产参数，控制产液量，对汽窜关井的油井，放压要平稳，开井要稳压启动。

（9）出砂井在清防蜡方面要采取化学清防蜡、智能车洗井；除解卡外避免水洗井。

（10）资料监测。

① 电流监测：对易出砂井每日监测油井电流，油井电流不正常突然上升，可能井开始出砂。

② 取样监测：油井取样后，用手轻捻油样，感觉是否有沙粒状。

③ 功图监测：测功图时，发现功图有锯齿状，油井可能出砂。

④ 含砂监测：定期通过化验室化验油井的含砂情况，及时发现变化，及时处理。

⑤ 计量监测：每天都要进行产量跟踪，及时发现产量波动，按照规定产液强度进行生产参数调整。

⑥ 温度监测：及时录井口温度，及时发现汽窜等干扰，及时控制生产压差。

任务五　汽窜井管理

知识目标

（1）了解汽窜发生的原因。
（2）能准确说出汽窜井的类型。

技能目标

（1）会判断汽窜干扰的方法。
（2）能对早期汽窜井进行防控。
（3）能对汽窜井进行管理。

视频　汽窜井的管理

素质目标

具有敢于创新、开拓进取的精神。

工作过程知识

蒸汽驱是在蒸汽吞吐的基础上进行的，由于注入井已经过吞吐开采阶段，井底附近油层的含油饱和度很低，在整个驱替过程中，由于蒸汽的不断注入，驱替前缘逐渐向油井方向推进，随着开采时间的延长，油层中的原油逐步被驱替出来。蒸汽量（包括热水）在地层中逐渐增多。由于蒸汽驱存在超覆现象，到了一定的时间，蒸汽驱前缘将突破油井。蒸汽进入油井，随同原油一起被采出，此时注入压力急剧下降，这是由于蒸汽突破油井后，油汽流动阻力迅速下降。油汽沿着突破的通道涌入油井，使得无需多大的注入压力即可将油驱入采油井底。另外，由于蒸汽的突破，蒸汽流动能力远远超过原油的流动能力，使得产油量急剧下降，油汽比降低，含水率迅速升高（冷凝热水被采出造成的结果）。此阶段的后期，注采比出现小于1的现象（即注入量小于采出量）。这是因为注入汽量沿突破通道采出，同时"拖曳"原油一道采出，使得采出量大于注入量，这就是汽窜。

一、汽窜井分类

（1）严重汽窜井：注汽即发生汽窜，强度高、速度快，油井温度、液量、含水的变化较快，需提前关井防喷。

（2）汽窜井：注汽至一定量后才发生汽窜，强度较高，部分井需关井防喷，油井温度、液量、含水明显变化，需控制产量。

（3）可能汽窜井：注汽期间可能发生汽窜，无汽窜史，或发生汽窜强度很小，油井温度、液量、含水有所变化，油井按规定的工作制度生产。

二、判断汽窜干扰的原则

（1）产量对比正常产量增加4t以上。

（2）井口温度变化在4℃以上。

（3）井口含水目测变化明显，或井口出蒸汽。

（4）套压变化明显，增加0.2MPa以上，或套管出蒸汽。

三、早期汽窜井的防控措施

在蒸汽驱的生产中，为了尽量多地采出地下原油，提高采收率，应采取一切有效措施，延长注汽见效阶段的生产时间。对于早期汽窜井，下面介绍几种提高蒸汽驱油效果的措施。

1. 早期汽窜的特征

蒸汽驱开采稠油时，由于地层的非均质性和汽驱工艺等各方面的原因，会造成蒸汽驱早期汽窜。发生早期汽窜时具有以下特征：

（1）注入压力突然下降，一般下降幅度在50%左右。

（2）注采比接近1或1以下，注入蒸汽几乎变成热水从井中采出。

（3）产液量很高，且含水率很高，可达95%甚至100%，只产水不产油。

（4）汽窜井井底温度高，井口温度也很高。

(5) 汽窜井生产压差低，动液面很高。

对于蒸汽驱出现早期汽窜，可采取措施预防和封堵。

2. 早期汽窜的抑制、预防和封堵

1）压力循环蒸汽驱（地层吞吐法）

地层吞吐法汽驱是指在注入井注，生产井群采的异井吞吐；或者注入井注，生产井和注入井并采的联井吞吐。这种方法不同于在同一口井的吞吐生产方式。其原理是在高渗层交替采用高压注入和低压注入蒸汽，而在生产井交替采用限制产量和不限制产量进行生产。注汽时，在不超过油层破裂压力的前提下使油藏压力周期性增高，迫使蒸汽进入低渗透层以增加平面和垂向驱扫效率，从而提高蒸汽驱效果。

这种驱替方式的具体步骤如下：

（1）形成高导流能力的通道。利用沉积条件形成的高渗透带（或者采用压裂造缝），以中速注蒸汽，适当控制采油井生产，任其自然形成汽窜。

（2）高速注汽，使油藏整体升压。这一阶段在不高于地层破裂压力的前提下，提高注蒸汽速度。此时关停高产液、高含水井，而低产液、低含水井适当控制产量生产，这样迫使蒸汽进入低渗透区，以扩大受热区。当注入井井底压力升高到接近地层破裂压力时，打开关停的井适当排液，调节注入压力，防止超过地层破裂压力。这一阶段相当于单井吞吐的吞过程，只不过是整个油藏都在吞纳蒸汽。

（3）维持高压扩大受热区域。当地层压力升高到所预计的压力之后，控制蒸汽注入速度和适当控制油井产量，使油层保持高压，以便扩大高温高压区域。必要时可关一些井来调节地层压力。"拉锯式"地维持高压局面，迫使低渗透区的原油流入高渗透区，这一过程类似于单井吞吐过程中的焖井阶段，只不过是整个油藏在焖的同时还进行着吞。

（4）降压排液生产。当油藏维持高压一段时间后，再降低油井井底压力，用较大的生产压差进行生产，以便把渗入高渗区的原油采出。但这一过程中，压力降落不宜太快，以利于长期采油。这一阶段相当于单井吞吐中的吐，只不过是整个油藏都在吐。

（5）重复以上过程，地层不断地吞吐汽驱，一直到油藏开采结束。

地层吞吐法在加拿大 Peace River 油田热采试验区获得成功，是目前世界上用蒸汽驱开采黏度 2×10^5 mPa·s 以上高黏原油最成功的例子。

2）限压注汽抑制汽窜

限压注汽是指根据优选的注汽强度（每日每米油层注入蒸汽量）注入，待井口注入压力上升后，此时再降低注汽强度，限制井口注入压力。限压注汽的方法是在井口装上定压放汽阀，当注入压力超过规定注入压力后，汽阀自动打开放压。限压注汽在新疆九区蒸汽驱试验中效果甚佳，有效地抑制了早期汽窜。但这种方法不足之处是延长了开采时间。

3）调整生产井投产次序防止早期汽窜

在汽驱方式中，如果采用反九点法井网汽驱，虽然其采出程度比反五点和反七点法高，但其汽窜潜在危险性要比其他两种井网大得多。在反九点法中，由于边井与注汽井距离比角井近，如图 3-25 所示。使得蒸汽很容易沿边井突破造成早期汽窜。为了防止蒸汽沿边井汽窜，采取先关闭边井，开角井生产的方法，迫使蒸汽沿角井方向推进，

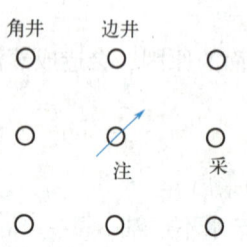

图 3-25　反九点法注汽井网

等到角井注汽见效后，再开边井生产。这样就避免了蒸汽沿边井早期汽窜，可促进蒸汽前缘较均匀推进，有利于提高驱油效率。这种方法在某油田稠油蒸汽驱试验中收到了明显的效果。

4）注蒸汽泡沫封堵汽窜

注蒸汽泡沫封堵汽窜是依据叠加的气阻效应（贾敏效应）来提高微观驱替效率。其原理是注入地层的泡沫液先窜入大孔隙，由于泡沫膜层的异常黏度和孔隙半径的改变，大孔道被堵塞，阻力不断增大，迫使泡沫依次进入较小的孔隙。具有假塑性的泡沫可以适应孔隙的奇形怪状，携带残留分散的油珠前进。由于地层油的消泡作用，泡沫液前破后续，在泡沫前缘不断积累起一个富油带并被推向油井。另外蒸汽泡沫流动能力较差，在油层中注入一定体积蒸汽泡沫，就会在驱替前缘形成一个有较高黏度的段塞，这在一定程度上防止因黏度差引起的指进，迫使蒸汽进入未被驱扫的地层，改善了油层的吸汽剖面，提高了蒸汽波及范围。

5）木质素封堵汽窜

木质素溶液在温度达到121℃时即可成胶。利用这一特性，将木质素溶液注入到高渗透层，当遇到高温蒸汽后，木质素溶液成胶，堵塞高渗透层，阻止蒸汽沿高渗透层窜流，迫使蒸汽流入较低渗透层，从而起到封堵汽窜的作用。

6）耐高温水泥封堵汽窜

这是将一定浓度，一定数量的耐高温水泥浆挤入到汽窜层，凝固后即可起到封堵作用。这样的封堵是永久性的，所以这种方法只适用于该层已基本开采结束，又不得不封堵时才使用。

四、汽窜井日常管理

1. 建立预报机制

在注汽井注汽前及时通报汽窜井井号及分类；在发现汽窜干扰后能够及时做出反应并通报相关人员。

2. 地面管理

要求井口配件齐全、好用，采油树法兰、卡瓦螺丝紧固到位，将井口密封器盘根更换成新的，装好油、套压压力表。防窜关井的，安装防喷管或带紧密封填料，关闭胶皮闸门和油、套压闸门。

3. 汽窜井管理

(1) 注汽井注汽后，降低生产冲次，控制生产压差，保证油井的产液量小于20~30t/d。

(2) 当发生汽窜干扰后，根据温度、含水变化合理调整生产参数、掺油水方式和中频电流。当井口温度在70~80℃以上，含水在60%~70%以上，掺油水改地面，关闭套管气闸门，密切跟踪套压变化，停电加热生产。井口温度低于70~80℃，含水低于60%~70%，生产参数适当下调，密切跟踪温度、压力变化。

(3) 当注汽井注至预测发生汽窜的注汽量时，防窜油井提前关井，将油井停在驴头下死点，做好防喷工作。

(4) 汽窜井开井初期（6h内）控制生产压差，采用低冲次生产，液量控制在20~30t/d以下，生产稳定后根据温度、含水、液量变化调整生产参数及掺油水方式。

4. 严重汽窜井管理

（1）与注汽井的运行同步关井，注汽即关井，将油井停在驴头下死点，安装防喷管，关井前 8h 利用掺油大排量驱替井筒，为后续的开井工作做好准备。

（2）严重汽窜井多属于汽窜频发区一线油井，在关井后应定期对油、套压进行试放，避免汽窜波及二线油井。

（3）汽窜井与注汽井同步放喷，具体参照"焖井、放喷管理"，避免液量过高造成油层激动。

（4）汽窜井开井初期（6h 内）控制生产压差，采用低冲次生产，液量控制在 20~30t/d 以下，生产稳定后根据温度、含水、液量变化调整生产参数及掺油水方式。

5. 可能汽窜井管理

根据注汽井注汽进度，一线井、二线井的汽窜反映情况，动态调整生产参数，主要是密切跟踪液量、温度、含水的变化，及时发现汽窜干扰，及时采取应对措施。

6. 巡检要求

（1）对汽窜关井防喷的油井，每 4h 巡检一次，录取油、套压数据。

（2）对汽窜井开井的要加密巡检，每 2h 巡检一次，录取油、套压及目测含水变化。

（3）对没有发生汽窜干扰的防窜井，加密巡检，认真录取压力、温度、含水、液量等资料。

任务六　SAGD 井管理

知识目标

能准确说出 SAGD 井采油机理及注采工艺。

技能目标

能对 SAGD 注汽井和生产井进行管理。

视频　SAGD 井的管理

素质目标

具有攻坚克难、敢于超越的精神。

工作过程知识

对于在地层原始条件下没有流动能力的高黏度原油，要实现常规蒸汽驱是不可能的。这主要是因为在注采井之间，如果连通就会发生汽窜，而形不成驱替效果，采用蒸汽吞吐方式，其采收率一般仅能达到 20%~30%，为提高这种油藏的采收率，就产生了蒸汽辅助重力泄油技术，简称 SAGD，其采收率一般能达到 60% 以上。

蒸汽辅助重力泄油开采技术适合于开采原油黏度非常高的特稠油油藏或天然沥青。该过程的基本机理是热传导与流体热对流相结合。它是以蒸汽作为热源、依靠沥青及凝析液的重力作用开采稠油。它可以通过两种方式来实现，一种方式是水平井注汽、水平井采油的双水平井，即在靠近油藏底部钻一对垂直间距 6~10m 水平井，上部井向油层中注蒸汽，加热地层原油，使其在重力的作用下流入下部井中。另一方式是直井注汽，水平井采油的直井—水平井组合，即在底部钻一口水平井，在其正上方打一口或多口垂直井。蒸汽从上面的注入井注入油层，注入的蒸汽向上及侧面移动。两种方式都形成一个饱和蒸汽室，蒸汽在蒸汽室周围冷凝，并通过热传导将周围油藏加热。被加热降黏的原油及冷凝水在重力驱动下流到生产井。随着原油的采出，蒸汽室逐渐扩大。并不断加温原油，从而形成连续的生产过程，直到蒸汽腔扩展到油层顶界和水平井控制边界（图3-26）。

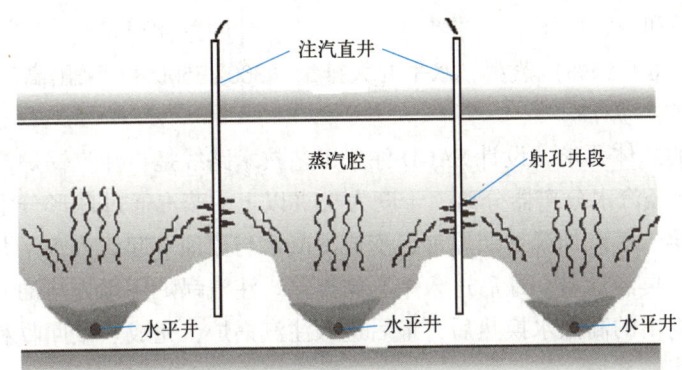

图3-26 直井—水平井组合SAGD开采机理示意图　　彩图　直井—水平井组合SAGD开采机理示意图

一、蒸汽辅助重力泄油的机理

重力泄油开采超稠油的优势在于利用蒸汽潜热加热原油，不仅油层得到了必要的热量，而且补充了生产过程中所需的驱替能量，弥补了因吞吐造成的油层能量衰竭，削弱了因蒸汽指进所产生的一系列问题，使超稠油开采获得了较高的采收率。

蒸汽辅助重力泄油的机理如下：
(1) 在界面的蒸汽冷凝；
(2) 油和冷凝物流向生产井；
(3) 靠重力的流动；
(4) 蒸汽室向上和向侧面的扩展。

蒸汽室向上的扩展速度比向同侧面的扩展速度快，最后向上的扩展受到了油藏顶部的限制，于是向侧向扩展。

二、蒸汽辅助重力泄油工艺技术

1. 采用SAGD开采超稠油的注采工艺特点

(1) 注入蒸汽量的90%以上都会被回采出来，只有非常少部分的蒸汽在地层中用于蒸汽腔的扩展和填补油层的亏空体积。

(2) 生产井井底温度必须低于该压力下的饱和蒸汽温度，以防地层闪蒸，一般低10~20℃，即产出液的井底温度为210~230℃，井口温度为180~200℃。

(3) 生产井产量由油层的泄油能力决定，其生产压差为水平生产井上部液体高度，所以生产井井底的压力与蒸汽腔的压力相近。

(4) 蒸汽的注入速率是由蒸汽腔的体积和重力泄油速率决定的，不是由注入压力决定的,在蒸汽腔内,蒸汽的压力和温度应保持恒定。

(5) 初期的蒸汽腔发展可以通过各注入井的注入速率和压力来调节,当蒸汽腔连成片后,蒸汽腔的发展基本不受蒸汽注入位置的影响,应尽量减少注汽井以减少热损失。

(6) 重力泄油期间保持较低的操作压力有利于提高油汽比和减少蒸汽向试验区以外区域的流动。

2. 直井—水平井组合 SAGD 配套工艺技术路线

根据 SAGD 的工艺原理和 SAGD 注采工艺特点,其工艺设计的总体要求为:在直井连续(多井同时)注入高干度(大于95%)蒸汽,水平井大排量(300~350t/d)采出高温(160~200℃)高含水(70%~90%)原油。

根据 SAGD 工艺设计的总体要求,设计 SAGD 注采工艺技术路线是,注汽锅炉产生干度为75%~80%的饱和蒸汽,经汽水分离器分离,干度为95%以上的蒸汽通过球形分配器分配计量,再经注汽井注入地层。蒸汽加温地层原油,变成冷凝水与原油一起流入水平井,经大泵抽出地面。产出液换热后再经计量,最后进入中心站外输。注汽锅炉用水先与油井产出液换热,再与汽水分离器分离出的高温水换热后,最后进入注汽锅炉,完成热量回收利用,汽水分离器分离水排放或进集输系统。

三、蒸汽辅助重力泄油主要工艺和设备

1. 注汽工艺

进行 SAGD 操作,只利用蒸汽的汽化潜热,而热水部分的热焓对采油是毫无贡献的,应尽可能不将热水注入油层。故设计要求注汽干度在95%以上。然而目前油田常用注汽锅炉出口干度在75%~80%,为此需要使用汽水分离器将出口干度提高到95%以上。同时一台注汽锅炉将对应1~4口注汽井,故需要使用等干度分配器及蒸汽计量系统。

汽水分离器分离出的水占锅炉出口量的20%~25%,这些水所携带的热量必须加以利用,以降低成本。由于汽水分离器分离出的水含盐量较高,可进集输系统或排放。

根据上述技术要求,其设计工艺流程为:注汽锅炉产生75%干度的蒸汽,经汽水分离器分离后,蒸汽经球形分配器分配计量,注入各注汽井。高温分离水与锅炉进口冷水换热后排放。

1) 球形汽水分离器系统

(1) 球形汽水分离器基本设计参数。

球形汽水分离器的基本参数为:设计压力18MPa;工作压力3~10MPa;设计流量小于或等于20t/h;入口蒸汽干度≥70%;出口蒸汽干度>95%。

(2) 球形汽水分离器基本结构及原理。

球形汽水分离器为球形容器,直径为1800mm,筒内设置4个独立的旋风分离器,可根据负荷情况来增减旋风分离器的开、关数量。为使进入每个旋风分离器的流量均匀,在筒体外设置了分配器。在旋风分离器上部蒸汽出口处设置了二次分离元件——波形板分离器,可进一步分离蒸汽中的细小水滴。为测定蒸汽干度,在蒸汽出口处设置了饱和蒸汽取样装置。由于炉水含盐量很大,为防止分离出的炉水产生泡沫影响分离效率,在炉水出口处特别设置了排污装置。在旋风分离器入口处为防止汽、水流速不均匀而影响分离效果,设置了均汽孔板。

球形汽水分离器是结合了离心分离、重力分离及膜式分离来实现汽水分离的。其分离原理是锅炉产生的具有一定动能的汽水混合物，沿球形汽水分离器内的旋风分离筒的切线方向被导入筒内，由直线运动变为旋转运动，汽水混合物获得一定的离心力（重力的17.9～47.5倍），由于汽水存在重力差，汽在旋风筒中呈螺旋上升运动并形成汽柱，而水则被抛向器壁并旋转下降，从而实现离心分离。

经过汽水分离后，只有少量水滴被汽流带入旋风筒中部的汽空间，这些水滴在随汽流螺旋上升的过程中，大部分也将逐渐被推向筒壁并沿筒壁下滑，分离出来的水经过下部环形缝中的导流叶片平稳地导入水空间，为防止水流旋转而引起水位偏斜，在旋风筒底部安装一个十字形挡板以消除筒内水流的旋转运动。螺旋上升运动的蒸汽通过旋风筒上部的百叶窗波形板时，蒸汽中的小液珠将撞击在挡板上并向相反方向运动，从而实现膜式分离。从旋风筒中上升的蒸汽进入球形空间，由于空间体积增大，速度降低，蒸汽中的水滴依靠重力进行重力分离，另外，在蒸汽出口又安装水平式百叶窗波形板分离器，进行膜式分离。经过多次多种分离后，汽、水经设置的引出管道被连续小段地引出。

经过球形汽水分离器处理的蒸汽干度将达到99%以上。

2）等干度分配计量

根据1台锅炉对应1～4口注汽井，故汽水分离器出口蒸汽需要分配并计量。等干度分配采用球形分配器，一分四。计量采用喷嘴压差式计量方式，并采用计算机数据采集、其双波纹管压差计安装于房间内。

2. 井筒举升

井筒举升方面应对生产参数进行优化。

1）下泵深度

由于要保证泵筒内水不闪蒸，所以下泵处的沉没压力应大于产出液在该处的蒸汽饱和压力，即

$$H_b = H_o - 10g(p_V - p_T) + h_s$$

式中　H_b——下泵深度，m；

　　　H_o——水平生产井水平段深度，m；

　　　g——重力加速度，m/s^2；

　　　p_V——油层蒸汽腔压力，MPa；

　　　p_T——井底产出液在该处温度下的蒸汽饱和压力，MPa；

　　　h_s——水平井生产压力高度差，一般取3～15m。

例如，对于辽河油田某稠油区块，地层平均压力3MPa，产出液井底温度210～220℃，要保证泵筒内的水不闪蒸，折算沉没度必须大于240m（220℃时饱和水蒸气压为2.4MPa）。根据水平井在油层内深度655m和水平井生产压差3～15m水柱，则下泵垂直深度应大于600～610m。

2）冲程、冲次、泵径

根据预测结果，水平井单井日产液量在300～350t/d，按泵效50%计算，泵的理论排量应为700t/d左右。根据长冲程、大泵径、慢冲次的原则，应选择冲程8m、冲次5次/min、泵径120～140mm的生产参数。其理论排量为651～886t/d（表3-15）。

表 3-15 大泵径抽油泵理论排量

冲程×冲次 m·spm	冲程×冲次 m·spm	泵径,mm	95	107	120	127	140	146
		泵常数	10.2	12.9	16.3	18.2	22.2	24.1
3×6	18	理论排量 t/d	183.6	233.0	293.0	328.2	398.8	433.7
5×4	20		204.0	258.8	325.6	364.6	443.1	481.9
4.5×4.5	20.25		206.6	262.1	329.6	369.2	448.7	487.9
6×4、8×3	24		244.8	310.6	390.7	437.6	531.7	578.3
3×9、4.5×6	27		275.5	349.4	439.5	492.3	598.2	650.6
5×6	30		306.1	388.3	488.3	547.0	664.7	722.9
8×4	32		326.5	414.1	520.9	583.4	709.0	771.1
8×5	40		408.1	517.7	651.1	729.3	886.2	963.8

塔架式长冲程抽油机。根据水平井生产参数设计，要达到冲程 8m、冲次 5 次/min，为此设计制造出塔架式长冲程抽油机。

常用抽油机型号有 CCJ16-8-28HF、CCJ20-8-38HF、CCJ22-8-48HF 等。

塔架式长冲程抽油机由机架、转动系统、工作机构、辅助机构四部分组成。

塔架式长冲程抽油机工作原理是：电动机通过皮带带动齿轮减速器，减速后带动主动链轮作连续定向转动，主动链轮带动封闭链条和循环轴循环运行，循环轴的上、下分别连接着两条钢丝绳，一条通过天轮与光杆上的悬绳器相连，另一条通过地轮和小天轮与平衡箱相连，循环轴的上下循环运动，带动抽油杆上、下往复运动（图 3-27）。

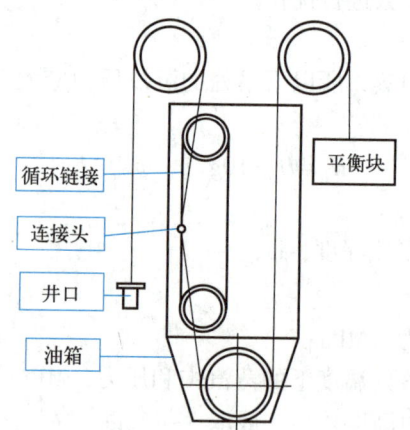

图 3-27 塔架式长冲程抽油机工作原理图

这种结构的抽油机具有以下特点。

（1）有利于实现长冲程：减速器的实际输出扭矩几乎与冲程长短无关，增加冲程对设计改变并不困难，对机器质量的要求也没有增加很大。

（2）承载能力强：因链系的工作半径不大，故要求减速器的输出扭矩与游梁式抽油机相比要小得多，16 型抽油机游梁式需 75kN·m，塔架式需 28kN·m。

（3）采用砝码式平衡箱，调平衡较方便：其平衡箱内配重铁由重量较小的铁块组成，采油工可根据油井实际载荷和电流随意增减，平衡度可达 97%。

（4）运行平稳，节能效果显著：该型抽油机是中国石油天然气集团公司重点推广应用的节能型抽油机之一，由于整个运动周期90%以上时间为匀速运动，且平衡度高，因此机、杆、泵运行平稳，所以电动机的装机容量小、功率因素高。

3. 地面集输

基于产出液井口温度较高，所以地面集输工艺必须考虑换热和热能利用，同时为防止井筒闪蒸，还需要考虑井口回压控制技术。其具体技术路线为：产出液经地面管线输送到站，经换热器换热后计量进缓冲罐外输。

1）热能利用

由汽水分离器分离出的水的温度与蒸汽温度相同，具有很高的压力和热量。同时如果井口产出液温度为200℃，换热后温度为100℃，当井口产量为350t/d，含水85%，放出热量最大为 $141×10^6$ kJ/d。

其热能利用流程为：注汽锅炉高压泵打出20℃的冷水经与井口产出液换热后再与汽水分离器分离出的水换热，锅炉冷水升高到135~155℃进注汽锅炉。

换热器设计空心管式换热器．内外管耐压18MPa。

2）井口回压控制

产出液如果在井筒内闪蒸，会造成抽喷而引起汽窜，同时易造成油中砂的沉积而卡泵。故必须控制油井井口回压，其压力控制值与油井产出液的温度相关，即井口控制回压大于此时饱和水蒸气压0.05~0.1MPa。压力控制值一般为1.0MPa左右。

对于井口回压控制方法，采用手动压力调节阀。控制点一个在井口，另一个在油换热器之后，计量器之前。

3）单井计量

在水平井平台上安装称重式油井计量器，如图3-28所示。

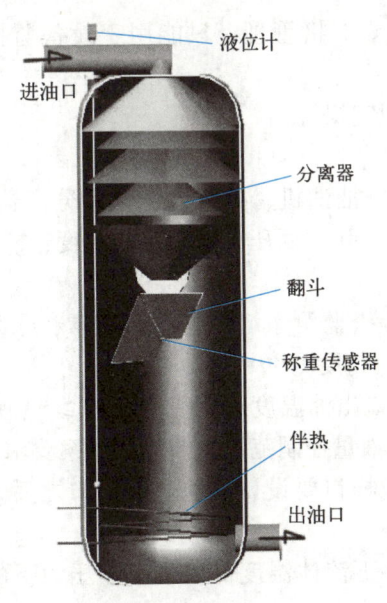

图3-28　称重式油井计量器

彩图　称重式油井计量器

其原理为：油井产出液经进液口进入计量器，在流经上部分离器时油气分离，液相被下部收集伞集中并流入翻斗。翻斗装置是由对称的两个独立料斗组成，在其中一侧料斗中流体重量达到一定数值时，装置发生翻转，由另一侧料斗连续进料，两个料斗循环工作。倒出的油在分离器上部气体的压力下流入输油管线。如产出液中有气体，该气体将产出液一起流入输油管线。在此过程中称重传感器检测得到了一条重量随时间变化的曲线，利用积分计算即可得到累计流量，进而可以换算成当前产量。

SAGD 现场使用的称重式油井计量器，量程为 500t/d，工作压力为 0.8MPa，耐温 150℃。

4. 动态监测

SAGD 阶段动态监测系统主要由注入系统监测、生产系统监测、观察井监测等部分组成。其监测手段除水平井井下温度压力监测外，其余与现有油田的技术相同。

1）注汽系统

（1）蒸汽出口排量要严格按照油藏方案要求进行控制，保证平稳注汽，锅炉出口干度要求控制在 75%以上。

（2）汽水分离器各阀门必须灵活好用，各仪表必须工作正常，分离器内汽液界面必须控制在 35%与 75%之间，确保蒸汽出口干度≥95%，外排污水温度≤90℃。

（3）按照锅炉巡检要求定期巡检，并记录相关运行参数。录取参数包括：锅炉出口排量、温度、压力；汽水分离器蒸汽出口和外排污水出口的排量、压力、温度。

（4）注汽井每 4h 巡检 1 次，记录相关参数，并及时调整中心管和油管注汽量，使注汽量与配注量误差控制在±5%以内。录取参数包括：中心管、油管压力及排量，套管压力及套管外壁温度。

（5）采油作业区负责每天监测注汽井套管外壁温度。水平注汽井（氮气隔热）套管外壁温度≥110℃、套管压力上升≥0.1MPa 时要及时汇报并进行补充氮气，正常情况下每 2d 补充一次氮气，每次 2000m³；直井注汽井（封隔器隔热）视实际情况确定补氮时间及补氮量。

（6）汽水分离器设备所配备的计算机要严格管理，只能用于设备监控不得进行其他操作。

（7）其他常规注汽要求，应按照相关规定执行。

2）生产井

（1）SAGD 生产井每 4h 巡检 1 次，检查抽油机、换热器、计量分离器工作是否正常，并录取相关数据。录取数据包括井口油压、套压、回压、井口出油温度、抽油机电流、换热器各进出口温度。

（2）采用实时监测系统的油井每天要检查监测系统工作是否正常，未采用实时监测系统油井的动液面每 2d 要录取 1 次，示功图每旬度测试一次。

（3）产液量每 8h 计量 1 次，当发现井口出油温度有明显变化（≥5℃）时必须立即核实产液量，并及时控制在合理范围内，具体液量控制范围参照油藏方案要求。

（4）产出液含水每天取样化验 1 次，取样口要设计在换热器出口之后。产出水矿化度每周取样分析 1 次，含砂量每周化验 1 次。

（5）要严格控制井底流体温度，确保井下流体温度低于水平段压力下的饱和蒸汽温度为 5~20℃。

（6）根据井口出油温度控制合理的井口回压，要将回压控制在出油温度对应的饱和蒸汽压以上（控制参数见表 3-16），回压控制必须在换热器出口进行。

（7）观察井每天巡检 1 次，检查监测设备工作是否正常。

(8)油井产液量变化≥10t/d、出油温度变化≥5℃、含水率变化≥10%时,以上参数均要加密录取,并在第一时间上报上级领导及主管科室。

(9)其他常规生产管理要求按照相关规定执行。

水平井井下温度监测采用热电偶测温,共布置4个点,由上至下为抽油泵附近、水平段起点、中点、前1/3处;压力监测采用毛细管测压,共布置2个点,由上至下为抽油泵附近、中点,所有热电偶和毛细管均装在25mm连续油管内,将连续油管下在48mm整体接头油管内,以保证起下抽油泵时不会损坏连续油管。

表3-16 热力采油井录取资料规定

序号	项目名称	规定	单位	取值要求	备注
1	生产时间	每日6:00~次日6:00结算停产时间	h,min	精确到分	—
2	油嘴	每天记录,改变时注明	mm	取整数	—
3	冲程	每天记录,改变时注明	m	精确到小数点后一位	—
4	冲次	每天记录,改变时注明	min^{-1}	精确到小数点后一位	—
5	下泵深度	每天记录,改变时注明	m	精确到小数点后二位	—
6	泵径	每天记录,改变时注明	mm	取整数	—
7	油压	每班记录1次	MPa	—	—
8	套压	每班记录1次	MPa	—	—
9	回压	每班记录1次	MPa	—	—
10	井口温度	每班记录1次	℃	取整数	—
11	日产液量	日产油大于20t,每天1次,每次3遍,日产油小于20t,每天2次,每次3遍	t	精确到小数点后二位	—
12	含水率	周期初吐水期每天取样分析1次;含水率1%~90%,每天取样分析1次;含水率小于1%或大于90%,每5天分析1次	%	精确到小数点后一位	—
13	含砂率	新井投产,改变工作制度,连续3天每天1次分析含砂率;不出砂,每月1次	%	精确到小数点后二位	—
14	抽油机电流	每班记录1次	A	取整数	—
15	泵效	每日计算填报	%	取整数	—
16	示功图	每月1次	—	—	—
17	动液面	每月1次,记录时测套压	m	取整数	—
18	油分析	(1)正常生产井每周期第1个月做半分析一次;(2)定点分析井,每1个月全分析1次,以后每季度分析1次;(3)掺稀油井每季度分析1次	mPa·s	取整数	—

续表

序号	项目名称	规定	单位	取值要求	备注
19	水质分析	吞吐井含水率回升,不连续2次全分析,确定水质后,不再分析;每单元选3口定点井确定地层水后,每季1次水全分析	L	—	—
20	气分析	定点分析井每周期分析1次	—	—	—
21	高压物性取样	能自喷时,含水率下降在10%以下,每单元取1~2口井高压物性样	—	—	—
22	压力恢复曲线	每单元取1~2口井测"焖井压力恢复曲线"(代温度恢复)在自喷井时,每单元取1~2口井压力恢复曲线	—	—	—
23	掺入量	每班记录、每日累计	m³	精确到小数点后一位	稀油、活性水、热污水等,分为泵上、泵下及地面等方式
24	掺油含水	每天化验1次	%	精确到小数点后一位	—
25	进站温度	每班记录1次	℃	取整数	—
26	加热炉出口温度	温度每班记录1次	℃	取整数	—
27	套管入口温度	每班1次	℃	取整数	—

笔记

项目四 注蒸汽效果分析

任务一 蒸汽吞吐效果分析

知识目标

(1) 能准确说出蒸汽吞吐机理。
(2) 能准确说出影响蒸汽吞吐效果的因素。

技能目标

能对蒸汽吞吐效果进行分析。

素质目标

具有严谨求实、精益求精的工匠精神。

工作过程知识

对于稠油油藏,如果常规采油的速度很低或根本无法采油时,必须采用蒸汽吞吐方法,然后再进行蒸汽驱开采。该方法的优点是投资较少,工艺技术较简单,增产快,经济效益好。蒸汽吞吐方法即所谓的循环注蒸汽方法或油井激励方法,该方法是指在一定时间内向油层注入一定数量的高温高压湿饱和蒸汽,关井一段时间使热量传递到储层和原油中去,然后再开井生产,注入的热量使原油黏度大大降低,从而提高了油井中原油的流动能力,起到增产作用。目前已成为我国主要的稠油热采方法。

一、蒸汽吞吐开采过程

蒸汽吞吐工艺可分为三个阶段,即注汽阶段、焖井阶段及采油阶段,如图3-29所示。

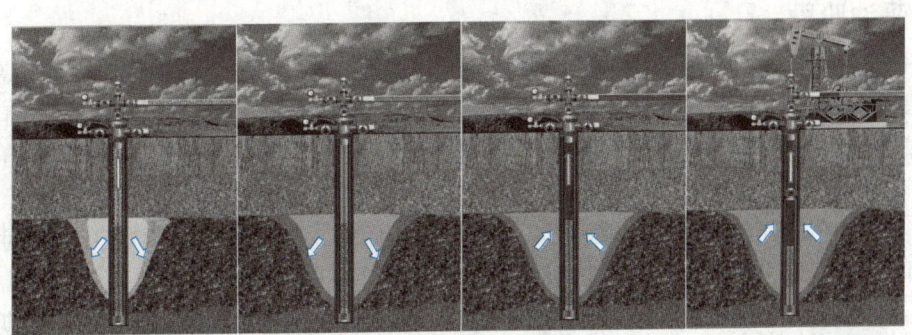

(a) 注汽阶段   (b) 焖井阶段   (c1) 采油阶段(自喷)   (c2) 采油阶段(抽油)

图 3-29 蒸汽吞吐示意图

1. 注汽阶段

注蒸汽作业前,要准备好机械采油设备,油井中下入注汽管柱、隔热油管及耐热封隔器。将隔热油管及封隔器下到注汽目的层以上几米处。由锅炉产生的高温高压水蒸汽,经地面管线通过注汽管柱由井口注入油层,使油层在较大范围内受到高温蒸汽的热力影响,如图 3-30 所示。在注汽阶段主要是控制注汽量、注汽速度和蒸汽干度三个工艺参数,应根据油藏地质参数及原油黏度等进行优化设计。注入时间一般几天到十几天。

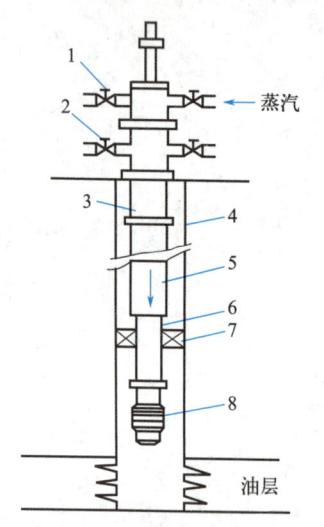

图 3-30 注汽管柱示意图
1—油管阀门;2—套管阀门;3—注汽伸缩管;
4—套管;5 隔热油管;6—注汽密封插管;
7—耐热封隔器;8—绕丝筛管

注汽量是指注入油层蒸汽的质量,注汽量有每米油层的注汽量和吞吐周期注汽量之分。

每米油层一般注入 70~120t 蒸汽;周期注汽量在不同的吞吐周期是不相同的。

注汽速度是指单位时间内注入油层的蒸汽量,应在低于油层破裂压力的前提下尽可能提高注汽速度,来提高热能的利用率。

蒸汽干度是衡量蒸汽含热量的指标,蒸汽干度越高,单位蒸汽量所含热量就越多,为了保证油层有足够的热能来降低原油黏度,要求井底蒸汽干度达到 50% 以上。

2. 焖井阶段

焖井是指注汽完成后停注关井,使蒸汽的热量与地层充分进行热交换的过程。油井注汽后,为了使蒸汽的热量与地层充分进行热交换,使热量进一步向地层深处扩散,扩大加热区域,同时也使井筒附近地层的温度比注汽时降低一些,必须进行焖井。焖井时间的长短也是影响蒸汽吞吐效果的重要因素之一,一般 2~7d,使注入热量分布尽可能均匀。只有焖井时间合适,才能使蒸汽热量充分地传递到油层中去,若焖井时间过长,则井底附近地层温度下降太大,稠油黏度又会升高,原油流动能力下降,使得开井产量降低。若焖井时间过短,则蒸汽热量还没有充分与油层进行热交换,使油层的受热半径减小,开井生产时供油面积不大,同样会降低稠油产量。

3. 采油阶段

此阶段一般又包括自喷和抽油两个阶段。自喷阶段一般持续几天到数十天,因高温高压注汽使得井底附近压力较高,为自喷提供了能量。当井底流压与地层压力接近而小于自喷流压时,即转入抽油阶段,该阶段持续时间几个月到一年以上不等,这是原油产出的主要时期。

采油阶段开始时产出液中水多油少,逐渐水少油多,产油量达到高峰,随着时间的延长,油井产量逐渐下降,到一定经济极限产量时,再重新进行蒸汽吞吐。

当抽油阶段的产量接近经济极限产量时,即开始下一个吞吐周期。由于第一周期的预热和解堵作用,第二周期的峰值产量往往要高于第一周期的峰值产量,但从第三周期开始,峰值产量将逐渐下降直至若干周期后完全无经济效益,此时蒸汽吞吐采油结束。

蒸汽吞吐过程中的传热传质包括物理的、化学的、热动力学的各种现象,是一个十分复杂的综合作用过程。油层中传热及温度分布表现为：在注蒸汽开始时，地面管线及井筒中损失一部分热量，因此凝结为热水，最先进入油层的是一部分热水，而后才是湿饱和蒸汽进入油层。由于油层原始温度与注入蒸汽的温度相差很大，因此这部分蒸汽也变为热水，并释放出热量加热油层，直到井底地带温度提高到注入蒸汽温度时，才开始形成蒸汽带，而且只有继续注入蒸汽的汽化潜热大于蒸汽带向顶底层、夹层的热损失量时，蒸汽带才能保持并向前扩展。因此，在注蒸汽过程中，以注入井为中心油层时，有三个不同温度，驱油带分布情况如图3-31所示，靠近井筒是蒸汽带，温度等于注入蒸汽温度；随后是凝结热水带，温度介于蒸汽温度 T_s 和油层原始温度 T_f 之间；热水带后面是冷水带，温度接近油层温度 T_f，冷水带后面是含油油层，处于原始状态。由于每个带的压力及温度差，促使流体不断地向前推进，在正常的注热速度下蒸汽带和热水带都逐渐扩大，而冷水带相对增长缓慢，其体积要比热水带小得多，因而一般计算时将热水带与冷水带看成一个热水带，其前缘温度等于油层原始温度。因此，加热区一般只有两个，即蒸汽带和热水带，如图3-32所示。

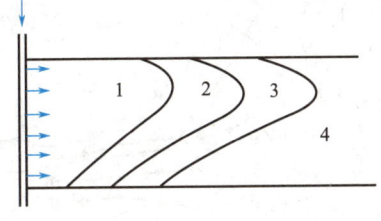

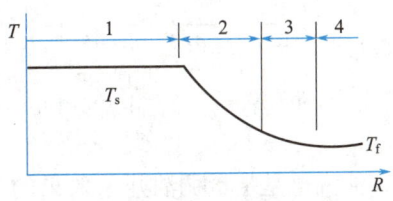

图3-31 蒸汽吞吐温度分布图

1—蒸汽带；2—热水带；
3—冷水带；4—原始状态油层；
T_s—蒸汽温度；T_f—油层原始温度

一个吞吐周期产量变化规律如下：初期生产时间一般在1~4个月，主要特点是产量高、下降快、含水高、变化快、生产不稳定、递减快。中后期产量下降平缓、含水相对稳定、产量递减相对缓慢，吞吐效果好的油井这一阶段可以延续半年甚至一年以上，其采出油量占全周期总产量的三分之二以上。

对于同一口油井，不同周期的产量变化大致为前一、二个吞吐周期产量峰值高、递减快。这是因为供油区内含油饱和度高，地层压力高，注入蒸汽量相对少，加热半径较小，供油面积小。以后各周期加热半径逐渐扩大，但供油区内含油饱和度随吞吐周期次数增加而逐渐降低，使得产量峰值相对较低，递减相应变缓，如图3-33所示。

油井开井生产后，随着热能量的传递，大量的蒸汽冷凝水会伴随着原油被采出，因而在油井生产初期含水率很高，随后又很快下降。随着生产时间的延长，含水率下降趋于缓慢。

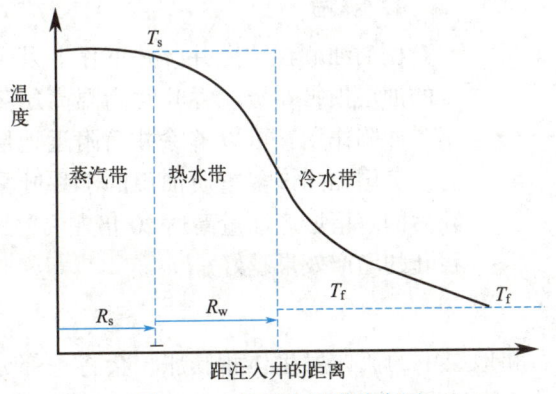

图3-32 油层中温度分布图

R_s—蒸汽带径向距离；R_w—热水带径向距离

如图 3-34 所示。从图中还可以看出，不同吞吐周期的含水变化规律基本上是相同的，但随着吞吐周期的增加，在生产时间相同的情况下，其含水率会逐渐升高。

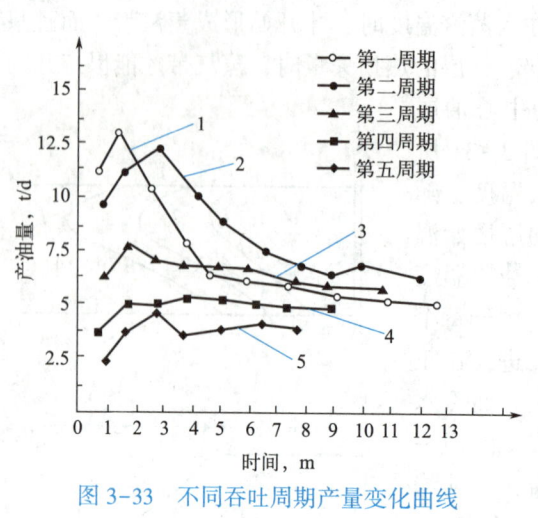

图 3-33　不同吞吐周期产量变化曲线

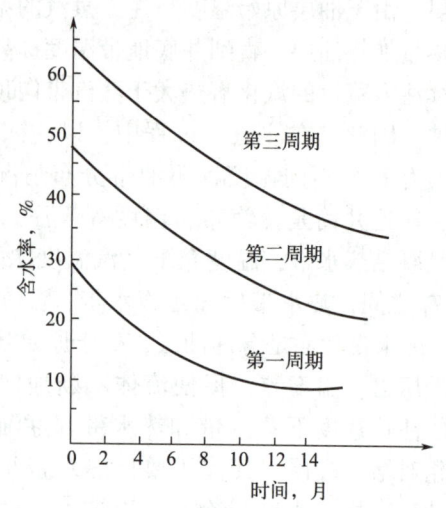

图 3-34　不同吞吐周期含水变化曲线

油汽比是衡量稠油开采效果的一个主要指标，它是指生产出的原油量与注入蒸汽量之比，其值越大说明开采效果越好，油汽比会随吞吐周期次数的增加而减小。每个吞吐周期的有效生产时间随着吞吐周期次数的增加而下降。

二、蒸汽吞吐开采增产机理

蒸汽吞吐是一种单井增产作业措施，其增产机理比较复杂，蒸汽吞吐采油的机理主要有如下几方面：

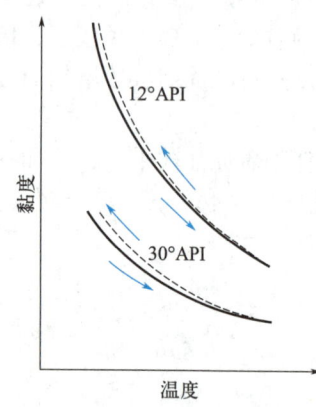

图 3-35　原油黏度随温度变化的可逆性

1. 降低原油黏度

向油层注入高温、高压蒸汽后，蒸汽波及地带地层温度升高，将油层及原油加热。如图 3-35 所示，当温度升高时，原油黏度将大幅度下降，原油流向井底的阻力将大大减小，油井产量增加。这一黏温敏感特性是稠油热采的主要机理。

2. 解堵

稠油油藏在钻完井、井下作业及采油过程中，会造成严重的油层损害。蒸汽吞吐时高温高压蒸汽对岩石的热溶解作用和冲刷作用，可以解除井筒附近地层的堵塞，减少流动阻力。美国加州许多重质油田的蒸吞吐采油历史表明，蒸汽吞吐后的解堵增产油量高达 20 倍左右。油层损害越严重，蒸汽吞吐的增产效果越好。

3. 热膨胀作用

高温蒸汽将导致岩石和地层中的流体发生体积膨胀，会将一部分原油从地层孔隙中挤出，增加了驱替作用，从而增加了产量。

4. 气驱作用增加

由于气体在地层流体中的溶解度随温度的增加而降低。原油中如果存在少量的溶解气，当向地层注蒸汽时，温度升高，原油当中的溶解气即轻质组分从热原油中逸出，并产生体积膨胀，形成溶解气驱，使驱油能量增加。

5. 降低界面张力

高温蒸汽将使油水界面张力降低，改善贾敏效应，从而降低原油的流动阻力。

6. 注入油层的蒸汽回采的驱动作用

分布在蒸汽加热带的蒸汽在回采过程中，蒸汽将大大膨胀，部分高压凝结热水由于突然降压闪蒸为蒸汽。这也具有一定程度的驱动作用。

7. 高温下原油裂解降低黏度

油层中的原油在高温蒸汽作用下产生蒸馏作用和某种程度的裂解，使原油轻馏组分增多，黏度有所降低。这几年国外已有研究报告认为，在蒸汽吞吐及蒸汽驱开采过程中，油层中的原油经蒸馏作用后，较轻成分掺入原油中，使蒸汽吞吐过程中原油馏分发生变化。

8. 高温蒸汽改变岩石的润湿性

在油层中，注入湿蒸汽加热油层后，在高温下，油层对油与水的相对渗透率起了变化，砂粒表面的沥青胶质极性油膜破坏，润湿性改变，原来油层由亲油或强亲油变为亲水或强亲水。在同样水饱和度条件下，油相渗透率增加，水相渗透率降低，束缚水饱和度增加，而且热水吸入低渗透率油层，替换出的油、水进入渗流孔道，增加了流向井筒的可动油。

三、影响蒸汽吞吐效果的因素

1. 原油黏度的影响

原油黏度对蒸汽吞吐开采效果影响很大，其主要原因在于：原油黏度越高，形成的泄油半径越小，其流动能力越差，在天然能量驱动下，产油量低，开采效果越差。当原油黏度高到难以流动时，冷油很难进入泄油区，因而采出油量有限。原油黏度越高，吞吐周期越短，周期采油量越少。

研究结果表明：油藏原油黏度越高，蒸汽吞吐采收率和油汽比越低（图3-36）。峰值产量低，周期短，周期采油量小。

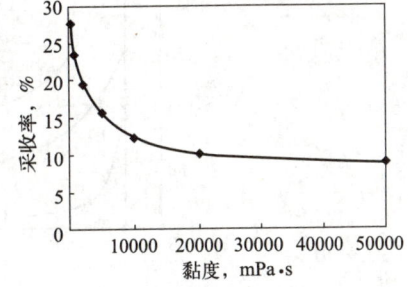

图3-36　原油黏度对蒸汽吞吐采收率的影响

2. 油层有效厚度的影响

油层有效厚度对蒸汽吞吐效果影响较大。在油层有效厚度不同，其他油藏地质条件相近的情况下，一般油层厚度大，吞吐产量高，周期长，周期产量大，油汽比高，开发效果好。油层薄，顶底盖层及夹层热损失大。此外，油层薄，注汽速度较低，井筒及地面热损失大，吞吐开采产量低、油汽比低（表3-17）。

表 3-17　不同厚度油层吞吐效果对比（等注汽温度）

油层厚度,m	峰值产量,t/d	累积产量,T	终止产量,t/d	周期平均日产量,t	油汽比
44	95	5990	20	42.8	1.36
30	70	4020	12	28.7	1.34
10	21	1308	5	9.3	1.30

3. 原始含油饱和度的影响

原始含油饱和度越小、可流动油越少，油水两相流动，水相相对渗透率增大，产水量增多，产油量减少，峰值产量低；而且水的比热大于油的比热（约大一倍），使注入蒸汽的加热半径相对减小，最终也导致泄油半径减小，蒸汽吞吐开采效果变差（图3-37，图3-38）。

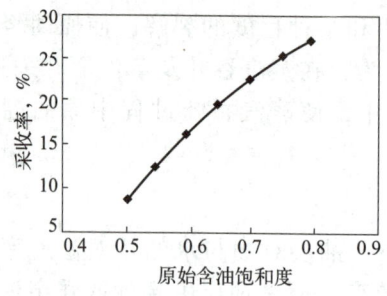 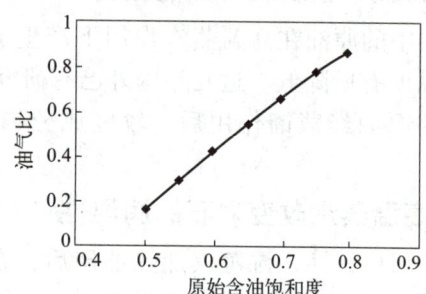

图 3-37　原始含油饱和度对蒸汽　　　　图 3-38　原始含油饱和度对蒸汽
　　　　吞吐开采采收率的影响　　　　　　　　　　吞吐开采油汽比的影响

图 3-39 所示为在其他油藏地质条件相同以及相同的注汽参数下，不同原始含油饱和度 S_{oi} 对应的蒸汽吞吐开采动态情况。

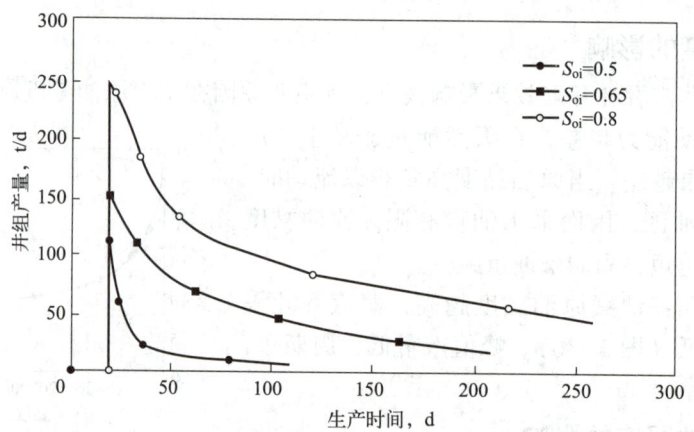

图 3-39　原始含油饱和度对蒸汽吞吐开采动态的影响

4. 油层渗透率的影响

油层渗透率对蒸汽吞吐开采效果有较大的影响。渗透率越高，油层流动系数越大，油层吸汽能力强，产油能力高，因此蒸汽吞吐的开采效果好。

稠油油藏一般多为疏松的砂岩油藏，物性好，渗透率较高，有利于蒸汽吞吐开采。

表 3-18　某区块渗透率与蒸汽吞吐效果统计表（一周期）

油层渗透率 μm^2	统计井数 口	平均单井周期 注汽量,t	平均单井周期 产油,t	油汽比
<0.4	16	1891	2624	1.39
0.4~0.6	18	2231	3278	1.46
0.6~0.8	13	1971	3077	1.56
0.8~1.0	11	2074	3772	1.82
>1.0	15	2082	4330	2.08

5. 汽窜的影响

汽窜严重影响吞吐效果。由于存在层间矛盾，注入蒸汽会沿着高渗透层窜流，造成蒸汽量大量流失，所以发生汽窜应及时进行封堵。

6. 蒸汽注入速度的影响

蒸汽注入速度是影响吞吐生产效果的主要因素之一。由井底注入油层的热能量等于散失到非产油层的热量与在此特定时间内储存在地层中热能之和。当注入相同数量的蒸汽时，如果注入蒸汽速度低，由于热量散失会使储存在油层中的热能减少，油层加热半径就小，受热降黏的可采出油量就少。若注入蒸汽的速度高，则可以减少热能的损失，则油层的加热半径大，受热降黏的可采出油量就多，吞吐效果好。但蒸汽注入速度要受到注汽设备和地层压力的限制，只能在允许条件下尽可能提高蒸汽注入速度。

注汽速度不能太低，因为注汽速度低使油井停产时间长，不利于提高增产效果。而且，注汽速度降低，将增加井筒的热损失，导致井底干度的降低，从而降低吞吐开采效果。

注汽速度也不能太高，它主要受油层本身的吸汽能力、油层的破裂压力和蒸汽锅炉的最高工作压力的限制。注汽速度如超过油层的吸汽能力，蒸汽难以注入油层。注汽压力超过地层破裂压力，易发生汽窜，影响开采效果。

7. 蒸汽干度的影响

蒸汽干度是影响吞吐开采效果的重要工艺参数。蒸汽干度越高，在相同的蒸汽注入量下，加热的体积越大，生产天数多，产油量、油汽比也随之升高。蒸汽吞吐开采效果越好。因此，为了提高蒸汽吞吐的开采效果，应尽可能地提高井底蒸汽干度。

8. 注入汽量的影响

注入汽量是指注入油层蒸汽量的多少。一般在蒸汽干度相同的条件下，注汽量多，其受热半径就大，采油量必然会增加。但是，注汽量增加到一定界限时，注汽量越大，加热体积增加的速度减缓，产量增长的幅度减小，吞吐油汽比下降。因此，对于一个具体稠油油藏，蒸汽吞吐开采的周期注入量有一个优选范围。

应用数值模拟的方法研究了周期注汽量对蒸汽吞吐的影响规律，从表 3-19 可以看出，周期注汽量越高，加热半径越大，产油量越高，但油汽比降低。当注汽量过小时，产油量则较低，开采效果差。

表 3-19 不同周期注入量下的蒸汽吞吐开采效果

周期	注汽量,t	加热半径,m	累积产量,t	油汽比
1	1000	4.2	3531	3.53
2	2000	5.9	4612	2.32
3	3000	7.5	5535	1.85
4	4000	8.5	6142	1.54
5	5000	10.3	7249	1.2

9. 焖井时间

一般认为，在注完蒸汽后关井一段时间，使注入油层中的蒸汽充分与孔隙介质中的原油进行热交换，使蒸汽完全凝结成热水后再开井生产，可避免开井回采时携带过多的热量从而降低热能利用率。但是，焖井时间也不宜太长，否则，注入蒸汽向顶、底层的热损失将增加。

四、氮气助排技术在稠油蒸汽吞吐热采中的应用

蒸汽吞吐是稠油开采的重要方法之一，具有采油速度快、油汽比高、适用性广的特点。随着大规模开展，常规蒸汽吞吐技术也暴露出一些问题：首先蒸汽吞吐属于降压开采，蒸汽波及范围有限，尤其是高轮次吞吐后期，地层压力下降，周期含水上升，产量下降，回采水率降低，开采效果逐渐变差。其次，在稠油吞吐热采过程中，套管长期受高温、高压作用，有些套管已经变形，损坏严重，造成汽窜。另外，由于连续动用管柱作业，多次压井，造成井场与地层的污染。针对这种现状，辽河油田钻采工艺研究院矿场机械研究所陈书帛提出利用氮气助排技术改善吞吐效果，其主要机理是：地面制氮注氮设备现场分离的氮气经过增压注入地层后，随着地层压力下降，体积迅速膨胀，有效增加了蒸汽波及体积，补充了地层能量，驱动地层中的原油及冷凝水迅速返排，起到强化助排油、水的作用。氮气导热系数较低，利用这个特点，可以简化注汽工艺管柱，减少作业量，同时降低蒸汽的井筒热损失，提高热能的利用率。目前，氮气助排技术已经在辽河油田实施近 1000 井次，有效率达到 90% 以上。根据现场应用效果分析，氮气助排可以保持地层能量，提高原油产量和回采水率，同时节省作业费用，减少蒸汽注入量，确实能有效改善蒸汽吞吐效果，是蒸汽吞吐后期转换开采方式的一种有效途径。

1. 注氮气提高蒸汽吞吐效果机理

1）氮气性质

氮气是一种无色、无嗅的气体，占空气体积的 78%，其物性参数如表 3-20 所示。

表 3-20 氮气物性参数

序号	物理性质及条件	法定计量单位
1	化学式	N_2
2	相对密度(空气对应值为1),21℃,0.101MPa	0.9669
3	气体密度 21℃,0.101MPa	1.1605kg/m^3
4	标准沸点	−195.76℃

续表

序号	物理性质及条件	法定计量单位
5	汽化热	1.99×10^5 J/kg
6	导热系数	0.0228 W/(m·K)
7	黏度系数	117.96×10^{-7} Pa·s
8	恒压比热	0.2448 J/(kg·K)
9	比热比	1.4014
10	临界压力	3.4 MPa
11	临界温度	−147℃
12	临界点密度	0.311 kg/m³

2）提高吞吐效果机理

氮气提高吞吐效果的作用主要表现在降低井筒热损失，提高热效率，补充地层能量，增加回采水率等方面。

（1）降低井筒热损失，提高热效率。

蒸汽吞吐技术关键就是充分利用蒸汽携带的热量，从而有效地开采稠油。但是如何降低井筒热损失，提高井底蒸汽干度，成了首要问题。

在蒸汽注入过程中，井筒中地径向热流量，既从油管柱沿径向流向井筒周围地带的热流量，就是井筒热损失量。图3-40为井筒结构及径向温度分布示意图。

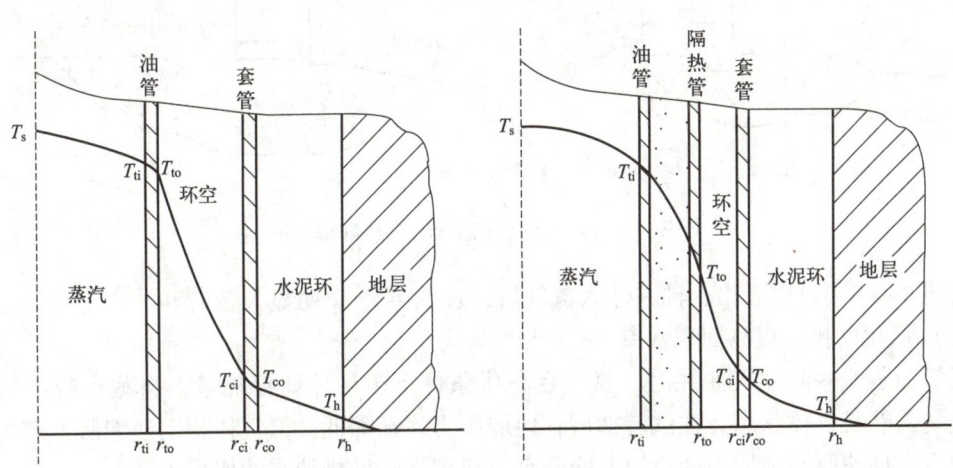

图3-40 井筒结构及径向温度分布图

r_{ti}—油管内半径；T_{ti}—油管内壁温度；r_{to}—油管外半径；T_{to}—油管外壁温度；r_{ci}—套管内半径；T_{ci}—套管内壁温度；r_{co}—套管外半径；T_{co}—套管外壁温度；r_h—水泥环外半径；T_h—水泥环外壁温度

在稳定的热流状态下，井筒单元径向热流量的计算式为：

$$Q_s = 2\pi r_{to} U_{to}(T_s - T_h)\Delta L \tag{3-1}$$

式中 Q_s——井筒径向传热热流速度，W；

r_{to}——油管外半径，m；

U_{to}——油管外表面至水泥环外表面间的总传热系数，W/(m²·℃)；

T_s——蒸汽温度,℃;
T_h——泥环外壁温度,℃;
ΔL——油管柱的深度增量,m。

从表3-21中可以看出环空注氮气后,热损失减少近一半,干度增加一倍以上,套管温度降低100℃。

表3-21 注氮气与充水对比试验

介质	井筒总传热系数,W/(m²·℃)	井底干度,%	热损失率,%	套管温度,℃
水	20~28	19	21	292
氮气	10	42	12	188

(2)补充地层能量。

氮气为非凝结性气体,在注蒸汽同时注入氮气,增加了蒸汽波及面,扩大了油层中的加热带,从而能增加产量。氮气注入量越多,效果越好,其简单机理见图3-41。

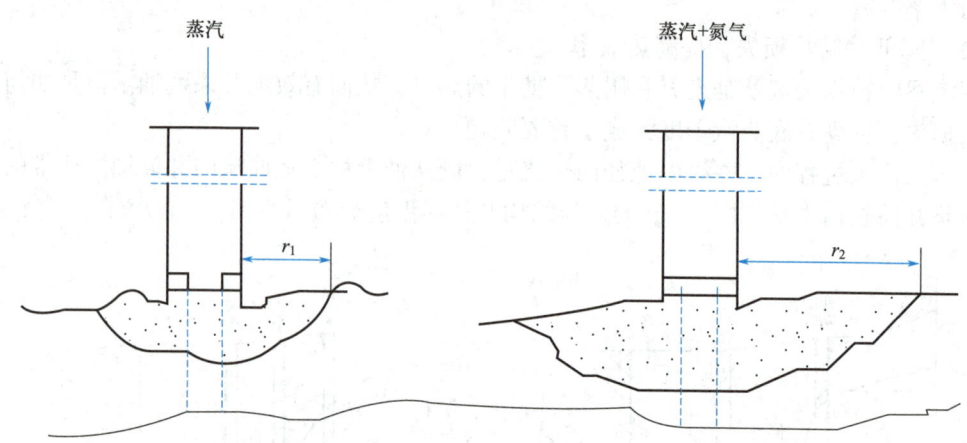

图3-41 蒸汽吞吐注氮气增产机理示意图

从图3-41中可以看出,油井注入氮气后,加热半径r_2明显大于r_1。

(3)强化助排,提高回采水率。

氮气和蒸汽一起注入油井时,氮气在高压条件下被压缩储存能量,当蒸汽凝结为热水时,氮气仍然是气体状态。注汽转抽后,地层压力逐渐降低,氮气体积迅速膨胀,产生较大的附加力,加速驱动地层中的原油及冷凝水,起到强化助排油水的作用。

(4)氮气泡沫调剖。

蒸汽—氮气与发泡剂注入地层后,在氮气作用下,形成泡沫流,井底注汽压力明显上升,说明由于泡沫的存在,增大了气流通道的压力梯度,而又不会堵塞通道,使蒸汽流动度得到控制,提高了驱油效果,可充分利用热能。另外,由于泡沫具有黏滞性,可堵塞高渗透带的通道,迫使注入的蒸汽向其他层位或含油饱和度高的层位扩展,提高驱扫波及系数。

2. 应用效果分析

80年代起,我国开始介入氮气采油工艺技术的研究与应用,但一直没有大规模实施。直到90年代,随着各项技术的发展,氮气开始应用于稠油开发。胜利、辽河、新疆等油田相继进行了氮气稠油热采工艺的研究与应用,这里就辽河油田的应用情况做简要分析。

1998年开始,辽河油田利用现场膜分离制氮注氮设备,将氮气成功应用于稠油开采。至2005年,已累计施工1000余井次,注氮500万标准立方米,增油$10×10^4$t,效益十分显著。在已施工的井次中,包括氮气隔热、助排、调剖等工艺措施。

1)氮气的隔热

利用氮气能降低热损失、提高热效率的机理,成功实施了隔热施工,图3-42为管柱示意图。

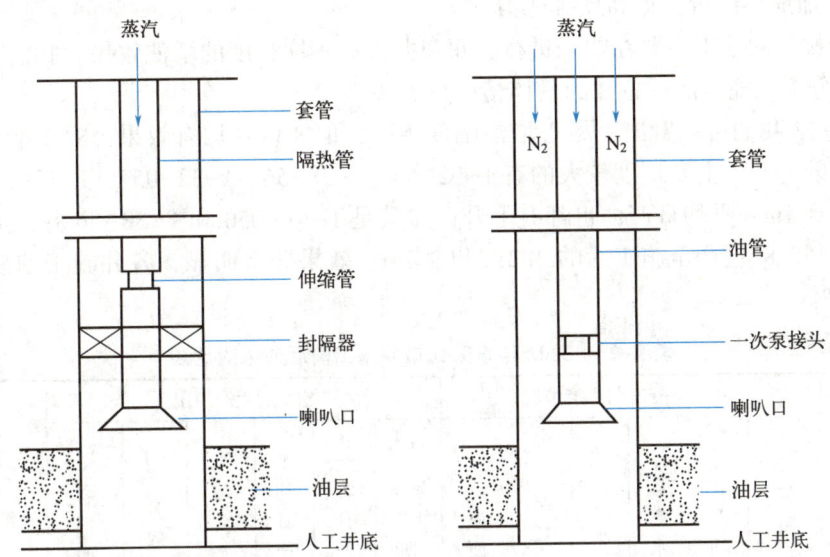

图3-42 常规蒸汽吞吐管柱与氮气隔热助排管柱示意图

由于氮气的低导热系数,降低了环空总导热系数,从而也降低了热损失量,提高了热效率。表3-22为红外线检测的曙光杜84-30143井套管温度情况。

表3-22 曙光杜84-30143井注汽温度检测表

序号	上部温度,℃	中部温度,℃	下部温度,℃	注汽量,t
1	100.2	95.2	90.1	960
2	102.5	96.7	90.5	1344
3	104.3	98.1	90.5	1728
4	105.7	99.3	90.5	2112
5	107.5	101.4	91.7	1496
6	108.2	102.2	91.9	2882
7	109.9	103.3	92.3	3290
8	109.6	104.2	93.4	3698
9	111.8	106.1	94.4	4106
10	112.7	107.2	95.4	4446
温差	12.5	12	5.3	

从表3-22可以看出,实施氮气隔热井的套管温度变化不大,高低温差只有12℃左右,并且比较平稳,隔热效果能达到要求。另外,氮气隔热工艺可以使稠油井节省工具费、作业费。由于采用氮气隔热,管柱为油管+杆式泵接箍或一次泵接头,这样每次蒸汽吞吐时节省

一套伸缩管、热敏封隔器，作业队不用起下隔热管，直接起下油管完井，不但节省作业时间，还能减少投入。

2）助排效果分析

通过理论分析和实践，我们发现隔热助排工艺的优势在于：

（1）隔热效果优于隔热管封隔器，能减少热损失，提高热效率；

（2）扩大影响区域，增大蒸汽在地层中的波及面积；

（3）增加地层能量，提高反排能力。

氮气助排井的施工主要在曙采进行，每口井都有不同程度的增油效果。我们选择其中的8口井进行分析，施工前后各井的具体情况见表3-23。

从表3-23我们可以看出，尽管增油幅度不一，但8口井均有效果，8口井的动液面均有不同程度的上升，上升幅度较大的有1-32-55、1-38-56、1-32-057、1-38-53井，液面在施工后达到1m。平均日产油也都有上升，尤其是1-41-050和1-38-56井，从施工前的日产油1.5t、0.8t增产至施工后的4.21t和3.75t，效果非常明显，各井施工前后日产油对比见表3-23。

表3-23　2002年曙采助排井施工前后效果对比表

序号	井号	注氮量 m³	施工前生产情况					施工后生产情况					累积产油量 t	增油 t
			日产油 t	日产水 t	含水 %	泵效 %	动液面 m	累积生产时间 d	平均日产油 t	平均日产水 t	平均含水率 %	泵效 %	动液面 m		
1	1-41-050	60000	1.5	0.6	28.5	0.0	—	267	4.21	2.47	31.3	3.8	642.3	950.8	557.0
2	1-40-055	60000	1.6	1.1	40.7	4.2	834.0	265	2.53	1.56	37.5	2.5	727.4	589	198.0
3	1-32-55	70000	3.0	4.7	61.0	12.1	934.6	255	3.08	4.57	87.1	13.3	1.0	554	209.0
4	1-42-034	50000	1.7	1.0	37.0	—	—	248	2.21	1.41	36.4	5.2	547.6	462.6	159.0
5	1-38-56	70095	0.8	4.9	86.0	8.9	708.6	235	3.75	2.58	48.6	5.5	760.9	543.0	
6	1-32-057	60000	3.4	3.8	52.8	11.3	834.7	230	3.05	6.66	93.3	16.5	1.0	600.6	54.0
7	1-33-057	60667	3.2	1.9	37.3	8.0	1064	214	4.19	3.92	56.9	10.2	699.0	836.3	173.0
8	1-38-53	70395	2.2	1.1	33.3	5.2	783	46	3.7	3.0	44.8	25.9	1.0	170.6	69.0
合计		501157												4924.8	1962

氮气的注入还有效地促进了近井周围积水的排出，大部分井施工后的平均含水率有所增加，也说明了氮气注入有助于地层积水排出，施工前后各井含水情况对比见图3-43。

由于采取氮气助排措施的井基本上都达到5、6甚至更高的吞吐周期，产量递减非常快，在这种情况下，采用氮气助排措施的井能维持上周期平均日产油的水平并有所增加，说明氮气助排在高轮次蒸汽吞吐后期是一种行之有效的措施。

图 3-43　2002 年曙光助排井施工前后两周期含水对比图

任务二　蒸汽驱效果分析

知识目标

（1）能准确说出影响蒸汽驱效果的因素。
（2）能准确说出蒸汽驱的生产过程及选层标准。

技能目标

能进行蒸汽驱效果分析。

素质目标

具有严谨求实、精益求精的精神。

工作过程知识

稠油油田经过常规采油、蒸汽吞吐采油阶段后，地层预热、压力下降，为蒸汽驱创造了有利条件，这时进行蒸汽驱采油更易于获得较高的经济效益。蒸汽驱是指在一定注汽方式下，由一口井连续注入蒸汽，驱替原油流向其周围生产井的开采方式。蒸汽驱同时具有蒸汽吞吐和油田注水的双重作用，具有加热降黏、压力驱动、提高油层波及系数的综合作用。

一、汽、油分布状况

蒸汽驱是在蒸汽吞吐的基础上进行的，由于注入井已经过吞吐开采阶段，井底附近油层的含油饱和度很低，当注入蒸汽后很容易在井底附近形成一个几乎是纯蒸汽（包括热水）的带。随着蒸汽的不断注入，蒸汽会不断向采油井方向推进，形成蒸汽带。

蒸汽驱油时主要形成蒸汽（含热水）带、降黏油富集带、未被加热原油带三个带，如图 3-44 所示。

1. 蒸汽带

蒸汽带在井筒周围形成，前缘为热水，后部分为蒸汽，温度高、热量多。由于蒸汽密度

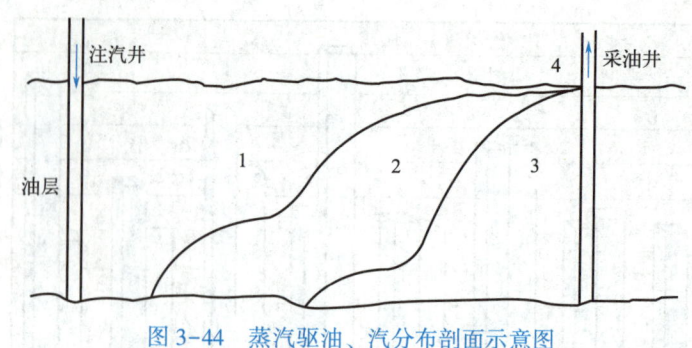

图 3-44 蒸汽驱油、汽分布剖面示意图

1—蒸汽（含热水）带；2—降黏油富集带；3—未被加热原油带；4—驱替前缘

小于油，流动性大于油，使得蒸汽上浮，沿油层顶部窜流，形成蒸汽超覆现象。蒸汽带半径在油藏底部最小，顶部最大。

2. 降黏油富集带

随着蒸汽的注入，在高温高压的作用下，降黏原油向前运移，形成一个降黏油富集带。此带靠近蒸汽带部分油层温度最高，原油黏度最低，而接近未被加热带部分的油层温度最低，原油黏度最高。在此带中，降黏油一方面与未被加热原油进行热交换，扩大降黏油富集区，另一方面推动原油向生产井流动。同时由于蒸汽的超覆现象，使得该带在驱替前缘最薄，中、下部最厚。

3. 未被加热原油带

此带含未被加热的原油，在整个油层中黏度很高、温度最低。

由于蒸汽的不断注入，驱替前缘逐渐向油井方向推进，使得蒸汽带和降黏油富集带不断扩大，而未被加热原油带不断缩小。当到了全部油层被加热以后，随着蒸汽驱时间的延续，降黏油富集带将逐渐缩小，直至油井全部汽淹。

二、蒸汽驱采油机理

1. 降黏作用

当高温高压蒸汽注入油层后，稠油黏度因温度的升高而急剧下降，提高了稠油在油层和井筒中的流动能力，使原来不易流动的原油成为易于流动的原油，这是蒸汽驱的主要降黏原因。

在蒸汽驱油井中，当温度达到热解温度后，稠油裂解出的较轻组分在油层中反过来溶解稠油，从而降低稠油黏度，使得稠油易于流动。

稠油在高温高压作用下，较轻的组分发生蒸汽蒸馏形成烃类蒸汽，这些烃类蒸汽在降黏油富集带向采油井流动过程中，随温度下降而凝结，形成轻质油（稀油），而轻质油则具有溶解稠油的能力，使得稠油黏度下降。

2. 热膨胀作用

随着油层温度的升高，油发生膨胀，饱和度增加，且更易流动。热膨胀可采出 5%～10% 的原油储量，其大小取决于原油类型、初始含油饱和度和受热带的温度。

3. 蒸汽驱动作用

高温高压蒸汽以气相形式进入油层后，直接占据孔隙空间，形成强大的压力梯度，推动降黏后的原油向生产井流动。

4. 脱气作用及溶解气驱作用

溶解天然气及轻质组分在高温作用下脱出，溶解气膨胀形成驱油动力，产生类似气驱及溶解气驱的作用，增加原油产量。

5. 油的混相驱作用

水蒸气蒸馏出的大部分轻质馏分，由蒸汽带和热水带被携带至较冷的区域，此时轻质组分与水蒸气同时冷凝。当水蒸气冷凝成热水时，减少了蒸汽的指进速度，凝析的油和热水混合物形成热水驱。这就是蒸汽驱前缘的热水带的重要采油机理。

凝析的轻质馏分与地层中的原油混合并将其稀释，降低了原油的密度和黏度，随着蒸汽前缘向油井推进，轻质馏分将会从接触到的原油中不断抽提出更多的轻质组分，形成轻质油带向前推进，其尺寸在不断增大，结果形成了油的混相驱。

6. 乳化作用

由于水蒸汽的作用，在地层形成乳化液，其黏度均比油和水的黏度大，起到调剖作用，通过降低蒸汽的指进改善蒸汽波及状况而有利于蒸汽驱生产。

这些机理作用在油层中各个带程度不一样，主要取决于原油及油层的性质。在蒸汽带中，蒸汽驱的主要机理是蒸汽的蒸馏作用及蒸汽驱油作用。在降黏油富集带中，主要是降黏、热膨胀、高温渗透率变化及溶剂驱油作用。在未被加热原油带中，主要是常规水驱及重力分离作用。

三、蒸汽驱生产过程

在蒸汽驱生产过程中，从注蒸汽到蒸汽突破油井，最后淹没油井，一般经历了下述三个阶段。

1. 注汽初始阶段

油层注入蒸汽后，大量蒸汽的热能被注入井井底附近的油层吸收，注汽井源源不断地注汽，油层则平稳地吸收，逐步提高油层的温度，油层压力稳定地回升。

在此阶段，由于初始注汽时，大量蒸汽热能还没有传递到生产井附近，生产井周围油流阻力很大，油井产油量低。所以具有油汽比低、注采比高的特点。

2. 注汽见效阶段

随着累积注入量的增加，油层能量和热量得到很好的补充，大量蒸汽热能已传递到生产井周围，使得原油的流动能力得以提高，原油产量上升，此时注汽见效，生产井进入高产阶段。

此阶段的特点是油层压力下降，产量上升，油汽比高，注采比低。

3. 蒸汽突破阶段（汽窜阶段）

随着开采时间的延长，油层中的原油逐步被驱替出来，蒸汽和热水在油层中向生产井推进，到一定时间，蒸汽驱前缘突破油井，蒸汽和热水进入油井随同原油一起被采出来。在此阶段，由于蒸汽突破油井后，油汽流动阻力迅速下降，蒸汽注入压力急剧下降，且蒸汽的流动能力远远超过原油的流动能力,使得产油量下降,油汽比降低,含水迅速升高。

在蒸汽驱的三个阶段中,初始阶段时间较短,而后两个阶段的时间相对较长,为了尽量多地采出油层孔隙中的原油,提高原油采收率,应采取一切有效措施,延长注汽见效阶段的生产时间。到最后的汽窜阶段,则应采取关闭严重产汽井,或关闭采油井一段时间,减少蒸汽窜流带来的不利影响,然后再开井生产,从而提高驱油效率。

四、油层筛选标准

通过定量研究油藏参数对蒸汽驱效果的影响,以及前人提出的大量筛选标准,提出了蒸汽驱的筛选标准,见表3-24。

表3-24 蒸汽驱油藏筛选标准

油藏参数	孔隙度	初始含油饱和度	渗透率 $10^{-3}\mu m^2$	油层有效厚度,m	净总厚度比	地层温度下脱气油黏度,mPa·s	油层厚度 m	渗透率变异参数	其他
蒸汽驱入选要求	≥0.20	≥0.45	≥200	7<h<60	>0.4	<10000	≤1400	<0.7	深度大于800m时边、底水不能太活跃

除了考虑以上参数对蒸汽驱的影响外,还应考虑以下因素的影响:

1. 储集层岩性

最适合蒸汽驱开发的油藏是砂岩油藏,而石灰岩油藏因加热效率低而不适合蒸汽驱。

2. 油层压力

对于蒸汽驱来说,油藏压力越低越好,一般应低于5MPa。在此压力范围内,蒸汽的体积大,可充分发挥蒸汽的驱油作用。所以油层压力高的油藏均应先通过蒸汽吞吐降低油层压力后再转驱。但转驱时机的选择受多个因素的综合影响,因此不同油藏转驱时的油层压力应具体分析。

3. 地层倾角

由于汽液密度差异悬殊,对于地层倾角大的油层会加剧重力分异作用,从而大大降低注入蒸汽的波及范围,降低蒸汽驱开发效果。

4. 油层的连通性

任何开发方式都要求注采井间具有良好的连通性。油层连通性差将严重影响蒸汽驱开发效果。

5. 油层纵向非均质性

油层纵向非均质性严重的油藏是不太适合蒸汽驱开发的,纵向非均质性越弱蒸汽驱效果越好,考虑到蒸汽超覆作用,正韵律油藏更适合蒸汽驱。

6. 边、底水和气顶

边、底水和气顶的存在都会降低蒸汽驱开发效果。

7. 油层中的窜流通道

蒸汽吞吐过程中,超高压注汽压开油层,或者油层中存在天然裂缝以及高渗透条带,都可能形成蒸汽窜流通道。从实际生产动态可反映出,窜流通道的存在对汽驱效果产生十分不利的影响，使汽驱有效开发期缩短，汽驱采收率及油汽比均明显降低。因此，存在窜流通道的油藏，在转蒸汽驱前务必封堵窜流通道。

五、蒸汽驱动态调整

由于蒸汽驱方案设计时资料有限，对油藏的了解还不一定全面，还可能有没预见到的因素存在，因此，没有任何调整的方案是不存在的。一般是根据实际情况进行不同程度的调整，以取得最好的开发效果。

根据跟踪分析中所发现的方案设计和实施中存在的问题，不断提出调整方案，这就是所谓的动态调整。另外，还应考虑蒸汽驱后期的调整。

1. 蒸汽驱的动态调整

蒸汽驱动态调整是指因设计时考虑因素不全面或实施中未达到方案设计指标而进行的调整。调整的依据是监测资料分析和生产动态分析。

2. 蒸汽驱后期调整

蒸汽驱进行到后期，为提高方案的经济效益，所做的调整主要是注汽方式调整，包括降低注汽速度、降低蒸汽干度、间歇注汽、转水驱及调整注入剖面等。

1）降低注汽速度

在厚层和垂向渗透率大的稠油油藏中进行蒸汽驱，蒸汽的重力超覆起着很重要的作用。注入的蒸汽往往重力舌进，并导致在生产中过早地突破。为提高蒸汽的热利用率，一般采取降低注入速度的方法。

2）降低蒸汽干度

减轻蒸汽突破的另一方法就是降低注汽干度。但当注入速度不变时，降低干度就降低了注热速度，从而导致产油量的减少。在一段时间内逐渐降低蒸汽干度的做法，要比直接将汽驱转为水驱或停止注汽的做法好得多，不会引起产油量的突然下降。

3）间歇注汽

间歇注汽也可减轻产汽问题，并能使热量和流体流动状态在油藏中重新分布。但同样会因为注热速度的降低而导致产油量的下降。

4）转水驱

蒸汽驱后期转水驱可以延长方案的经济开发期，并能减少燃料消耗，腾出蒸汽锅炉扩大利用。转水驱后使热量在油藏中重新分布，将未被注入蒸汽驱替到的油驱替出来。

转水驱的关键是时机问题。如果过晚，则水驱后的低产量将不能弥补所增加的注水、举升及处理费用。最佳转水驱时机应该用数值模拟来优选。一般都是在接近蒸汽驱经济极限油汽比时转水驱为宜。

5）注入剖面调整

由于油藏中存在着非均质性，注入的蒸汽在高渗透层舌进，会造成蒸汽突破。因此应对高渗透层采取封堵措施，可通过调整注入剖面来实现。

以上后期调整方法，都能一定程度地改善开发效果和提高经济效益。但具体采用哪种策略，要根据具体油藏条件、以及与周围邻区和上下油层组的关系来确定。

六、蒸汽驱效果分析

下述说明以辽河油田欢喜岭齐40块蒸汽驱试验为基础。试验区地质及开发概况如下：

该试验区位于该断块内次一级断层以南井区，汽驱目的层为莲Ⅱ油层组。区内构造简单，为单斜构造，属扇三角洲前缘相沉积，井位图如图 3-45 所示。方案设计要点如表 3-25 所示。

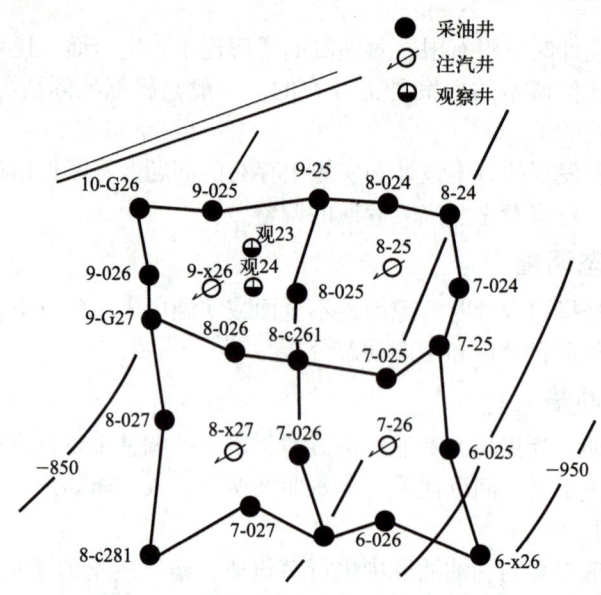

图 3-45　欢喜岭齐 40 块试验井组井位图

表 3-25　方案设计要点

汽驱层位	莲Ⅱ	采注比	1.0~1.2
井网井距,m	70×100m 反九点	平均单井日产液,t/d	30.3
注汽速度 t/(d·ha·m)	1.8	油层压力,MPa	<4
平均单井日注,t/d	135	井底干度,%	>50
开发指标			
开发年限	8 年	累积注汽	$116×10^4$t	累积产油	$21.1×10^4$t	累积产液	$133×10^4$t
汽驱采收率	24.5%	油汽比	0.18	采油速度	3.1%	最终采收率	48.5%

方案自 1998 年元月开始执行，历时 9 年（方案设计 8 年），总体上取得了很好的试验效果。试验效果与方案设计指标对比情况见表 3-26。

表 3-26　先导试验实施效果与方案设计指标对比

对比参数	方案指标 （1998.1~2005.12）	试验实际 （1998.1~2006.12）
年限,a	8	9
累积注汽,10^4t	116	140.81
累积产油,10^4t	21.1	24.66
采注比	1.0~1.2	0.89

续表

对比参数	方案指标 （1998.1~2005.12）	试验实际 （1998.1~2006.12）
油汽比	0.18	0.18
采油速度,%	3.1	3.2
采出程度,%	24.5	28.67

该区块在进行蒸汽驱试验之前一直在进行蒸汽吞吐，预测继续吞吐采出程度为 7.0%，而汽驱阶段采出程度 28.67%，采出程度提高 21.67 个百分点，见表 3-27。

表 3-27 蒸汽驱试验与蒸汽吞吐效果对比表

方式	累积产油,10^4t	采出程度,%
继续进行蒸汽吞吐	6.01	7.0
蒸汽驱	24.66	28.67
增量	18.65	21.67

笔记

项目五　火烧油层技术

知识目标

（1）能准确说出火烧油层机理。
（2）能准确说出影响火烧油层效果的因素。

技能目标

能准确说出火烧油层的施工过程。

素质目标

具有敢想敢干、开拓进取的创新精神。

工作过程知识

视频　火烧油层技术

火烧油层法也称火驱法，是使油层内部的油燃烧，并维持该燃烧，将油层加热，降低原油黏度，从而提高稠油油藏采收率的一种方法。

火烧油层法是提高油田采收率的重要方法之一，它与其他开采方法不同之处，在于它是利用油层本身的部分裂解产物作为燃料，不断燃烧生热，依靠热力和其他综合驱动力的作用，实现提高采收率的目的。因此，它又称地下（层内）燃烧、火驱开采法。火驱法的驱油效率是其他采油方法无法比拟的。实验室研究表明，已燃烧区的残余油饱和度几乎为零，采收率可达85%~90%；在已实施的现场火驱方案中，采收率也能达到50%~80%。另外，它的应用范围较广，在适当条件下，既可用于稠油油藏，又可用于轻质油藏还可用于注蒸汽或水驱后的油藏开采残余油。因此，它是一种适应性强，并能充分利用石油资源的开采技术。

一、火烧油层法的类型及驱油机理

动画　火烧油层法原理

火烧油层法有三种类型，即干式正向燃烧法、湿式燃烧法和反向燃烧法。

1. 干式正向燃烧法

在火烧油层的过程中，仅仅注入空气，称为干式地下燃烧。先点燃注入井附近的油层，燃烧前缘由注气井向采油井方向推进，称为正向燃烧。

干式正向燃烧是指当空气连续注入时，燃烧前缘从注入井向生产井方向移动，并与空气的运动方向相同。干式正向燃烧是火烧油层中常用的方法。

油层中的油、水在高温下发生多种多样的反应，使火烧油层的驱替机理很复杂。如图 3-46 所示。

施工时，装置在注入井井底的点火器加热油层，或者注入预热空气让油层中的原油重质成分燃烧。为了助燃，需不断地注入空气，井底附近的原油在受热之后，其中的轻质成分蒸

图 3-46 火烧油层（干式燃烧）机理示意图

发，石油蒸汽质轻、黏度小，在注入空气压力的推动下首先向前移动。点火器继续加热，油层温度不断上升，地层原油中较重的部分在高温下发生裂化反应，裂化后亦向前流动。最后一部分焦化，变成可燃炭，不能向前流动，作为燃料沉积下来，建立起燃烧带。

在此过程中，油层中的水也同时在受热，成为水蒸气。石油焦燃烧后的废气（包括二氧化碳、水蒸汽、未燃的空气等）也都向前流动。流向前方的石油蒸汽、水蒸汽等，接触到前方的冷油、水和岩石进行热交换，产生凝析作用。随着热能量的向前传播，便重复着这些作用。只要有足够的残炭量（燃料），油层的燃烧便可以蔓延下去。靠近燃烧带的部分温度高，远离燃烧带的温度逐渐下降。由于蒸发、裂化、焦化、凝析等作用和温度的关系，在油层中形成若干个带：已燃带、燃烧带、沉焦带、蒸汽带、热水带、轻质油带、富油带、原始含油带，如图 3-48 所示。

在流动过程中，对原油还有热水驱、蒸汽驱的作用。在所波及的油层内，原油受到轻质油稀释、加热膨胀、降黏以及汽态、液态流体的轮番驱替，能流动的就离开原来的孔隙而向前流动，留下的重质部分作为燃料烧掉。结果，在火线扫过的已燃带，连组成岩石的砂粒都失去了原来黑油砂的颜色，变成了干净的颗粒，除了大约 5%～8% 的原油焦化燃烧之外，90% 以上的油被驱洗出来。在火线推进过程中，比较简单的办法是利用分析燃烧带周围生产井所产生气体中的二氧化碳和氧的含量，以判断地下的燃烧情况。随着火线向生产井的逼近，生产井井口温度明显上升。尽管火烧油层的洗油效率非常高，但波及系数却不大。因为在驱动过程中，高温气体、轻质油等对于原油的流度比都很大，油层局部地带残炭量不足或者岩性的不均质等，都会降低波及系数。

干式正向燃烧使原油中无价值的馏分以焦灰的形式燃烧，在燃烧前缘后面的区带剩下的是干净的砂子。但是，也有不足之处。其一是采出的原油必须通过油藏的低温区域，如果原油黏度高，则有可能形成流体阻塞；其二是由于注入的空气不能有效地向前携带热能量，因此已燃烧区内储存的热能量不能有效地利用。

2. 湿式燃烧法

湿式燃烧法是对正燃法的改良，也叫正向燃烧和水驱相结合的方法，可用来弥补干式正向燃烧的缺点，有效地利用燃烧前缘后面储存的热能量。正燃烧法在地下产生的热能量约半数存在于燃烧前缘和注入井之间，如图 3-47(a) 所示。

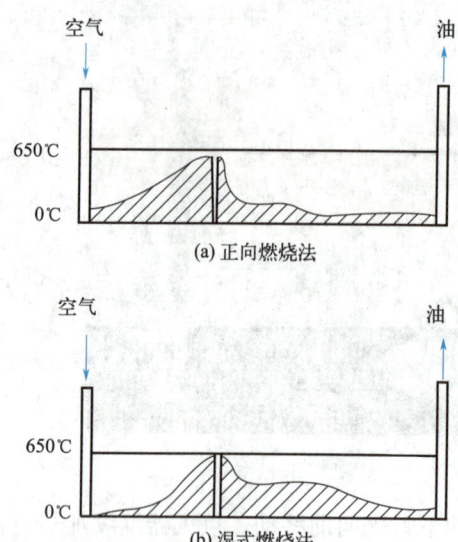

图 3-47 正向燃烧法和湿式燃烧法温度分布的对比

为了更有效地利用这部分热量,必须将其移至燃烧带的前方,为此可采取注水的方法,注入水与燃烧前缘后面的高温岩层接触时蒸发,岩石则冷却;同时燃烧前缘前面的蒸汽便凝结成热水,使得持有一定高温的地带加长,如图 3-47(b) 所示,油的黏度下降,从而有利于提高采收率。湿式燃烧的结果导致黏度高的原油易于流动,从而便于采油,同时燃料用量也少,空气量亦减少。湿式燃烧所需要的注入水量通常以水—空气比来表示,在 2MPa 的压力下 $28m^3$ 的空气约需水 48mg,这一数值随原油的性质和压力的不同而不同。

3. 反向燃烧法

反向燃烧法是指燃烧带从生产井向注入井方向发展的一种对付特稠原油的火烧油层法,即燃烧带与注入的空气逆向而行。它可以弥补干式正向燃烧的缺点,克服黏度高的油藏中的流体阻塞。

如图 3-48 所示,油通过加热到 260~370℃ 的岩层,黏度可减小到原来的 1/1000 以下,从而采用反向燃烧法可采出一般方法不能采出的特稠原油。其采收率可达 50% 左右,反向燃烧法所需要的空气量为前面讲的正向燃烧法的两倍。

反向燃烧法首先是在最终将成为生产井的井中点火和注入空气,在燃烧很短的一段距离之后,便停火停注空气,然后再转到邻井注空气,前面的一口井便成为生产井。这种进程虽然在实验室一般都很成功,但现场试验却相当复杂,其主要原因是空气注入井周围容易形成自燃,从而引起正燃和反燃共存的复杂情况。

二、影响火驱采收率的因素

火线波及到的地区,由于热力降黏和膨胀作用(如图 3-49)、轻油稀释作用以及水汽的驱替作用,除了部分重烃焦化作为燃料外,洗油效率几乎达 100%。但是,油层非均质和注入气与地层油流度比仍然很大,气与油的重力分离比较严重。平面上和剖面上的波及系数都比较低。

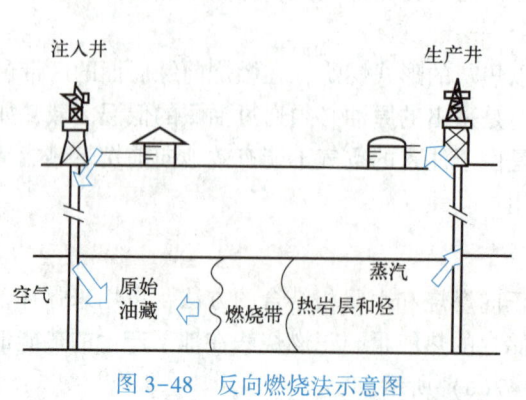

图 3-48 反向燃烧法示意图

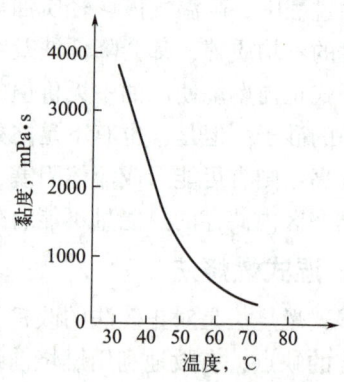

图 3-49 火烧油层中的黏温曲线

热力或温度对稠油（或高密度油）的影响比较大，它的黏度降低幅度大，波及系数上升幅度也大。因此，火烧油层法用于开采稠油，可以取得比较明显的效果。

室内试验表明，上述火烧油层法的采收率可达50%~80%左右，而目采油速度高，可以加速稠油油藏的开发。

三、影响火驱效果的因素

1. 原油黏度

高黏度的原油胶质含量高，最终结焦物生成较多，空气消耗量增加，驱油效率降低。

2. 孔隙度

孔隙度大，意味着需加热的岩石骨架少，因此吸热少，在相同的焦炭生成量与空气消耗量下，燃烧温度高而孔隙度小、岩石骨架多，这时生成热少而吸热量大，燃烧难以达到高温状态，效果差。

经验表明，火烧油层的孔隙度不能低于20%。

3. 原油饱和度

原油饱和度高意味着单位体积油层内消耗同样的空气可以驱出更多的原油，可实现的经济效益好。

经验表明，含油饱和度不能低于50%。

4. 通风强度

通风强度越大，水驱前缘推进越快，单位时间参与燃烧的物质越多，但通风强度太大也会造成空气耗量略有增加。

点火温度和湿式燃烧的水汽比也是影响火驱效果的因素。

四、火烧油层施工工艺

火烧油层的关键工艺技术包括：油层点火、维持油层燃烧的管火及不断提供助燃剂（空气或富氧）的压缩设备三大配套技术。

1. 点火技术

欲实现火烧油层目的，首先要把油层点燃，而油层点燃程度的好坏，又直接影响着火烧油层的最终效果。因此，油层点火技术是火烧油层开采方法的关键技术之一。其方式有层内人工点火和自燃点火两类。

1）人工点火方法

人工点火可通过电热器、井下燃烧器、化学剂及注热介质等实现。

（1）电热器。

电热器点火主要用到硅碳棒电热器和管状元件电热器。

硅碳棒电热器具有结构较简单，不怕油、气、水，硅碳棒质脆，怕撞击，在起下操作过程中易损坏的特点。

管状元件电热器具有：供热量稳定，调节方便；操作方便，不怕碰撞，工作比较安全可靠；温度控制范围广……等特点。

(2) 井下燃烧器。

井下燃烧器有气体和液体燃料两种。国外用得较普遍的是气体（燃料）点火器，我国从油田实际出发，研制成功了液体（燃料）点火器。

井下燃烧器点火发热功率大、油层点火时间短、加热程度好，但温度较难控制，易烧坏油层套管，安全性较差。

(3) 化学剂。

化学剂法是先在注气井的油层内，挤入适量化学剂，该化学剂遇到不断注入的空气或氧气，就发生剧烈的氧化（即燃烧）作用，以此来实现点燃油层的目的。提出的方案有多种，但由于化学剂昂贵，施工复杂且不安全，故很少应用。

(4) 注热介质。

注热介质法一般为注热空气或热废气。由于井筒热损失较大，该点火法只能在浅油层中应用。最好与层内自燃点火法结合使用，以缩短层内自燃点火的时间。

2）层内自燃点火方法

当向油层注入空气时，油层中的原油在油层温度下遇氧会发生氧化放热作用，致使油层温度缓慢升高。温度升高后，又加速了原油的氧化速度，从而导致油层温度的进一步升高。这一过程，一直持续到油层温度升到焦炭燃料的自燃温度为止。这样，在不断地注入空气的条件下，油层就会产生一个移动的燃烧前缘，向生产井蔓延扩大。为了缩短点火时间，适当增加注入空气的温度是有利的。

层内自燃点火对保护火井套管是最理想的方法，一般对油层温度超过50℃的深层，可采用这种简易方法，否则点火时间过长。

综合上述各种油层点火方法，通常浅层采用电热点火为宜，深层采用层内自燃点火为宜。

2. 管火技术

油层点燃后，维持燃烧带均匀、稳定推进，妥善地管好油、气井动态，降低空气消耗量，最大限度地获得火烧油层的体积波及系数和经济效益，是管火技术的中心任务。

影响油层均匀稳定燃烧的因素如下：

1）地质因素

油层纵横向均质程度要高，油层顶、底盖层的封闭性要好，油层厚度、深度适中，否则燃烧带容易向高渗透方向指状突进和气体外溢，造成波及系数低、空气耗量高的不良效果。

油层太薄，火烧油层过程向盖层的热损失大，燃烧将难以稳定地维持下去；油层太厚，空气需要量大，投资高。油层太深，压缩费用高；太浅，在高压注气时会增加压裂的危险，从而影响均匀燃烧。因此，在选择火烧区油层时，必须充分掌握地质资料，按火烧油层筛选标准来进行。

2）井网、井距因素

在井网大小的选择上，小井网、小井距的井间干扰大，容易形成薄层单方向火窜，影响火烧油层效果。由于火烧油层热源是移动的，它不像蒸汽驱、化学驱、混相驱那样，其驱油效果直接受到井距的影响。因此，只要压缩设备容量允许，采用适当稀井网是有利的。

3）火井位置因素

火井位置的合理选择对火烧油层效果有重大的影响。一般对倾角大的油藏，火井应布置在构造高处（顶部），从上往下烧，这样有利于充分利用重力驱油的作用；对构造较平缓的油藏，火井布置在低处，从下往上燃烧，这样对缓和火线超覆现象有利。总的要求是：火井应布置在厚（油层较生产井厚）、大（渗透率较大）、通（与生产井连通性好）、封（油层封闭性好）处。

4）完井因素

在钻开油层、固井、修井等作业过程中要防止伤害油层，以确保油层畅通，这是有利于火线均匀推进的先决条件。为了便于火烧油层的调节控制，注、采井一般都采用射孔完井；为了缓和火线超覆现象，提高火烧油层波及系数，对6m以上的油层，上部1/3~1/2油层不射开，射孔密度应由上而下逐渐加密。特别对反韵律油层，更应考虑多留不射开井段。

为了使油井能承受高温的要求，注、采井最好都采用耐高温水泥固井，水泥返至地面，以防止受高温时造成层间窜漏的不良后果。

生产井除了能承受高温外，还需经受住腐蚀和磨蚀作用，特别对油层胶结差、出砂严重的油藏，最好在油层段采用不锈钢预充填砾石绕丝筛管，这样可使油井出砂和腐蚀降低到最低程度。

5）管理因素

根据注、采井第一性资料，加强油层燃烧动态分析，及时对注、采井采取调控措施，以确保燃烧带均匀、稳定地推进。努力实现"少用风、多产油"的目的。

注气井管理：从油层开始自行燃烧起，就要抓好空气注入速度的调节与控制，以保证通过燃烧带单位截面积上的注气速度（简称通风强度）在合理范围内。若通风强度太小，燃烧带推进速度慢、温度低，油层难以维持稳定燃烧；若通风强度太大，易使注入体窜流、外溢，火线推进不均匀，影响火烧油层效果。

生产井管理：保持油、气产出畅通，千方百计提高产量，取全、取准油、气、水、温度、压力等动态资料，调整油井工作制度，控制高气油比井，提高油井气体采注比，争取火烧油层效果，是生产井管理的基础。

3. 空气压缩设备

火烧油层中投资比重较大的是空气压缩设备。在选择压缩机规格、型号、数量及基建时，必须根据开发区、层的地质特征（包括埋藏深度，油层岩性、物性、厚度、压力等），试验规模（包括面积、井网、井距、井组数、投产次序），开发年限，最大注气量等因素来合理选择和决定相应的基建要求。由于油层燃烧过程的注气量是逐渐增加的，对较大规模的火烧油层开发试验，选用大小机组搭配为好，这样有利于注气量的合理调节，避免放空浪费。

火烧油层选用的空气压缩设备及基建要求，有以下三种形式。

(1) 活动式压缩机：压缩机装在卡车、拖车或爬犁上。一般在火烧吞吐增产（注）措施、油层点火及小型先导试验中，常用这种形式的压缩设备。

(2) 低压、大小排量不同机型组成的压缩机站：这种形式用于较大规模的浅层火烧油层开发试验和井网面积较大的先导试验区。

(3) 高压、大排量固定式压缩机站：用于深层大规模工业性火烧油层开发或深层先导试验。

笔记

单元训练题

一、填空题

1. 主要的热力采油方法有（　　　）、（　　　）、（　　　）和（　　　）。
2. 我国稠油可以分为（　　　）、（　　　）和（　　　）三种类型。
3. 单位质量的湿饱和蒸汽中干饱和蒸汽所占的质量百分比称为（　　　）。
4. 火烧油层法有（　　　）、（　　　）和（　　　）三种类型。

二、问答题

1. 注汽锅炉主要由哪几部分组成？
2. 锅炉结垢有哪些危害？
3. 注汽锅炉的炉体是由哪几部分组成的？
4. 结合锅炉水汽流程图简述其工作过程？
5. 锅炉运行中突然停电和柱塞泵停泵怎么办？
6. 热力注采井完井有哪些要求？
7. 防砂完井有几种方式？
8. 蒸汽吞吐常规注汽管柱的工作原理是什么？
9. 环空氮气管柱有哪些优点？
10. 蒸汽驱注汽管柱与蒸汽吞吐管柱有哪些区别？
11. 何谓乳化、乳状液、乳化剂？
12. 掺活性水降黏的原理是什么？
13. 掺活性水降黏主要有哪三种方式？
14. 什么是掺稀油降黏？
15. 什么是蒸汽驱？
16. 蒸汽驱一般采用的注汽方式是什么？
17. 蒸汽驱时主要形成哪三个带？
18. 什么是"蒸汽超覆"现象？
19. 蒸汽驱靠哪些作用降低原油黏度？
20. 有哪些提高蒸汽驱效果的措施？
21. 注蒸汽泡沫封堵汽窜时所依据的原理是什么？
22. 火烧油层有几种类型？
23. 影响火烧油层效果的因素有哪些？
24. 火烧油层的点火技术有几种？

素质提升拓展阅读

我们是怎样创出"四个一样"工作作风的

四个一样

黑天和白天干工作一个样；

坏天气和好天气干工作一个样；

领导不在场和领导在场干工作一个样；

没有人检查和有人检查干工作一个样。

20多年过去了，这"四个一样"一直萦回在我的脑海里。每当有人提起这"四个一样"的由来时，当年李天照井长带领我们创出"四个一样"的情景就会清晰地浮现在我的眼前。

自1960年大会战拉开帷幕后，不到一年时间，油田建设已初具规模，开始投入试油生产的第二战役。

1961年7月，采油二矿五队成立了5-65井组，因为只有李天照和我是党员，组织上就让李天照为井长，我为副井长，全井组11名职工管理5-64、5-65、5-67三口自喷井，值班中心岗设在5-65井。

我们这些参加大会战的来自五湖四海。我从部队复员来的，是个摸枪杆子出身的；刘玉智从山东老家招工来的，是个抒锄杆子出身的；张学玉从佳木斯分配来的，是个捏笔杆子出身的；李天照是1956年从技校毕业，在玉门油田干了5年的老大哥。除了李天照外，我们都没有搞过石油。当油水井的生产管理交到我们手中后，我们的心是沉甸甸的，感到这副担子既光荣又艰巨。光荣的是党和人民把多出油、出好油、甩掉贫油帽子、为国争光的重任交给我们了。担心的是我们没有搞过油，不知道怎么搞。像我们这种情况全油田是普遍的。主要原因是没有一套科学的管理方法和行之有效的规章制度。针对这种情况，会战工委提出了"从大量的、常见的、细小的工作入手，全面管好生产"的号召，要求全油田建立和健全岗位责任制。我们的岗位责任制是写在纸上、贴在墙上。但制度是死的，人是活的，每个同志能否认真执行？李天照同志说：执行岗位责任制的灵魂是责任心，只有树立起主人翁责任感，才能自觉地、始终如一地执行岗位责任制，才能管好生产。"四个一样"就是在这种情况下产生的。

1963年7月份的一天，天气突变，瓢泼大雨倾泻而下，片刻间，井场周围积满了没脚脖深的雨水。一小时一次的检查时间到了，雨还是下个不停。上4点班的学徒工刘玉智从值班房探出头来，望了望西边露出一线亮光的天，连忙侧转身去，问李天照："井长，这雨下不长，等它住一住，咱再去检查吧！"李天照望了望值班室外，大风把豆粒大的雨点吹得斜成一线砸下来，撞出一串一串的大水泡，这么大的风雨，水套炉能不能呛风倒烟呢？李天照犹豫一下后，斩钉截铁地说了一声"不行！"操起工具，三步并两步，冒雨冲出了值班房。他按巡回检查路线逐点逐项地检查了采油树、分离器，最后沿着干线堤去检查加热炉。几次跌倒了又爬起来，走到眼前一看，加热炉底部已经进水了，火苗挟着黑烟呼呼地从炉口往外喷，眼看就要呛灭了，他拿起铁锹，挖了3条小沟，排出积水，重新调好合封。他一直站在雨水里，直到加热炉燃烧正常后才松了一口气。等他回到值班室，浑身上下已经湿透了，雨水顺着头发、袖口和裤脚直往下淌。他一面脱下上衣来拧干，一面对刘玉智说："小刘啊，越是坏天气，越是容易出问题，以后可得要注意。"刘玉智惭愧地低下了头，他掏出钢笔来，把井长的话一字一句地写在工作记录本上。

一天夜晚，乌云吞没了月亮，藏起了星星，草原上一片漆黑，伸手不见五指。已经是11点半钟，我和队长白荣岗来到5-65井组，检查夜班工人的交接班情况，到井场时正是半夜零点的交接班时间，只见交接班的两个同志逐点地检查井口设备上的46个点。我和白荣岗队长就在暗中看他们怎样交接班，只见他们在分离器房停下来，接班的工人李润纪用手摸摸量油玻璃管，摇摇头说："不行，上边有油渍，你擦干净了我才能接班。"交班工人二话没说，拿起一片毛毡把玻璃管擦得亮晶晶的。

白荣岗队长被他俩执行岗位责任制、认真交接班的精神所感动，在第二天安全讲话会上表扬了他俩的做法。我到井上值班时告诉李润纪："白队长昨天查你们，今天还表扬了你们。"李润纪笑笑说："查也不怕。咱干活，夜班和白班一个样，一点都不马虎。"我笑着拍了一下他的肩膀说："好，你们这样做真棒，把这一条也写到工作记录上，作为咱们井组的一条纪律吧。"

一天晚上，蒙蒙细雨像雾一样遮天盖地，我和李天照冒雨来到井场检查工作。快到井场了，李天照看了腕上的夜光表，时针正指着19点57分，距离检查时间的20点只差3分钟，值班的张加祥该出去巡回检查了，井场上怎么还是一片漆黑？我正在纳闷的时候，井场上的照明灯突然亮了，门"吱呀"一声响，值班房里走出一个熟悉的身影，那人拿着一把管钳，大步地走进井口房，仔细地检查着采油树的阀门。

"是他，真是跟钟表一样地准时。"李天照对我说着，高兴得几乎喊出声来，我们暗地里看着张加祥按顺序检查完井口设备，又嚓嚓地踏着泥泞，沿着管线向前检查去了。张加祥手里的电筒忽明忽暗，从那淡黄色的光柱里，还看得见雨丝在闪亮。

我们走进值班房，李天照井长说："老张，你今天检查得挺严呀。"张加祥没想到自己的井长冒雨上井，心里热乎乎地答道："井长，你不用操心了，干活嘛，领导在不在，干活都一样，这一条也定为咱们井组的一条纪律吧。"

我们井组的每一件设备都严格地执行挂牌制度，凡是启动的设备、开着的阀门都挂上一个"开"字牌，停运的设备、关闭的阀门就挂上一个"关"字牌，使任何人在任何情况下，通过挂着的牌就能掌握设备的运行情况。一天零点刚过，李天照井长悄悄地上井，把套管阀门上的"开"字牌，暗暗地换上了"关"字牌就走了。

第二天一大早，李天照井长就到井上去检查，看到夜班工作记录本上写着这么一条：接班时，套管阀门开着，挂"开"字牌。夜一点检查时，套管阀门开着，却挂错了牌，不知何人把"开"字牌挂成了"关"字牌。李天照看完就笑了，夜班工人于贵业一见他笑了，心里就猜着八九分，就问道"井长，可是你动了我们的牌子？"李天照笑了笑说："对了，我就是考验考验你们哩！"于贵业严肃地说，"那还有啥含糊的，查不查俺都是一样干工作。"李天照井长听完这句话，沉思了一会儿，就把"查不查都是一样干工作"这一条也记入到井组的纪律中去。

就这样，我们凭着高度的革命自觉性，兢兢业业地干好采油工作。自井组建立以来，经过上级领导三千多次的明察暗访和 20 多次的大检查,没有一次脱岗、串岗、睡岗的。在井上录取的 2 万多个地质数据无一差错;油井各种设备上的 863 道焊口、156 个大小阀门没有一处漏油跑气的,管理水平在全油田被评为五好红旗井组。1964 年初,新华社记者袁木、冯健来到我们井组,和我们同吃同住同劳动,把我们井组的做法总结归纳出"四个一样",以长篇通讯形式发表在《人民日报》和大庆《战报》上。从这以后,会战工委也多次到我们井组召开现场经验交流会,"四个一样"很快就传遍了全油田。

摘选自《大庆石油会战——大庆文史资料第二辑》(本文作者 杨正培)

学习情境四 气体混相驱油技术

混相驱油法是通过注入一种能与原油呈混相的流体来排驱残余油的方法。本情境讨论的是以气体为注入剂的混相驱油法。混相驱替是提高采收率的重要方法之一,它的基本机理是驱剂(注入的混相气体)和被驱剂(地层油)在油藏条件下形成混相,消除界面,使得多孔介质中的毛管力降至零,从而降低因毛细管效应而残留在油藏中的石油。从理论上讲,它可使微观驱油效率达100%;从矿场应用上讲,它更适用于低渗透率黏土矿物含量高的水敏性油层。

本学习情境根据油田矿场上对气体混相驱油技术的应用情况,设计了两个学习项目:

项目一　烃类气体混相驱油技术
项目二　二氧化碳混相驱油技术

项目一　烃类气体混相驱油技术

任务一　气体混相驱油基本知识

知识目标

(1) 能准确说出混相的定义。
(2) 能准确说出三组分相图表示方法。
(3) 能准确说出烃类气体混相驱油的过程。

视频　气体混相驱油机理

技能目标

能根据相应的适用条件为三类烃类气体混相驱油法筛选油藏。

素质目标

具备甘于吃苦、勇于探索的精神。

工作过程知识

一、基本概念

当两种流体按任何比例都能混合在一起,并且所有的混合物都保持单相时,这两种流体即为混相流体,如水和酒精、石油和甲苯等。因为混相流体的混合物仅为单相,在流体之间不存在界面,从而也就不存在界面张力。

对于油藏来说,混相性定义为两种或多种流体之间的物理条件,在这种物理条件下这些流体以所有的比例混合,没有流体界面形成。如果一种流体按某种比例加入另一种流体之后形成两种流体相,则这些流体被认为是不混相的。

早在20世纪40年代,美国就曾提出向地层注高压气(以注甲烷气为主)的混相驱油法,但由于它对原油的组成、油藏条件、地面设备要求较高而未得到推广。鉴于天然气中轻烃组分是原油的良好溶剂,50年代又提出了以液化石油气等其他烃类气体为混相剂的混相驱,并在室内研究的基础上进行了大量的矿场实验。大约到1970年,对烃类气体混相驱的研究达到了高潮,但是随着烃类气体价格的急剧上涨,油藏工程师及研究者们不得不寻求更经济的办法。因此,70年代以后,CO_2驱迅速发展起来,并成为目前重要的混相驱方法之一。

混相驱的方法很多,按照注入的驱替剂的气体类型,可将混相驱分为两大类,即烃类气体混相驱和非烃类气体混相驱。

二、三组分相图

某些为混相驱替注入的流体按任何比例都能直接与油藏原油混合并立刻达到互溶混相,这样的混相过程称为初接触混相,例如注液化石油气驱油过程。把甲烷等一些气体注入到油藏,它在一定的温度压力下,在地层油中的溶解度是一定的,没有溶解的气体和油之间要形成界面,即它和地层油之间不能一接触就混相。但是,在适当高的压力下,连续注入,它可以通过多次和地层油接触而达到混相。这样的混相过程称为多级接触混相。注高压干(贫)气、CO_2和富气就属于这种混相过程。为了讨论混相机理,首先介绍一下三组分相图。

在一定的温度和压力下,对于三组分烃类系统,其混合物相态和浓度关系可以用三角相图来表示。

三角相图的每一个顶点代表一种给定组分为100%。三角形的对边代表这一组分为0。如图4-1所示,三角形最上面的顶点代表甲烷(C_1)为100%,而三角形的对边或底边代表甲烷为0。而由0到100%之间的任何一种甲烷的浓度,按比例用三角形底边与对角之间的距离来表示。同理,另外两个角分别代表中间烃组分乙烷—己烷($C_2 \sim C_6$)为100%和庚烷以上重烃组分(C_{7+})为100%。用这种办法说明组分的浓度,就可以在三角图形上画出混合物,三角形内任意一点代表任意给定的三组分体系的组成。图4-1中点M表示的混合物中大约包含20%的甲烷(C_1),40%的中间烃($C_2 \sim C_6$),40%的重烃组分(C_{7+})。如果将两种烃类系统M_1和M_2混合在一起,形成的混合物M的组成应位于M_1和M_2的连线上,且符合杠杆规则。

倘若压力和温度一定,典型的油藏烃类系统的三组分相图的特征则如图4-2所示。

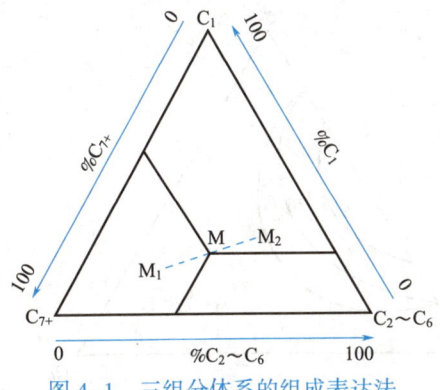

图 4-1 三组分体系的组成表达法

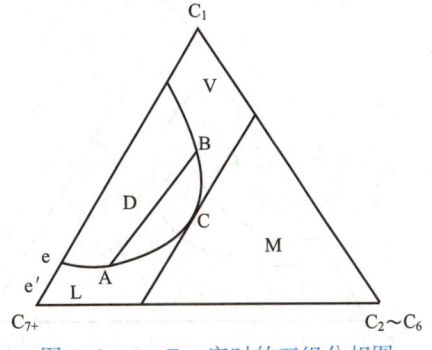

图 4-2 p，T 一定时的三组分相图

由图 4-2 可见，按混合物组成点在图中所处的位置，可确定混合物的相态。因为气体和液体是彼此平衡的，所以它们全是饱和的，也就是说，气体为凝析组分所饱和，因此它处在露点上，而液体为汽化组分所饱和，并处在它的泡点上。按图 4-2 的相态关系，通过所有露点组成的露点曲线 BC 线，与通过所有泡点组成的泡点曲线 AC 线，在褶点上相接。褶点又称临界点，图中交点 C 即为临界点（褶点），在这一点上平衡气体和液体的组成和特性变为相同的。如此确定的相界曲线将三角形图的单相区与两相区分隔开。在图示的温度和压力下，任何一种三组分系统，只要它位于相界线以内将形成两相。任何一个位于这一曲线以外的组分系统，将呈单相。单相气体区位于露点曲线以上，而单相液体区位于泡点曲线以下。AC，BC 线是由实验确定的。例如在油（C_{7+}）为 100% 的体系中加入少量的甲烷（C_1），由于少量的甲烷可完全溶解于油（C_{7+}）中，因此形成的混合物 e′ 为单纯液相。当甲烷量增加到一定浓度 e（泡点）时，油中溶解的甲烷能力达到饱和，再增加甲烷（C_1），则油中会分离出气泡，形成油气两相。当油中溶有一定量的 $C_2 \sim C_6$ 组分时，油中溶解甲烷（C_1）的能力增加，泡点向中央靠拢，由此而得到泡点线 AC。同理，可得出露点线 BC。ACB 线以内为两相区，ACB 线以外为单相区。如给定某一种混合物 D 落在两相区内，说明在该组成下系统中既有液相也有气相。当气液达到平衡时，其饱和液体相组成为 A，饱和蒸汽相组成为 B，直线 AB 被称为联系线。如果移动联系线到临界点 C，则趋向一条切线（过 C 点），该切线称为极限联系线。该切线左边的 V 带呈气态，L 带呈液态。V 带和 L 带内的烃类混合物以任何比例均不能达成混相。该切线右边是 M 带，在 M 带内，混合物互相掺和而呈混相。

温度和压力对相图的影响如图 4-3 所示。当温度一定时，降低压力，两相区扩大，最后，随着压力的继续下降，两相区相交于三角图形的右面，褶点消失。这表明在这一极限压力下，对于所有混合物组成来讲，甲烷和乙烷—己烷不再形成单相混合物；压力一定时，升高温度，两相区扩大。

一般来说，油藏温度是一定的，油藏烃类系统组成一定，如果向油藏中注入某种组成一定且可以与地层油能够发生混相的气体，那么，该气体在地下能否与地层油混相就取决于地层压力。

当温度一定时，能够发生混相的最小压力被称为最小混相压力。

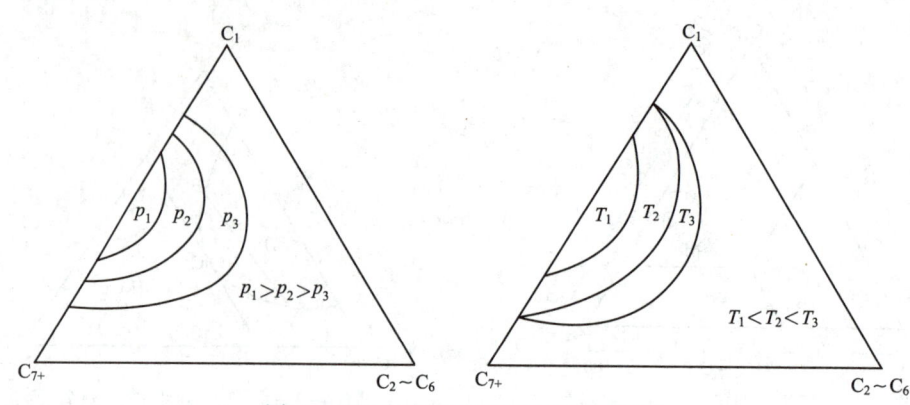

图 4-3　压力或温度固定时的三元相图

三、混相类型及原理

1. 初接触混相

达到混相最简单和最直接的办法，是注入按任何比例都能与原油完全混合的溶剂，以便使得所有的混合物为单相。中等相对分子质量烃如丙烷、丁烷、液化石油气等就是初接触混相的溶剂。

图 4-4 可说明这种混相过程。在这个三组分相图上的液化石油气溶剂用假组分 $C_2 \sim C_6$ 代表，C_{7+} 代表油。由于液化石油气中 $C_2 \sim C_6$ 的含量大于 50%，设液化石油气的组成为 A，原油组成为 B，液化石油气 A 和原油 B 的所有混合物在一定温度和压力下的三组分相图上，都位于单相区，即一接触就发生混相。实际上，对于图 4-4 的相态来讲，液化石油气应被甲烷稀释到组成 A，而且所形成的混合物应保持与油藏原油初接触相。组成 A 与三角形的右边相交（代表所有甲烷—液化石油气组成）并与通过原油组成的相界曲线相切。

可见，只要注入的驱替流体组成与地层油组成的连线位于一定温度压力下的三组分相图的单相区内，即可形成初接触混相。

2. 多级接触混相

注入甲烷、富气等气体，虽然不能像液化石油气那样一接触就和原油发生混相，但它仍然能够混相驱替油藏原油。其混相过程是通过多级接触进行的。

图 4-5 为 N_2，C_{7+} 和 $C_2 \sim C_6$ 三组分多级混相机理相图。从该图可以看出，注入气体 N_2 和地层油初次接触后，形成的混合物为 1，位于两相区，即没有马上混相。待混合物平衡时，气相组成为 1′（油中的一些轻组分进入气相），液相组成为 1″（N_2 的一部分溶于油中）。形成的气相 1′继续和油接触形成混合物 2，气相组成为 2′，（油中的轻组分在气相中增多）。形成的气相 2′继续和地层油接触，如此进行下去，直至达到临界点的组成 K 为止。临界点的流体是与油藏原油直接混相的，即经过多次接触后，N_2 和地层油发生混相。

在一定的温度压力下，只要油藏原油的组成位于其相图极限联系线上或其右侧，使用极限联系线左侧组成的气体，依靠汽化气驱机理就可实现多级混相。

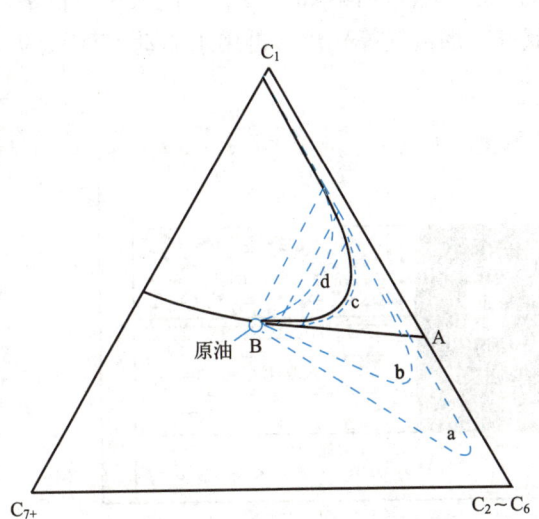

图 4-4 溶剂段塞的初接触混相和稀释

图 4-5 N_2 驱的全过程

任务二 烃类气体混相驱油技术应用

> 知识目标

能准确说出烃类气体混相驱油的过程。

> 技能目标

能根据相应的适用条件为三类烃类气体混相驱油法筛选油藏。

> 素质目标

具有甘于吃苦、勇于探索的精神。

视频 烃类气体混相驱油技术应用

> 工作过程知识

按 $C_2 \sim C_6$ 的含量可将烃类混相注入剂分成液化石油气（$C_2 \sim C_6$ 的含量大于 50%）、富气（$C_2 \sim C_6$ 的含量为 30%~50%）和贫气（$C_2 \sim C_6$ 的含量小于 30%）。在贫气中，将 C_1 含量大于 98% 的气体称为干气。按照注入剂的类型，可将烃类气体混相驱分为液化石油气驱、富气驱和高压干气驱。

一、液化石油气驱油

液化石油气驱是指以液化石油气（乙烷、丙烷、丁烷等）为混相剂的一种混相驱。液化石油气通常靠液化油田或气田的天然气而得到。液化石油气驱属于初接触混相驱。

1. 混相机理与驱动过程

液化石油气是一种与地层原油发生初接触混相的驱替剂，如果连续注入则费用太高。因此，这种驱动方法是先注入一段液化石油气段塞，通常为孔隙体积的5%。再注入一段价格低廉且能与液化石油气混相的气体（如干气、氮气、烟道气等）后，再用水驱动（注水的目的是为了改善流度比），如图4-6所示。

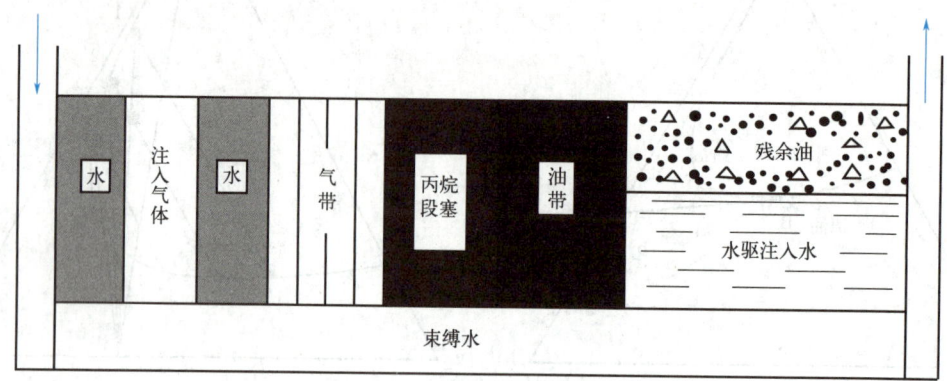

图4-6 丙烷段塞混相驱示意图

液化石油气注入地层后，前缘与地层油一接触就发生混相（其机理如图4-4所示），后面注入的驱替气体也能与液化石油气混相。这样就在地层中形成一混相段塞。段塞在后推液（或气）体的推动下在油层内移动，就将油和可以流动的水排驱走。

显然，只要段塞呈液态，它同原油的混相性就能保持。不同的烃类气体，不同的温度，保持液态所需的压力是不同的。

2. 应用及实例

应用液化石油气段塞法通常要求油藏深度为400～800m，施工压力不大于混相压力，油藏温度不超过96.7℃（丙烷的临界温度），油藏原油黏度为5～10mPa·s。为了减少重力分异的影响，该法适宜于薄的油层和渗透率比较低的油层。

美国的Ekofisk油田，该油田位于Nowegian区块，于1969年发现，属于一典型挥发性、欠饱和油藏。它是高孔隙度、特低渗透率硅酸盐地层。孔隙度25%～40%，渗透率$(0.1～5)×10^{-3}\mu m^2$，上层是低孔、低渗地层。于1975年开始注入烃类气体，从1975年到2001年间，注气可提高2%～3%的OOIP。

二、富气混相驱油

富气驱是以富气为混相注入剂的一种混相驱。

富气通常靠液化石油气来富化油田分离器的气或汽油厂的残余气而得到。富气驱属于多级接触混相驱。

1. 混相机理和驱动过程

富气的注入方法也是采用段塞式。通常先注入10%的富气段塞，然后再注入价值较低的贫气和水。驱动过程如图4-7所示。

图4-8可说明其混相机理。由于富气中含有大量的$C_2～C_6$组分，当注入气体G和油藏原油O相接触时，$C_2～C_6$组分就从气体中被抽提并被油吸附。设油的组成变为1'。注入的气体在失去较重的组分后，向前移向油层油。后面跟随的新鲜富气（未被油抽提$C_2～C_6$组

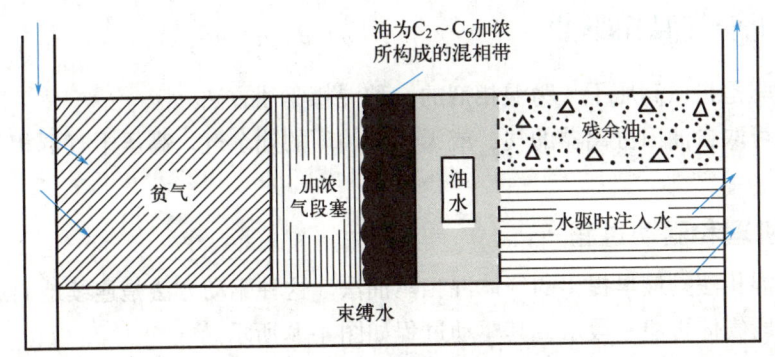

图 4-7　提高原油采收率所用的注富气法示意图

分）G，继续与油层油接触，结果使得 $C_2 \sim C_6$ 组分再一次转移到油中。这样一次又一次地进行。经过多次接触之后，位于前缘后面的原油便高度地为 $C_2 \sim C_6$ 所加浓，直到它变成混合物 O_t。这时气体 G 与 O 就完全混合了，混相带形成。进一步注气便推挤混相前缘通过油层，排驱在它前面的油和可流动的水。

在油藏温度一定的情况下，能否实现富气混相驱，不仅取决于注入压力，而且取决于油气的组成。

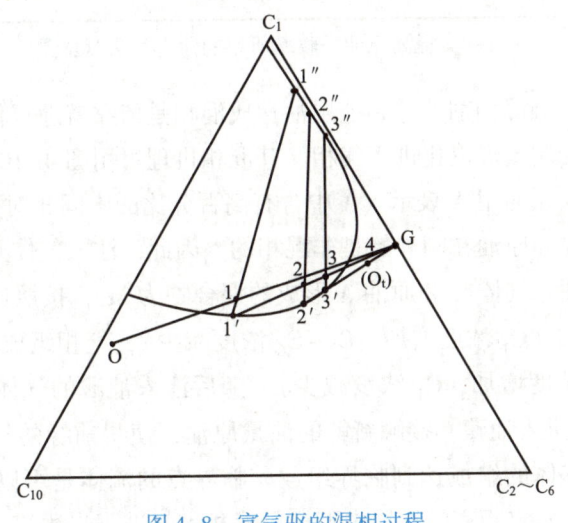

图 4-8　富气驱的混相过程

2. 应用及实例

适用于富气驱的油藏原油黏度通常以 $5 \sim 10 \text{mPa} \cdot \text{s}$ 为上限，相对密度在 0.8962 以上。所要求的混相压力一般为 $10.34 \sim 20.68 \text{MPa}$。和液化气一样，为减小重力分异的影响，该法适宜于薄的低渗透油层。对构造起伏明显的地层，注入通常在上倾部位进行。

1957 年，埃克森石油公司在美国西里逊油田 20B-07 带实施了富气驱。在初期，通过构造上倾部位的两口井注入 50%丙烷和 50%残余气组成的富气段塞，来驱扫通过大约 19 口井的 3 个主要井排。最终注入的富气体积等于 52%的孔隙体积。在这之后，注入残余气，并在短期注残余气之后接着交替注残余气和水。

根据最后一次报告，已采出原始石油地质储量的 50%，预计最终采收率为 54%。

三、高压干气混相驱油

高压干气驱是指以高压干气为混相剂的一种混相驱油方法。

高压干气可取自油田分离器的气，或天然气油厂的残余气。高压干气混相驱属于多级接触混相驱油法。

1. 混相机理和驱动过程

高压干气混相法是最早提出的气体混相驱油法。这种驱动方法是连续地向地层中注入高压干气或注一段气体再注一段水，其驱动过程如图 4-9 所示。

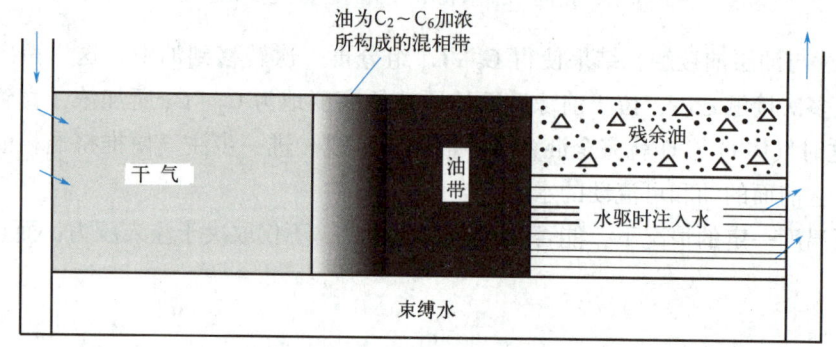

图 4-9　提高原油采收率所用的注干气法示意图

高压干气为非初接触混相剂，它和地层油达成混相是依靠就地汽化作用，即它能使得地层油中的中间相对分子质量烃汽化进入气相。其混相机理可用图 4-10 说明。用 G 代表注入油层的高压干气，油层原油用 A 表示（A 中含有高百分比的中间相对分子质量烃）。当将干气注入到地层后，气体和原油在刚开始是非混相的，因此，注入气体开始，从井眼向外不混相地驱替原油。设想注入气体 G 和原油 A 形成的混合物为 M_1，按照通过 M_1 的联系线，M_1 平衡后，液相组成为 L_1（C_1 浓度增加，$C_2 \sim C_6$ 浓度减少），气相组成为 G_1（油中中间烃组分进入气相，$C_2 \sim C_6$ 浓度增加，C_1 浓度减少）。随后注入油藏的气体推动初接触后留下的平衡气体 G_1 更深入地进入油藏，接触新鲜的油藏原油，使得前缘的气体 G_1 变为 G_2。上述过程重复进行，直到气体的组成达到临界组成。临界点的流体是可以直接和油藏原油混相的，这样就在距注入井一定距离的地层中形成了混相带。进一步注气，即可推动混相带向前移动，从而将地层油和可流动的水排驱出来。

2. 应用及实例

应用高压干气法要求的油藏原油必须富含 $C_2 \sim C_6$ 组分，这样的原油相对密度一般大于 0.8251，原油必须是不饱和的。该混相方法的混相压力通常高于 20.68MPa，因此，具有希望的油藏必须是位于不超过其破裂压力的深度。

美国雪弗龙公司 1960 年对马萨诸塞州的罗利油田霍斯顿砂层实施了高压干气混相驱工程。该层于 1958 年投产，一次采油期间，压力下降很快，油井产能下降很多。因此，决定采用注气开采。注气是通过构造上倾部位的一口井进行，以混相驱替开采大致按三排布置的 27 口生产井。开始注气之后，靠近注入井的生产井产能很快得到改善。不久以后，随着油藏压力的提高，其中大部分井生产均得到了改善。到1965年，生产砂层已产出占原始石油地质储量的52.4%的原油。

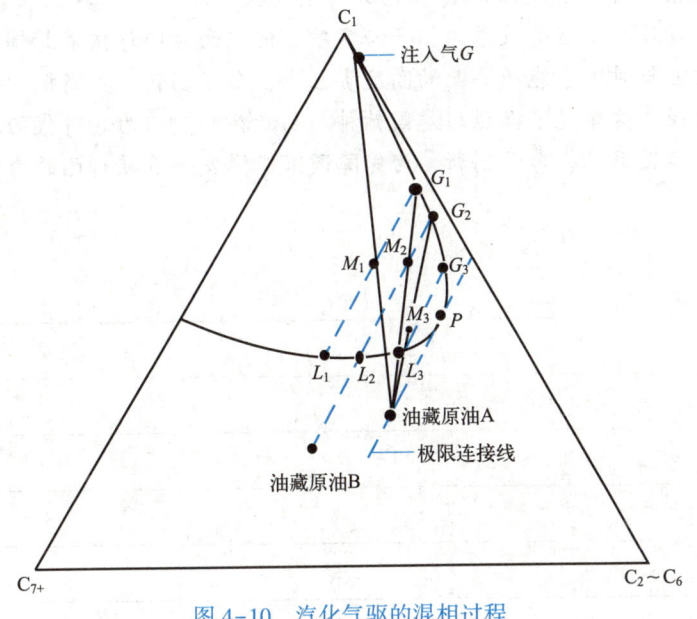

图 4-10 汽化气驱的混相过程

四、三种烃类气体驱油方法的优缺点

液化石油气混相驱油、富气混相驱油、高压干气混相驱油三种烃类气体混相驱油方式，混相剂成本、混相压力和采收率各有不同，下面将其各自的优点、缺点总结如表4-1。

表 4-1 三种烃类气体驱油方法的优缺点

类型	优点	缺点
液化石油气混相驱油	采收率高，基本上可以排出与之相接触的全部残余油。混相压力低于其他烃类气体混相法，属于低的压力范围	波及效率低，段塞易流散，费用高
富气混相驱油	基本上可排驱出与之相接触的全部残余油。混相压力可通过增大气体加浓性来调节，设计比较灵活。同丙烷段塞法相比，富气（通常由丙烷和甲烷混合而成）成本低。可用于较浅的油层	流度比低，降低了波及效率。在薄的可渗透油层内重力分异严重。同干气法相比，富气法成本较高
高压干气混相驱油	提供了高的排驱效率，原油的饱和度被降低至极低的数值。干气法比应用液化气或富气代价要低，生产出的干气还可以回注	注入压力高，导致高的压缩费用。在实际应用中，原油的特性必须是理想的（例如富含 $C_2 \sim C_6$ 组分）。限制了能够应用这种方法的油藏数目

素质提升园地

烃类气体混相驱油技术是石油开采领域的重要技术手段。在我国石油工业发展历程中，无数科研人员致力于这类技术的钻研与突破。他们面对国外技术封锁，毫不退缩，凭借坚韧不拔的毅力与对国家能源事业的高度责任感，自主创新，不断探索烃类气体混相驱油技术的优化路径。这体现了强烈的爱国精神与创新精神。作为新时代的石油人，我们要传承这种精神，不畏艰难、勇于创新，为保障国家能源安全贡献自己的力量！

笔记

项目二　二氧化碳混相驱油技术

任务一　二氧化碳的注入

知识目标

（1）能准确说出二氧化碳的有利驱油特性。
（2）能准确说出二氧化碳的驱油原理。

技能目标

（1）会操作二氧化碳注气站设备。
（2）能对二氧化碳的驱油动态进行监测。

素质目标

具备敢想敢干、勇于创新的精神。

工作过程知识

二氧化碳具有大幅度降低原油黏度，增强原油流动性和快速提高地层能量的特性，美国和加拿大部分油田利用注二氧化碳采油取得了较好效果，采收率可提高 2%~3%。简单来说，二氧化碳驱油就是将二氧化碳注入油层中以提高采收率。国际能源机构评估认为，全世界适合二氧化碳驱油开发的资源约为 3000 亿~6000 亿桶。

一、二氧化碳的性质

1. 二氧化碳基本物性

二氧化碳是无色、无臭的气体，化学式为 CO_2，相对分子质量为 44，比重约为空气的 1.5 倍。二氧化碳在不同温度和压力条件下分别以气、液、固三种状态存在。当温度高于临界温度（31.1℃）时，纯 CO_2 为气相；当温度与压力低于临界温度与临界压力（7.383MPa）时，CO_2 为液相或气相；当温度低于-56.6℃、压力低于 0.535MPa 时，CO_2 呈现固态，固体二氧化碳又称干冰，其密度可达 1512.4kg/m³，随着外界温度的升高，固态（干冰）又升华转变为汽相。

二氧化碳的化学性质不活泼，既不可燃，也不助燃。二氧化碳可在水中溶解，其水溶液显弱酸性，可使石蕊试纸变红。由此可知，二氧化碳在水中有一部分变为碳酸。碳酸可以看作二氧化碳的一水化合物，或直接写成 H_2CO_3。

动画　二氧化碳混相驱油原理

2. CO_2 气体的有效驱油特性

在许多油藏条件下，CO_2 的密度与原油相似，它可以溶解于油中，使原油体积膨胀，同时降低原油黏度。它也可溶解于水中，使水的体积膨胀，密度减小并呈酸性。这些性质都有利于驱油，除这些性质以外，CO_2 还有一个更重要的有利驱油的特性，就是在高压下，CO_2 不仅溶解于原油中，而且油中一些轻烃组分可以进入气相，即 CO_2 具有从地层油中萃取或蒸发轻烃的能力，最终导致和地层油发生混相。

二、二氧化碳混相机理和驱动过程

CO_2 与地层油也是通过多级接触而混相的，其混相机理可用图 4-11 说明。

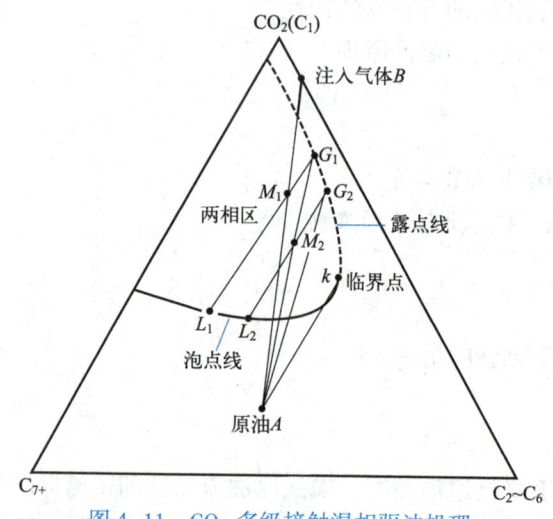

图 4-11　CO_2 多级接触混相驱油机理

注入气体 B 和原油 A 接触，CO_2 提取油中的轻质组分，同时一部分 CO_2 溶解到油中。气相组成变为 G_1，（其中 CO_2 浓度减小，$C_2 \sim C_6$ 浓度增加）。G_1 被后面跟随的 CO_2 推动前移与新鲜地层油接触，继续提取油中的轻质组分，变为组成 G_2。如此发展，最后前缘的气体的组成和临界点一致。与此同时，地层油的组成由 A 溶入 CO_2 后变为 L_1，继续溶入 CO_2，变为 L_2，最后变为临界点组成。气体可与原油发生混相形成混相带。

CO_2 的注入方法有：从始至终连续注入 CO_2；CO_2 后面注水；注入 CO_2 段塞，后面注烃气；CO_2 段塞后面是水和 CO_2 交替注入，再注入水，其注入过程如图 4-12 所示。该方法是首先注入 5% 孔隙体积的 CO_2 段塞，然后交替注入水和 CO_2 气体。到 CO_2 气的累积注入量为孔隙体积的 10%~20% 之后仅注水。前缘是 CO_2 气体在地层中推进一段距离后形成混相带。混相带被后面的水不断向前推进，从而采出可流动的水和地层油。

三、二氧化碳的注入

二氧化碳注气站将运送过来的二氧化碳暂时储存在储气罐中，然后经由注气泵房加压输送到注配间，再由注配间将二氧化碳分别输送至各个注气井中，以达到二氧化碳驱油的目的。

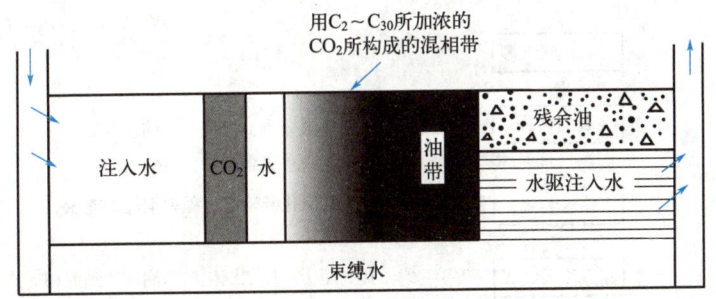

图 4-12　CO_2 混相驱油示意图

1. 二氧化碳注入流程

以某注入站的工艺流程为例。如图 4-13 所示。CO_2 经由罐车运送到注气站,将液态 CO_2 导入低温储罐（-20℃,2.0MPa）,通过喂液泵确保注入泵的进口压力和流量,注入泵增压至 30MPa,经换热器升温后,再经分井配气计量阀组计量和流量调节后,通过管线输送到各注气井组。

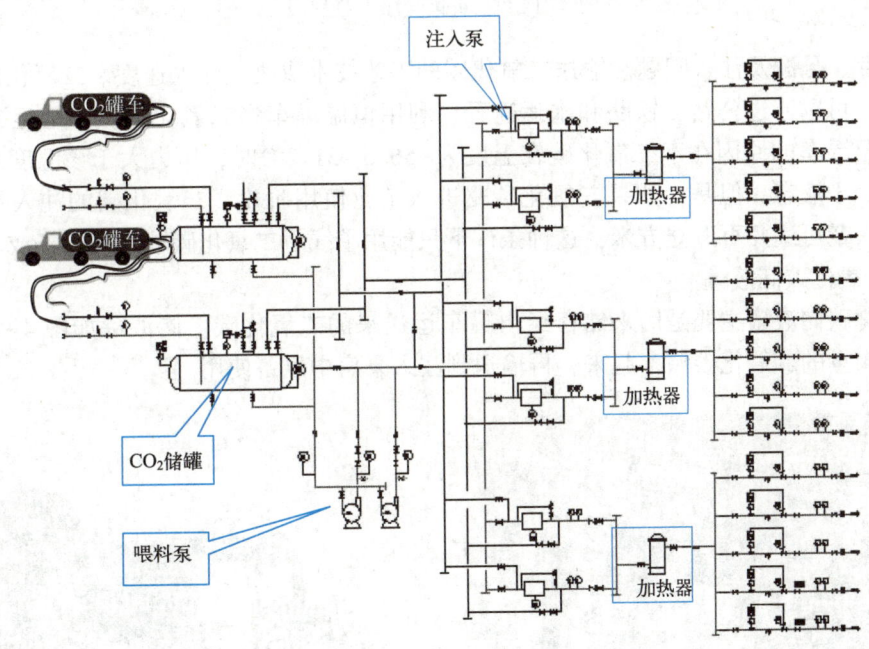

图 4-13　CO_2 注入工艺流程图

二氧化碳驱的注入工艺流程涉及二氧化碳气源、二氧化碳凝缩装置、输送装置、储藏系统、高压注入装置、二氧化碳分配站、注入井、分离提纯装置等系统。二氧化碳注入流程图见图 4-14。

2. 二氧化碳注入站设备

以某二氧化碳注入站（流程图如图 4-14 所示）为例,来介绍二氧化碳注入站的主要设备。

1）二氧化碳罐车

由于二氧化碳驱消耗的二氧化碳量很大,因此在工艺上就要解决二氧化碳的大量运输、

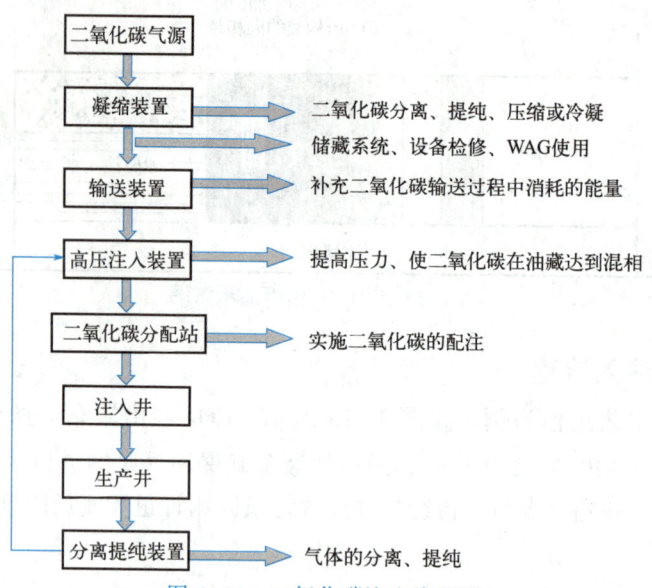

图 4-14 二氧化碳注入流程图

大吨位储存、分配及注入问题。输送二氧化碳的工艺技术取决于注入速度。二氧化碳的注入量不大时，可以通过公路、铁路和水运途径，利用恒温罐车将二氧化碳从产地运到油田井场。用恒温罐车的原因在于二氧化碳在温度为 $-56.6 \sim 31.2℃$ 时，压力大于该温度对应的临界压力下处于液态。但是，如果二氧化碳驱进入工业使用阶段，二氧化碳的注入量迅速增加，日注入量可达几百万立方米，这种条件下只能用干线将二氧化碳输送到井场或注入站。

2）二氧化碳储液罐

二氧化碳储液罐主要是用来储存经由罐车运送来的二氧化碳。储液罐如图 4-15 所示。储液罐把大量的二氧化碳储存起来，再输送到注入泵房中以备使用。

图 4-15 二氧化碳储液罐

图 4-16 二氧化碳注气站注入泵

3）二氧化碳注入泵

屏蔽泵（喂液泵）用来确保注入泵的进口压力和流量，注入泵（如图 4-16）用来增压以达到注入压力。屏蔽泵是由离心泵和三相异步屏蔽电动机同轴组成。不需机械密封而无泄漏，适用于输送各种有毒、有害及贵重的液体，在化工、制药、核工业、航天等装置中广泛应用。

4）加热器

加热器（图 4-17）是在注气站内将低温二氧化碳加热的装置，通过加热器后，二氧化碳的温度可升高至-10℃以上。加热器的作用，一是减少低温对注入管线的损伤，二是避免形成干冰。

3. 安全防护知识与环保

1) 安全防护

（1）二氧化碳泄漏后即与空气混合，如果泄漏量小，影响不大。但是，如果空气中混入5%以上二氧化碳，就会使人感到头痛和昏昏欲睡，二氧化碳含量再增加，能使人失去知觉，当空气中含量达9%左右时，可使人窒息。因此，在高浓度二氧化碳泄漏区进行紧急维修操作，需要考虑通风措施和戴上能够提供氧气的防毒面具。

图 4-17　注气站加热器

（2）由于干冰的温度低达-78.5℃，会引起人体冻伤。因此，不能直接用手拿干冰，必须戴上手套接触干冰或被冷冻的金属。干冰受热生成的气体会使人窒息，如果感到呼吸加快、眩晕、耳鸣，要立即呼吸新鲜空气。

（3）压注设备运行时，处于高压状态，所以人不要长期停留在设备周围，不要用金属物体敲击设备，以免产生意外事故。

（4）电气控制元件工作时，带有380V或220V电压，不要随便接触其元件，出现故障时应该有持证人员进行维修。

2) 安全环保

生产过程中以"安全第一、环保优先"为原则，严谨操作，安全施工，保护环境，防止污染，防止中毒。要求施工部门按有关安全标准，在施工操作合同中明确，并严格按标准执行。施工过程中，非工作人员严禁进入施工现场；施工结束后二氧化碳放空及焖井后二氧化碳反排阶段，非二氧化碳操作人员不得进行操作；整个施工过程中，施工人员应注意安全，避免站在下风口，防止窒息及冻伤，放空时放空油管不准对向人或设备。

（1）有关二氧化碳施工安全防护要求：

① 参加施工人员必须经过专业培训，掌握正确的逃生、自救、互救的常识与办法。

② 施工前必须备有逃生绳、风向旗，并选择好上风头将安全绳系好。

③ 施工前在选择好的上风头逃生绳终端召开安全会，讲清本次施工的安全要求和注意事项，进行技术交底。

④ 参加施工人员必须穿戴好劳动保护用品：工服、工鞋、安全帽、护目镜、手套和耳塞。

⑤ 施工前必须备有抢救用氧气呼吸器（使用呼吸器的人员必须经过培训和实际操作训练，氧气瓶压力应保持在15MPa以上，保持每人能正常供氧30min以上）。没有戴呼吸器的人员严禁进入现场救援。

⑥ 各种接头丝扣严禁用黄油等软质油品，应采用轻质油品（防止低温冷冻）。

⑦ 管线、阀门等连接部位必须密封，达到不刺不漏。实验压力达到使用压力的1.5倍（安全系数）。

⑧ 施工结束后严禁立即拆卸管线，最少应在停止注入后0.5h检查温度回升情况（需结霜化解后）再进行拆卸。

（2）施工中注意防止以下几种伤害：

① 缺氧：当出现人员窒息时，抢救人员应立即穿戴好氧气呼吸器进入现场，将人员背出危险区，向上风头撤离，被抢救人员头部应始终保持在高处。

② 冻伤：施工人员应穿戴好劳动防护用品，特别是手套、护目镜（护目镜能同时保护太阳穴部位）、安全帽。

③ 施工人员不能穿越管线和站在放空口对面（防止管线炸裂和放空时因管线内外压力不一致打出干冰）。

④ 环境控制按环境保护施工作业指导书进行。

四、二氧化碳驱工程问题及处理方法

在注二氧化碳过程中，由于注入气本身的性质以及油藏环境等因素的影响，常常导致腐蚀、结垢、形成气体水化物以及沥青和石蜡的沉淀等一系列工程问题。

1. 腐蚀问题

在二氧化碳驱工程问题中，最为严重的是腐蚀问题。在二氧化碳混相驱过程中，为提高波及效率，往往采用水气交替注入技术。二氧化碳和水反应生成的碳酸腐蚀性很高。用锅炉和发电厂的废气作为注入剂时，废气中往往含有水蒸气、二氧化碳、一氧化氮等物质。当气体冷却或水蒸气凝结时，就会生成弱酸或硝酸。这些酸经几级压缩浓度逐渐增大，达到一定值时，对设备的腐蚀速度相当快。

（1）影响腐蚀的因素：

CO_2 的腐蚀作用受多种因素的影响，包括二氧化碳的分压、温度、含水量、流速、氧、硫化氢、氧化物的浓度等参数。

① 在水、气交替循环注入初期，二氧化碳腐蚀性最大。

② 当二氧化碳分压超过 0.1MPa 时，碳素钢和低合金钢点蚀速率增高。

③ 二氧化碳在井筒的流速变化会使腐蚀速度增加。锈皮或锈蚀薄膜是二氧化碳腐蚀作用的一种产物，这种表层薄皮可起到有限的防护作用，当流速增加时，这种表层将受到破坏。而当流速减慢到停滞状态时，不锈钢受到最强烈的侵蚀。因此，一旦流速显著降低，点蚀趋势就增大。

④ 随着温度升高，化学反应迅速加快，碳素钢和低合金钢的腐蚀速率随温度增加而增加。

⑤ 硫化氢和氯化物会加速二氧化碳对所有金属的腐蚀作用。

⑥ 产油井下部范围和产气井上部范围二氧化碳损害比较严重。

（2）防腐工艺及措施：

① 流体力学方法。由于流速变化会加速腐蚀，因此，在井下管柱设计中应避免流动方向或直径的突然变化。油管接箍必须齐平，井口连接装置也必须如此。在完井设计中采用多大的油管，可能是预防腐蚀问题的决定性因素之一。

② 管材的选择。管材的选择应该是高合金钢，井下管柱应采用：13%铬马氏体不锈钢；9%铬、1%钼钢；冷加工双炼不锈钢。

③ 防腐采用的涂层有水泥、环氧树脂、塑料衬里、改进的聚氨酯和酚醛树脂。涂层必须完整无损，在涂层上不能有金属暴露的地方。

2. 结垢

1）水垢的形成

水垢主要是无机化合物的二次沉淀物，是在水中阴离子和阳离子浓度超过水的溶解度时形成的，主要有硫酸盐垢和碳酸盐垢。地层水中通常含有 Ca^{2+}，Mg^{2+}，HCO_3^- 等大量可结垢离子，但在油层条件下，它们未达到结垢的条件，从而不能结垢。在二氧化碳驱油过程中，碳酸"水"能和油层中碳酸盐胶结物反应，生成易溶于水的盐类，而这些盐类在一定温度和压力下又分解出不溶于水的沉淀物，例如下列反应方程式所示：

$$Ca(HCO_3)_2 \rightleftharpoons H_2O + CO_2 + CaCO_3 \downarrow$$

$$Mg(HCO_3)_2 \rightleftharpoons H_2O + CO_2 + MgCO_3 \downarrow$$

在油层条件下，二氧化碳在水中溶解度很高，抑制了反应向右侧进行。但随着压力的降低，温度升高，使反应方程式向右侧进行，碳酸盐生成量增大。因此，结垢的外部条件是压力降低和温度升高使水中溶解的二氧化碳量减少。

2）结垢的预防方法

（1）磁法防垢：利用永磁软水器可以抑制水垢的形成。产出水通过软水器时，受到磁力作用，改变水垢的结晶形态，使之质地疏松，不易附着在管壁上而被液流携走。这种防垢方法优点是操作简单，不消耗其他材料和能源，安装后可一劳永逸，缺点是效果不够稳定。

（2）阻垢剂防垢：油田所用的阻垢剂一般有无机磷酸盐、有机磷化合物和聚合物三大类。选择阻垢剂的方法有室内沉淀试验和模拟试验两种。室内沉淀试验方法具有快速、方便、重现性好等特点；而模拟实验的周期较长、可靠性高。氨基三甲叉磷（ATMP）是一种对硫酸盐垢有良好抑制效果的阻垢剂，已在矿场应用。

3. 气体水化物

气体水化物形成的条件有：

（1）气体温度不能超过出现游离水的露点湿度；

（2）低温；

（3）高压；

（4）气流速度高；

（5）压力脉动；

（6）小水化物晶体的引入；

（7）存在诸如管子弯头、锐孔、温度计套插孔，以及管线结垢位置。

从二氧化碳的相图可以看出，在 CO_2—H_2O 系统中，在正温度内（到10℃）和压力超过1.4~1.5MPa下形成水化物。因此，在设计 CO_2 的储存和运输措施时，必须考虑到这种情况。对于多组分气体，形成水化物的条件取决于这种混合物的组成以及单个组分的含量。丙烷和丁烷的存在会降低水化物的形成压力，而当有甲烷时，水化物的析出温度有所提高。

抑制水化物形成的措施有两种：

（1）脱水防止生成游离水，以及在游离水中加抑制剂。脱水通常是优先选用的方法。

（2）添加抑制剂常常也会抑制水化物的形成。通过注入甘醇或甲醇，可在给定的压力下使形成水化物的温度降低，甘醇和甲醇可以被回收。甘醇类抑制剂有乙二醇、二甘醇和三甘醇，而使用最普遍的是乙二醇。因为它的费用、黏度以及在液烃中的溶解度都较低。

4. 沥青和石蜡的沉淀

沥青和石蜡的沉淀也是混相驱中常常存在的一个问题。如果沉淀发生在地层深处，将降低总的采收率;若沉淀发生在井筒附近或井筒内,将造成严重的堵塞问题,并降低油井的产量。芳香烃的减少或软沥青组成的改变,都将引起沥青质的沉淀。

石蜡是稳态条件下存在于原油中的真正溶液,它们从原油中分离出来的主要原因是溶解度的降低。温度或压力的改变、原油中溶解气的损失或中轻质组分的损失等都会引起石蜡溶解度的变化。控制石蜡沉积的最重要因素是温度和压力。地层和生产井筒中压力的骤然下降,通常是产生石蜡沉积的先兆。

沥青质和石蜡的沉积是互相联系的。沥青质胶束形成晶核中心,不溶解的石蜡结晶沉淀在其周围。沥青质的溶解度参数随着温度增加几乎呈线性降低的趋势变化。

在混相驱期间,原油组成的变化直接影响沥青质和石蜡的沉淀及絮凝。温度或压力的改变能引起原油组成的变化;原油中轻质组分的损失,使得在特定温度下原油所具有的石蜡溶解量降低。而多次接触混相是通过注入气体从原油中抽提出轻质组分而达到的,因此,石蜡和沥青的沉淀都是发生在混相带,这是油的组分改变的直接结果。

在枯竭油藏中,生产期间轻质组分已逐渐消耗,引起石蜡和沥青质饱和度不断增加,从而常常使沥青质沉淀和石蜡沉积问题更为严重。

消除沥青质和石蜡沉积物的方法有:
（1）机械方法（刮蜡器等）;
（2）热力方法（加热原油或其他液体使蜡溶解并清除）;
（3）化学方法（用不同组成的溶剂来溶解沉积物）。

在加拿大艾伯塔 Mitsue 油田大型烃混相驱过程中,用含二甲苯和甲苯的溶剂清洗井筒和井眼附近地带。油井生产动态表明,该化学方法很成功。

五、二氧化碳驱监测技术

对于大规模的混相驱项目,要达到技术和经济目标,就必须要认真监测,以获得评价和优化驱替动态所需的资料。综合监测包括流体取样与分析、示踪剂注入与分析、注气剖面测量、观察井监测、产出气体监测。

1. 流体取样与分析

在溶剂突破和任何井见效前,从实施混相驱过程的生产井中选取一定数量的井进行流体取样,每隔一个月在分离器处分别取一个油样、一个气样和一个水样,并且对所取的样品隔一个做一次分析。如果一口井的后一样品分析与以前的分析结果没有明显的变化,就将前一个样品废弃。当溶剂突破或任一生产井有响应时,每月对该井进行取样,并对其逐个分析。包括前面所选的所有井在内。

在分离器处所取的油样和气样,都要按标准做组分分析,这些样品按分离器处的气油比重新混配,即可获得油井流出物的油气总组分。取水样的目的主要是进行相对密度的测定,当同一口井的前后两个水样的相对密度差值大于 0.02 时,就要对水样行化学分析。

与分离器处原油相对的气体样品的组分变化是溶剂突破的主要特征,溶剂突破时,分离器气体变富（$C_2 \sim C_6$ 的摩尔分数升高,但 C_{7+} 的摩尔分数降低）。对水的相对密度测定结果、水的化学分析结果以及其他资料进行综合研究,可以帮助验证注入水是否到达生产井。

2. 示踪剂注入与分析

在二次和三次采油方案中,示踪剂的使用已被证实是确定定向流、阻挡层、异常现象及油井之间连通性的一种行之有效的办法。

所选择的示踪剂必须具备下列特点：费用低廉、使用安全、容易探测，具有较低的探测范围，并且在探测范围附近易与其他示踪剂区分开。

由于许多放射性示踪剂符合这些要求，因此所选择的大多数示踪剂属放射性物质。通常选择的示踪剂有：氚化甲烷、氚化乙烷、氚化丁烷、氪—85、六氟化硫（SF_6）、氟利昂11和氚化水等。用氚化烃作为示踪剂的主要原因，一方面因为它们符合所有的选择标准，另一方面它们的性质几乎完全像非氚化烃。因此，它们中大部分都能保存在溶剂带内。氪—85是一种惰性气体（沸点为-152℃，甲烷的沸点为-164℃），在油藏中呈气态，因此，在油层中比溶剂带运动得快。SF_6的沸点为-64℃，所以大多数注入的SF_6能保持在注入的溶剂带内。氟利昂11（CCl_3F）被选用作为一些井组的备用示踪剂，它在储层条件下完全溶解于地层原油，大部分可随溶剂带移动。氚化水是用于注水期间追踪少数几个井组。在方案中进行水的追踪是为提供有关水和溶剂在储层中相对运动速度的数据，根据这些数据，可以判断溶剂的垂向扫油效率。

对于二氧化碳混相驱工种监测，示踪剂常选氚、异丙烯基乙炔、泰洛氰酸铵、硝酸铵或六氟化硫。

3. 注气剖面的监测

烃相驱是重力起主导作用的驱动过程。混相驱在技术上是否能够成功，在很大程度上取决于注入井能否达到所希望的注入剖面。注入剖面是用来评价注入流体纵向分布的。对以下几种注入井应进行注入剖面测井：

（1）不只往一个层中注入溶剂的井；

（2）曾压裂过的井；

（3）向彼此连通的各层注溶剂的井。

在整个项目区，大多数井每年都要进行压力测量，对于低压井来说，压力测定就更频繁，因此一旦油井压力恢复到所需的压力以上，即可很快开井生产。压力测量对混相驱的成功极为重要。压力读值可用来证实项目区压力是否保持在混相压力以上。此外，压力测定结果还可以证实项目区的能量消耗是否得到弥补。

4. 观察井的监测

选择观察井也是综合监测技术中的一个重要环节，它用于：

（1）确定混相驱是否能驱替出水驱后的残余油；

（2）观察溶剂突破后的产油动态；

（3）获得有关溶剂、注入水和示踪剂突破后的数据。

观察井一般离注水井较近，以便能尽早探测突破情况，它还必须接有一台分离器，以便：随时进行测试；每周取两次分离的油、气、水样，以用来进行组分和示踪剂分析。

观察井一般要限量生产。通常采用较低的产量防止观察井生产过多而改变井组驱替前缘。

5. 产出气体监测

通过自动取样和自动气相色谱分析，可连续地监测溶剂的组分。溶解气、液化石油气（LPG）和干气流也同样是自动连续监测。所测定的溶剂组分要与溶剂的设计组分进行对比。自动调节溶解气、LPG和干气的混合比率，以保证溶剂和储层流体之间能达到混相。

六、二氧化碳的来源

二氧化碳驱需要大量的二氧化碳气源,对于一个千万吨级储量的油藏进行二氧化碳驱,在 5~10a 的二氧化碳驱期间,可能需要 10 个亿立方米级的二氧化碳气藏来供气。即使是一个小型的先导试验项目,日消耗的二氧化碳可能会达到几十万立方米。因此,一个油藏能否进行二氧化碳驱,经济效益如何,首先应该考虑二氧化碳的资源。最好的二氧化碳资源就是能在油田附近找到一个储量丰富的二氧化碳气藏。此外,天然气合成氨厂、天然气处理厂、电厂等排放的废气中,通过分离、净化等方法也能获得大量的二氧化碳。这样一方面可以缓解对环境的排放压力,另一方面可以变废为宝。二氧化碳可以从以下几个途径中获得:

1. 天然的二氧化碳矿藏

二氧化碳有时可以接近纯二氧化碳的形式或与氮气、烃气一起储集在地层中。在美国有些地区发现了纯二氧化碳或高浓度的二氧化碳气藏。由于美国具有丰富的二氧化碳资源,二氧化碳混相驱发展得特别快,而且还被认为是最有潜力的混相驱替方法。

2. 天然气处理厂

气田产出的二氧化碳属于杂质,在天然气销售前需要对二氧化碳进行分离处理,分离出的二氧化碳可用于二氧化碳驱工程。

3. 氨厂

二氧化碳是天然气合成氨厂的主要副产品,其浓度大约为 98%。这样高质量的二氧化碳不需要进一步精制,经压缩、脱水和输送就可直接用于混相驱。一个氨厂只能提供有限的二氧化碳,通常不到 $3\times10^4 m^3/d$,但有的也可达到 $(1.4~1.7)\times10^6 m^3/d$。氨厂的位置离混相驱油田越近,对油田实施注气工程就越有利。氨厂提供的二氧化碳是油田进行先导性试验或小型混相驱有价值的来源。

4. 电厂烟道气

电厂烟道气也是二氧化碳和氮气的主要来源。烟道气成分非常复杂。烟道气中除二氧化碳和氮气外,还有灰粉、氧化硫和氧气,而且二氧化碳浓度较低。因此,烟道气用于油田混相驱时,必须经过精制和脱水,然后再输送到油田。

5. 其他气源

混相驱过程中产出的二氧化碳可以回注到油藏,但必须经过净化处理,这也是二氧化碳很有价值的来源。其他气源的可能供气量小,除非离候选油田很近,否则很可能是不经济的。炼油厂、制氢厂副产品、酸气分离厂、水泥厂和石灰厂的烟道气、环氧乙烷和丙烯腈厂副产品都能提供浓度较低的二氧化碳。

任务二 二氧化碳驱油效果分析

知识目标

能准确说出二氧化碳驱油的影响因素。

技能目标

会分析二氧化碳的驱油效果。

视频 二氧化碳驱油效果分析

> **素质目标**

具有不怕脏险苦累、甘于奉献的精神。

> **工作过程知识**

一、影响二氧化碳驱油的因素

1. 注气压力对 CO_2 驱效果影响

实验研究表明,随着 CO_2 注入压力增加,CO_2 在原油中溶解,原油黏度降低。同时,油气间的毛管力减小,原油容易流动,气体突破时间、突破时采收率、最终采收率增加(图4-18)注气量达到 0.4~0.6PV 后,气体已经突破,CO_2 突破后,最终采收率增加幅度减小。

从换油率(二氧化碳提高采收率技术中注入一吨二氧化碳对应产出多少吨油的比例,称为换油率,即注入的 CO_2 和采出原油的置换率)上看(图4-19所示):CO_2 换油率随注入压力增加而增加,压力达到一定值后,换油率增加幅度减小。这是因为压力增加,采收率增加的幅度很小,而注气量却大幅度增加,因此换油率降低,混相驱的换油率高于非混相驱。

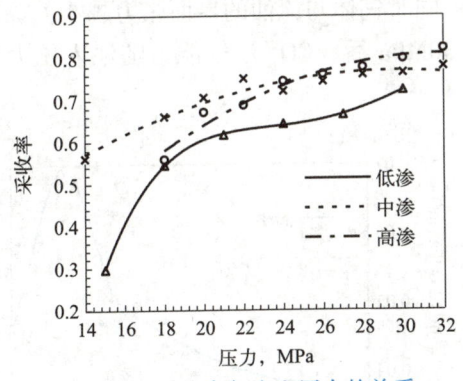

图4-18 采收率与注入压力的关系

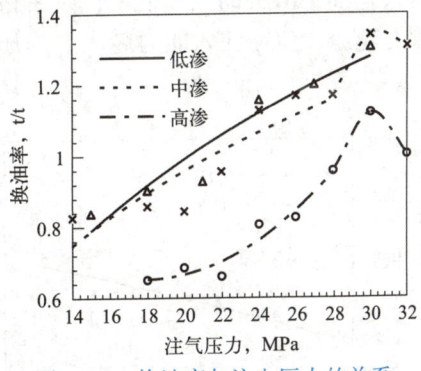

图4-19 换油率与注入压力的关系

从气油比上看(图4-20至图4-22所示),CO_2 突破前,生产气油比保持不变,基本稳定在原始溶解油气比。CO_2 突破后,生产气油比增加,而且压力越高,生产气油比越大。

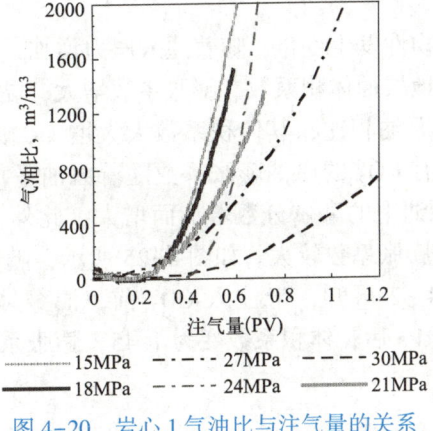

图4-20 岩心1气油比与注气量的关系

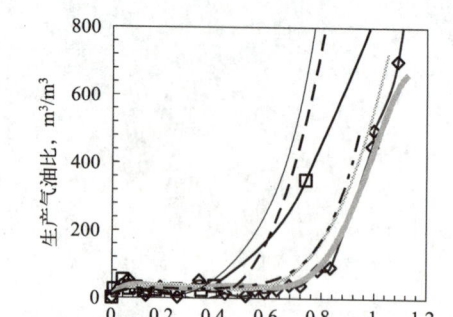

图 4-21　岩心 2 气油比与注气量的关系

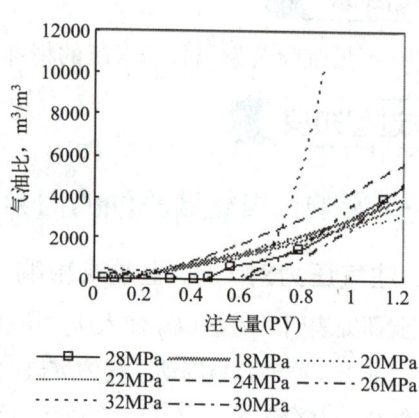

图 4-22　岩心 3 气油比与注气量的关系

从注入能力上看（如图 4-23、图 4-24 所示），CO_2 注入能力主要取决于黏滞力和毛管力，黏滞力和毛管力越大，CO_2 注入能力越小。压力增加，CO_2 注入能力提高。当非混相驱时，压力增加，CO_2 注入能力增加的幅度比较小，达到混相以后，CO_2 注入能力迅速提高。压力越大，油中溶解的气体越多，原油黏度越小，同时气体与原油的界面张力越小，黏滞力和毛管力越小，CO_2 注入能力越大。当压力达到 30MPa 后，CO_2 注气能力随注入压力增加而降低。

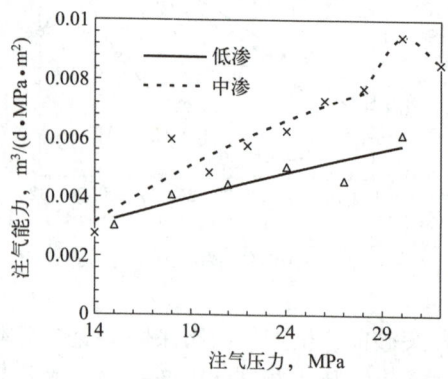

图 4-23　注气能力与注入压力的关系之一

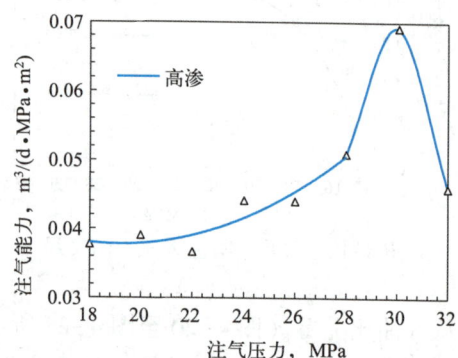

图 4-24　注气能力与注入压力的关系之二

CO_2 注入后地层油高压物性发生变化，随着注入压力增加，CO_2 注入量增加，地层油溶解油气比、饱和压力升高，地层油体积系数、膨胀系数增大，黏度、密度降低。CO_2 溶解于原油后，与油藏原始状态的原油相比，其体积系数大大增加，原油体积膨胀倍数取决于压力、温度及原油的组分。溶有 CO_2 的原油膨胀系数随着原油平均分子量的减小（轻质组分增多）而增加，随 CO_2 在原油中的摩尔分数增加而增大。此外，温度和压力也影响膨胀系数，高压下溶有 CO_2 的原油膨胀系数较大。如图 4-25 所示，随着压力的增高，原油膨胀系数和体积系数增加。由表 4-2 可知，未注入 CO_2 前，油藏体积系数为 1，膨胀系数为 1.082，在注入压力达到 28MPa 后，体积系数变为 1.45，膨胀系数变为 1.569，膨胀后地层油的能量增加。

表 4-2　注气后油样 1 高压物性参数变化

p MPa	CO_2 含量 mol	膨胀系数	R_{s_w} m³/m³	R_{t_w} m³/t	μ_o mPa·s	B_o	ρ_o g/cm³
5.29	0	1	15.32	17.74	6.58	1.082	0.812
7.08	3.38	1.025	31.42	36.36	4.27	1.109	0.809
10.27	9.62	1.061	55.27	63.97	3.29	1.148	0.796
12.95	15.18	1.125	77.23	89.38	2.95	1.217	0.7678
16.23	21.64	1.188	107.05	123.9	2.65	1.285	0.747
19.47	27.47	1.258	139.94	161.97	2.39	1.361	0.7252
23.5	34.32	1.323	177.07	204.94	2.19	1.431	0.716
28.88	38.83	1.45	224.91	260.31	2.072	1.569	0.679

在地层温度下，CO_2 快速气化，CO_2 溶解于原油中，从而使原油黏度降低，而且随着压力增加，油中溶解气量增大，黏度迅速降低（如图 4-26 所示）。由表 4-2 可知当压力增加到 28MPa 时，原油黏度由原来的 0.812g/cm³ 降低到 0.679g/cm³。一般来说，原油黏度越高，CO_2 可使原油黏度下降的幅度越大，即 CO_2 溶解在重质原油中引起的黏度下降幅度比 CO_2 溶解在轻质原油中引起的黏度下降幅度大得多。因此，人们认为 CO_2 可以用来开采重质原油。由于溶解 CO_2 原油黏度下降，流度比得到改善，油相渗透率也会有相应的提高。

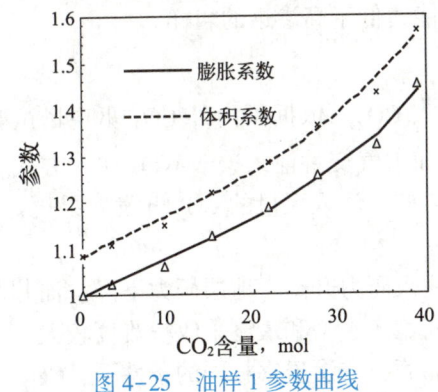

图 4-25　油样 1 参数曲线

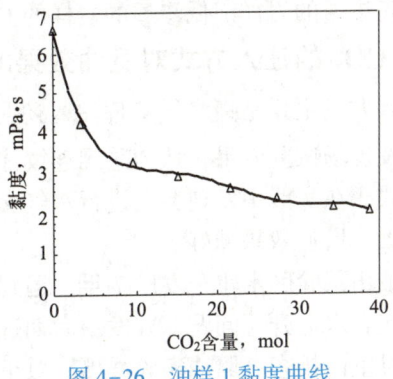

图 4-26　油样 1 黏度曲线

CO_2 本身分子量小，随着 CO_2 注入量的增加，并不断溶解于原油中，原油中的轻质成分不断增加，而相应的原油体积膨胀，密度也随之降低。如图 4-27 和表 4-2 所示，CO_2 注入压力达到 28MPa 后原油密度由原来的 0.812 下降到 0.679。

CO_2 溶解于原油后，CO_2 和原油的性质差别减小，它们之间的极性差缩小，界面张力降低，从而降低毛管力作用。从文献中提到的例子可以看出 CO_2 摩尔含量越大，界面张力越小，在 20.4MPa 的压力下，当 CO_2 摩尔含量为 37.6% 时，界面张力降至未注 CO_2 时的 31.66%，由于注入 CO_2 后，油水界面张力降低，从而使原油和水的流度趋于接近，改善了油水流度比，提高了原油采收率。由于 CO_2 在原油中的溶解度较大，在注入过程中，一部分 CO_2 溶于原油，随着注入压力上升，溶解的 CO_2 量越来越多，当油藏停止注 CO_2 时，随着生产的进行，油藏压力降低，原油中的 CO_2 就会从原油中分离出来，为溶解气驱提供能量，形成类似于天然类型的溶解气驱。即使停注，油藏中的 CO_2 气体仍然可以驱替油藏中的原油，而且，一部分 CO_2 像残余气一样圈闭在油藏中，进一步增加采出油量。

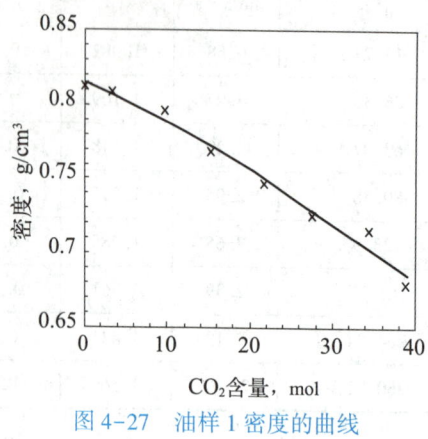

图 4-27　油样 1 密度的曲线

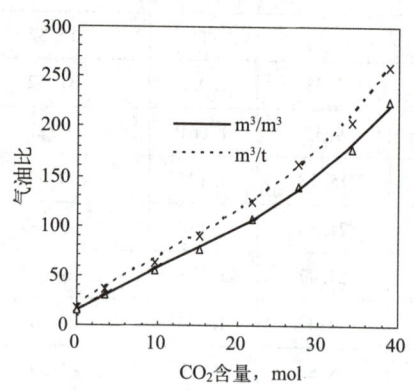

图 4-28　油样 1 气油比曲线

因此，综合以上分析，随着注入压力增加，CO_2 注入量增加，地层油的性质变好，有利于残余油饱和度降低，使原油更容易被采出，原油中溶解的气量越多，气油比增大，气体注入能力提高，从而采收率提高。

2. 岩石渗透率对 CO_2 驱效果的影响

室内实验研究表明，岩石渗透率越低，CO_2 换油率越高，突破后低渗透的岩样生产油气比高于高渗透的岩样。低渗透的岩样的 CO_2 注入能力低于高渗透的岩样。

3. CO_2 的注入方式对驱油效果的影响

注入方式主要是指水气交替注入还是连续注入 CO_2。依据国内外 CO_2 驱现场试验取得的经验及现场试验效果，认为采用连续注入 CO_2 和水气交替注入（WAG）注入方式为最佳驱替方式。在实践中发现，在进行水气交替注入之前，注入大量的 CO_2 开发效果更好。CO_2 段塞越大，增油效果越好。

某油田试验区水驱开发已 7 年，遇到了水井注入压力升高、地层压力下降、油井供液能力不足、含水上升等问题，开发中后期进一步提高稳产水平和最终采收率难度较大。

通过室内长岩心驱油实验得出，对于低渗透油藏，在渗透率相同的条件下，CO_2 的注入能力要比注水高 10 倍左右。因此，注气有利于保持地层压力，保持油井的长期高产稳产，提高最终开发效果。

在补充地层能量方面，水气交替注入显然没有连续注气的效果好；试验区老区采出程度约 15.89%，地层压力小于 15MPa，远低于最小混相压力 22MPa，不论是从补充能量还是实现混相开发的角度讲，连续注入都是更为有利的。

数模研究对比水气交替、连续注气、先注气后注水及注水四种注入方式对综合含水和累产油量影响，进而确定最合理的注入方式。

从四种注入方式综合含水对比图曲线（图 4-29、图 4-30）可见，连续注气综合含水上升最慢，20 年含水要低于水气交替注入近 13%，比水驱含水低 9%，比先注气后注水含水低 8%。

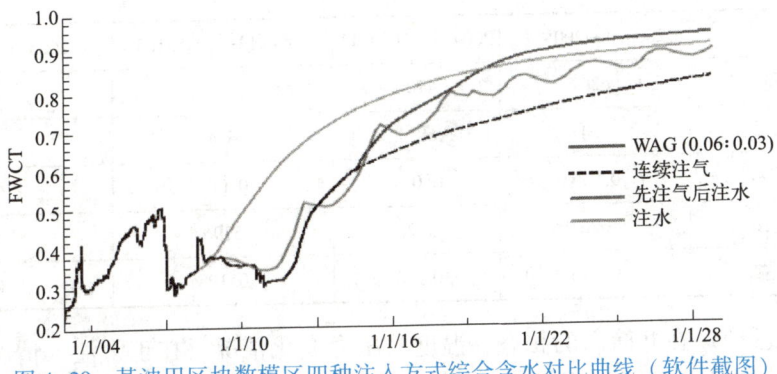

图 4-29　某油田区块数模区四种注入方式综合含水对比曲线（软件截图）

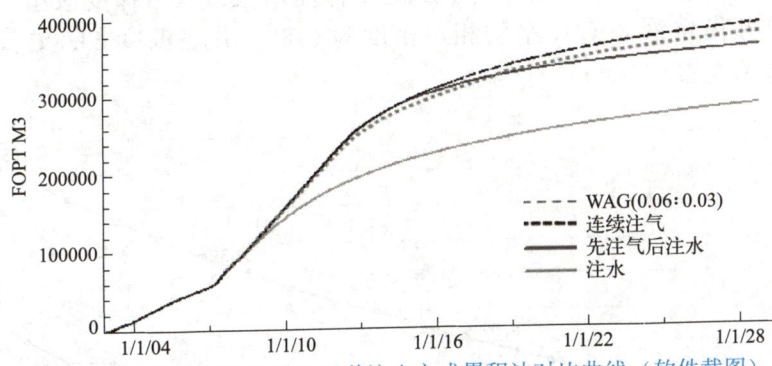

图 4-30　某油田区块数模区四种注入方式累积油对比曲线（软件截图）

二、矿场应用实例

1. 二氧化碳注入井注入效果分析一例

注气井（F-138）于 2003 年 3 月开始试注，该井只射开 FI7 层，砂岩厚度 10.3m，有效厚度 6.0m，未压裂直接投注。各阶段注入情况如表 4-3。初期井口压力 14~15MPa，日注液态二氧化碳 5m³。截至 2004 年 7 月初，油压 13.0MPa，日注液态二氧化碳 3m³ 左右，受注入状况等因素影响，仅累积注入液态二氧化碳 596m³。为加快试验进展，7 月份以来进行补注（此时累积注入液态二氧化碳 626m³，注入地下体积 0.013PV）。截至 11 月 6 日，注入压力在 12.5MPa 左右，累积注入液态二氧化碳 5326m³。

2004 年 12 月 18 日，改造后的注气设备进行现场调试，运行正常。为进一步观察注气效果，自 2005 年 1 月 5 日开始再次进行补注，截至 4 月 5 日，注入压力 13MPa 左右，共补注 4074m³，累积注入液态二氧化碳 9470m³，注入地下体积 0.189PV，累积注采比 2.8。4 月 5 日注气井停注。

表 4-3　各阶段注入情况表（截至 2005 年 4 月 5 日）

时间	2003.3—2004.7	2004.7—2004.11	2004.12—2005.1.5	2005.1.5—2005.4.5
阶段注入压力	13.0	13.0~12.5	12.5	12.5~13.0
注入时间,d	182	69	11	77

续表

时间	2003.3—2004.7	2004.7—2004.11	2004.12—2005.1.5	2005.1.5—2005.4.5
阶段累积注入量,m^3	626	4700	70	4074
阶段日平均注入量,m^3	3.4	68.1	6.4	53
阶段注入PV数	0.013	0.094	0.001	0.082
总累积注入量,m^3	626	5326	5396	9470
总计注入PV数	0.013	0.107	0.108	0.189

为搞清液态CO_2在井筒内的相态、温度、压力变化情况，在正常注入情况下，录取了井筒内的压力、压力梯度及温度、温度梯度资料，如图4-31、4-32所示。从测试结果看，液态CO_2大约在1300m开始气化，气化后温度梯度增大，压力梯度减小。井底压力为29.5MPa，折算井筒中液态CO_2平均相对密度为0.89；井底温度63.8℃，比油层温度（85.8℃）低22℃左右。

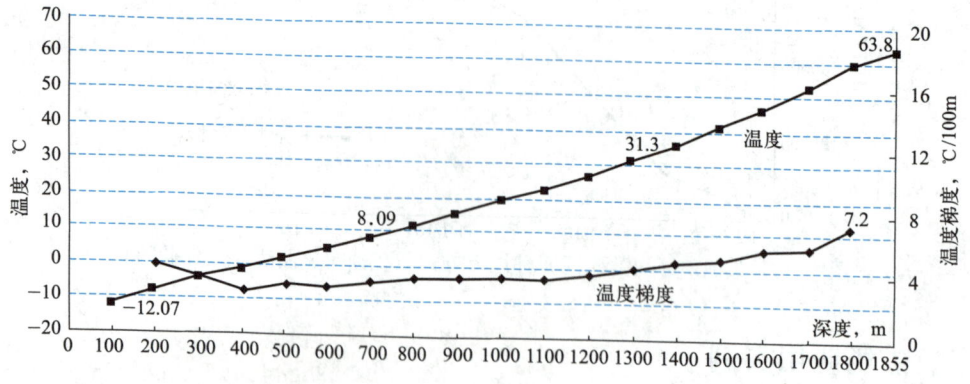

图4-31 注CO_2试验井（F-138）温度、温度梯度曲线

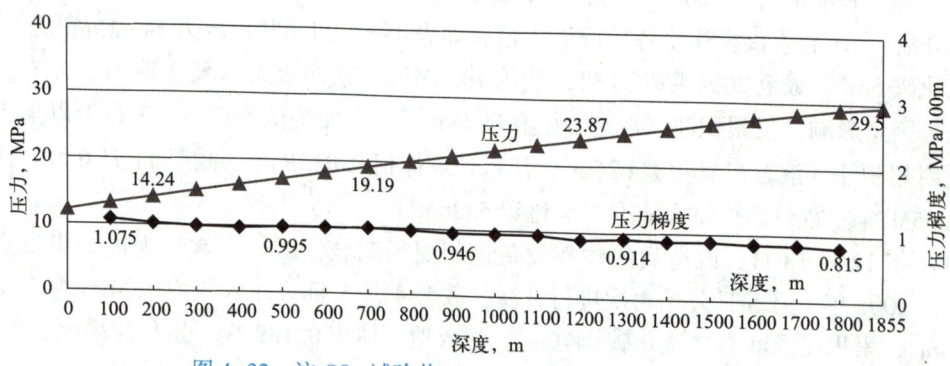

图4-32 注CO_2试验井（F-138）压力、压力梯度曲线

与注水相比，注气压力较低，解决了注水开发实践中"注入难"的问题。在平均日注$44m^3$液态CO_2的情况下，井底压力为29.5MPa（相当于日注水$140m^3$，井口注水压力11MPa左右）。但液态CO_2温度较低，实测的井底温度比原始地层温度低22℃左右，可能对地层造成伤害。

2. 二氧化碳驱油井组效果分析一例

试验区 4 口老油井基本情况如表 4-4。平均单井射开砂岩厚度 12.9m，有效厚度 10.9m。1999 年 10 月至 11 月射孔后，进行了压裂改造，平均单井压裂砂岩厚度 12.2m，有效厚度 10.3m。2001 年 3 月开始捞油，该实验区油层累积捞油 1550t，捞水 300m³。

表 4-4 CO_2 驱油试验井组 4 口老井基本情况表

序号	井号	射开厚度,m		投产初期			2004年12月			2005年5月			累积产油 t
		砂岩	有效	产液 t/d	产油 t/d	含水率 %	产液 t/d	产油 t/d	含水率 %	产液 t/d	产油 t/d	含水率 %	
1	F1	11.0	9.8	3.6	3.4	5	1.6	1.6	6	1.3	1.2	2	1728
2	F2	10.3	9.0	3.2	3.1	3	1.9	1.8	5	1.8	1.8	5	1575
3	F3	21.2	17.4	3.7	3.6	3	1.4	1.4	5	1.6	1.5	5	1570
4	F4	9.1	7.2	4.2	4.1	3	1.6	1.2	19	1.3	1.2	10	1730
合计		51.6	43.4	14.7	14.2	3.4	6.5	6.0	7.7	6.0	5.7	5.0	6603
平均		12.9	10.9	3.7	3.5		1.6	1.5		1.5	1.4		1651

2002 年底转抽油投产，初期平均单井日产油 3.5t，采油强度 0.34t/d·m；目前平均单井日产油 1.4t 左右，采油强度 0.14t/d·m，累积产油 6603t，采出程度 2.87%，采油速度 0.92%。

从图 4-33 可以看出，2004 年 8 月至 12 月，井组日产油稳定在 5.8~6.0t；2005 年 1 月至 2 月初，随着 F2、F4 井见到注气效果，井组日产油上升到 6.7t，2 月中下旬以来，产量逐渐下降，井组日产油 5.7t，含水 5.0%。主要由于见气的 2 口井，产量略有下降所致。

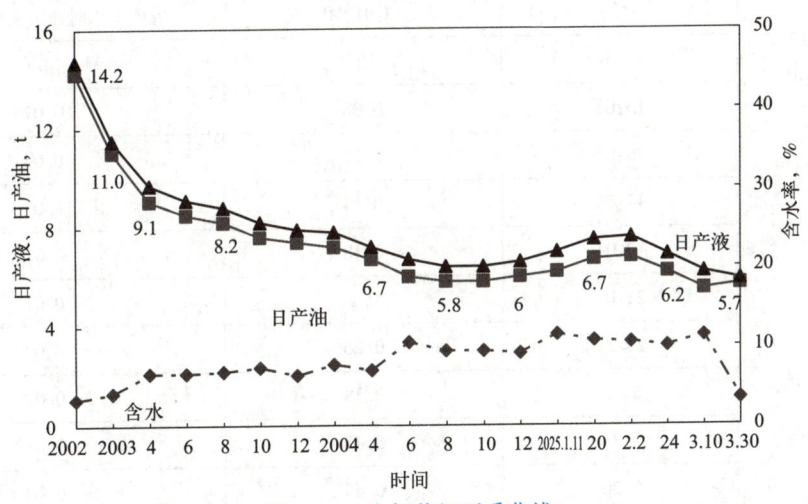

图 4-33 注气井组开采曲线

从 5 口试验井的采出气组分含量看，F2 井、F4 井已见到注入的 CO_2 气体，其余 3 口井 CO_2 含量在 0.7% 以下。随着采出气中 CO_2 含量升高，油井套压也随之升高，见表 4-5。

表4-5 注气试验井组油井套压情况表

时间	F1	F0	F2	F3	F4
2004.10.20	0.2	0.1	0.3	0.1	0.2
2004.11.20	0.2	0.1	0.2	0.2	0.2
2005.3.10	0.3	0.1	0.5		0.3
2005.3.15	0.2	0.1	0.8	0.2	1.2
2005.3.16	放套管气	0.1	0.8	0.2	1.4
2005.3.17	—	放套管气	0.9	放套管气	1.6
2005.3.18	—	—	放套管气	—	放套管气
2005.3.19	0.1	—	—	0.1	—
2005.3.22	0.1	0.02	—	0.2	—
2005.3.23	0.1	0.03	—	0.2	—
2005.3.24	0.1	00.5	1.2	0.2	—
2005.3.26	0.1	0.1	1.4	0.2	1.6
2005.3.30	0.2	0.1	1.5	0.2	1.6
2005.4.2	0.2	0.1	1.5	0.2	1.6

从两口见气井放套管气后的套压上升速度看,平均为0.024MPa/h,表明F2井、F4井尽管已见到注入气,但产气量并不大,见表4-6。

表4-6 F2井套压恢复情况

日期	时间	压力值,MPa	折算每小时压力上升值,MPa
	13:52	0	0
	15:05	0.08	0.07
	16:05	0.12	0.04
3.17	17:05	0.14	0.02
	19:04	0.18	0.02
	21:03	0.2	0.01
	23:57	0.26	0.02
	5:13	0.38	0.02
3.18	7:34	0.42	0.02
	9:20	0.45	0.02
平均			0.024

从注气试验井组动态变化特征看,砂体发育和储层渗透率是控制油井见气的主要因素,目前已见到注入气的F2井、F4井渗透率相对较高,未见气的3口井渗透率较低。

技能训练

一、CO_2 储罐加注

目的：会给二氧化碳储罐加注二氧化碳。

设备：实训室二氧化碳驱油模拟操作设备。

操作步骤：

（1）接好气相平衡装置和液相软管。

（2）打开储罐气相平衡阀，从车上放空阀放去管内空气后，打开车上气相平衡阀。

（3）待储罐和罐车压力平衡后，倒通车上屏蔽泵流程，打开储罐进液阀，启动屏蔽，注意屏蔽泵的转向，以确定进出口。

（4）输液结束后，先关闭储罐进液阀，停泵后再关闭储罐出液阀（屏蔽泵进液阀）和屏蔽泵出液阀。

（5）打开气相和液相管上的放空阀卸压。

二、CO_2 操作间倒流程

目的：会倒 CO_2 操作间流程。

设备：二氧化碳驱油实训室模拟操作设备。

CO_2 操作间操作规程：

（1）倒通蒸发器、加热器热回水循环各个阀门。

（2）点炉升温，水温在 60~80℃ 之间。

（3）倒通氨制冷部分循环冷却水阀门。

（4）启动循环冷却水泵供水。

（5）启动氨压机约 5~6min，打开储氨器出口阀门供氨。

（6）观察 CO_2 冷凝器。氨压力为 -0.02~0.05MPa，CO_2 冷凝器氨出口温度为 -10~-15℃。

（7）倒通二氧化碳系统流程。

（8）慢慢开启二氧化碳加热器出口阀门，送 CO_2。

（9）控制二氧化碳系统各容器压力在参数范围内。

（10）观察二氧化碳冷凝器进出口温度。进口温度为 35~40℃，出口温度为 -30℃。

三、启停泵训练

1. 屏蔽泵的启动与关闭

1）启动屏蔽泵具体操作步骤：

（1）连接气相管和液相管。用金属波纹管连接好单机泵组与槽车的气相管和液相管（具有快装接头端的是与机组管线连接，另一端与槽车处的接头连接），并卡固好保险绳。

（2）检查止回阀。单机泵组的高压输出管连接通往压入井的高压管汇，打开出口阀对高压管汇进行作业前的试压，止回阀的单向性能必须完好。

（3）检查设备。按要求检查设备各部件，确保一切正常。

(4) 通气相。缓慢打开槽车气相管的闸门，让二氧化碳气体进入单机泵组的低压管汇及泵中充压。

(5) 通液相。缓慢打开槽车液相管闸门，在槽车内液体二氧化碳液位差压的作用下，液体二氧化碳即通过液相管充入单机泵组的低压管汇中。

(6) 启动屏蔽泵。完全打开槽车液相管的阀门，再次对单机泵组高压、低压管汇进行低压检漏，管汇的连接部、管汇与设备的连接部有微量的密封性泄漏时，一般会很快产生冰堵自封。工况正常，即可关闭直通吸入管阀门。

(7) 启动屏蔽泵，注意观察轴承监测器指示反应。超过监测器量程，表示屏蔽泵反转，应校正接线。黄色与红色区域表明运转不正常，应查找原因，并采取相应措施。绿区域表示运转正常。

(8) 建立屏蔽泵输出压力。检查屏蔽泵的运转情况，工况正常，即可适当调节气相回流阀的开度，使屏蔽泵出口压力比屏蔽泵进口压力高 $0.1\sim0.2MPa$。

2）关闭屏蔽泵

(1) 观察屏蔽泵出口压力波动或进、出口压力突然持平情况。

(2) 关停屏蔽泵。

2. 注入泵的启停操作训练

1）启动注入泵具体步骤

(1) 启泵前做好各部位的检查工作。

(2) 打开进、排液管线上的阀门，以及排液管线上旁路阀门和泵体上的气阀；待放气阀溢出的全部为白色气体和干冰时，关闭放气阀。

(3) 启动注入泵，稳定后关闭排液管线中的旁路阀。

(4) 运行正常后。缓慢调节调速按钮，使电动机频率从初始值缓慢上升至最高值。

(5) 观察电流表指针，使其电流在额定范围之内。

(6) 记录压注施工日报表。

2）停止注入泵

(1) 打开排液管线中的旁路阀，使泵进入空载运转。

(2) 切断注入泵电源。

(3) 关闭屏蔽泵电源。

(4) 首先关闭槽车液相出口阀门，然后关闭槽车气相进口阀门。

(5) 打开液相放空阀及气相放空阀。

(6) 待屏蔽泵出口压力表与屏蔽泵进口压力表全部归零后，拆卸连接液相及气相的管线。

四、注气站的巡回检查

(1) 在正常情况下，岗位工人每 2h 手持工具，沿巡回检查路线逐点逐项检查一遍。如有下列情况之一，要加密检查：

① 设备运行不正常；

② 新设备、容器、工艺的投产；

③ 气候异常等情况。

(2) 在巡回检查时发现问题应立即处理，如有处理不了的要立即向有关人员和部门汇报，在保证安全的情况下，确保现场有人监护，认真观察事故变化情况，并做好记录。

（3）值班干部做到 24h 管理生产，同时抽查岗位人员是否按时、按点、按项进行巡回检查。

（4）本站至下站的输油管线每 7d 巡检一次，发现问题及时处理并汇报有关领导和上级部门，及时做好记录。

知识延伸

二氧化碳腐蚀机理研究

随着 CO_2 驱三次采油工艺的应用，以及深层富 CO_2 气的油气藏开发，高分压 CO_2 气存在的严重腐蚀问题将日趋突出。我国华北油田某高产井因 CO_2 腐蚀，投产一年多即报废；四川油田天然气开采、大庆油田注 CO_2 采油等也遇到同样的 CO_2 腐蚀问题。中原油田产出水矿化度高、pH 值低造成 CO_2 腐蚀，平均腐蚀速率可达 0.26m/a，导致油井油管及抽油杆的平均使用寿命不到一年半，集输系统遭到严重腐蚀破坏。江苏富民油田实施 CO_2 驱一年多，注入井 F167 井套管严重腐蚀。近年来，国外对油气井的腐蚀问题研究十分重视，着重对腐蚀的基本过程、规律、影响因素和防护对策进行了深入的研究，这些研究成果，对防止 CO_2 引起的腐蚀问题的解决起到了积极的指导作用，而国内对 CO_2 的腐蚀与防护问题的研究还较少。下面就有关油气生产中 CO_2 腐蚀问题、腐蚀机理及影响因素、腐蚀控制方法、腐蚀危害预测和监测等问题进行探讨。

一、油气生产中 CO_2 对钢材的腐蚀

气态 CO_2 被认为是惰性的，在常压下它不与其他气体发生反应。但是，它在溶液中却能与固态金属发生反应，而且高温条件下能与各种形态的分子发生反应。CO_2 溶于水形成碳酸。碳酸（H_2CO_3）在水中电离形成 H^+ 和 HCO_3^-，并进一步电离形成 CO_3^{2-}，但二级电离常数都非常小。碳酸的 pH 值等于 3，与 HCl 相比是一种弱酸，与金属的反应速率较小，但并不意味着金属在碳酸溶液中无腐蚀，可以不加处理。相反，正是由于碳酸具有与强酸不同的性质，使得与其接触的金属表现出独特的腐蚀特性。

1. CO_2 对钢材的腐蚀作用

根据所处环境和不同的作用机理，腐蚀分为干蚀和湿蚀两种，前者主要是气体所产生的化学反应，后者是有水存在条件下金属发生的电化学腐蚀。

干 CO_2（相对湿度低于 60%）对钢材几乎没有什么腐蚀作用，但超过湿度界限对钢材也有一定的腐蚀性。当 CO_2 含有水时（>1000mg/L）就会使碳钢产生明显腐蚀。在酸性条件与环境温度下，铁在 CO_2/H_2O 系统的腐蚀产物是 $FeCO$，它不是很好的保护膜，不能抑制腐蚀的进一步发展。

2. CO_2 的腐蚀形态

CO_2 对钢材的腐蚀在一定条件下呈现均匀腐蚀形态，但大多数情况下是以局部腐蚀形式出现。局部腐蚀的穿透率很高，通常可达几毫米每年，常会引起意外事故。

CO_2 对钢材的腐蚀共分五种，分别是：

(1) 均匀腐蚀。
(2) 深坑型腐蚀。
(3) 环状腐蚀。
(4) 冲蚀。
(5) 腐蚀开裂。

二、CO_2 的腐蚀机理及影响因素

1. CO_2 的腐蚀机理

在干燥的环境（相对湿度<60%）中，CO_2 是非腐蚀气体。但在潮湿情况下，CO_2 会溶解形成碳酸。CO_2 腐蚀可理解为产出液中溶解于水生成碳酸后引起的电化学腐蚀。

2. CO_2 腐蚀的影响因素

油气井由 CO_2 引起的腐蚀，其腐蚀类型、腐蚀速率等受多种因素的影响，如 CO_2 分压、温度、压力、流速、Cl^- 含量、水中含盐、共存 H_2S 含量、金属材质等。

1）温度的影响

温度对 CO_2 腐蚀的影响十分重要而复杂。Fe^{2+} 的溶解速度随温度升高而加大，$FeCO_3$ 的溶解速度则随温度升高而降低，前者加剧腐蚀，后者则有利于保护膜的形成，造成了错综复杂的关系。

2）分压的影响

温度较低，没有完善的膜保护，腐蚀速度随 CO_2 分压的增加而加大。在 100℃ 左右，膜的保护不完全，出现坑蚀等局部腐蚀，其腐蚀速度也随 CO_2 分压的增加而增大。在 150℃ 左右，致密的保护膜形成，腐蚀速度大大降低。在 100℃ 以下，碳钢和低合金钢的腐蚀速率随 CO_2 分压的增加呈指数增加，p_{CO_2} 在 0.1MPa 以下时腐蚀速率超过了 0.2mm/a，13Cr 钢的腐蚀速率远小于碳钢和低合金钢，在 150℃ 以下不受 CO_2 分压的影响。

3）Cl^- 的影响

Cl^- 的作用主要是降低 CO_2 的溶解度，但可能助长 CO_2 对铬钢和不锈钢的腐蚀。当温度较低时，Cl^- 浓度对碳钢的 CO_2 腐蚀形态、腐蚀速度没有影响，但温度较高时，Cl^- 浓度增加，腐蚀速度加大。另外，在判别含 CO_2 油气井腐蚀程度方面，盐水的成分是一个关键的因素，它决定腐蚀的程度，主要影响的离子包括 Ca^{2+}、HCO_3^-、Fe^{2+} 等。

4）H_2S 分压的影响

H_2S 对 CO_2 腐蚀的影响也很复杂，既可以通过阴极反应加速腐蚀，也可以通过 FeS 的沉积而减缓腐蚀，其间的变化与湿度直接相关。据有关资料介绍，在 30℃ 下少量（3.3mg/L）H_2S 将使腐蚀成倍加速，而当 H_2S 含量增加到 330mg/L 时，腐蚀速度不但未随 H_2S 含量增加而加大，反而有所降低。温度升高又出现更令人感兴趣的情况，如果 H_2S 大于 33mg/L，腐蚀速度反比纯 CO_2 时更低。同时由于 FeS 的沉积也不再出现坑蚀等局部腐蚀。当温度继续升高超过 150℃，则不论 H_2S 含量变化的影响。对于抗 CO_2 腐蚀的含 Cr 不锈钢来说，少量 H_2S 存在也将对其抗腐蚀性能产生不利的影响。

5）流速的影响

流速对腐蚀的影响主要是由于流体流动对腐蚀介质传质效果的影响及对腐蚀产物膜在金属表面附着的影响所致。国外一些专家用循环流动腐蚀试验仪得出结论：腐蚀介质流速在

0.32m/s 以下时，腐蚀速度随流速增加而加速，此后在 10m/s 范围内腐蚀速度基本不随流速的变化而变化。

6）钢材金相组织变化的影响

由于钢材金相组织变化，在湿 CO_2 环境中产生腐蚀电池，将引起局部腐蚀，如井下油管在加厚部分的起点附近容易出现的轮癣状腐蚀。因此在油管的轧制过程中镦粗加工之后必须进行整根管子的正火处理，轧制过程中必须防止夹杂 Mn、S 或其他非金属。同理，地面管线焊接时，焊缝区也容易出现类似的金相显微结构变化，必须注意采取正确的焊接工艺。

三、腐蚀的控制方法

世界各国在涉及 CO_2 的油气生产实践中，已经试验和使用了多种防腐措施，积累了比较丰富的经验。各油田采用的主要防腐措施包括选用耐蚀金属材料、涂层和非金属材料、缓蚀剂处理等。

值得注意的是，选择好的防腐方法并不保证一定能取得预期的防腐效果。对每一种控制方法都应配有详细的技术规范、使用说明和相应完善的管理体系，以保证防腐措施的有效实施。

1. 金属材料

油田全部设备都采用不锈钢可以很好地解决腐蚀问题，但因其造价过于昂贵而往往无法实现，只有在一些关键部位和比较恶劣的环境条件下才考虑使用不锈钢，如高温、高流速区域，高 CO_2 分压而无法避免水分存在的区域，无法使用缓蚀剂处理的区域等。在 CO_2 系统中推荐采用的不锈钢材料包括 9Cr1Mo 马氏体不锈钢、13Cr 马氏体不锈钢、22~25$Cr_{\alpha-\gamma}$ 双相不锈钢。不锈钢对均匀腐蚀有很强的耐蚀性，其抗蚀性能随铬、镍含量的增加而增加。而不锈钢的抗局部腐蚀的性能目前众说不一，大多数研究者认为抗点蚀等局部腐蚀能力较差，但也有一些成功的使用实例。

碳钢和低合金钢耐 CO_2 腐蚀性较差，但在 CO_2 压力较低的环境或有有效涂层、缓蚀剂的情况下仍可使用。不同等级的碳钢和低合金钢的耐蚀性能也不同，一般 J-55 油管的耐蚀性较 N-80 油管好，因此，在某些含 CO_2 油气田选用 J-55 油管和接头。一些有色合金因其特有的机械性能和耐蚀性，也可在 CO_2 环境中使用。

2. 防腐涂层和非金属材料

大量的涂层用作防腐，其目的是用涂层将金属与腐蚀环境隔开，值得注意的是，在大多数情况下涂层本身不会受到腐蚀破坏，其有效性取决于不能有漏涂、针孔或与金属黏合不牢而裸露出金属。

常用的涂料有酚醛涂料、环氧涂料、环氧改性酚醛涂料等。涂层的防腐性能除取决于涂层本身的性能外，还取决于良好的表面处理和严格的质量控制。

有些情况下常常不能使用涂层，如存在严重冲蚀的地方、易被机械擦伤的地方、高温和温度出现周期大幅度变化的地方、压力骤降的地方。

3. 缓蚀剂

缓蚀剂是一种化学物质，在环境中加入很少量的这种化学物质，就可有效地降低腐蚀速度。在油气田，尤其是陆上油气田普遍采用缓蚀剂防腐，常用的缓蚀剂主要是有机类缓蚀剂，可以是油溶性的，也可以是水溶性或油溶水分散型的。具体选用何种缓蚀剂，目前还没有完整的理论可供指导，主要根据实验室的评定结果和以往的成功经验确定。实验室实验应采用与现场一致或相似的条件评选。

现场注入缓蚀剂的方法，应根据缓蚀剂的特性和井内情况而定，一般有下列三种情况：

（1）周期性地注入，适用于关井和产量小的井，金属表面形成的缓蚀剂膜越牢固，两次注入之间的周期可越长；

（2）连续地注入，适用于产量较大或产水量多的井；

（3）挤压或注入，将缓蚀剂挤入地层，再随产出液不断产出，使管壁达到保护。

地面管线和设备使用缓蚀剂也可采用间歇式或连续式注入方式，可根据具体情况确定。初步筛选的缓蚀剂为 IMC-871-C 或 HS-Ⅲ。

素质提升园地

二氧化碳混相驱油技术不仅是一项提高石油采收率的关键技术，更是蕴含着诸多深刻意义。在全球倡导节能减排、应对气候变化的大背景下，我们将二氧化碳变废为宝，应用于驱油过程，这背后是无数科研工作者的智慧结晶。他们肩负着国家能源安全与环境保护的双重使命，不畏艰难，勇于创新。这种对国家、对地球环境负责的担当精神，以及不断探索未知的创新精神，值得我们每一位同学学习。

笔记

单元训练题

一、填空题

1. 如果一种流体按某种比例加入另一种流体中之后形成两种流体相，则这些流体被认为是（　　　　　）。
2. 混相驱的方法很多，按照注入的驱替剂的气体类型，可把混相驱分为两大类，即烃类气体混相驱和（　　　　　）。
3. 当温度一定时，能够发生混相的最小压力称为（　　　　　）。
4. 液化石油气驱属于（　　　　）接触混相驱。富气驱属于（　　　　）接触混相驱。
5. 二氧化碳在空气中的含量达（　　　　　）左右时，可使人窒息。
6. 在水、气交替循环注入（　　　　　），二氧化碳腐蚀性最大。
7. 二氧化碳在井筒的（　　　　　）变化会使腐蚀速度增加。
8. 水垢主要是无机化合物的二次沉淀物，是在水中阴离子和阳离子浓度超过水的溶解度时形成的，在二氧化碳驱油时产生的水垢主要有（　　　　　）和（　　　　　）。

二、问答题

1. 什么是初接触混相？
2. 简要叙述液化石油气驱油、富气混相驱油和高压干气混相驱油的优缺点。
3. 二氧化碳的注入方法有哪几类？
4. 简要叙述二氧化碳的注入流程。
5. 二氧化碳的腐蚀作用受哪些因素影响？
6. 现在有哪些二氧化碳驱油防腐工艺及措施？
7. 气体水化物形成的条件有哪些？
8. 有哪些消除沥青质和石蜡沉积物的方法？
9. 二氧化碳驱油中所选择的示踪剂应具备哪些特点？
10. 有哪些途径可以得到二氧化碳驱油所需要的二氧化碳？

素质提升拓展阅读

大庆精神大庆人

延安革命精神发扬光大

列车在祖国广阔的土地上奔驰着。它掠过一片片田野,越过一条条河流,穿过一座座城市,把我们带到了向往已久的大庆。

大庆,不久前人们对她还很陌生。如今,人们在各种会议上,在促膝谈心时,怀着无比兴奋的心情谈论着她,传颂着她。有机会去过大庆的人,绘声绘色地描述着这个几年前还是一个未开垦的处女地,现在已经建设起一个现代化的石油企业的新城;描述着大庆人那一股天不怕、地不怕的革命精神和英雄气概。没有经受过革命战争洗礼和艰苦岁月考验的年轻人说,到了大庆,更懂得了什么叫做革命。身经百战的将军们,赞誉大庆人"是一支穿着蓝制服的解放军"。在延安度过多年革命生涯的老同志,怀着无限欣喜的心情说:到了大庆,好像又回到了延安,看到了延安革命精神的发扬光大。

我们来到大庆时,这里还是严冬季节。迎面闯进我们眼底的,是高耸入云的钻塔,一座座巨大的储油罐,一列列飞驰而去的运油列车,一排排架空电线和星罗棋布的油井。这一切,构成了一幅现代化石油企业的壮丽图景。同它相对衬的,是一幢幢、一排排矮小的土房子。它们有的是油田领导机关和各级管理部门的办公室,有的是职工宿舍。夜晚,远处近处的采油井上,升起万点灯火,宛如天上的繁星;低矮的职工宿舍里,简朴的俱乐部里,不时传出阵阵欢乐的革命歌曲声,在沉寂的夜空中回荡。到过延安的同志们,看着眼前的一切,想到大庆人在艰苦的条件下为社会主义建设立下的大功,怎么能不联想起当年闪亮在延水河边的窑洞灯火哩!

但是,对于大庆人说来,最艰苦的,还是创业伊始的年代。

那时候,建设者们在一片茫茫的大地上,哪里去找到一座藏身的房子啊!人们有的支起帐篷,有的架起活动板房,有的在不知道什么时候被丢弃了的牛棚马厩里办公、住宿。有的人什么都找不到,他们劳动了一天,夜晚干脆往野外大地上一躺,几十个人扯起一张篷布盖在身上。

霪雨连绵的季节到了。帐篷里,活动板房里,牛棚马厩里,到处是外面大下,里面小下,外面雨住了,里面还在滴滴嗒嗒。一夜之间,有的人床位挪动好几次,也找不到一处不漏雨的地方。有的人索性挤到一堆,合顶一块雨布,坐着睡一宿。第二天一早,积水把人们的鞋子都漂走了。

几场萧飒的秋风过后,带来了遮天盖地的鹅毛大雪。人们赶在冬天的前面,自己动手盖房子。领导干部和普通工人,教授和学徒工,工程技术干部和炊事员,一齐动起手来,挖土的挖土,打夯的打夯。没有工具的,排起队来用脚踩。在一个多月的时间里,垒起了几十万平方米土房子,度过了第一个严冬。

就在那样艰苦的岁月里,沉睡了千万年的大地上,到处可以听到向地层进军的机器轰鸣声,到处可以听到建设者们昂扬的歌声:"石油工人硬骨头,哪里困难哪里走!"夜晚,在宿营地的篝火旁,人们热烈响应油田党委发出的第一号通知,三个一群,五个一伙,孜孜不倦地学习着毛泽东同志的《实践论》和《矛盾论》。他们朗读着、议论着,要用毛泽东思想来组织油田的全部建设工作。没有电灯，没有温暖舒适的住房，甚至连桌椅板凳都没有，但是，人们那股学习的专注精神，却没有受到一丝一毫影响。

为了全国人民的远大理想

时间只过去了短短四年，如今，这里的面貌已发生根本变化。我们访问了许多最早来到的建设者，每当他们谈起当年艰苦创业的情景，语音里总是带着几分自豪，还带着对以往艰苦生活的无限怀念。他们说，大庆油田的建设工作，是在困难的时候、困难的地方、困难的条件下开始的，如果不是坚信党的奋发图强、自力更生的号召，如果没有一股顶得住任何艰难困苦的革命闯劲，今天的一切都将是空中楼阁。许多人还说，他们过去没有赶上吃草根、啃树皮的二万五千里长征，也没有经受过抗日战争和解放战争的战火考验，今天，到大庆参加油田建设，也为实现六亿五千万人民的远大理想吃一点苦，这是他们的光荣，是他们的幸福！

深深懂得发扬艰苦奋斗、自力更生这个革命传统的伟大意义，心甘情愿地吃大苦，耐大劳，临危不惧，必要时甚至不惜牺牲个人的一切，而能把这些看做是光荣，是幸福！这，不正是大庆人最鲜明的性格特征吗？

有着二十多年工龄的老石油工人王进喜，大庆油田上有名的"铁人"，就是大庆人这种性格的代表人物。

当年，这里有多少生活上的困难在等待着人们啊！但是，四十来岁的王进喜在一九六〇年三月奉调前往大庆油田时，他一不买穿的用的，二不买吃的喝的，把被褥衣物都交给火车托运，只把一套《毛泽东选集》带在身边。到了大庆，他一不问住哪里，二不问吃什么样的饭，头一句就问在哪里打井？接着，他马上就去查看工地，侦察线路。

钻机运到了，起重设备还没有运到。怎么办？他同工人们一起，人拉肩扛，把六十多吨重的全套钻井设备，一件件从火车上卸下来。他们的手上、肩上，磨起了血泡，没有人叫过一声苦。开钻了，一台钻机每天最少要用四五十吨水，当时的自来水管线还没有安装好。等吗？不！王进喜又带领全体职工，到一里多路以外的小湖里取水，保证钻进，这样艰苦地打下了第一口井。

无语的大地，复杂的地层，对于石油钻井工人来说，有时就好像难于驯服的怪物。王进喜领导的井队在打第二口井的时候，出现了一次井喷事故的迹象。如果发生井喷，就有可能把几十米高的井架通通吞进地层。当时，王进喜的一条腿受了伤，他还挂着双拐，在工地上指挥生产。在那紧急关头，他一面命令工人增加泥浆浓度和比重，采取各种措施压制井喷，一面毫不迟疑地抛掉双拐，扑通一声跳进泥浆池，拼命地用手和脚搅动，调匀泥浆。两个多小时的紧张搏斗过去了，井喷事故避免了，王进喜和另外两个跳进泥浆池的工人，皮肤上都被碱性很大的泥浆烧起了大泡。

那时候，王进喜住在工地附近一户老乡家里。房东老大娘提着一筐鸡蛋，到工地慰问钻井工人。她一眼看到王进喜，三脚两步跑上去，激动地说："进喜啊进喜，你可真是个铁人！"

像王"铁人"这样的英雄人物，在大庆油田岂止一人！

马德仁和段兴枝，也是两个出名的钻井队长。他们为了保证钻机正常运转，在最冷的天气里，下到泥浆池调制泥浆，全身衣服被泥水湿透，冻成了冰的铠甲。

薛国邦，油田上第一个采油队长。在祖国各地迫切需要石油的时候，他战胜了人们想像不到的许多困难，使大庆的首次原油列车顺利外运。

朱洪昌，一个工程队队长。为了保证供水工程赶上需要，他用双手捂住管道裂缝，堵住漏水，忍着灼伤的疼痛，让焊工在自己的手指边焊接。

奚华亭，维修队队长。在一次油罐着火的时候，他不顾粉身碎骨的危险，跳上罐顶，脱下棉衣，压灭猛烈的火焰，避免了一场严重事故。

毛孝忠和萧全法，两个通讯工人，在狂风怒吼的夜晚，用自己的身体联接断了的电线，接通了紧急电话。

管子工许协光等二十名勇士，在又闷又热的炎夏，钻进直径只比他们肩膀稍宽一点的一根根钢管，把总长四千八百米的输水管线，清扫得干干净净。

……

大庆人都贯注了革命精神，他们的确是特殊材料制成的。历年来，在大庆油田，每年都评选出这样的英雄人物一万多名。

请想想看！在这样一支英雄队伍面前，还有什么样的困难不能征服！

岩心和赤胆忠心

但是，大庆人钢铁般的革命意志，不仅表现在他们能够顶得住任何艰难困苦，更可贵的是，他们能够长期埋头苦干，把冲天的革命干劲同严格的科学态度结合起来。这正是他们在同大自然作战的斗争中，战无不胜、攻无不克的法宝。

在油田勘探和建设中，大庆人为了判明地下情况，每打一口井都要取全取准二十项资料和七十二个数据，保证一个不少，一个不错。

一天，三二四九钻井队的方永华班，正在从井下取岩心。一筒六米长的岩心，因为操作时稍不小心，有一小截掉到井底去了。

从地层中取出岩心来分析化验，是认识油田的一个重要方法。班长方永华，当时瞅着一小截岩心掉下井底，抱着岩心筒，一屁股坐在井场上，十分伤心。他说："岩心缺一寸，上级判断地层情况，就少了一分科学根据，多了一分困难。掉到井里的岩心取不上来，咱们就欠下了国家一笔债。"

工人们决心从极深的井底，把失落的岩心捞上来。队长劝他们回去休息，他们不回去。指导员把馒头、饺子送到井场，劝他们吃，他们说："任务不完成，吃饭睡觉都不香。"他们连续干了二十多个小时，终于把一筒完整的岩心取了出来。

这从深深的井筒中取上来的，哪里是什么岩心，简直是工人们对国家建设事业高度负责的赤胆忠心啊！

几年来，就是用这样的精神，勘探工人、钻井工人和电测工人们，不分昼夜，准确齐全地从地下取出了各种资料的几十万个数据，取出了几十里长的岩心，测出了几万里长的各种地层曲线。地质研究人员和工程技术人员，根据大量的第一性资料，进行了几十万次、几百万次、几千万次的分析、化验和计算。

想一想吧，是几十万次，几百万次，几千万次啊！那时候，大庆既没有像电子计算机这一类先进的计算设备，又要求数据绝对准确，如果没有高度的革命自觉，没有坚韧不拔的革命毅力，没有尊重实际的科学精神，这一切都可能做到吗？

正是因为有了这种自觉、这种毅力、这种实事求是精神，这种以毛泽东思想武装起来的新作风，在几万名大庆建设者的队伍中，形成了一种非常值得珍贵的既是继承了我党的优良传统，又是在社会主义建设时期的全新的风气：他们事事严格认真，细致深入，一丝不苟。

大庆人不论做什么工作，他们的出发点都是："我们要为油田建设负责一辈子！"

大庆的钻井工人们有一个永远不能忘记的"纪念日"——"难忘的四一九"。那是指一九六一年的四月十九日。这一天以前，大庆人封掉了一口新打的油井。这口井，如果同老矿区的井比起来，已经不错了，照样可以出油，只是因为井斜度超过了他们提出的标准，原油采收率和油井寿命可能受到影响，建设者们含着泪，横着心，把它填死了。"四一九"这天，大庆人召开万人大会总结经验教训，展开了以提高打井质量为中心的群众运动。

"四一九"以后，这里的油井都打得笔直。最直的井，井斜只有零点六度，井底位移只有零点四米。打个比方说，这就等于一个人顺着一条直路走，走了一公里，偏差没有超过半米。

一二八四钻井队有一次打的一口油井，发生了质量不合格的事故。这个队的队长王润才和工友们，把油井套管从深深的地层中拔出来，逐节检查，研究发生事故的原因。他们终于发现，有一处套管的接箍，因为下套管前检查不严，变了形。后来，队长王润才就背上沉重的套管接箍，走遍广阔的油田，到每一个钻井队去现身说法，给全体钻井工人介绍发生质量事故的教训。

对油田建设负责一辈子的大庆人，用科学精神武装起来的大庆人，就是这样对待自己工作中的缺点的。从那时以后，油田上打井因为套管接箍不好而造成质量事故的情况，再也没有发生过。

"好作风必须从小处培养起"

不仅对待关系到整个石油企业命运的大事情如此严格，即使对待一些看来"微不足道"的小事情，也同样一丝不苟。大庆人说："好作风必须从最小处培养起。"

今年春天，油田上召开了一次现场会。会场中央，端端正正放着十根十米长的钢筋混凝土大梁。这些大梁表面光滑平整，根根长短粗细一致，即使最能挑剔的人，也找不出它们有什么毛病。但是，油田建设指挥部的负责人却代表全体干部在会上检讨说，由于他们工作不深入，检查不严，这些大梁的少数地方，比规定的质量标准宽了五毫米。

五毫米，宽不过一个韭菜叶，值得为它兴师动众地开一次几百人的现场会吗？不，值得！大庆人性格的可贵之处正在这里。会上，工程师们检查了他们没有严格执行验收标准，关口把得不好；具体负责施工的干部和工人，检查了他们作风不严不细，操作技术不过硬。人们纷纷检查以后，干部、工程技术人员和工人们，抄起铁铲，拿起磨石，把大梁上宽出五毫米的地方，一一铲掉，磨光。人们说："咱们要彻底铲掉磨掉的，不只是五毫米混凝土，而是马马虎虎、凑凑合合的坏作风！"

这种一丝不苟的作风，在工程技术人员中也形成了风气。几年来，他们不分昼夜，风里雨里，奔波万里，为的是找到一个合理的科学参数；他们伴着摇曳的烛光，送走了多少个不眠之夜，为的是算准一个技术数据。

青年技术员谭学陵和另外四个年轻人，花了整整十个月时间，累计跑了一万二千多里路，从一千六百多个测定点上测得五百多个数据，找到了大庆油田最正确的传热系数，为整个油田输油管道的建设提供了科学根据。

技术员蔡升和助理技术员张孔法，在风雪交加的冬季，身揣窝窝头，怀抱温度计，五次乘坐没有餐车、没有卧铺、没有暖气的油罐列车，行程万余里，在挂满冰柱的车头上实地探测原油外运时的温度变化。

技术员刘坤权,一个普通高中毕业的学生,一连几个严冬,冒着风雪从几百个不同的地方挖开冻土,进行分析化验,终于研究出这里土层的冻胀系数,为经济合理地进行房屋基础建筑提供了可靠数据。

亲爱的读者,你们看到这些事例会想些什么?当我们听到这一切时,都被大庆人这种可贵的性格深深地感动了。

永不生锈的万能螺丝钉

在大庆,我们访问过不少有名的英雄人物,也访问过许多在平凡的岗位上忠心耿耿的"无名英雄"。从他们身上,我们发现,大庆人不论做什么工作,心里都深深地铭刻着两个大字:"革命"。

电测中队现任副指导员张洪池,就是大批"无名英雄"中的标兵。

四年前,张洪池是人民解放军这个伟大集体中的"普通一兵"。来到大庆以后,他当过电测学徒工,当过炊事员,样样工作都做得很出色。在长期的平凡劳动中,他显示了一个自觉的革命战士的优秀品质。他在自己的日记上曾经写道:

"共产党员要像明亮的宝珠一样,无论在什么地方,都要发光发亮。"

"我要像个万能的螺丝钉一样,拧在枪杆上也行,拧在农具上也行,拧在汽车上,机器上,锅台上……凡是拧在对党有利的地方都行,都要起一个螺丝钉的作用,而且要永远保持丝扣洁净,不生锈。"

做一粒到处发亮的宝珠!当好一颗永不生锈的万能螺丝钉!这就是大庆人对待生活的态度。

一天夜晚,在一间低矮的土房子里,我们见到了油田的一个修鞋工人,他的名字叫黄友书,三十来岁年纪,也是个复员军人。他到大庆以后,当过瓦工、勤杂工、保管工,磨过豆腐,喂过猪。后来,领导又派他去给职工们修鞋。

修鞋!在轰轰烈烈的社会主义建设战线上,去当一个"修鞋匠"?对这种平凡而又琐碎的劳动,你是怎样看待的?

黄友书二话没说,愉快地接受了任务。他说:"战士没鞋穿打不了仗,工人没鞋穿也搞不好生产,谁离得了鞋啊?给工人们修好鞋,这也是革命工作!"

他跑遍附近好几个城镇去找修鞋工具。他每天挑着修鞋担子下现场。他经常收集废旧碎皮,捡回去洗净揉好,用它来给职工们掌鞋。

黄友书看到职工们穿着他修好的鞋踏遍油田,心里乐开了花。就是这个并非油田主要工种的修鞋工人,每年都被职工们选为全矿区的标兵,被誉为忠心耿耿为人民服务的"老黄牛"。

在大庆,这样的事例是举不胜举的。从大城市的大工厂调来不久的老工人何作年,自豪地说:"在咱们大庆,人人都懂得他们做的工作是革命。扫地的把地扫好了,是革命;烧茶炉的把开水烧好了,又省煤,也是革命。一个人懂得了这个道理,做啥也浑身是劲。大家都懂了这个道理,就能排山倒海,天塌下来也顶得住!"

一切工作都是革命,所有的同志都是阶级兄弟。人们精神世界的升华,渗透到人与人之间的关系中去,谱成了多少扣人心弦的乐曲!在大庆这个革命的大家庭中,人们时刻铭记着毛主席在《为人民服务》这篇文章中的教导:"我们都是来自五湖四海,为了一个共同的革命目标,走到一起来了。""一切革命队伍的人都要互相关心,互相爱护,互相帮助。"

关心别人胜过自己

在大庆,干部们对工人的关心,关心到了一天的二十四小时。每天深夜,干部都要到工人的集体宿舍中去"查铺盖被",看一看工人兄弟休息得可好,睡得是否香甜。

一场暴风雪过后,气温骤然下降了十多度。年轻的单身工人张海青,被子又薄又脏,还没有来得及拆洗,没有添絮新棉。支部书记李安政"查铺盖被"时,发现了这个情况,他趁工人们上班,悄悄把张海青的被子抱回家,让自己的爱人拆洗得干干净净,又把自家的一床被拆开,扯出一半棉花,絮到张海青的被子里。张海青发现他的被子变得又洁净又厚实,到处查问是谁干的,李安政在一旁一声没吭。新从一个大城市调到大庆的老工人王文杰,把这一切看在眼里,暗暗掉下了眼泪。

一二○二钻井队的十几户家属,听说技术员李自新的妻子死了,遗下两个孩子,争着把孩子抱到自己家里看养。她们说:"孩子没妈了,我们就是她俩的妈。"前任队长王天其的爱人李友英,天天把奶喂给李自新一岁的女儿小英,却让自己正在吃奶的孩子小香吃稀饭。有人为这件事写了一份材料给钻井指挥部党委书记李云,李云把这份材料转给李自新,同时含着泪给李自新写了一封意味深长的信:"等两个孩子长大了,告诉她们:在新社会里,在革命大家庭里,人们是怎样关怀她们,养育她们长大成人的。叫她们永远记住,任何时候都要听党的话,跟着党走。"

在地质研究所、设计院、矿场机械研究所这些知识分子干部集中的"秀才"单位,人与人之间的关系也发生了根本变化。有一次,地质研究所女地质技术员陈淑荪,看到同一个单位的地质技术员张寿宝的被面破了,就把一床准备结婚时用的新缎子被面,从箱底翻出来,偷偷缝在张寿宝的被子上。张寿宝发现了,怎么也不肯要。陈淑荪对他说:"你说说,我们是不是阶级兄弟?是不是革命同志?是,你就把被面留下。不是,你就还我。"这几句话,说得张寿宝感动极了。他含着两眶激动的眼泪,再也说不出不要被面的话了。

为了实现六亿五千万人民的远大理想,心甘情愿地吃大苦,耐大劳;为了对国家建设事业负责一辈子,事事实事求是,严格认真,一丝不苟;为了革命的需要,全心全意地充当一颗永不生锈的万能螺丝钉;在革命的大家庭中,人人关心别人胜过关心自己……这些,就是大庆人经过千锤百炼铸造出来的可贵性格。在我们伟大祖国的社会主义建设事业中,是多么需要这样的性格啊!

也许有人要问:大庆油田的辉煌成就和建设者们身上的巨大变化,这一切是怎样得来的?大庆人的回答很简单:"这一切都是毛泽东思想的胜利!"

一个晴朗的早晨。我们去访问油田的一个工程队,想进一步了解毛泽东思想在大庆是怎样的深入人心。同路的一位年轻工人说:"那里今天开会,不好找人。"我们问他开什么会,他说:"冷一冷。"冷一冷,这是什么意思?年轻工人解释说:"我们大庆经常开这样的会,找一找自己的缺点,找一找工作中还存在的问题。找准了,就能迈开更大的步伐前进。"

在大庆人已经为祖国建设立下奇功的时候,在全国都学习大庆的时候,他们还要冷一冷,继续运用毛主席提出的"两分法",从自己的不足处找出不断前进的动力。这不正是我们想了解的问题的答案,也是大庆人更可贵的性格吗?

节选自1964年4月20日《人民日报》(作者 袁木、范荣康)

学习情境五 微生物采油技术

微生物提高采收率技术（MEOR）是一种通过引入或刺激在油藏中能存活的微生物来提高原油采收率的工艺技术。它一方面利用微生物对原油的直接作用，改善原油物性，提高原油在地层孔隙中的流动性；另一方面利用微生物在油层中生长代谢产生的气体、生物表面活性物质、有机酸、聚合物等产物来提高原油采收率。

本学习情境是根据微生物采油技术的现场实施过程进行设计的，并按油田矿场上微生物采油的应用情况设计了三个学习项目：

项目一　微生物采油菌种的筛选
项目二　微生物采油工艺技术
项目三　微生物采油效果分析

项目一　微生物采油菌种的筛选

知识目标
（1）能准确说出采油微生物的类型及其特点。
（2）能准确说出微生物提高石油采收率的机理。

技能目标
（1）能根据需要选择菌液及营养液。
（2）能根据需要制备菌液和营养液。

素质目标
具有攻坚克难、敢于创新的精神。

视频　微生物采油技术简介

工作过程知识

一、采油微生物简介

广义上的微生物是指形体微小、构造简单、繁殖迅速的，在自然界广泛存在的一大类生物的统称。我们在此讨论的微生物是指在地下油气层条件下能够生长繁殖并代谢产生其他物质的细菌类微生物。

在油气藏中一般都存在多种类型的细菌，我们将它们称为本源细菌，目前在油田矿场上用于微生物采油的菌种多是从本源细菌中筛选，因为它们最能适应油气藏的环境。油气藏中的原生细菌可分为以下几类：硫酸盐还原菌、烃降解菌、甲烷形成菌、孢子形成杆菌、耐盐产气的梭状芽孢杆菌等。每一类细菌按其生物特性还可以分成很多种，不同油气藏由于形成的环境不同，其内部所含有的原生细菌在种类和数量上存在着较大的差异，对一个油气藏本源细菌的研究是微生物采油前期非常重要的一项工作，它关系到微生物采油所用菌种的筛选以及菌种注入地层后杂菌对它的影响。

细菌类微生物的大小一般为长度 $0.5 \sim 10.0 \mu m$，宽度约在 $0.5 \sim 2.0 \mu m$。在进行微生物采油时，要有地层岩石孔隙结构及尺寸的详细资料，以确保注入的菌液能在岩石孔隙中顺利地运动、繁殖和代谢。

利用微生物提高采收率时，地层内的很多作用都是通过微生物的代谢来实现的。这里的代谢是指生物体的一种特殊功能，吸收到生物体内的营养物质除了供给生物体养分外还会在生物体的作用下产生其他的物质并排出到生物体的体外。微生物也不例外，它在地层中也会产生代谢作用，会释放出大量的气体、生物活性剂、生物聚合物、有机酸、有机溶剂等。

微生物采油是依靠微生物在油气藏中的生长、繁殖、代谢来进行的，在此过程中，微生物要消耗大量的营养物质，不同类型的微生物所需的营养物质是不同的，而地层中的原生营养物质是远远不够的，所以需要向地层内注入营养液，一般在现场多采用糖类物质来配制营养液。

二、微生物提高石油采收率的原理

1. 微生物本身的作用

微生物本身的尺寸能够封堵岩石孔隙和分流注入水；微生物在岩石表面吸附能改变岩石孔隙表面的润湿性等。

微课 微生物采油的本领

2. 微生物代谢产物中的生物聚合物的作用

微生物代谢时产生的生物聚合物一般是聚多糖类物质，它可以阻塞大孔道，分流注入水，提高注入水波及系数；可增加水相的黏度，改善流度比；聚合物的吸附、滞留作用可降低水相渗透率，提高原油分流量。

3. 微生物代谢所产生的气体的作用

某些微生物在地层中代谢时会产生大量的气体，如 CO_2、CH_4、H_2S 等，它们可以提高地层压力，增加地层能量；溶于原油中可降低原油黏度，改善流度比；气体对原油的膨胀作用可以增加原油体积，提高原油的弹性能量；CO_2 等生成气体还可以溶解地层中的灰质物质及胶结物，增加岩石的孔隙度和渗透率。

4. 微生物对原油的降黏作用

有些微生物可以以烃为营养基剪断烃类主链或改变支链的结构而降解原油，降低原油黏度和凝固点；有些微生物代谢时产生的有机溶剂（醇类、酮类、醛类等）可溶解石油中的蜡和胶质，降低原油黏度，提高原油的流动性。

5. 微生物代谢产物中的有机酸的作用

微生物代谢时可产生酸类物质，如脂肪酸、甲酸、丙酸等，它们对岩石及胶结物中的某些物质有一定的溶解作用，从而增加岩石的孔隙度和渗透率。

6. 微生物代谢产物中的生物表面活性剂的作用

微生物代谢所产生的生物表面活性剂可以降低油水界面张力，改变岩石润湿性，分散、乳化原油等。

上述所给出的是从理论上分析微生物在油气藏中可能起到的作用，在具体的微生物驱油过程中，由于所选择的微生物种类的不同、营养物质的不同、地下油层岩石性质的不同，可能会有一个或几个作用起主导作用，要通过室内试验及试生产来分析确定。例如吉林油田扶余采油厂进行的微生物驱油（注入 CJF-002 菌）试验，起主导作用的就是代谢过程中所产生的生物聚合物的作用，作用原理如下：将 CJF-002 菌和营养液注入地层后，优先进入大孔道或裂缝中，在地层条件下生长繁殖，代谢的非水溶性聚合物就地吸附在岩石表面上，形成生物膜，地层中的大孔道或裂缝被部分或完全堵塞。当二次水驱油时，注入水进入孔隙中，会有部分生物聚合物被注入水携带运移，原来不能流动的水驱残余油，有一部分被挟带而流动，甚至将原来不流动的原油慢慢汇聚成片而流动，提高了注入液的驱油效率。另外，在一些大孔隙中产生的大量的聚合物也起到了选择性或非选择性封堵水流大通道的作用，使注入水改变水流方向，将先前不能到达的一些孔隙中的原油也驱替出来，提高了注入液的波及系数，从而提高油田的采收率。

三、微生物采油菌种

用于提高石油采收率的细菌菌种是微生物采油的关键，是地下发酵的工作主体。微生物采油就是将适当的菌种注入适宜的油层或用营养剂激活油层固有的微生物——内源菌，在地下发酵、繁衍过程中使原油性质改变并产生相应的代谢产物，从而提高石油的采收率。表 5-1 中列举了微生物采油常用的菌种及其代谢产物。

表 5-1 微生物采油常用菌种列表

序号	菌种名称	代谢产物/功能	好氧/厌氧/兼氧
1	黄单孢菌	生物聚合物	好氧
2	节杆菌	表面活性剂，降解 $C_{10} \sim C_{30}$ 的正构烷烃	兼氧
3	梭状芽孢杆菌	气体、酸类、醇类、表面活性剂	厌氧
4	脱硫弧菌	气体、酸类、还原硫酸盐	厌氧
5	芽孢杆菌	酸类、表面活性剂	兼氧
6	假单孢杆菌	表面活性剂，降解烃类	好氧
7	肠杆菌	气体、酸类	兼氧
8	布氏甲烷杆菌	甲烷	厌氧
9	棒状杆菌	表面活性剂	好氧
10	明串珠菌	生物聚合物	兼氧

从表 5-1 中可以看出，用于采油的微生物可以是好氧菌，也可以是兼性厌氧菌或厌氧菌。在微生物采油过程中，可以单独使用某一菌种，但为了发挥微生物的协同作用，更多的是使用配伍性好的混合菌种。表中只列举了几种常用的微生物菌种，而实际上，目前世界各国在微生物采油应用过程中发现和使用的能够用于采油的菌种远远不止这些。

注入油层的采油微生物必须具备以下的基本生物学特征：

（1）厌氧或兼性厌氧。在地层无氧条件下能生长繁殖并进行厌氧发酵，在地上有氧条件下也能生长繁殖。

（2）在油层温度和压力下、地层水含盐度和 pH 值等极端环境下能生长繁殖并代谢，且生长速度比油层本源微生物快。能在 50℃ 以上的温度及缺氧条件下生长的中度嗜盐细菌，是用于微生物采油最有力的竞争者。

（3）采油微生物最好能以油层中存在的烃类作碳源，能以储油层内的无机盐作为氮源或营养元素，以减少成本。

（4）必须与其注入油层的环境条件相适应，能在油层内运移，能生长繁殖，并产生有机酸、气体、表面活性剂、生物聚合物、有机溶剂等多种代谢产物。

在微生物采油过程中，应综合考虑菌种的选择作用机理与地层条件。不同的菌种有不同的作用机理，不同的地层条件应采用不同的菌种。只有在人们对菌种、作用机理和地层条件的认识达到统一的时候，微生物采油技术的应用才会取得满意的效果。

技能训练

一、微生物的认知

1. 实训目的

用肉眼直观观察微生物菌液及其代谢产物的状态，在显微镜下观察微生物的基本形态，了解微生物的有关基本知识。

2. 准备工作

微生物菌液及代谢产物、烧杯、菌种培养罐、恒温箱、显微镜等。

3. 操作方法

（1）用肉眼观察微生物菌液的形态。从微生物菌种培养罐中取出 100mL 菌液放入烧杯中，观察其形态，如图 5-1 所示。

（2）用肉眼观察微生物代谢产物的形态。取已经进行了代谢过程的菌液放入烧杯中，观察其形态。

（3）显微镜下观察微生物菌液。在玻璃片上加一滴微生物菌液，放到显微镜下观察微生物个体的形态，如图 5-2 所示。

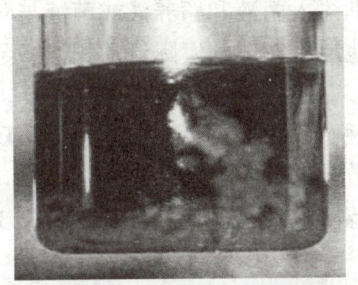

图 5-1　微生物菌液

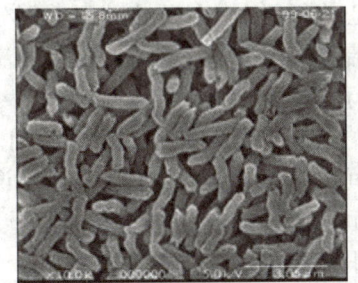

图 5-2　显微镜下微生物菌液形态

二、微生物提高石油采收率机理理解

1. 实训目的

比较直观地观察微生物驱油的效果，并为微生物驱油筛选合适的菌种。

2. 准备工作

准备工作以微生物驱油室内实验装置为核心，该实验装置主要由这样几部分组成：盛放微生物液体及营养液的中间容器、向岩心注入液体的驱替泵、岩心夹持器、压力显示及测量装置、流量计或量筒、恒温箱、向岩心夹持器环空打压的环压泵等，如图 5-3 所示。

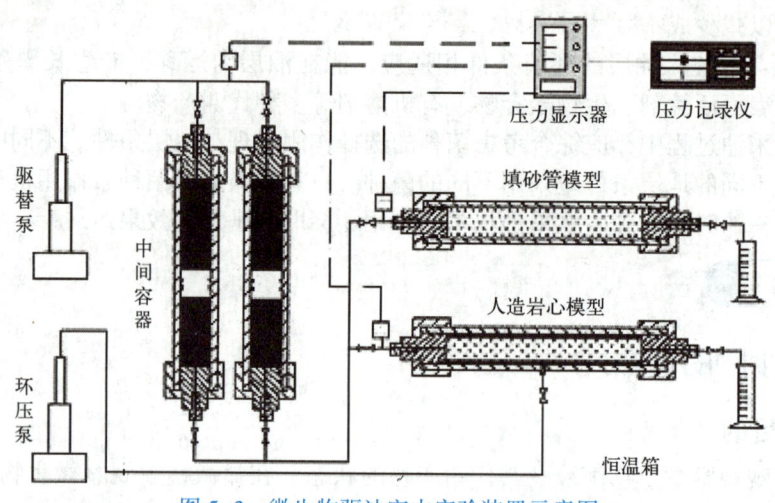

图 5-3 微生物驱油室内实验装置示意图

为了便于观察岩心中液体的流动状态，也便于实验的操控，一般采用人造岩心或填砂管模型来进行实验。

3. 操作方法

（1）岩心饱和原油和地层水，模拟地层内残余油和地层水的分布情况及饱和度数值。

（2）将岩心放入岩心夹持器中，拧紧两端压帽，连接好各部分之间的高压管线，开动环压泵密封岩心侧面。

（3）开启恒温箱，使实验装置处于模拟的地层温度下并保持到实验结束。

（4）将配制好的菌液和营养液加入中间容器内。

（5）开启驱替泵，在模拟的注入压差下将菌液和营养液注入岩心中。由于实验装置流程较短，岩心体积很小，注入方式可采用分段分别注入菌液和营养液或菌液与营养液同时注入。注入的流量应保持在使岩心中液体的流动与地层中液体的实际流动相似。可由油田开发生产数据进行测算。

（6）待岩心夹持器出口见到菌液流出且浓度稳定后，停泵，终止注入。恒温下处理一段时间（时间的长短根据微生物的生长代谢周期数据来确定）。

（7）中间容器内换成普通注入水，开泵，向岩心内注水，在岩心夹持器出口处计量排出的油的体积，直到无油排出为止。

（8）效果分析，用岩心内排出的油的体积计算采收率；对岩心进行解剖，在显微镜下观察岩心剖面上的油水分布情况，并与普通注水驱油进行对比。

三、微生物菌种及菌液的培养及观察

1. 实训目的

通过本训练，可以使学生了解菌液培养所需的设备，掌握微生物菌液的制备过程。

2. 准备工作

小型微生物菌液培养装置一套,包括菌液培养罐、烧杯若干、玻璃瓶若干、恒温箱、高温消毒设备等。

3. 操作方法

在确定了微生物驱油的方案后,即具体所用的菌种选定后,首先要在室内进行菌种及菌液的培养,使其在质量和数量上达到生产的要求。对于不同的菌种和数量要求,这一过程的步骤及生产条件会有一定的差异。以吉林油田扶余采油厂的微生物驱油试验所采用的菌液培养步骤为例进行分析。该步骤对应三级放大培养模式。目的菌 CJF-002 菌室内纯种培养如下:

(1) 冷藏原种复活;

(2) 原种划线纯化;

(3) 50mL 液体纯种培养(3个),培养条件为 1%葡萄糖、0.25%无机盐 120℃灭菌 20min,冷却至室温后接入纯种菌落摇匀,30℃恒温培养 14~20h;

(4) 5L 液体纯种培养(3个),培养条件为 1%葡萄糖、0.25%无机盐 120℃灭菌 20min,冷却至室温后接入纯种菌落摇匀,30℃恒温培养 14~20h,目的菌浓度达到 $10^8 cells/cm^3$ 以上;

(5) 0.5 方菌液培养(3个),首先对 3 个 $0.75m^3$ 菌液罐进行清洗、空消,按比例将营养液(1%葡萄糖、0.25%无机盐)倒入菌液罐内,加清水至 $0.5m^3$ 然后封闭菌液罐所有出入口阀门(通蒸汽口除外),140℃蒸汽灭菌 30min,冷却。接 3L 二级培养菌种。30℃恒温培养 14~20h,取样分析,目的菌浓度达到 $10^7 cells/cm^3$ 以上。

4. 注意事项

(1) 在菌种放大发酵过程中,CJF-002 菌代谢生成的聚合物,不利于目的菌繁殖。为了保证发酵液中目的菌的浓度,在菌种放大发酵过程中,要求向培养基中加入聚合物分解酶。

(2) 由于聚合物分解酶在高温下易失活,要求酶加入时间必须在培养基灭菌后冷却至 30℃后。

笔记

项目二　微生物采油工艺技术

任务一　微生物吞吐采油技术

知识目标

能准确说出微生物吞吐采油技术的实施过程。

技能目标

能按照标准为微生物吞吐采油技术选井选层。

素质目标

具有实事求是、敢于创新的精神。

视频　微生物采油工艺技术

工作过程知识

一、微生物吞吐生产过程

微生物吞吐采油技术是以单井为基础,将微生物菌液、营养液、顶替液从待处理的生产井井筒注入油层中,关井焖井一段时间,待微生物在地下生长繁殖、新陈代谢,对地下原油及油层产生作用后,开井采油,当油量下降到一定程度后,再进行下一轮次的注入,如此循环进行,又称周期性微生物处理技术。

微生物和营养液从生产井注入地层后,在关井期间微生物将在地层环境下生长、繁殖、代谢,将产生气体（CO_2 等）、有机酸、有机溶剂、生物表面活性剂、生物聚合物等代谢产物,由于有气体产生,地层压力增大,注入液和代谢产物将向地层深处运移,扩大作用范围。

开井生产以后,由于上述作用,井底周围地层中原油黏度降低,岩石渗透率增加,地层能量增加,油的流动能力增加,水的流动能力相对下降,将使油井的产量上升,地层残余油饱和度下降。

在开井生产过程中,有一部分微生物及营养液会继续留在地层中进行生长、繁殖和代谢的生化反应,为下一个吞吐周期提供基础。

微生物吞吐的方法生产工艺简单,便于人们操控,注入液的用量相对较少,生产周期短、见效快,在一个油田微生物采油试验的初级阶段一般多采用此方法。

由于微生物吞吐的注入和开采是在同一口井上进行的,微生物所能处理的地层范围较小,不宜进行长期的工业化生产。

二、微生物采油菌液的选择和培养

由于微生物吞吐的特殊性,首先应考虑所选菌种在地层条件下的繁殖、代谢到所需浓度时所需要的时间,以减少油井的关井时间,提高油井的利用率。

其次要考虑油气层的条件,分析影响原油产出的主要矛盾,根据主要矛盾来选择相对应的微生物菌种,如注入水是主要影响因素,则应选择代谢产物中生物聚合物较多的微生物,以利于封堵水窜;如原油性质(重组分多)是主要影响因素,则应选择对原油降解作用较大的微生物,以利于降低原油黏度,提高其流动性;如润湿性是主要影响因素,则应选择代谢产物中生物表面活性剂占主要成分的微生物,等等。

微生物采油菌种的选择还应考虑这样几个方面:(1)尺寸小、繁殖快;(2)厌氧;(3)耐高温;(4)抗高压;(5)耐盐;(6)代谢产物中有气体、酸、溶剂、表面活性剂、聚合物等。

油田矿场上,在选定好采油菌种后,可以从专门的公司购买制备好的菌液,也可自行规模化生产,根据注入方案来确定菌液的用量。图5-4所示为现场规模化生产车间中的菌液培养罐。

图5-4 菌液生产车间的培养罐

三、微生物采油营养液的选择和制备

微生物采油的很多功能都是通过微生物的代谢来实现的,而微生物的代谢是以消耗营养物质为基础的,在我们向地层注入微生物以后,地层内原生的营养物质一般不能满足微生物代谢的需要,为了保证微生物代谢在地下的正常进行,就需要我们向地下注入足量的营养液。

营养液的选择应从以下几个方面来考虑:
(1)代谢产物符合设计方案的要求。
(2)注入较小的数量即可由微生物代谢产生较大数量的代谢产物。
(3)注入地层后不与地层岩石及其中流体发生其他反应。
(4)黏度不能太大。
(5)分子结构及尺寸不能太大。
(6)来源广、成本低。

在实际操作中,一般要经过多轮的室内和地下对比实验才能筛选出比较合适的营养液。

现场实际的营养液的制备一般都采用规模化生产，根据注入方案来确定营养液的用量。图 5-5 所示为现场规模化生产车间中的营养液培养罐。

图 5-5　规模化生产车间中的营养液培养罐

四、菌液、营养液、顶替液用量的确定

1. 微生物采油菌液用量的确定

微生物采油菌液用量确定的主要依据是室内模拟实验的结果，如果有前期矿场实验资料，可由二者结合来确定。例如吉林油田扶余采油厂 2007 年在东 12-3 区块进行的 25 口井微生物注入试验就是根据工业化试验方案的要求，结合微生物培养站的生产能力，分三轮注入，每轮注 7~10 口井。根据室内实验结果，要求单井注入菌液量大于 1~1.5m³/d，注入井口菌液浓度高于 $1×10^6$ cells/mL，杂菌浓度低于 $1×10^3$ cells/mL，菌液注入时间少于 1h。

2. 营养液用量的确定

营养液浓度及用量的确定的原则以室内实验数据和前期矿场实验结果为依据。表 5-2 为扶余采油厂 2007 年现场试验效果对照表，据此确定在 2007 年的现场注入过程中，要求注入液中总糖浓度高于 5%，按微生物培养站中玉米糖化液中总糖浓度为 23%、试验区单井注水量 30~60m³/d 计算，营养液注入量为 6.5~13m³/d。

表 5-2　现场试验效果对照表

实验区块	24—26	24—26	20—23	12—28	50—20
单井日配注量,m³	25.00	25.00	20.00	25.00	45.00
单井日注营养液量,m³	2.50	2.50	2.00	4.00	5.00
糖蜜浓度,%	65.00	55.00	55.00	24.00	24.00
注入液中糖含量,%	6.50	5.50	5.50	3.84	2.67
单井增油量,t	1458.00	774.00	435.00	250.00	50.00

3. 顶替液的选择及用量的确定

选择顶替液的原则是不应含有影响注入地层内的菌液和营养液的杂菌及其他有害物质，根据室内实验及以往矿场试验结果，一般用清水即可，因油田注入水中多掺有联合站污水，一般不宜作为顶替液。必要时可加入无机盐，以增强菌液和营养液的稳定性。一般是在实验区块内直接打 1~2 口水源井。

在营养基与菌液注入结束后即开始注入加无机盐的清水，注入速度等同于原注水井的注水速度。注入量与原配注量相同，直到下一轮菌液和营养液的注入。

五、微生物吞吐选井原则

由于微生物采油的成本较高，所以一般选择用其他采油方法产量都非常低的井，同时还应考虑以下因素：

（1）井底附近地层区域内含有一定量的残余油可供开采。
（2）原油中含有较多的重组分如石蜡、沥青质等。
（3）油井有一定的含水。
（4）油层的地质条件（孔隙度、渗透率、孔隙结构大小、地层压力、地层温度等）适合于微生物开采。
（5）具有完好的井身结构和完善的井口装置。

六、微生物吞吐注入方式

微生物吞吐在实际生产中多以生产井的油套环形空间为注入通道，可以有以下几种注入方式：

（1）一次性混合注入，将菌液和营养液一次性地通过油套环形空间注入地层，然后关井处理地层一段时间，再开井生产。
（2）多次混合注入，将菌液和营养液分批、多次地通过油套环形空间注入地层，然后关井处理地层一段时间，再开井生产。
（3）不关井注入，将菌液和营养液分批、多次地通过油套环形空间注入地层，不关井。

在实际操作中采用何种注入方式，应根据具体的地层和菌液的性质来确定。例如吉林油田扶余采油厂进行的微生物吞吐试验采用的就是油套环形空间一次性混合注入。

技能训练

一、营养液的制备

1. 实训目的

了解营养液制备所使用的设备，掌握营养液制备的方法和操作步骤。

2. 准备工作

营养液制备储罐、高温蒸汽灭菌设备、烧杯、检测仪器等。

3. 操作方法

由于注入方案和选择菌种的不同，不同的区块微生物驱实验所选择的营养液是不同的，而不同的营养液的配制方法是有差别的。以吉林油田扶余采油厂微生物驱实验所用的营养液为例，来说明其配制的一般方法。

（1）对所使用的容器及用品进行高温蒸汽消毒 20min 以上。
（2）将玉米淀粉、淀粉酶、糖化酶、水按事先设计的比例混合加入营养液培养罐中。
（3）在恒定温度（按营养液反应要求设定，可通过向罐中注蒸汽实现）下进行淀粉的糖化反应。

(4) 定时进行罐内液体糖浓度的监测。

(5) 待罐内液体中的总糖浓度达到设计值（一般应在 20%~25%）后，即可装车送到作业现场使用了。

二、微生物吞吐模拟训练

1. 实训目的

通过此项训练，了解微生物吞吐的基本工艺原理，了解注入设备的结构及工艺流程，掌握注入过程的操作方法，能独立完成各操作岗位的工作。

2. 实训准备

微生物吞吐注入（或模拟）设备一套：柱塞泵、运送液体罐车若干台、各种连接管线和阀门、便携式高温蒸汽发生器，各种专用工具、生产井（或模拟井）井口等。

3. 操作方法

(1) 设备进入现场，按流程图（图 5-6）所示位置摆放。

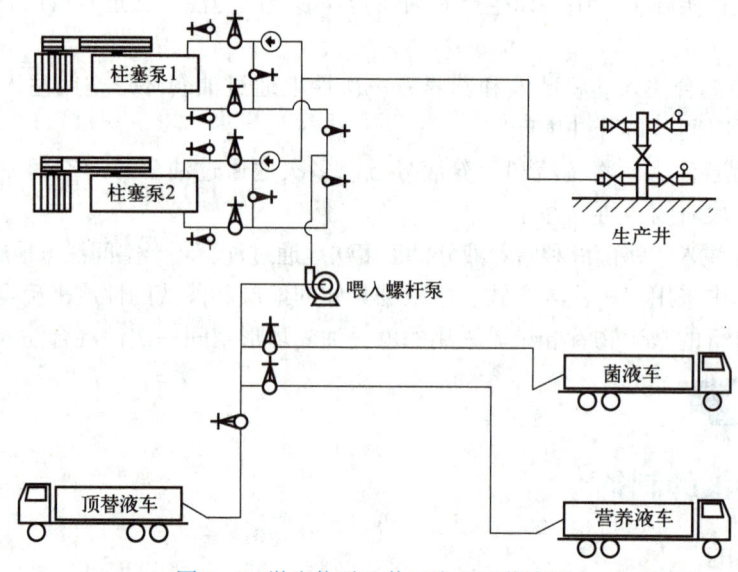

图 5-6　微生物吞吐井口注入工艺流程

(2) 连接管线，用便携式高温蒸汽发生器对整个管线及其附属的阀门等进行高温灭菌，以防止杂菌的影响。

(3) 开启柱塞泵，打开连接菌液和营养液的阀门，将菌液和营养液混合注入地层。

(4) 菌液和营养液注完后，打开连接顶替液的阀门，向井中注入顶替液，注入的数量为井筒油套环空的 2 倍以上。

(5) 注入结束，停泵，拆卸管线，设备离开现场。

(6) 关井一段时间（视微生物性能、室内试验结果及井下地质条件确定，一般为几天），微生物处理地层。

(7) 开井生产，记录各种生产数据，分析效果。

任务二　微生物驱油技术

知识目标

（1）能准确说出微生物驱油区块的选择方法。
（2）能准确说出微生物驱油的注入工艺流程。

技能目标

会进行微生物驱油的模拟操作。

素质目标

能按"三老四严"要求做人、做事。

工作过程知识

微生物驱油是以井组为基础，从注入井向地层注入微生物菌液和营养液来处理地层，从采油井采出微生物驱出的原油。大多数情况下利用井网中原有的注水井作为注入井。其菌液及营养液的选择及制备方法和微生物吞吐采油工艺相同。

一、微生物驱油区块的选择

1. 选取原则

一般情况下，微生物驱油油藏区块的选择可遵循以下原则：
（1）孔隙度、渗透率、饱和度及地层温度等条件适合微生物繁殖；
（2）储层发育状况及开发水平、注采井网、井距有代表性，具有推广应用价值；
（3）注采系统较好，地下注采关系明确；
（4）井网完善，井况良好；
（5）试验区位于纯油区且经过长时间水驱，已建立注采关系，油井含水高，但剩余油较多，有提高采收率的余地；
（6）地面条件较好。

2. 具体案例

吉林油田扶余采油厂2006年微生物驱油工业化试验选择扶余油田东区东12-3井区作为试验区。

1）油藏条件

通过培养条件及影响因素实验分析，CJF-002菌的适宜培养温度为20~37℃，最佳温度30℃；适宜pH值范围是7.0~8.5，生长代谢受地层水矿化度、烃类的影响不大，在微孔隙内可以生长良好并产生聚合物；与扶余油田地层原生菌的竞争能力强，具有很好的油藏适应性。试验区油层温度30.8℃，适合于目的菌的生长。原始地层压力为4.4MPa，与整个扶余油田相同，具有一定的代表性。

2）储层条件

试验区油层中部深度363m，油层平均砂岩厚度62m，平均有效厚度17m，平均射开厚度

31m，平均渗透率为 $273×10^{-3}\mu m^2$，平均孔隙度为 26%，储层物性与整个扶余油田及前期试验区块储层性质一致，目的菌可以顺利运移。而且储层连通较好，尤其主力油层分布稳定。

3）井网井距

2001年、2002年试验区井网为两排夹三排线状注水井网，注采井距70~150m；2004年现场试验区井网为两排夹两排，注采井距70~150m。通过井网论证认为扶余油田比较适合井网为两排夹三排、两排夹两排。试验区东12-3区块为两排夹三排线状注水井网，注采井距为75~150m，与前期试验井网相同。通过前几年的现场试验研究认为，注采井距和井网格局对试验效果不会造成影响。因此试验区注采井网、井距适合于现场试验。并且在扶余油田具有一定的代表性。

4）试验区井况

试验区井况相对较好，该区块在1996年至2001年通过井网调整，而且2004年至2005年对一些报废井、补打更新井进行井网完善，因此井况相对较好，井网完善。通过分析认为东12-3区块油藏条件、井网条件等适合于微生物提高采收率，而且在扶余油田具有很好的代表性。因此该区块被确定为下一步工业化推广试验区。

二、微生物驱油的注入设备

1. 现场工艺对微生物驱注入成套设备的要求

（1）现场频繁移动，设备要橇装化，结构要紧凑，符合运输要求。

（2）微生物驱注入三种介质：菌液、营养液、顶替液，既要满足同时按比例注入，也要满足某两种介质按比例注入，既可以同时注入，也可以单独注入。比例按需要调节，调节要方便，注入要稳定。

（3）提高注入效率，在配水间注入，实现1~5口井的同时连续注入，注入压力要实现恒压控制、注入流量实现可调控制。

（4）注入量调整范围大，调整幅度为 $3~14m^3/h$。

（5）注入泵的最高注入压力 10MPa。

（6）设备野外工作，必须系统考虑供电、值班休息等。

（7）菌液、营养液采用专用罐车从培养站运输到现场，无机盐溶液现场配制，水源为地下清水。

（8）自带橇装变压器供电。

（9）要多接口设计，菌液、营养液管线要方便冲洗和实现闭路循环，避免杂菌滋生。

2. 微生物驱油注入设备

以吉林油田扶余采油厂微生物驱油所用设备为例进行介绍，工艺流程简图如图5-7所示。

1）化学辅助药剂混合溶解橇块

按照工艺要求，化学辅助药剂即各种无机盐溶液的混配在注入现场完成。方案设计分散溶解装置和溶解罐安装在一个橇块上。分散由一套简易的水射流分散装置完成，实物如图5-8所示。射流动力来自小型离心泵，水源为溶解罐中的水。溶解罐有效容积为 $20m^3$，长方形结构，有效利用空间。

无机盐颗粒投加采用地面人工投放的方式。该部分的设计特点是：溶解罐中另行设计一

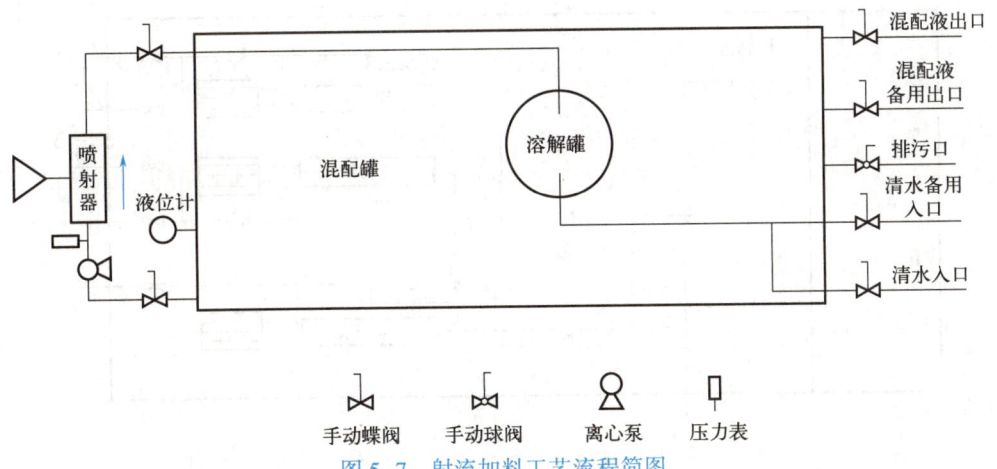

图 5-7 射流加料工艺流程简图

个容积为 0.5m³ 的底部密封的筛网式容器，射流后水粉混合液体和水源井来水直接输送到该容器内，依靠水流的动力冲刷及离心泵的循环作用实现大颗粒料的充分溶解。

将事先人工粉碎好的干粉倒入到加料斗，加料斗里安装有可以取放的过滤筛网，过滤后的药剂（直径<10mm）直接进入射流器。溶解罐中的水流经手动蝶阀、经过离心泵增压后（压力为 0.8MPa），再由喷射器高速喷出，形成局部真空，携带投放的无机盐药剂干粉，强制混合后，流经手动蝶阀，输送到溶解罐中的筛网式容器，与水源井输送来的清水再次混合，经筛网式容器的过滤网过滤后进入溶解罐中，未溶解的无机盐药剂颗粒存放在筛网式容器中，经过多次循环冲刷，直到颗粒药剂完全溶解。

图 5-8 射流加料装置

2）喂入及监控橇块

喂入及监控橇块为整体橇装高强度板房结构，顶部吊装，集中底部排污。板房从空间上一分为二，一部分为喂入设备间，一部分为监控值班室。喂入设备间有分别以菌液、营养液、无机盐溶液为输送介质的喂入螺杆泵三台、仪器仪表、PLC 自动控制柜等。出口设计回流流程，出口汇管安装安全阀。菌液、营养基进口均设有三通及配套阀门，各安装排气阀一套。在倒罐前进行排空操作，以保证喂入和注入的连续，避免空气进入管线及后续的注入泵内，避免振动和其他故障的发生。

工艺流程图见图 5-9，从菌液罐、营养液罐输出的菌液、营养液以及从"化学辅助药剂分散溶解橇块"输出的无机盐溶液分别经过各自的手动球阀以及过滤器，再经过螺杆泵增压后，流经流量计、手动阀门，输送到注入泵的入口汇管。由 PLC 控制完成三种液体的按比例喂入。

3）高压注入橇块

高压注入部分用注入泵采用 3ZJ—7.5/10 柱塞泵，出口压力 10MPa（图 5-10）。该橇块（图 5-11）的设计特点是：采用两台泵并联工作，当注入量为最小排量时，泵停一用一，加大了注入量的调节范围和提高注入效率，满足 3~14m³/h 注入量的调节要求。注入泵的进

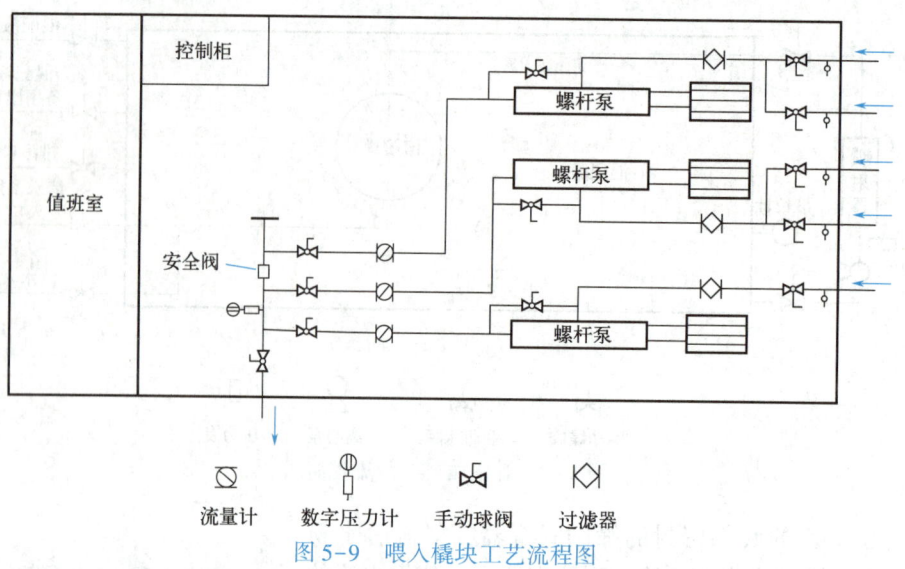

图 5-9 喂入橇块工艺流程图

出口设计为双接口，其中一个接口与流程相连，另一个接口为工艺应急使用。进出口之间设置连通阀门，便于注入泵高压启动时降低载荷。泵的出口安装高压单流阀。

图 5-10 柱塞泵

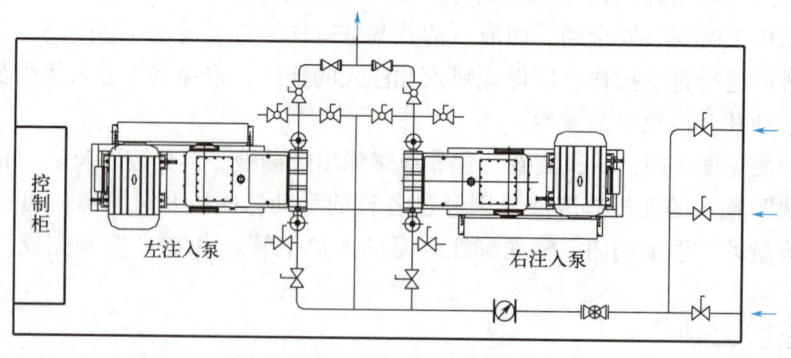

图 5-11 高压注入橇块流程图

4）营养基及菌液拖车

营养基和菌液罐在运输过程中应避免杂菌的滋生，并能够满足周期蒸汽灭菌的需要。罐内壁粗糙度0.4，设计工作压力0.3MPa，工作温度120℃，罐容积12m³。

拖车（图5-12）设计采用双桥式结构，前后桥转向均采用双胎式，前桥选用13t级转向桥，后桥选用中后13t级载重桥，悬架采用钢板弹簧式结构，整车制动采用断气制动方式，转向桥前端采用三脚架式结构，可以实现与拖拉机的拖拽、牵引。

5）变压器橇块

移动箱变压器橇块采用欧式箱变结构，顶部起吊方式，与常规同容量的箱式变电站相比，占地面积仅为常规变电站的1/3～1/5。箱变设计容量125kVA，用于6kV配电网络。由高压开关柜、低压配电柜、配电变压器及外壳四部分组成。箱体采用隔热通风结构，设有上下通风的风道。各独立单元装设照明系统。具有成套性强、体积小、强度高、结构紧凑、安装接线简单、运行可靠、搬运方便，操作安全等特点。

图5-12 营养液及菌液拖车

6）移动式值班房

移动式值班房是现场施工和操作人员值班和休息的场所。分值班、休息、办公区和生活区。值班、休息、办公区配备空调、办公桌椅、床。生活区配备简易的餐具。

7）工艺系统配电与连接

整套系统的配电控制柜安装于注入橇块上。设备橇块各控制柜之间的连接电缆全部采用密封插接方式，整套设备可以实现快速组装和拆分。

8）自动控制与上位监视

自动控制设计本着独立控制、分散风险、就近操作的原则。化学辅助药剂混合溶解橇块、喂入及监控橇块、注入橇块的控制各自由PLC控制完成，显示由液晶触摸屏终端和工控机两级显示。控制柜分别安装在各自的板块上。

化学辅助药剂混合溶解控制柜实现了对射流用离心泵和潜水泵的控制，可以对溶解罐高、低液位显示，具有高低液位报警功能。

喂入橇块控制柜实现了三种介质恒压按流量比例喂入功能，实现了输出压力、流量比例参数置入与修改、液晶显示等功能。

注入控制柜实现了工作注入泵注入压力的选择、输出压力参数的置入与修改、限流量恒压控制、高压报警、高低流量限制，单台闭环控制或两台变频器叠加闭环控制、液晶显示等功能。

计算机监控方面，监控值班室内安装工控机一台，工控机固定在操作台上，方便移动，设置桌椅一套。工控机通过C-NET网络和PLC通信，实现以下功能：

（1）现场采集、监测喂入出口汇管的压力以及菌液、营养液、无机盐溶液的流量值，高压注入泵出口的压力和注入泵进口流量值；喂入装置的流量及比例关系，注入装置出口压力值等参数在授权的情况下可以在监控计算机画面上进行设置、修改、显示，并参与控制；整个系统进行组网监控，动态显示工艺流程中设备的工作情况、各运行参数并具有故障报警功能。

（2）实现数据采集、存储管理，实现系统报表、曲线的自动形成和输出，实现资料数据的在线查询，包括运行流程查询、数据查询、相关图形查询、历史数据查询等。

三、微生物驱油的注入工艺流程

微生物驱油现场施工工艺流程如图 5-13 所示。

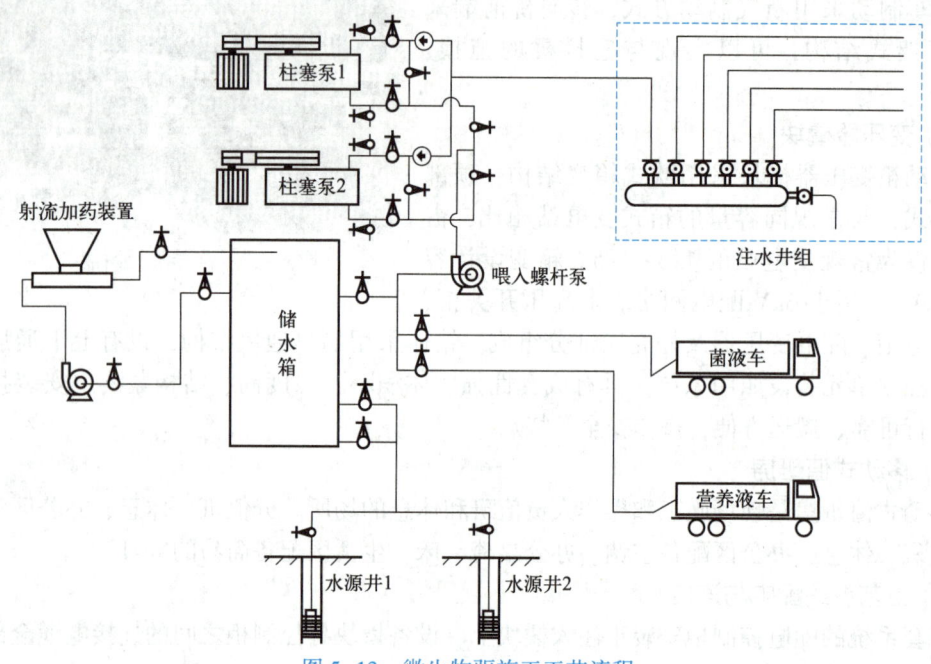

图 5-13　微生物驱施工工艺流程

微生物现场注入工艺确定为井组橇装式注入工艺，即利用罐车将菌液和营养液运至试验井组，通过快速接头与现场注入泵连接，直接进入配水间注水管线中，通过原注水管线到达注水井井口，通过注水井进入地层。

采用段塞式注入方式，即每天首先注入菌液，再注入营养液。营养液注入的同时，必须伴随无机盐的注入，营养液与菌液注入结束后注入加无机盐的清水，注入速度等同于原注水井的注水速度。

1. 操作方法

（1）各种设备进入场地，按工艺流程图（图 5-13）所示位置摆放，连接好所有的电线、信号线等。

（2）菌液、营养液运输专用车进入场地指定位置，用快速接头连接好管线。在连接管线时要用便携式高压蒸汽发生器对所有的管线内外进行杀菌消毒。

（3）开启高压柱塞泵和喂入螺杆泵，将罐车内的菌液通过配水间的管汇注入注水井井底地层中，直至达到预定的数量为止。

（4）开启连接营养液罐车的阀门，由高压柱塞泵将营养液注入地层，直至达到预定的数量为止。

（5）在注营养液的同时，开启射流加药装置，向地层内一同注入无机盐。

(6) 注营养液结束后，开启连接清水罐的阀门，向地层注入清水。

(7) 如此往复，每天进行一轮菌液和营养液的注入，直到方案结束为止。

2. 操作要求

(1) 试验井微生物注入试验前，先连续注入清水 6~7d，日注水量等同于注水井正常配水量。微生物注入试验结束后，要求继续注入清水 24h 之后再恢复正常注水。

(2) 必须做好施工前的一切准备工作，设备运转正常，人员到位，等待施工。

(3) 装菌液车、营养液车及所使用管线等设施，均能彻底排空，并在使用前彻底清洗和严格高温蒸汽灭菌。

(4) 柱塞泵、注水泵等各有关连接管线不刺不漏，试验应尽量采用密闭流程，严格按照规程和工艺操作施工。

(5) 试验井注水量、注水方式及注入状态始终保持不变；并且要求试验井井口阀门齐全，不刺、不漏。

(6) 为了便于对比和评价试验效果，微生物连续注入试验前后周围监测油井的工作制度及生产状态始终保持不变。

(7) 现场注入过程中，如发现注入压力上升或其他情况，影响设计注入量的注入，必须及时通知有关部门，经研究确定后进行调整。

3. 安全要求

(1) 全部设备流程使用前均需彻底清洗及消毒灭菌（包括菌车、注入泵、连接管线等），注入泵及井口各种注入连接管线不刺、不漏。

(2) 要求严格按照规程操作，并采取有效的劳动保护措施，防止机械及物理化学损伤。

(3) 试验采用密闭流程，防止菌液、培养液外溢及对环境的污染。

(4) 试验全部结束之后，对所有的运输设备、注入设备、泵房等进行彻底的清洗，能进行高温灭菌的都要进行高温灭菌。

四、微生物驱油的注入方式

由于目前微生物驱油仍处于试验阶段，下面的几种注入方式还不完善，各油田的现场试验都有很多的不同。

(1) 管线混合注入：在菌液培养站与注入井之间敷设管线，将混合好的菌液和营养液通过管线注入井底地层，然后用顶替液顶替。此方式的优点是工艺简单，容易操作。缺点是长距离管线易滋生杂菌；需敷设管线，施工成本高；微生物利用率低。目前该方式已很少用。

(2) 管线分别注入：菌液由培养站通过管线注入，营养基在配水间注入，然后注入顶替液。此方式的优点是菌液与营养液在井下混合，利用率高。缺点是长距离管线易滋生杂菌；需敷设管线，施工成本高。

(3) 井口注入：菌液和营养基由橇装式注入设备，在注水井井口分别注入。此方式的优点是工艺简单、容易操作，菌液与营养液利用率高。缺点是需要专业的橇装式注入设备，成本高，在小范围使用尚可，不适合工业化推广应用。

(4) 配水间脉冲式注入：菌液和营养基通过配水间的注水管线段塞注入。此方式的优点是工艺简单、容易操作，菌液与营养液利用率高；可利用原有设备，成本低，适合工业化推广应用。

五、注入压力和注入时间的确定

1. 注入压力

要在室内进行注入菌种的耐压敏感性试验，如菌种对压力不敏感，注入压力在小于油层破裂压力的范围内均可。如菌种对压力敏感，则应确定出压力上限，以在注入的时候注入压力不超过此上限压力，确保菌液不被破坏；如上限压力太小，不能满足注入的需要，则应重新选择菌种。

2. 注入时间

目前还没有可靠的理论分析或数值模拟软件来确定合适注入天数，一般是根据前期的注入试验来确定注入时间，例如2007年进行的吉林油田扶余采油厂微生物驱工业化试验中就是结合2001—2005年的现场试验结果，将微生物驱过程中菌液和营养基的注入天数定为60d。

六、微生物驱油现场监测

微生物驱油方案实施以后，主要的监测环节有四个方面。

（1）目的菌的生产环节：目的菌的质量至关重要，为确保在目的菌的放大发酵及装车等各环节不出现问题，要求每天在目的菌放大发酵培养的各环节进行取样分析，发现问题，及时解决，杜绝杂菌污染。

（2）营养基生产环节：对营养基成品要定时取样，检测糖浓度、菌浓度、酸值等各项指标。

（3）注入环节：对现场注入过程中菌车内及营养罐内的菌浓度、糖浓度、酸值以及注入水水质等各项指标定期抽检，并分析其对生产井动态的影响；现场施工过程中对注入压力进行密切监测，一旦发现压力大幅度上升，立即进行分析，采取相应措施。

（4）生产井产出环节：定期抽检（1次/10d）产出水中菌浓度、糖含量（包括糖浓度及聚合物浓度）、有机质含量、pH值、矿化度、六项离子等参数的变化。

除上述检测环节外，还要根据油藏情况及生产区块动态反映的实际情况，合理安排注水井、生产井在微生物注入前后分别进行吸水剖面、产液剖面、地层压力等情况的测试，以便对微生物注入效果进行客观、合理的评价。

七、微生物驱油安全环保要求

微生物驱工业化试验实施过程中应遵守国家、地方政府已颁布的有关安全、环境保护的法律法规和有关条例，依据工程项目的环保要求，落实各项预防污染措施。

微生物现场实施过程中的安全环保点源主要包括微生物培养站菌种生产过程中的高温、高压；污水及菌液的排放；糖化车间高温、淀粉粉尘对人体伤害及粉尘浓度过高遇明火爆炸；锅炉；菌液及营养基运输；现场注入等。为了确保该项目在实施过程中安全、环保，要求各单位在施工过程中严格按照安全环保要求进行操作。

（1）各车间建立操作规程，建立应急预案，对工人进行岗前培训，要求工人持证上岗。

（2）掌握各岗位安全生产动态，发现隐患要及时消除，暂不能消除的应采取措施，并立即向上级报告。

(3) 施工过程中，要求每天检查注入设备，严控运输、注入设备泄漏。

(4) 运菌液罐车清洗必须在培养站进行，污水并入培养站污水系统，统一处理，运菌液的罐车严禁在非指定地点排放菌液。

(5) 全部设备流程使用前均需彻底清洗及消毒灭菌（包括菌车、注入泵、连接管线等），注入泵及井口各种注入连接管线不刺、不漏。

(6) 要求严格按照规程操作，并采取有效的劳动保护措施，防止机械及物理化学损伤。

(7) 试验采用密闭流程，防止菌液、培养液外溢及对环境的污染。

(8) 发生事故时，要及时采取措施，防止事态扩大，应积极抢救，保护好现场，并立即向上级汇报。

(9) 试验全部结束之后，对所有的运输设备、注入设备、泵房等进行彻底清洗，能进行高温灭菌的都要进行高温灭菌。

笔记

项目三　微生物采油效果分析

知识目标

能准确说出微生物采油效果分析的内容。

技能目标

会对微生物采油的效果进行分析。

素质目标

具有严肃认真的工作态度和精益求精的工匠精神。

视频　微生物采油效果分析

工作过程知识

在实施了微生物采油项目后,需要及时对其效果进行分析,能定量分析的项目要定量分析,无法定量分析的项目要进行定性分析。现以微生物驱油项目为例,介绍微生物采油效果分析的一般方法。

一、微生物驱油效果分析的内容

微生物驱油整体方案的实施情况及整体效果。应对此进行完整分析和评估。

微生物驱油的阶段性效果,主要包括以下内容:

(1) 生产井的产液量、产油量变化情况;
(2) 油井含水变化情况;
(3) 注入井周围生产井见效情况;
(4) 见效井的分类;
(5) 吸水剖面变化情况;
(6) 产液剖面变化情况;
(7) 微生物对储层物性的改造情况;
(8) 平面上的注水波及系数变化情况;
(9) 对储层裂缝的封堵情况;
(10) 地层压力变化情况;
(11) 可采储量的变化;
(12) 地层原油性质的变化;
(13) 经济效益分析;
(14) 存在的问题。

微生物驱油效果分析的重点及主要工作是上述的阶段性效果分析,它涉及的内容很多,也是我们学习的主要内容。

二、微生物驱油效果分析所需的原始资料

（1）注入参数，主要包括微生物菌液性质参数、营养液性质参数、顶替液性质参数、注入压力和排量、注入方式等。

（2）注入前区块的地质、开发现状的有关参数，主要包括区块内的注采井数、面积、地质储量、产液量、产油量、地层压力、含水率、采出程度、孔隙度、渗透率等。

（3）注入后的生产数据，主要包括单井日产油量、单井日产液量、单井日注入量、含水、油压、生产曲线、油井产量构成柱状图、反映吸水剖面变化的测井曲线、示踪剂监测数据、地层压力等。

（4）成本费用数据，主要包括各种注入液的成本、设备的折旧、累积注入量、人工费用等。

对于微生物驱油效果分析能否进行得准确和实用，上述资料的准确与否十分重要，所以在整个微生物驱油生产过程中一定要注意资料的积累和保存。

三、微生物驱油效果分析实例

以吉林油田扶余采油厂2008年微生物驱油试验效果分析为例进行叙述。

1. 方案情况及实施要点

1）2008年微生物驱规划方案

全年共规划实施30口井，选择在某队井网较完善，井况较好，相对较封闭的区块进行。区块含油面积1.7km²，地质储量385×10^4t，辖区有油井150口，水井43口，平均单井日产液8.5t，日产油0.7t，含水率91.1%，地层压力2.2MPa，采出程度24%。

截至2008年11月底，全年的30口井现场施工任务全部完成。截至12月底，井口已累增油7573t，平均日增油25t。辖可评价油井146口，油井见效率为77%。累计减少产水量6974m³。

2）注入方案要点

（1）注入周期。

30口水井，两种周期（90d和60d）。

（2）注入参数。

① 微生物介质（菌液+营养液+无机盐水溶液）注入量与原注水方案配注量一致。

② 注入速度与原配注瞬时流量相当。

③ 现场注入目的菌浓度高于1×10^7cells/mL。

④ 杂菌浓度低于1×10^3cells/mL。

⑤ 营养液中总糖浓度高于23%。

⑥ pH值7~8。

3）注入方式

初期菌液、营养液、清水三个段塞注入，在第二批次后期调整为菌液+营养液+无机盐的小段塞注入。图5-14为注入方式示意图。

4）现场注入参数控制

（1）严格按单井方案要求的排量、压力注入。

（2）重点抓好菌液、营养液质量关键环节。

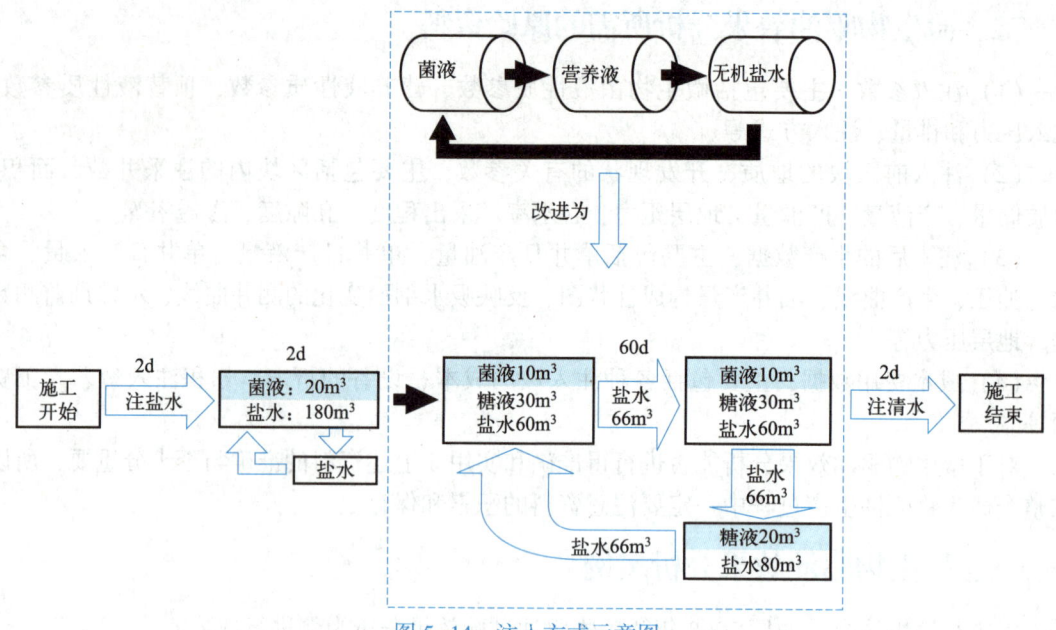

图 5-14 注入方式示意图

① 注入前对菌液和营养液进行温度检定。
② 注入前对每车菌液浓度进行取样，送研究院化验，评价菌液质量。
③ 现场检验每车营养液中糖浓度和 pH 值。
④ 每个段塞注入后，均用清水流程连续清洗管线，防止杂菌滋生。
⑤ 对不符合标准的菌液、营养基做返厂处理。
通过以上措施保证菌液质量，控制杂菌滋生。

2. 微生物驱实施效果

1) 2008 年微生物驱实施情况及效果

自 2008 年 2 月 26 日开始实施注入微生物工作，第一批次完成 2 个计量间共 9 口注水井注入，累计注入菌液 2745m³，累计注入营养液 5466m³，累计增油 3849t。

从 7 月 19 日开始进行 2008 年度的第二批现场注入，涉及 14 号间 12 排和 14 排的 10 口注水井，9 月 16 日结束注入，注 60d。共累计注入菌液 1171m³，累计注入营养液 4366m³，累计增油 2409t。

从 9 月 23 日开始进行 2008 年度的第三批现场注入，涉及 16 号间、18 号间共 11 口注水井，11 月 23 日结束注入，累计注入菌液 1154m³，累计注入营养液 3483m³，累计增油 1190t。

其中，部分注入井的生产曲线见图 5-15、图 5-16、图 5-17、图 5-18。

2) 阶段效果

本微生物驱油区块生产曲线见图 5-19，从图中可以看出：

(1) 产油量上升，含水下降明显。无效水得到有效控制。

(2) 注入油压上升，在注入过程中油压上升，上升幅度在 0.5~1.5MPa，注入结束后有所下降。

(3) 产液量平稳，可评价 146 口井中产液量上升井 62 口，平稳井 17 口，产液下降井 67 口。总体上产液量平稳。

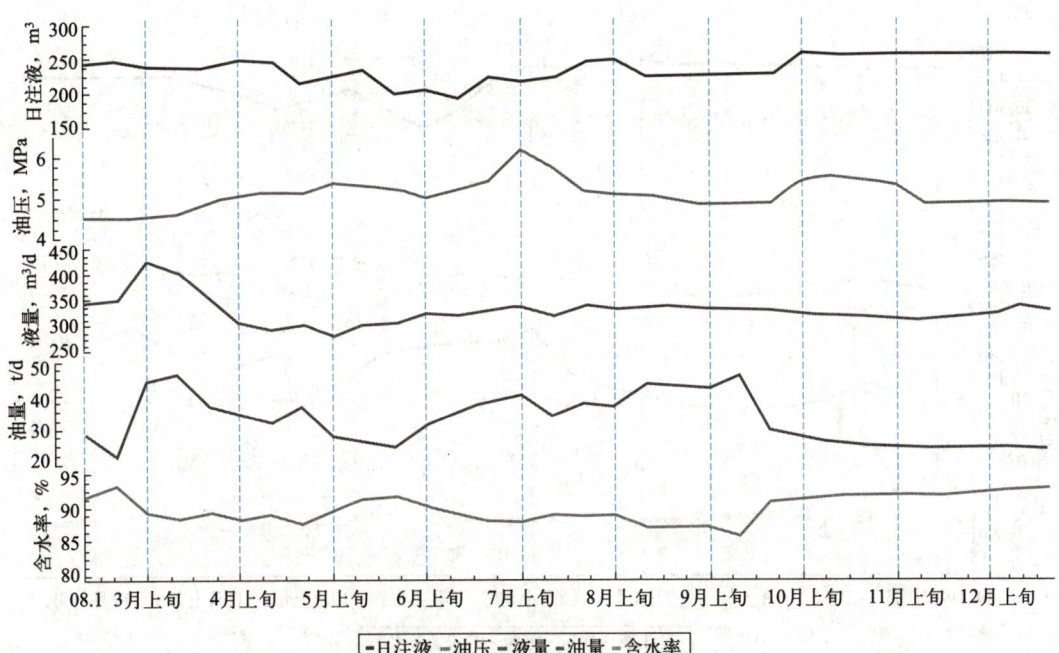

图 5-15　第一批五口井（90d 周期）生产曲线（软件截图）

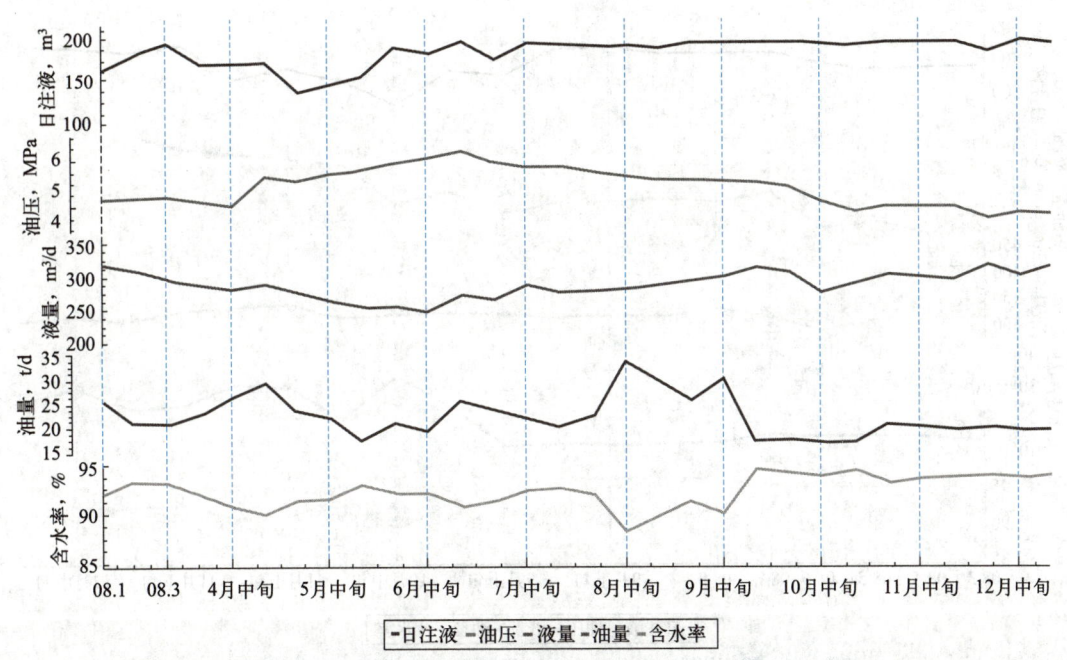

图 5-16　第一批四口井（60 天周期）生产曲线（软件截图）

（4）含水下降，统计可评价的 146 口井，含水下降井（下降在 3 个百分点以下）83 口，占统计井数的 56.8%，含水平稳井 22 口，占统计井数的 15.1%。

（5）产油量上升，注入的 30 口水井高峰期日增油 54t，井口累计增油 7573t。

① 一线油井普遍增油，呈现有效井数多，单位增油量小的特点。

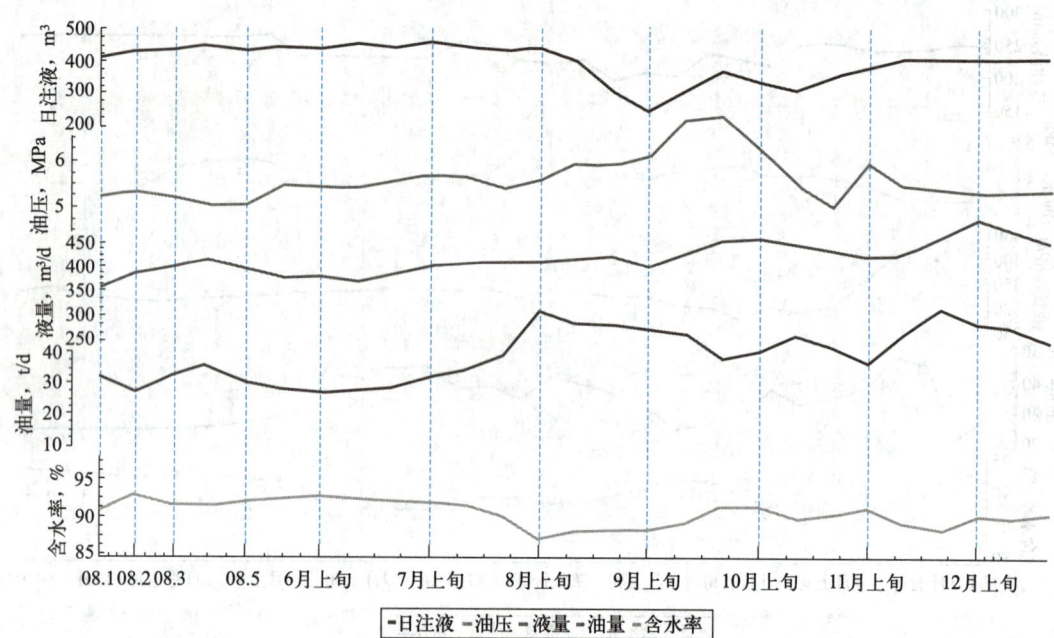

图 5-17　第二批十口井（60 天周期）生产曲线（软件截图）

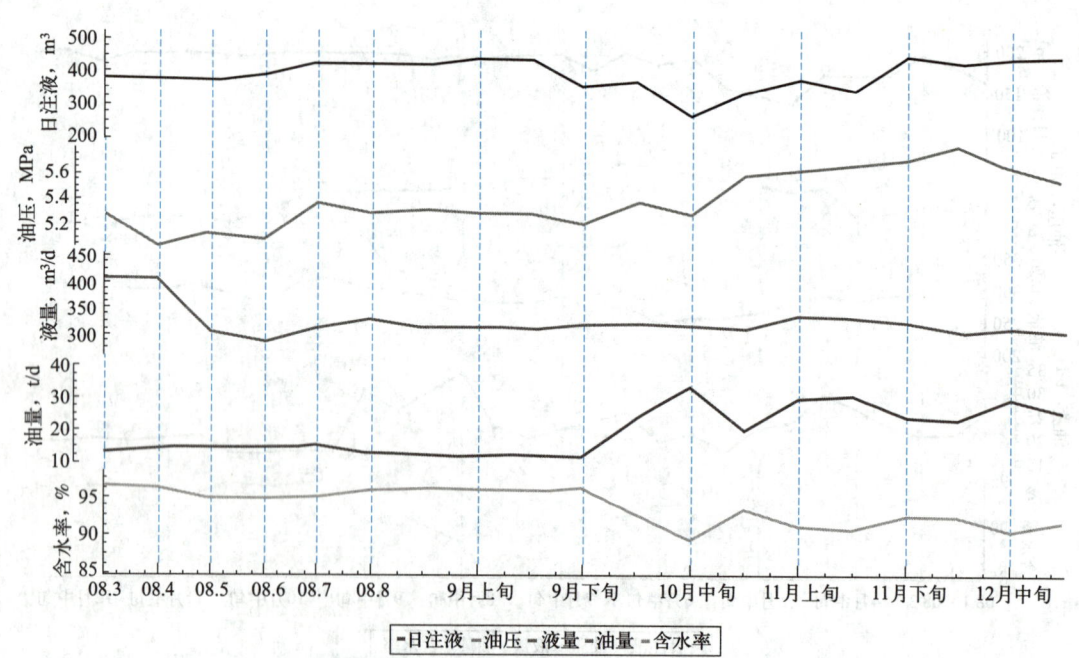

图 5-18　第三批十一口井（60 天周期）生产曲线（软件截图）

可评价油井 146 口，有效井 116 口，有效率 79%，平均单井井口累计增油 52t，平均单井日增油在 0.3~0.5t 之间。

② 高含水、高产液井增油显著。

统计第一、二批次注微生物区块注采关系敏感井，累计增油比例高（表 5-3）。

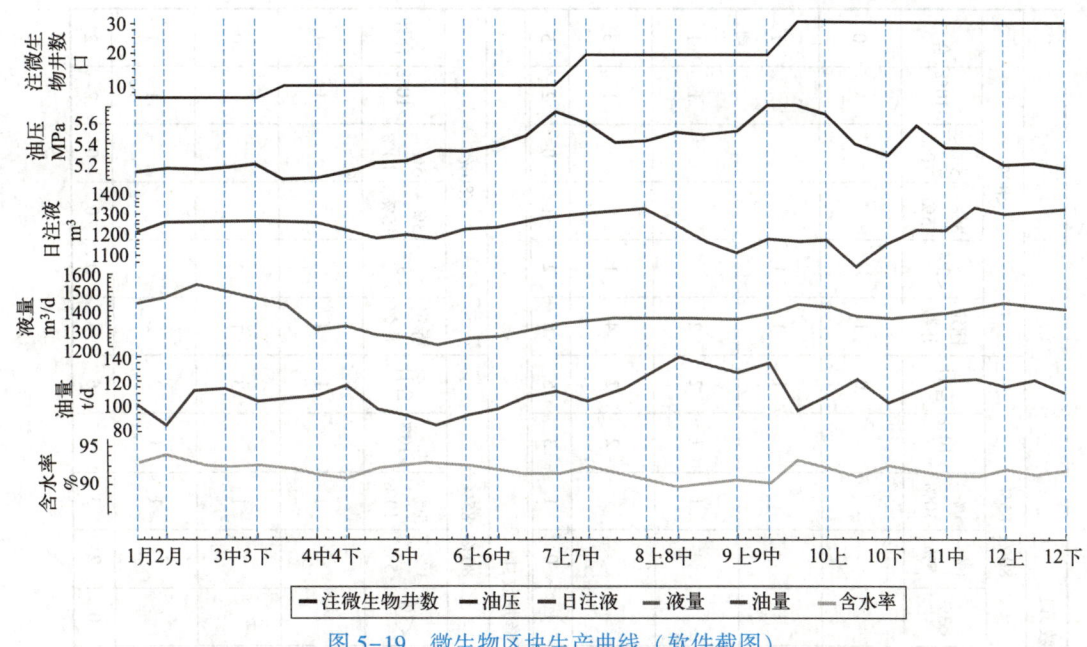

图 5-19 微生物区块生产曲线（软件截图）

结论：微生物驱对高含水、高产液井作用明显，增油效果好，增油幅度大。

表 5-3 注采关系敏感井增油情况一览表

类别	可评价井		见剂井			占比,%		
	井数口	标定液量 t	累积增油 t	井数口	液量 t	累积增油 t	井数口	液量 t	累积增油 t
第一批次 5 口注微生物井中 2 口注示踪剂	37	331	2759	10	111.6	709	27.0	33.7	25.7
第一批次 4 口注微生物井中 2 口注示踪剂	27	317	1042	8	119.5	509	29.6	37.7	48.8
第二批次 10 口注微生物井中 4 口注示踪剂	45	396	1114	14	133.9	529.3	31.1	33.8	47.5

③ 采用长注入周期的一线井增油量高。

从有效井（单井累积增油大于 80t 以上井）分布来看，多数有效井在注入周期为 90d（实际注入 115d）的分布范围内，（尽管措施实施早，有效期长）可以得出长周期有效井数多，效果好这样的结论。

④ 含水率下降明显（表 5-4）。

⑤ 注采关系敏感井含水下降幅度大。

微生物驱作用明显井（见菌井）含水率下降明显，如图 5-20 所示。第一批次先期见菌井 14 口井，含水率下降井 10 口，占比例 71.4%。

表 5-4 微生物一线井含水变化情况一览表

截至10月含水率下降井数，口

批次	注入水井数,口	控制油井数,口	含水率下降井数	>90%						85%~90%						80%~85%						<80%					
				标定井数	<3%	3%~5%	5%~10%	>10%	合计	标定井数	<3%	3%~5%	5%~10%	>10%	合计	标定井数	<3%	3%~5%	5%~10%	>10%	合计	标定井数	<3%	3%~5%	5%~10%	>10%	合计
第一批 90d	5	37	22	27	6	6	3	4	19	8	2				3	1					0						0
第一批 60d	4	27	13	19	4	1	2	1	8	4	1				3	3	1				1	1				1	1
第二批 60d	10	45	22	28	6	2	6	1	15	10			1	1	2	5				1	2				1	1	1
第三批 60d	11	37	23	28	6		8	4	18				1	1	2	5	2		1	1	4	1			1	2	3
合计	30	146	80	102	22	9	19	10	60	22	3		1	1	5	14	8		2	1	3	2		1	2	5

增油高峰期8月中旬含水率下降井数，口

批次	注入水井数,口	控制油井数,口	含水率下降井数	>90%						85%~90%						80%~85%						<80%					
				标定井数	<3%	3%~5%	5%~10%	>10%	合计	标定井数	<3%	3%~5%	5%~10%	>10%	合计	标定井数	<3%	3%~5%	5%~10%	>10%	合计	标定井数	<3%	3%~5%	5%~10%	>10%	合计
第一批 90d	5	37	28	27	5	5	5	5	20	8	4		1		6	1	1		1		3	1				1	1
第一批 60d	4	27	22	19	3	3	6	4	16	4	1		2		3	3	1	2			3	1					0
第二批 60d	10	45	33	28	10	4	4	5	23	10	2		2	1	7	5	2	2	1		5	2				1	1
合计	19	109	83	74	18	12	15	14	59	22	7		5	1	16	9	4	2	3	1	6	4				2	2

表 5-5 见示踪剂井统计表

类别	见示踪剂井号	标定含水,%	标定液量,t	累积增油 t	类别	见示踪剂井号	标定含水,%	标定液量,t	累积增油 t
第一批次5口注微生物井中2口注示踪剂	F6-02-4	96.6	0.4	115.7	第二批次10口注微生物井4口注示踪剂	F10-04-4	93.8	7.5	209.2
	F6-2-4	94.4	5.9			F10-4	95.5	7.7	8.2
	F8-02-2	95.7	7.9	86.9		F10-4-4	94.7	21.5	
	F8-1-3	95.3	13.3	19.2		F12-3-2	92.7	9.5	24.9
	F8-02	93.7	13.1	104.8		F12-05	98.3	8.8	52.9
	F8-02-1	90.5	11.9	48.4		F12-03-4	92.6	12.4	18.8
	F8-2	88.3	9.6	84.4		F12-3-2	92.7	9.5	24.9
	F10-02	93.6	14.4	127.4		F12-03-2	91.7	7.5	82.9
	F10-02-2	96.5	25	104.1		F12-3-4	97.8	6	
	F10-1-2	98.3	10.1	30.5		F14-03	98.4	4.9	10.7
第一批次4口注微生物井中2口注示踪剂	F10-4-2	98.1	44.5	207.9		F14-03-2	98.7	16	70.3
	F10-04-2	94	11.6	109.6		F12-04-4	96.5	9.6	52.6
	F10-04	94	8	87.3		F12-4-4	88	5.3	31.8
	F8-05-2	91.7	10.2	2.1		F14-04	96.9	7.7	26.0
	F8-05	93.2	14.4						
	F8-04-2	91.9	6.8	9.5					
	F6-4-4	97.8	15.9	67.1					
	F6-05	95.8	8.1	50.8					

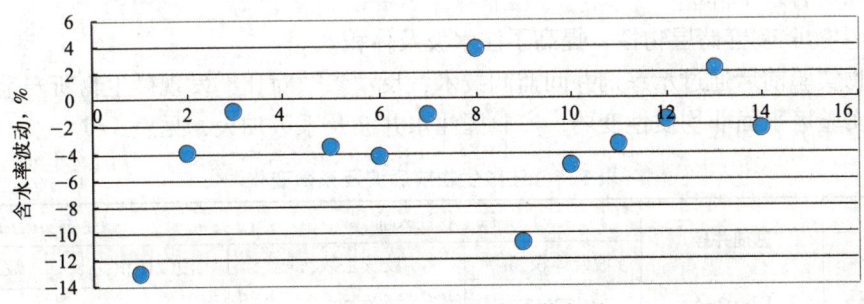

图 5-20 见菌井含水波动散点图

见菌井多为注示踪剂见剂井（表 5-5），见剂井与水井注采关系敏感，产状表现为高产液、高含水，而微生物驱效果显示为降含水的特点，产液量高井增油贡献大。

第一批次有 14 口井见菌，占评价井数的 21.9%，产液量和累增油量占 31%。

第二批见菌井及增油情况验证了以上的分析结果，见表 5-6。

表 5-6 见菌井增油一览表

见菌井井号	其中见示踪剂	标定含水率,%	标定液量,t	累积增油,t
F8-1-21		91	10.8	113.1
F8-1-2		94.3	17.4	188.7
F10-1-2	★	98.3	10.1	30.5
F6-02-4	★	96.6	0.4	115.7
F8-02-2	★	95.7	7.9	86.9
F8-1-3	★	95.3	13.3	19.2
F8-1-1		71	6.7	42.5
F8-02	★	93.7	13.1	104.8
F8-02-1		90.5	11.9	48.4
F6-02-2		86	2	15
F10-02	★	93.6	14.4	127.4
F10-4-2	★	98.1	44.5	207.9
F10-3-4		91.9	11.6	-91.9
F10-05-2		97.5	37.7	171.3

第二批见菌井 15 口,增油井 11 口,平均单井增油在 50t 以上,占目前增油量的一半,占评价井数的 20%。

⑥ 注水剖面不同程度得到改善。

注微生物前后注水井吸水剖面对比,部分层段吸水剖面发生不同程度变化,有些注前不吸水层得到了一定改善。

⑦ 产液剖面得到调整。

从产液剖面对比看,部分高含水层段产出液得到遏制,含水下降;低产液层段得到发挥,全井综合含水下降。

⑧ 微生物驱改善储层物性,提高了注水波及体积。

微生物实验前后通过示踪剂井间监测技术,反演参数对比,发现微生物所产生聚合物的作用,使实验区平面非均质性变弱。实验区注水井波及系数加大,见表 5-7。

表 5-7 注微生物前后波及系数变化

注入井号	见剂井号	微生物注入前		微生物实验后	
		波及体积,m³	波及系数,%	波及体积,m³	波及系数,%
D8-2-1	F6-02-4	132.12	0.224		
	F6-2-4	114.95	0.056	123.50	0.066
	F8-1-3	1783.98	4.134	2689.56	9.398
	F8-02	125.16	0.037	159.67	0.058
	F8-02-2	83.84	0.033	123.26	0.052

续表

注入井号	见剂井号	微生物注入前		微生物实验后	
		波及体积, m³	波及系数, %	波及体积, m³	波及系数, %
D10-02-21	F8-02-1	289.50	0.086	315.60	0.091
	F8-2	93.45	0.038	111.65	0.046
	F10-1-2	66.09	0.017	104.28	0.025
	F10-2	430.32	0.148	1106.29	0.409
	F10-02-2	776.58	0.236	2754.69	0.844
D8-4-2	F6-05	644.22	0.495	900.56	0.747
	F6-4-4	2362.11	1.834	2782.32	2.16
	F8-04-2	433.09	0.413	694.56	0.896
D10-4-21	F8-05	1451.48	0.448	1520.45	0.461
	F8-05-2	864.98	0.543	987.56	0.613
	F10-04-2	2885.37	0.933	4122.63	1.328
	F10-4	775.18	0.429	1471.25	0.797
	F10-4-2	3162.29	1.341	4151.65	1.787

⑨ 微生物对大、中、小裂缝都起到了一定的封堵作用,对中、小裂缝的封堵效果较好。

⑩ 地层压力有上升的趋势。6 口可对比井笼统地层压力有所上升,年升压近 1MPa。

⑪ 增加可采储量,提高最终采收率。

可评价井组阶段提高采收率 11.23%,阶段增加可采储量 43.2×10^4 t。

3) 效果评价及预测

微生物驱按一年有效期测算,吨油费用按菌液+营养液+无机盐三项测算,分别算得年内和有效期内的吨油费用(具体数据见表 5-8)。

表 5-8 吨油费用计算表

注入间号	注入时间	注入井数口	辖可评价油井数口	标定产量			目前产量(12月下旬)			目前与标定对比			辖油井增油有效率 %	年累积增油(井口) t	年累积增油(核实) t	有效期累积增油 t	注入菌液量 t	注入营养液量 t	注入无机盐量 t	年吨油费用 元	有效期吨油费用 元
				日产液 t	日产油 t	综合含水率 %	日产液 t	日产油 t	综合含水率 %	日产液 t	日产油 t	综合含水率 %									
8号间	2.26—6.20	5	37	336	23.6	93	328.7	23.7	92.8	-7.3	0.1	-0.2	86.5	2890	2312	2350	1274	3560	69.5	2531	2490
9号间	4.11—6.20	4	27	302	18.3	93.9	314.1	19.5	93.8	12.1	1.2	-0.1	74.1	1084	867	1150	1201	1906	65.5	4141	3123
14号间	7.19—9.16	10	45	396	30.5	92.3	451.8	42.7	90.5	55.8	12.2	-1.8	84.4	2409	1927	2700	1171	4366	63.9	3545	2530
18号间	9.25—11.25	11	37	306.5	13.5	95.6	306	25.4	91.7	-0.5	11.9	-3.9	62.2	1190	952	2300	1154	3483	65.4	5940	2459
合计		30	146	1341	85.9	95.6	1401	111	92.1	60.1	25.4	-3.55	77.4	7573	6059	8500	4800	13315	264.3	3619	2580

注:菌液单价:627.55 元/t,营养液单价:1327.59 元/t,无机盐单价:4692.9 元/t。

东+10-04 井生产情况见图 5-21。

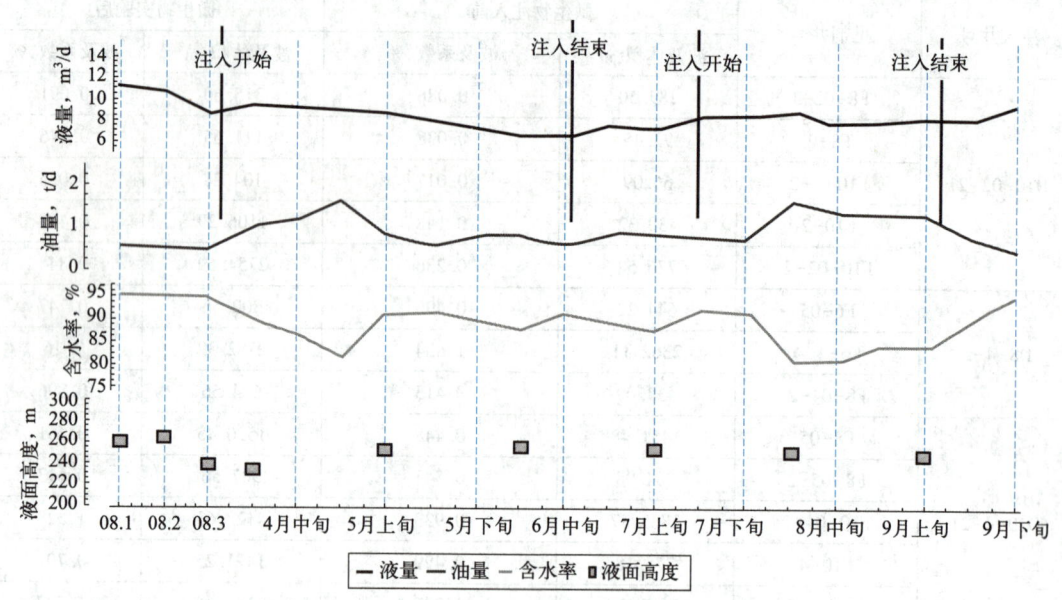

图 5-21　东+10-04 井生产曲线（软件截图）

3. 目前存在的问题

（1）注微生物驱一线井动态反映表现为见效快失效快的特点。另外，从注水井注入压力也表现出失效快的苗头，统计第一批次的 8 口井（其中 1 口管漏没参加统计），注前标定油压 4.9MPa，最高油压 6.2MPa，目前油压为 5.4MPa，注入压力下降较快。

（2）微生物驱油机理有待进一步研究。注入糖液的黏度在注入过程中能否起到聚合物驱油的效果；微生物产生的不溶聚合物堵塞微观大孔道的能力；注入水携带聚合物夹带残余油驱油能力；注入微生物后由于配水器堵塞引起注水井配注量的改变起到脉冲注入效果；这些因素的主次强弱有待进一步研究。

（3）微生物驱产出液中菌液、糖含量、聚合物含量等指标监测方法和手段有待进一步加强。

> 技能训练

一、微生物驱油阶段性效果分析

1. 实训目的

了解微生物驱油效果分析所需的各项资料的收集整理，掌握效果分析的基本方法和分析步骤，会用分析结论指导下一步的工作。

2. 准备工作

了解、整理注入参数，区块的地质、开发现状的有关参数，注入后的生产数据资料等。

3. 分析步骤

（1）分析油井的产油量、产液量变化；油井含水变化。

（2）见效井的分布情况。

(2) 见效井的分布情况。
(3) 吸水剖面和产液剖面变化情况。
(4) 波及系数变化情况。
(5) 地层裂缝封堵情况。
(6) 地层压力变化情况。
(7) 可采储量变化情况。

二、微生物驱油经济效果分析

1. 实训目的

了解微生物驱油经济效果分析所需的各项资料的收集整理，掌握经济效果分析的基本方法和分析步骤，会用分析结论指导下一步的工作。

2. 准备工作

整理、了解注入参数、各种注入液体的总注入量及配制成本、设备的损耗和折旧、人工成本、见效油井增产原油数量等。

3. 分析步骤

(1) 统计全年微生物驱油的总成本。
(2) 统计见效井的产油量、产液量、含水率、增油量等。
(3) 计算见效井增加的经济效益。
(4) 总成本与见效井经济效益对比，得出试验区块总经济效益。
(5) 分解总经济效益的来源，确定出哪些方面见效，哪些方面没有效果。
(6) 用分析结果指导下一步工作。

三、存在问题的分析

1. 实训目的

了解微生物驱油试验中存在的各种问题的原因，掌握分析方法，能初步提出解决这些问题的方法。

2. 准备工作

了解、准备注入工艺流程图、设备使用保养记录、菌液和营养液制备及运输注入过程监测记录、各项室内试验资料、注入参数等。

3. 分析步骤

(1) 分析微生物驱油原理方面存在的问题。
(2) 分析各种注入液在筛选、制备、运输、监测等方面存在的问题。
(3) 分析注入工艺和设备方面存在的问题。
(4) 分析试验区块选择方面存在的问题。
(5) 对所存在问题提出初步的改进意见。

素质提升园地

微生物采油技术作为一种创新的采油手段,凝聚着众多科研工作者的心血。在这项技术的研发过程中,科研人员们坚持不懈,克服了一个又一个难题。他们展现出的严谨治学、勇于探索的科学精神,值得我们学习和传承。同时,微生物采油技术的发展也反映了我国在能源领域不断追求创新、绿色发展的决心。这启示我们,在追求技术进步的道路上,要始终将国家利益放在首位,以可持续发展为目标,为实现我国能源的高效利用和环境保护的双赢局面而努力。作为石油领域的学子,我们应当以这些科研工作者为榜样,树立远大理想,培养自己的创新意识和社会责任感,用所学知识服务社会、造福人民。

笔记

单元训练题

一、填空题

1. 微生物是形体（　　　　）、构造（　　　　　　）、繁殖（　　　　　）的在自然界广泛存在的一大类生物的统称。
2. 微生物在地层中代谢时会释放出大量的气体、（　　　　　　）、（　　　　　　）、（　　　　）、（　　　　　）等。
3. 微生物驱油是以原来的注水井为注入井来进行的，主要要解决的问题是地层内的（　　　　　），不利的（　　　　　　　），油井的过早水淹。所以应选择能产生较多的（　　　　　）的微生物类型来进行微生物驱。
4. 微生物驱油注入压力的确定，要在室内进行注入菌种的（　　　　　　）试验，如菌种对压力不敏感，注入压力在小于油层的（　　　　　　）的范围内均可。
5. 微生物吞吐的方法生产工艺（简单），便于人们操控，注入液的用量相对要（　　　　）很多，生产周期（　　　　　　），见效（　　　　　　）。
6. 用于清防蜡的微生物应具有下面两个方面的性能：一是该细菌能够在（　　　　　　）原油的环境中生长并代谢，并且以原油中的（　　　　　　）作为代谢的营养来源。二是细菌代谢后能产生（　　　　　）。

二、问答题

1. 微生物驱油的基本原理有哪些？
2. 微生物驱油室内研究的基本操作步骤是什么？
3. 微生物采油菌种的选择原则是什么？
4. 微生物驱油所用营养液的选择应考虑哪些因素？
5. 微生物驱油现场的主要注入设备有哪些？
6. 微生物驱油的注入方式有哪些？注入压力和注入时间怎样确定？
7. 叙述微生物驱油现场的注入工艺过程。
8. 什么是微生物吞吐？它有哪些优缺点？
9. 微生物吞吐的增油原理有哪些？
10. 微生物吞吐有哪些注入方式？
11. 微生物吞吐的选井原则是什么？
12. 微生物清防蜡的基本原理是什么？
13. 微生物清防蜡菌种的选择原则是什么？
14. 微生物驱油效果分析的主要内容是什么？
15. 微生物驱油效果分析所需的原始资料有哪些？

素质提升拓展阅读

在革命的岗位上

——大庆油田北二注水站工人创建岗位责任制对革命事业高度负责的事迹
（摘录）

一九六二年六月二十一日，辽阔的大庆草原阳光灿烂。这天上午，我们敬爱的周总理亲临大庆视察，来到了北二注水站。周总理仔细观看了工人们刚订立起来的岗位责任制度，高兴地点着头，连声说："好！这样做好！"总理亲切地和工人们一一握手，勉励他们说："你们的岗位挺重要啊！"

一十五年过去了。北二注水站的工人们牢记毛主席的教导和周总理的指示，坚持岗位责任制十几年如一日，把高度的革命精神和严格的科学态度结合起来，使注水站管理得越来越好，管理水平越来越高。

北二注水站的每一个指示灯，每一块仪表，每一排阀门，每一台高压离心泵，十五年来始终洁净、锃亮。全站九台设备，始终保持零件齐、仪表灵、运转稳、出力足，不渗不漏，不脏不锈，设备完好率和设备利用率都达到百分之百。十五年前建站初期领来的二十六件工具，至今一件不少，始终对号入座。即使在伸手不见五指的黑夜，工人们取用工具也能随手拈来。打开存放资料的卷柜，十五年来全站录取的一百万零六千多个资料数据和应有的设备档案，全部成套保存、齐全准确。注水站实现了安全生产，未发生任何事故，至今已经五千四百多天……

"一把火烧出来的问题"

一九六二年春天，大庆石油会战进入了第三个年头，全面开发油田的会战打得热火朝天。大庆工人以革命加拼命的精神战天斗地，使茫茫荒原上奇迹般地出现了日新月异的变化。

正在这时候，和北二注水站相邻的中一注水站，由于管理不善，具体事情无人负责，发生了一场严重火灾，把一座崭新的注水站烧成了废墟。

一把火烧出了一个尖锐的问题：油田建站在迅猛发展，但管理工作跟不上。这是当时摆在大庆建设者面前一个突出的矛盾。这场火灾震动了整个大庆。会战工委立即召开现场会，发动广大干部、工人围绕"一把火烧出来的问题"展开大讨论。

许多工人赶到现场，看着冒烟的废墟，心痛得几天咽不下饭，睡不好觉。夜深了，工人宿舍里依然亮着灯光，人们七嘴八舌地议论开来。有的说："这把火暴露了我们工作中的矛盾。看来，要管好泵站，必须把革命干劲和科学态度结合起来，把实现远大目标和本岗位的工作结合起来。"有的说："我们要学习解放军，要像解放军哨兵那样坚守岗位。"有的说："我们要建立合理的制度。没有制度，有劲也没处使。"

问题一个接着一个摆了出来。北二注水站的工人们经过讨论，悟出了一个道理：党有党章，国有国法，厂有厂规，管好社会主义企业，必须要有一套科学的规章制度。于是，在党支部的统一组织下，大家一起动手总结经验，建立制度。

苗安安班在工作岗位上一向分工明确，每样东西，每件事情，由谁管，怎么管，都落实到每个人头。他们经过跟班写实，总结出了岗位专责制。

田发林班在上班时，总是把工作重点放在容易出问题的设备部位上。他们制定了检查点，每隔一定时间，就有顺序、有重点地对设备流程检查一遍，发现问题，及时解决。这个班经过讨论，总结出了巡回检查制。

张洪洲班的工人，每天都提前半小时上班。他们在交接班时，逐点逐项认真询问，不搞清楚不接班。于是，他们总结了交接班制。

接着工人们一边实践，一边继续建立了设备维修保养制、质量检验制、安全生产制和班组经济核算制。后来，又增添了岗位练兵制。

大庆工人阶级以岗位专责制为主要内容的八项管理制度，就是这样，从生产实践中，从群众中，诞生了。以后，随着生产的发展，工人们对这一套制度又不断地进行了修改、完善。

这一套制度，完全打破了"领导立法、工人守法"的修正主义框框，而是来自群众，来自实践，简明扼要，易记易学。它反映了生产的客观规律，符合广大工人的心愿，把日常生产上的一件件具体事情和工人群众建设社会主义的积极性结合起来，把工人们的政治责任心变成了管好生产的巨大力量。工人们高兴地说："我们的制度是土生土长，自己订，自己用，记起来好记，做起来顺手。"

岗位责任制的灵魂是政治责任心

大庆人常说："岗位责任制的灵魂是政治责任心。"有了政治责任心，就有了坚定的原则，办起事来丁是丁，卯是卯，自觉从严，一丝不苟。制度怎么规定就怎么办，不马虎，不凑合，不走样。

这种政治责任心，就是"对工作的极端的负责任"的精神，它来源于对革命工作的无限热爱。

一个初春的上午，共产党员、老工人苗安安像往常一样，沿着巡回检查线路，逐点逐项认真地进行检查。一切都正常，他迈着轻快的脚步返回值班房。当他从三号水泵的电动机底座旁经过时，忽然觉得脚底下轻轻地震动了一下。这是往日不曾出现过的一个新情况。他顿时收住刚提起来的脚，放回原地，一动不动地站在那里。一分钟，两分钟，五分钟过去了，没有什么动静。按照制度规定，这个地方并不是检查点。但是，那轻轻的一震是怎么回事呢？不搞清楚震动的原因能抬脚过去吗？不，不能。他仍然一丝不动地站在那里观察。七分钟，八分钟过去了。忽然，脚底下又是轻微地一震。以后，每隔七八分钟，就轻轻地震动一次。

为了把这个情况搞个水落石出，苗安安聚精会神地观察了十几次，用了整整两个小时。经过反复分析，他断定是电动机轴瓦发生了故障。他立即停泵检查。果然，电动机轴瓦已有轻微的磨损了。

苗安安及时发现、及时处理这次故障，避免了一起重大的烧瓦事故。

北二注水站的工人们，严格执行岗位责任制，不是做了一件事、两件事，而是做了成千上万件事；不是坚持了一天、一年，而是坚持了整整十五年。

有一次，离交接班时间还剩半个小时，值班工人小王习惯地打开设备运转记录本，开始填写天天要填、年年要填的设备运转记录资料。当他填到一号泵连续运转的时间这个数据时，他嫌麻烦，把两万多小时后面的尾数"零八分钟"略掉了。他想，一号泵已运转了两万多个小时，还留着"零八分钟"这个"小尾巴"干什么，于是只填了整数、把"小尾巴"割掉了。

这件事被党支部书记发现了。晚上，党支部组织全站职工开会。会上，老工人以亲身的经历，回忆旧社会工人受地主资本家的压迫、盘剥，和今天工人当家做主做了对比，还讲述了大庆会战的光荣传统，"三老四严"的革命作风，和北二注水站的建站史。大家说，我们执行制度，就是要一丝不苟，分秒不差，"三老四严"不能掺半点假。一号泵安全运转两万多小时零八分钟，这是设备运转的准确记录。随意割掉"零八分钟"这个"小尾巴"设备档案就不准确了，记录就不完整了。

大家一边讲着，小王的脸感到一阵阵发热。第二天，资料员就在设备运转记录本上，工工整整地在两万多个小时后面填上了"零八分钟"这个"小尾巴"。从此，工人们严格填写运转记录。如今，一号泵已经安全运转了八万三千一百六十四个小时零九分钟了。

十五年来，随着油田建设的飞速发展，北二注水站的人员已经先后换了七茬。党支部始终坚持不懈地对工人进行阶级教育、传统教育和纪律教育。大庆的岗位责任制为什么有强大的生命力，就是因为它不是靠单纯的行政命令，而是靠深入的思想政治工作，提高大家的主人翁责任感，把执行命令变成了广大群众的自觉行动。

节选自 1977 年 3 月 12 日《人民日报》

学习情境六 物理采油技术

物理采油技术是指利用物理场，即声场、电场、电磁场、热场、磁场等来激励油层，提高原油采收率的技术措施。

本学习情境根据油田矿场应用物理采油技术的实际情况，分为如下两个学习项目：

项目一 利用声波处理油层技术
项目二 利用热场处理油层技术

项目一 利用声波处理油层技术

知识目标
能准确说出声波对油层的作用原理及效果。

技能目标
1. 能准确说出超声波采油技术的施工方法。
2. 能准确说出水力振荡解堵采油技术的施工方法。

素质目标
具有不怕脏险苦累、甘于奉献的精神。

视频 声波对油层的作用原理及效果

工作过程知识

利用声波处理油层，实际上是将声波作用于固体和液体，即作用于多孔介质岩石骨架和孔隙中的饱和流体（石油、水和天然气），发生某些有利于流体在其中流动的变化，从而达到提高油井产量和油层原油采收率的目的。

一、声波特性与作用原理

1. 声波的特性

声波是一种能在任何介质中（气体、液体、固体）传播的弹性波。声波的传播速度和介质的性质有关。例如，声波在空气中的传播速度约为 340m/s，在水中的传播速度约为 1500m/s，在钢铁中的传播速度约为 5000m/s。声波的频率通常是指每秒钟波振动的次数，以"Hz"为单位。根据频率特性，声波可分为超长波、声波、超声波。频率小于 20Hz 的声音为次声波；频率为 20~20000Hz，人们能听到的声音为声波；频率大于 20kHz 的声音为超声波。声波的传播速度（c）≈波长（λ）×声波振动的频率（f）。对于一定的介质来说，波长与频率成反比，频率越高，波长越短，介质质点所获得的机械能量就越大，所产生的加速度也就越大，从而使得介质中的压力具有很大的瞬时变化。超声波的重要特征在于其功率大，由于振动物质粒子的动能与其振动频率的平方成正比，而超声波的振动频率比声波高得多，因此，超声波所产生的声功率也比声波大得多。声功率 W 等于声压 P 与传播速度 c 和垂直于声波传播方向的截面积 S 的乘积，即 $W=P \cdot S \cdot c$。与传播方向垂直的单位面积上的平均功率称为声强（I），即 $I=W/S=P \cdot c$。通常将声场强度看成声场的能量表征量，即在单位时间内通过与声场传播方向垂直的单位面积所能转移的能量，以"W/cm^2"为单位。超声波的声强可以达到很高的数值。如果人们通常说话声音的响度相当于声强为 $0.1W/cm^2$ 时，则超声波的声强可以达到 $100W/cm^2$ 以上。

根据经典物理学理论可知，声波具有下列特性：方向性好，能定向传播；可以在空气、液体和固体中传播，穿透能力强，在液体和固体中传播衰减很小，但在气体中衰减迅速；波能衰减吸收率与介质的各种宏观的非声学物理量相联系；声波具有反射、折射、散射等波的共性，并遵循相应的定律。

2. 声波的作用原理

众多研究证明，声波的作用原理十分复杂，综合来看，主要作用有三方面：机械振动作用、空化作用和热作用。

1）机械振动作用

机械振动作用是指声波可以使介质质点产生激烈的机械振动，产生强大的单向力作用，从而达到解堵、防蜡、防垢、疏松管道的作用。

2）空化作用

空化作用表现在液体中由于涡流或超声波等物理作用，致使在某些地方形成局部暂时的负压区，于是在液体中产生空泡或气泡，这种气泡处于非稳定状态，当它猛然闭合时，会产生一激波，因此局部有很大的压强。由于空化现象产生气泡的非线性振动以及它们破灭时产生爆破压力，因此小气泡又很快地湮灭。在湮灭的一瞬间，小气泡内部可达几千度的高温，压力可达上千兆帕，在湮灭过程中产生的加速度是重力加速度的十万倍以上。这种现象在声能学上叫作"空化现象"。空化作用不仅引起声压变化，可消除气阻，而且可在气泡崩溃间形成激波，产生热作用。

3）热作用

超声波在传播介质内部的吸收，在不同介质的分界处边界摩擦的作用、空化作用，在气泡崩溃期间释放大量的热量。这三种方式是热作用能量的主要来源。热作用的结果可以提高原油温度，降低原油黏度，从而提高原油流动能力。

声波的作用可归纳如图 6-1 所示。

3. 声波对油层的作用原理及效果

这里主要从物理场对油层与地层流体的作用来阐述声波采油基本原理及其作用效果。

1）降低原油与岩层的亲和力

声波作用于油层时，地层流体及储油岩层随声波一起振动（压缩脉冲振动），由于油、

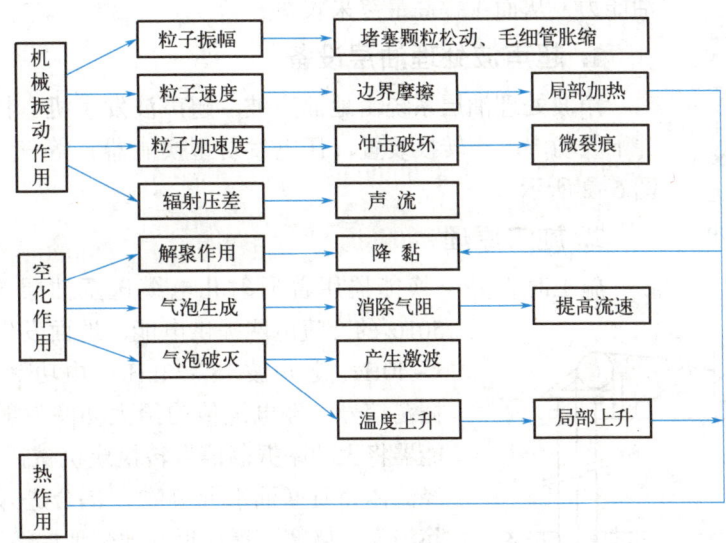

图 6-1　声波的作用

水及岩石物质密度不同，各自产生的振动加速度和振动幅度也不相同，致使两种相态物质界面产生相对运动，到了一定强度就会有撕裂的趋势，从而使原油与岩层的亲和力减弱，使原油脱离岩砂。而水与油的界面在声波作用下则会形成油包水或者水包油型乳状液，有利于流至井筒内。

2）改善油藏的孔隙结构、提高渗透率

声波作用于油层，其脉冲压缩波使油层岩石的应力发生脉动变化，在声波压缩时应力压强可达到上千个大气压，一张一弛，每秒钟岩层承受着几万次甚至更高的冲击振动，当超过其疲劳强度极限时，可使岩层产生疲劳裂缝，从而改善油层的泄油剖面，可大大提高油藏的渗透率。据实验研究表明，在30℃时，超声波作用的岩心，其渗透率可提高1倍以上。

3）降低表面张力

声波作用于油层，油层内毛细管的直径将随脉动压力而发生周期性变化。当毛细管胀大时，其表面张力减小，毛细管内的原油很容易流入井筒。另外，由于声波的特殊性质，将会使流体介质向声源方向流动，即所谓声流效应，从而提高了地层的驱油能力。

4）降低原油黏度

（1）解聚降黏：在超声波场中，原油分子结构在剧烈振荡作用下，会产生周期性排列组合，尤其是空化效应，可使原油物质的分子键断裂、分子量减小，从而降低原油黏度，实验结果表明，在 $10\sim100kW/m^2$ 的强声场作用下，频率为20kHz时黏度下降30%左右。

（2）热降黏：超声波在传播介质内部的吸收，在不同介质的分界处边界摩擦的作用、空化作用，在气泡崩溃期间释放大量的热量。如果声场强度高（超过 $1W/cm^2$），则井筒内有50%的能量转化为热能。热作用的结果提高了油层流体温度，降低原油黏度。

二、超声波采油技术

超声波具有机械振动作用、空化作用、热作用，并具有穿透能力强、在液体和固体介质中传播距离远、传播方向性好等特点。所以用超声波处理油层能疏通油流通道，降低毛细管张力，提高渗透率，改变油层流体的流变性及流态，促进油、水、气的流动，提高地层的泄

视频 声波采油技术的矿场应用

油能力,从而可提高最终采收率。

1. 超声波处理油层设备

声波处理油层系统由地面声波—超声波发生机、特种传输电缆和井下大功率电声转换装置(压电发射型换能器)等三大部分组成,如图 6-2 所示。

2. 施工原理

施工时将井下换能器用普通射孔电缆送至油层部位,由 380V/50Hz 的交流电网提供电能,地面发生机产生脉冲波 1~40Hz、超声波 18~33kHz、电功率为 10~30kW 的振荡信号,经电缆传输给大功率发射型换能器,换能器将大功率振荡信号转换成机械振动能——声波,经流体介质(油水混合物)耦合进入油层,达到解除污染、堵塞,提高近井地带地层渗透性的目的。

3. 施工注意事项

(1)气油比过高的油层不适宜进行超声波处理。
(2)井上要有相应的电源。
(3)处理层段应充满液体。
(4)声强必须达到 0.7W/cm² 以上,频率以 15~20kHz 为最佳。

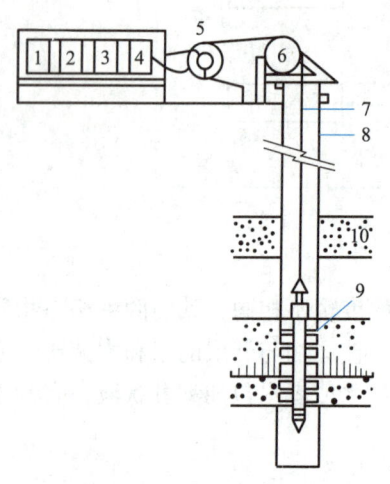

图 6-2 声波—超声波驱油系统原理示意图
1—三相四线交流电源;2—声波发生机电源;3—声波发生机;4—输出监测脉冲波形、电压;5—电缆绞车;6—井口滑轮;7—电缆;8—套管;9—换能器;10—油层

4. 技术特点

(1)独特的作用方式。超声波具有很强的穿透力,在处理油层时可进入电磁波无法穿透的物质——油、水和地层,并将能量传递给这些物质。

(2)独特的作用原理。超声波采油是通过超声波的振动作用,使毛细管半径发生时大时小的变化,破坏毛细管力和重力的平衡关系,使得毛细管束缚的残余油在重力与超声波的振动下流入井中,而且超声波具有降黏、熔蜡的作用。

(3)超声波在地层中的传递速度快,油井反应迅速,见效快。

(4)应用范围广。

5. 选井选层原则

(1)油层生产过程中的堵塞层。在采油井中,一般处理中高孔渗地层,这些地层初期有一定的产能,但随着开采时间的延长,产量下降较快,对这些井进行处理,效果较好。在注水井中,一般处理没有吸水能力或吸水能力下降的井。

(2)严重污染油气井层。因结垢、结蜡造成堵塞的油井;钻井或其他作业过程中发生污染的油水井。

(3)对水、酸有敏感性的油层。

(4)距水线较近而长期不能实施压裂增产措施的井。

三、水力振荡解堵采油技术

振动来自于物体的运动，固体物质的机械运动会产生振动，并在周围介质中以波的形式传播；流体运动也会产生振动，也能以波的形式在介质中传播。水力振荡采油技术就是利用振动原理处理油层的技术。

其基本原理是：以水力振荡器作为井下振源下至处理井段，地面供液源按一定排量将工作液注入振动器内，振动器依靠流经它的液体来激励、产生水力脉冲波，对油层产生作用，实现振动处理油层。

水力振动处理油层技术是油气田开发过程中一种新型的解堵工艺，它主要用于解除注水井、生产井近井地带的机械杂质、钻井液和沥青胶质堵塞，破坏盐类沉积，使地层形成微裂缝，以达到增大注水井的吸水能力、改善油流的流动特性、提高油井产量的目的，如图6-3所示。

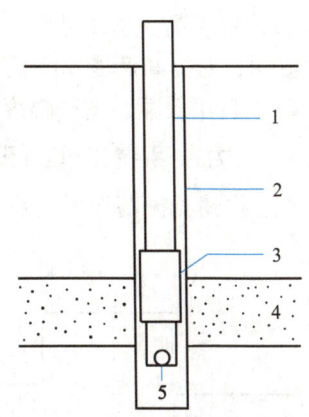

图6-3 水力振荡工艺原理

1—油管；2—套管；3—水力振荡器；4—油层；5—底球

1. 主要装备及工艺流程

1）主要装备

施工流程由地面设备和振动管柱两部分组成，其中地面设备为一台泵车、一台储液罐车、一部修井机。振动管柱由井口、油管、扶正器、振荡器组成。现场施工流程如图6-4所示。

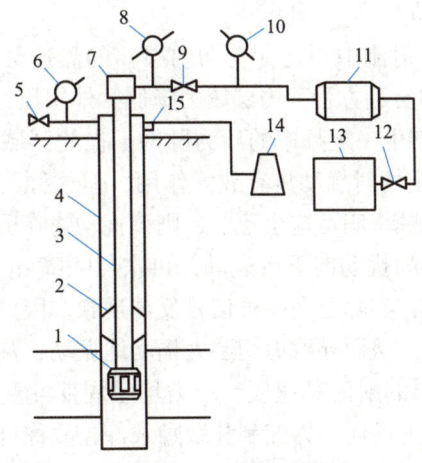

图6-4 现场施工流程

1—振动器；2—扶正器；3—油管；4—套管；5、9、12—阀；6、8—压力表；
7—井口；10—流量计；11—泵车；13—罐车；14—调节仪器；15—传感器

2）工艺过程

施工时，先起出原井管柱并进行冲砂，然后用油管下入振荡器，利用泵车向振荡器输送高压流体，对需解堵的层由下至上逐一处理。

处理注水井也可按此流程进行，但在正常情况下，可利用注水井原有注水流程的水压力进行振荡处理，并在套管上接好放溢流管线。

3）施工注意事项

严重漏失井、水淹井、套管外窜槽井、地层压力低的注水井不宜进行振荡处理。

2. 技术特点

（1）现场施工所用设备简单、施工方便、易于推广。施工人员不接触有毒物品、易燃、易爆品，工作安全。

（2）效率高、适用性强，尤其是在不能上常规改造措施的井或上常规改造措施无效的井上应用，对提高产能及降低油井含水等有特殊作用。

（3）费用低廉、增产幅度较大、经济效益好。

3. 水力振荡器工作原理

水力振荡器振荡作用是在 Helmholtz 空腔内发生的，如图 6-5 所示。

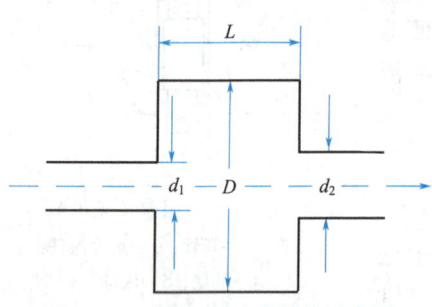

图 6-5　Helmholtz 腔形结构示意图

当一股稳定的连续高压水射流由喷嘴 d_1 射入，穿过一个轴对称腔室，经喷嘴 d_2 喷出时，由于腔室内径 D 比射流直径大得多，因此，腔内流体的流动速度远小于中央射流速度，在射流与腔内流体的交界面上存在剧烈的剪切运动。如果是理想流体，则在交界面上速度不连续，存在速度间断面。而对于实际流体，由于黏性的存在，交界面两侧的流体必然会发生质量交换与能量交换，交界面上速度是连续的，但在其附近存在一个速度梯度很大的区域，在此区域内因剪切流动而产生涡流。由于是轴对称的圆孔射流，故涡流将构成封闭的圆环，涡流以涡环的形式生成和运动。

在剪切层区产生了涡流，射流中心处（剪切内层）的流速会更高，腔室壁面附近（剪切外层）的流速将更低，根据伯努利方程，内层压力降低，外层压力升高，在压差作用下，促使腔与喷嘴 d_2 的边缘碰撞时，产生一定频率的压力脉冲，在此区域内引起涡流脉动（这也是一种扰动）。剪切层的内在不稳定性对扰动具有放大作用，但这种放大是有选择的，仅对一定频率范围具有放大作用。如扰动频率满足这个范围，则该扰动将在剪切层分离和碰撞区之间的射流剪切层得到放大。经过放大的扰动向下游运动，再次与喷嘴 d_2 的边缘碰撞，又重复上述过程。碰撞产生的扰动逆向传播，实际上是一种信号反馈现象。因此，上述过程构成了一个信号发生、反馈、放大的封闭回路，从而导致剪切层大幅度地振动，甚至波及射流核心，在腔内形成一个脉动压力场。从 d_2 喷出的射流其速度、压力均呈周期性变化，从而形成脉冲射流。这种流体动力振荡的产生，不需加任何外界控制和激励条件，故称自激振荡。

根据流体流过 Helmholtz 空腔时产生的周期性压力振荡频率与射流速度，腔体尺寸的关系，可将 Helmholtz 腔内的振荡分成两类——流体动力振荡和声谐驻波振荡。

流体动力振荡表现为剪切层自持反馈式振荡，其振荡频率近似与射流速度成正比，而与腔深关系不大；声谐驻波振荡表现为腔室内剪切层中声谐波的强烈耦合作用，即腔室内产生的表现为声波形式的高频压力脉冲信号的反射波与入射波叠加的结果，其振荡频率与速度关系不大，而与腔深近似成正比。

4. 振荡频率的选择

由水力振荡器产生的压力振荡波作用在油层部位，将在油层孔道中传播。由于实际流体具有黏性，流体质点与孔道壁面间存在摩擦阻力，而使压力波的能量逐渐损失。不同的压力波，能量损失的速度也不一样。因此，必须选择合适的振荡频率，以处理不同情形的近井地层。根据波的传播特性，频率高的压力波的能量衰减很快，渗入地层孔道的距离较短，其优点是能量较集中。当振荡频率较低时，能量损耗较慢，渗入地层的深度变大，但是其能量不集中，不利于波动对近井地带固体沉积物及堵塞物的消除。基于这样的情况，考虑到 Helmholtz 腔内剪切层的高频扰动，以及中、低渗油层机械杂质堵塞一般发生在近井壁周围，堵塞与污染的深度不大，因此，一般的设计频率为 4kHz。这种振荡波的有效渗入深度可达 0.1m 左右，再加上射流对井筒壁的冲刷作用，能达到消除近井地层污染的目的。

5. 工作液的选择方法

工作液是振动系统的工作介质，它涉及传递振动能量的效率，排除油层堵塞物的难易程度，与地层的配伍性及洗油效果等。因此，对工作液的选择提出以下要求：
（1）低黏度、低密度。
（2）不与地层及地层流体反应生成沉淀物。
（3）不与地层流体发生乳化。
（4）能降低界面张力。
（5）不使地层黏土膨胀。
目前，现场使用的工作液有清水、注入水、活性水、原油、活性原油和复配工作液等。选择工作液类型应根据油层性质及油层流体性质不同而取舍。

6. 选井方法

1）油井
（1）油层近井地带存在堵塞、污染。
（2）地层表层损害，近井地带压力损失大。
（3）油层近井地带存在液阻效应，渗流阻力大。
（4）原油黏度高，流动性差。

2）水井
（1）地层渗透性较好，由于钻井液等二次污染造成井壁附近后期堵塞的井。
（2）地层泥质含量较低的井。
（3）转注初期吸水能力强，但在注水过程中，由于水质不合格造成后期堵塞的井。
（4）转注后不吸水或吸水较差的井。
（5）在酸化或压裂过程中，由于排液不及时造成近井地带堵塞的井。

四、井下低频电脉冲采油技术

井下低频电脉冲采油技术又称电液压冲击法处理油层技术或电爆炸处理油层技术。该技术是通过在井下液体中高压放电，在地层中造成定向传播的压力脉冲，选择性处理注入水波及差的油层或薄层，从而达到增产原油、降低含水率和水井增注的目的。

井下低频电脉冲采油技术的物理实质是高压击穿充满井内的局部介质，在容积很小的通道内迅速释放出大量能量。在液体中脉冲放电具有很高的能量密度，这实际上是一种爆炸。电爆炸能够产生大密度的高压等离子体、强大的冲击波、脉动的蒸气瓦斯混合气腔和脉冲电磁场,其中冲击波是主要因素。

1. 主要设备

经过多年的研究与应用,国外已研究开发出多种型号的井下低频电脉冲采油设备,其共同的特点是整套设备分为两部分,即地面设备和井下设备。

地面设备为一体积很小的整流变频器。

井下设备是整套技术的核心部位,共分4个单元,即升压单元、储能单元、放电单元和电极,其结构示意图如图6-6所示。

2. 现场施工流程

井下低频电脉冲处理油层技术如图6-7所示,具体施工步骤如下:

(1) 起出井下管柱;

(2) 通井,避免套管变形卡住井下仪器;

(3) 在井下仪器上安装定位器;

(4) 用测井电缆车下放仪器,下放速度为3km/h,到达预定位置后接通电源,以一定频率发射电脉冲,每米油层为100~300个脉冲,由下而上进行放电处理;

(5) 处理完毕,提出井下仪器;

(6) 下入井下管柱、完井。

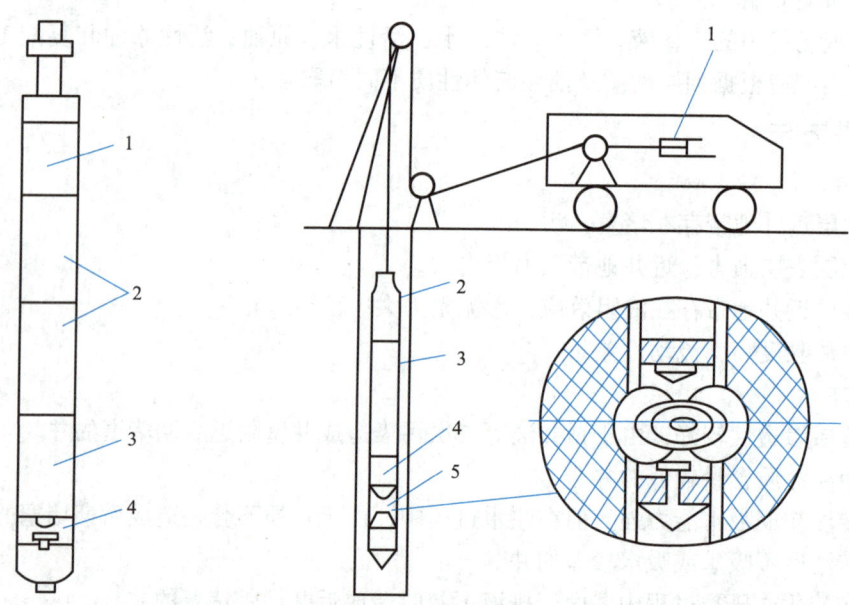

图6-6 井下放电仪示意图
1—升压单元;2—储能单元;
3—放电单元;4—电极

图6-7 井下低频电脉冲处理油层示意图
1—地面控制仪;2—传动部分;3—电容器;
4—控制部分;5—放电部分

3. 井下放电原理

放电过程是在井下仪器的放电室内进行的,见图6-8。在高电位作用下,在电极对之间便形成放电通道,产生液体爆炸,释放出大量能量。

1) 井下放电过程

如果向液体中的电极偶施加的电压高于该介质的击穿电压，则产生放电。但是，在两电极偶之间形成击穿条件过程中必须经过一定的时间；而后在放电间距间出现电流，进入放电形成阶段，且电流有些增强，电压下降。此时形成放电的高导通路，电容器电池组在极短的时间（10～100μs）内向所形成的高导通路中送入蓄积的电能，通路内的物质被加热至 4.0×10^4 K，压力升高到 1.5×10^3 MPa，在此压力作用下通路扩张，液体受到压缩。

2) 放电过程中的能量转换

（1）等离子区的形成：在开始阶段，电流增强，同时电压有些下降。大量电流流过时，通路内的物质被强烈加热、并形成混有电吸物质离子化粒子的水蒸气等离子体和相对均匀的温度剖面，电粒子的浓度达 1.0×10^{21} 个/cm³。等离子体的能量表现为粒子的热运动能量，其基本的能量转移是通过热辐射的方式实现的，这种热传导方式比普通导热率高 2~3 个数量级。

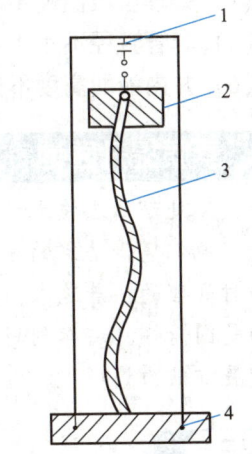

图 6-8　两电极间液体中产生的放电通道示意图

1—外放电电路；2—阳极；
3—放电孔道；4—阴极

放电的高导通路内的有效电阻决定电场能量转变为粒子热运动能量的效率。发生这种能量转移的同时伴有质量转移过程，即以电子由中心热带向外表面的扩散运动为先决条件，扩散后的电子在外表面进行复合，而外表面的中性粒子进入中心区进行离子化。

（2）冲击波的传播：通路内形成高压的同时，放电通路迅速扩张——即电爆炸迅速扩张，并形成冲击波。冲击波在液体中的传播速度是稳定的，这是因为能量是以很小的扰动由通路的运动壁向前缘转移。但通路扩张是一种加速运动，其速度的增长比电流和冲击波的增长速度快。因此，通路的扩张速度将超过冲击波的传播速度，并驱动所形成的冲击波前缘。冲击波中的最高压力在离通路不太远的地方产生。在强放电情况下，通路表面的扰动速度为 5.8×10^3 m/s，而中心区为 3.5×10^3 m/s；通路中的压力为 6×10^3 MPa，压缩波前缘的压力为 2×10^3 MPa。

（3）空化作用：在放电的四分之一阶段结束时，放电通路壁的加速运动停止，冲击波也会离开放电中心区。继之，放电通路壁运动减缓，形成一个空化腔。达到平衡后，空化腔闭合到最小尺寸，然后又重新扩张并继续做阻尼振荡。在短暂的时间内，空化腔闭合到最小尺寸，在液体中形成二次压缩波。

（4）能量交换"弛豫"作用：如果从表面带走的能量远小于输入的能量，则被处理物质的热传导率按非线性规律变化，这将使被处理物质加热。在较大温差作用下，被加热的部分将产生很大的热弹性应力，这也可被有效地用来处理物质。

4. 选井方法

（1）油层生产过程中被污染堵塞的油层。在采油井中，一般处理初期有一定的产能，但产量下降较快井的中、高渗透性地层效果较好。在注水井中，一般处理不吸水或吸水能力下降的井。

（2）严重污染的油气井。因结垢、结蜡造成堵塞的油井，钻井或其他作用过程中有明显污染的油水井。

（3）对水、酸有敏感性的油气层。

(4) 处理层段温度不高于 85℃。
(5) 套管直径不小于 127mm。
(6) 井内液面高度不低于 500m。

素质提升园地

声波处理油层技术的研发及应用，凝结着无数石油人的智慧和汗水。面对复杂的技术难题，他们凭借坚定的理想信念和扎实的专业能力，闯过一道道难关，所展现出的敬业精神与对真理的执着追求，值得我们敬仰。作为石油领域的后备军，我们要以他们为楷模，厚植爱国情怀，培养创新能力，用所学知识为我国能源行业的进步拼搏奋斗，为国家的繁荣发展贡献力量！

笔记

项目二　利用热场处理油层技术

知识目标

（1）能准确说出电磁加热原理。
（2）能准确说出电磁加热技术的优点。

技能目标

能准确说出油层电磁加热技术的应用方法。

素质目标

具有艰苦奋斗、乐观向上的精神。

工作过程知识

我国稠油资源非常丰富，迄今已发现有 15 个大、中型含油盆地和地区有着数量众多的稠油油藏区块。然而，由于稠油黏度大，难以流动，从而阻碍了原油的顺利开采。针对稠油黏度对温度变化敏感，随温度升高而急剧下降的特点，目前，我国普遍采用热采法，通过降低稠油的黏度而使之从地层中流出，热采方法主要有蒸汽吞吐、蒸汽驱替和火烧油层等。但是，这些方法往往受到储层的渗透率、传热性、井筒内与储层的盖层内的热损失、原始地层压力、注入液和气体的运动状况等因素的影响而效果欠佳，为此，有必要采用新的热采技术。面对这种状况，电磁波和微波加热油藏技术应运而生，尽管它们目前在国内外并未真正应用于现场，然而近三四十年来的科学发展与研究表明，它们具有很广阔的发展前景。

一、油层电磁加热原理

在电磁加热过程中，电极放射出的电磁波进入含油地层。当电磁波传入岩层时，流体和其他储层物质阻抗电磁波的传播，结果，电磁波传播强度减弱，电磁能转化为热能。

视频　油层电磁加热技术

电磁加热法有加热一个封闭层段的能力，从而不必加热整个含油层。利用电磁选择性地加热井筒附近地带，可以降低原油黏度，使其流度比油藏其余部分高出几百倍。用水平井作电极，可以有效地加热稠油油层和重油砂层，因此，电磁加热优于传导加热。在传导加热情况下，只是靠传导方式传递热量；而在电磁加热情况下，则是靠电磁波通过油藏传递热量的。因此，电磁加热过程可以覆盖更大的储层面积，并具有更高的效率。但由于缺乏明显的被加热油的对流传输，电磁加热的驱油效率低于注蒸汽加热的驱油效率。

二、电磁波加热方法的优点

概括地说，电磁波加热采油技术具有以下优点：

（1）该方法是在没有热流体与储层接触的情况下对储层加热的。有些储层因有断层和高渗透层而不能用蒸汽有效地加热。有些储层中含有黏土，与水接触就会发生膨胀和微粒运移，导致地层渗透率下降，因而不宜采用蒸汽加热工艺。虽然可以在蒸汽中添加黏土稳定剂，但黏土稳定剂的作用并不是很可靠，效果也不是持久，而且不少稳定剂很昂贵。在上述地层条件下，均可采用电磁波加热技术，从而可以避免在注蒸汽时所发生的"气窜"和黏土膨胀等不利问题。

（2）电磁波加热法与周期注蒸汽（蒸汽吞吐）法相比，开采同样数量的原油所消耗的能量要少好几倍，通常可提高油井产量1~4倍。

（3）因为该技术是以电作为加热的能源。对环境不造成污染，在生态学上是有益的。

（4）该工艺对地层的渗透率要求不严。常规的油层加热法（如注蒸汽、火烧油层）由于必须使注入流体进入油藏，都要求油藏有很好的渗透性。电磁波加热法则不受油藏低渗透率的限制。

（5）电磁波加热法能把油藏内的水煮沸并加以利用，从而使枯竭的油层适当恢复压力，进一步提高产量。

（6）该工艺能用于气候十分寒冷的地区，不会像注蒸汽那样造成大量的热损失。

（7）这种方法用于有严重结蜡问题的油井非常有效。有些井的原油并不很重，但含有较多的蜡。原油中的蜡组分沉积在靠近井筒的地层内和井筒本身，从而限制了原油产量。用电磁波加热法可以十分有效地防止在井筒附近和井筒内结蜡。

（8）电磁波加热法不像蒸汽那样必须以水为热载体。因此，在那些因缺乏水源而无法注蒸汽的地方，可采用电磁波加热法。

（9）用电磁波加热油层时不必停产，不像蒸汽吞吐那样是周期性的，电磁波加热过程是连续不断的。

（10）电磁波加热法很适合用来从薄油层中开采稠油，可有效地开采10m以下的薄油层。用注蒸汽法开采薄油层时，热量会过度地消耗在盖层中，其经济效益不高。使用电磁波加热法可使产生的热量只局限于油层内。

（11）在用蒸汽加热油层时，热量只以传导的方式缓慢地在油层中传播。当用电磁波加热油藏时，热量则是通过电磁波穿过油层进行传播的，这样能迅速加热较大的油藏区域。

（12）电磁波加热法可与注蒸汽、注水等常规开发工艺相结合，从而大大增强注汽和注水的效果。

（13）电磁波加热法很适合用于从沥青砂油藏和油页岩中开采原油，而这类油藏用常规热采法是难以开采的。

（14）与火烧油层方法相比，电磁波加热技术也有明显的优点。火烧油层方法不仅有危险性。而且会烧掉一部分可采原油。另外，对燃烧情况必须进行严格控制，但在地层中要进行这样的控制在技术上是有一定困难的。火烧油层产生的过高温度还会造成油层焦化，电磁波加热法则不存在这些问题。

（15）电磁波加热法对油藏没有伤害，因此，它是一种无伤害采油技术。

三、油层电磁加热技术

油层电磁加热技术从20世纪50年代出现至今，已经历了70余年的研究与发展过程，其加热技术的工艺多种多样。按电磁波频率可将其分为低频加热和高频加热；按电极排布方式可分为单井加热与井间加热;按加热时间可将其分为电预热间歇加热和连续加热;按加热工艺又可分为井底电热处理、ORS工艺、三板系统加热及电磁加热与水平井注气联合作业等。

1. 油层电热处理技术

得克萨斯州 Corpus Christi 公司发明了一种在电热频率下的电加热过程,称之为"电热处理过程",大多数情况下仅用于单井。这种电加热过程的简单情况如图6-9所示。

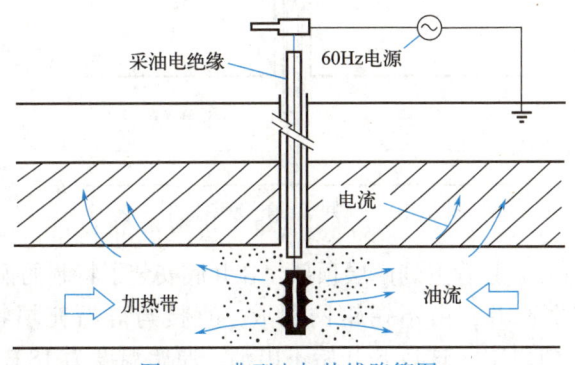

图6-9 典型电加热线路简图

这是一口裸眼井,电流经上覆岩层回到地面,再经钢质油管至电极,而电极是在井底特殊扩眼段填入的钢砂而组成的。油管以同心玻璃钢管作电绝缘,采油与加热同时进行。

在电热过程中,电流流散在地层中,远离已加热的地区,并如前所述返回地表,从而构成一个完整的回路,在距离一二十米范围内,油的黏度降低,如油层有足够的驱动力,则此油会流入井中。这种加热过程可由循环注蒸汽的方法来启动驱油,从1969年起,该电热法已用于强化开采油砂层,效果相当明显(见表6-1)。

表6-1 油田电热处理结果

地区	电功率 kW	原始产量 m³/d	电热后产量 m³/d	深度 m
得克萨斯州西南部	150	0	12.0	1000
	12	0	0.95~1.0	
犹他州东部	60	0.64	7.95	900
俄克拉何马州中部	50~100	3.18	12.7	240

2. IITRI 单井无线电频率增产技术

发射到稠油油藏中的电磁能能降低原油的黏度,提高流度,从而提高原油采收率。这一基本概念是由芝加哥伊利诺斯工学院研究所(IITRI)针对含沥青砂岩油藏提出的。从几十万赫兹到微波频率进行无线电频率加热地层的方法,类似于电加热驱油法,可用于单井增产。将单极或偶极天线置于井底,电磁波由激励器发出,辐射至产层,如图6-10所示。电磁波在湿油砂层可穿入的深度是很有限的,所以只能加热井身的周围地区。然而,即使油层中的水闪蒸为蒸汽后,地层仍可继续被加热。这样,被加热区可不断向外延伸。

自从国外的电磁波加热技术在20世纪50年代取得第一个专利以来,IITRI对该专利做了进一步发展,完成了伸到井下的单极与双极天线。并能向地层发射电磁波能量,对此,在俄克拉何马州Ardmore附近的浅井中进行了试验。该试验在100m深、13~15m厚的非胶结

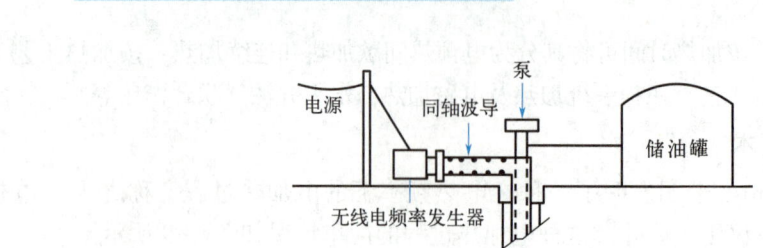

图 6-10　单井无线电频率发射工艺

油砂层中进行，钻一口井，套管下到产层顶部，在井底安装了特制的铜铠装钢质圆柱形无线激励器，其底部用作生产井，由不锈钢网制成，直接与砾石充填物接触。天线由一台 6.78MHz 的 40kW 发射机供电。这口井开始不出油，原始温度为 18℃，无线电频率增产措施从 1984 年 12 月中旬开始，到了 1985 年 1 月，地层温度开始升高，以致靠近激励器处的温度达到 100℃，这时该井开始产油，日产量由零上升到 0.32m^3。

3. ORS 热采工艺

在美国伊利诺斯 IITRI 研究成果的基础上，ORS 公司设计了一种 ORS 加热方式，如图 6-11 所示。它是把套管或油管作为地面供应电能的天线，相当于把天线倒过来插入油井。电能的发射点在下部，把电能传送到单一油层或多个油层中进行加热。由于天线的作用，在井筒附近地带产生电磁场，通过电阻和电介质机理的综合作用来加热储层流体。低频有利于电阻加热，高频有利于电介质加热。

该装置的目的是加热井筒周围适当范围的区域。电磁能径向地穿入储层更深，从而可提高处理效果。但由于被加热的表面积增加，因而使垂直方向上传至上下隔层的传导热损失增加，从而降低了效果。因此，需要处理好生产效益与发射电能利用率之间的经济关系。适当的天线设计和位置能使这种关系达到最佳。

该装置包括五个主要部分：（1）类似于天线的高频发热电极或电磁激励器系统，施加电磁能，强烈地加热紧邻井筒的储层，低强度地加热远离井筒的储层。（2）电能输送装置，即导波器。其作用是在允许进行生产的同时，将地面上的高频发生器产生的电磁能输送到高频发热电极。（3）井口部件，电磁电力发射系统和生产开采系统。（4）电磁电力源，即电磁波发生器。（5）生产开采系统。

4. 其他技术方法

除以上提到的 3 种利用电磁能加热油层的方法以外，还有电磁驱油法、电预热蒸汽驱动、涡流电加热、电炭化、电渗透、电化学效应等电力加热油层的方法。

视频　油藏微波加热技术

四、油藏微波加热技术

通常微波指的是分米波、厘米波和毫米波，其频率范围为

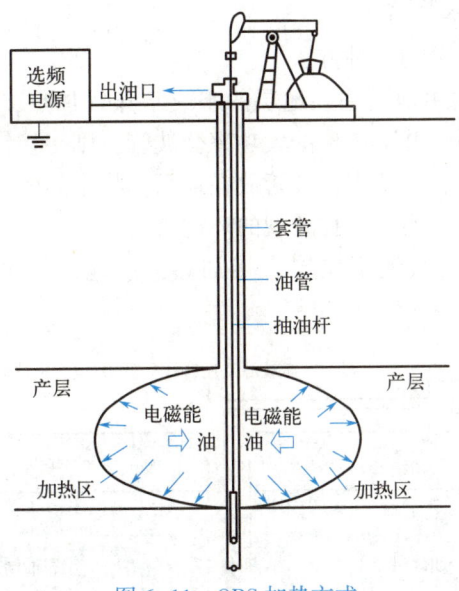

图 6-11 ORS 加热方式

300MHz 至 300GHz。油藏微波加热最早起源于油层电磁加热。根据 ORS 公司的规定,电磁加热的频率范围为 10Hz 至 1GHz 或更高的频率,而微波加热在石油工业中目前指的频率范围为 1MHz 至 10GHz 之间,所以微波加热是电磁加热的一种。

1. 油藏微波加热机理

从油层电磁加热技术机理可以看出:以往的油层电磁加热采油技术主要是利用电磁能,通过将其转化为热能来加热油层,从而提高原油采收率。

非电磁加热过程一般是从表面开始,通过传导、对流与辐射方式,将热从外部逐渐传至内部,这是一个相对漫长的过程。而微波加热时,伴随电磁波向材料内部的穿透,有一个电磁能自动向内部传递的过程,材料吸收微波能是内、外部与表面同时进行的,可以称此为体加热。因此加热速度快,向外辐射与传导损失的热量也小。

微波加热与蒸汽加热相比还有一个很大的优点,即它可以使地层内的流体达到很高的温度,这为地下石油的干馏汽化开采提供了关键性条件。

由于油气储层是由不同物质组成的,孔隙中含有水与油,不同物质的热膨胀系数大小相差很大,造成热胀冷缩不均匀,因此微波加热有可能使储层产生许多微裂缝,使低渗透油藏的产量大大增加。

以上只是谈到微波加热油层的热效应。它与低频电磁加热不同,还有更重要的一面——非热效应。这是由于微波的频段是在极化分子、电子、原子固有频率附近,极易引起强烈的共振,促使长链、支链分子和杂环化合物及胶质体分裂,或使一些松散结构分离。国外研究成果表明,在原油中含有少量的胶质将极大地影响其润湿性,而微波可以将稠油变稀,少量胶质的分裂将大大地改进润湿性,提高流度,防止指进现象,从而提高采收率。

针对微波以上特点,可以将微波源置于井下储层部位,或用传输的办法将微波传到地下储层部位,再对储层进行直接加热或作为井下热源在井下对热载体(水)进行加热。主要利用微波的加热效应来开采稠油或高凝油的方法称为微波加热开采技术。主要利用微波裂解效应来开采稠油或高凝油的方法称为微波汽化开采技术。

2. 油藏微波加热开采技术

微波加热开采技术目前分为三种方法。

（1）井内锅炉：微波对由地面注入地层的水或水蒸气加热，此方法的优点是不用改变现有井筒。如果有小型的适合井下工作的大功率微波管，则一切设备和工艺都不变，只要增加大功率供电电缆即可。若将大功率微波管放在地面，将中间的油管用作微波传输管道，油就要从环空中采出，所以需要研制一种新型的环空泵。

（2）井下锅炉：用微波对地下储层直接加热，使地层温度升高，其结构如图 6-12 所示。

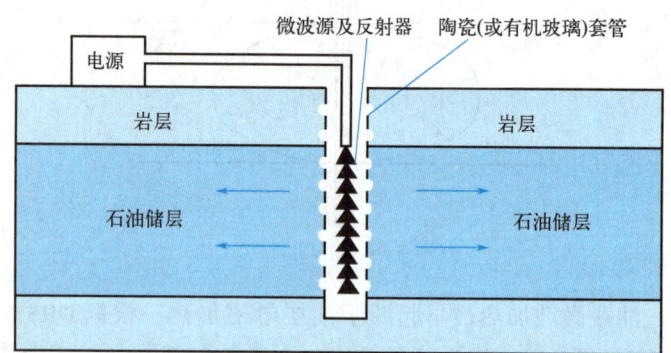

图 6-12　单井微波直接加热储层采油

根据美国的一项专利，在井周围的温度升高到 425℃ 以上，即远远高出稠油的拐点温度时，用 100kW 功率，频率在 0.01~2GHz 甚至到 30GHz 变化，有效半径可达约 12m。若井周围的温度只要求达到拐点温度时，则有效半径可远远大于 12m。

（3）多井底地层微波加热：其结构如图 6-13 所示。微波能由直井段向下传导。

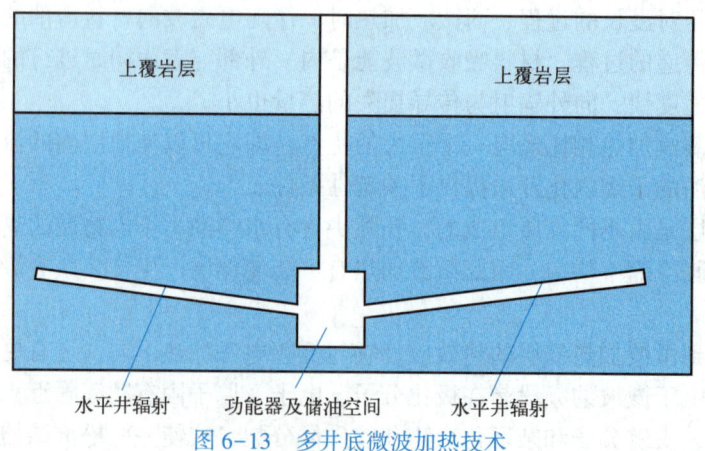

图 6-13　多井底微波加热技术

（4）多连道器中的功分器：与开窗侧钻的水平井内的天线相连通。微波能由水平天线向地层辐射，在这种结构中，水平段有多远，水平天线就可伸到多远，有效采油半径就可达到多远。水平段实际不是水平的，而是在向外延伸时向上挠，以便在远处的原油受微波加热后渗入到"水平段"，在重力作用下流入垂直段，再由装在垂直段内的环空泵将油举升到地面，这种结构的有效作用半径决定于开窗侧钻的水平井的个数与向水平方向延伸的距离。

由以上所述可以看出，油层微波加热开采技术在开采工艺上存在着重重困难，有待于今后解决。目前，国外在物理模拟和现场实验方面取得了较大的进展。但是对于地层高频电磁波加热采油补充能量系统的数学模拟研究，还处于起步阶段。正如 N. H. Williams 等人所说："这是一个微波化学、微波物理、传质传热、电磁学、渗流力学、岩石力学和地球物理化学相结合的有机复杂耦合体系，定量描述这一复杂体系的动态过程，是至今未能很好解决的技术难题。"

为此，我们应将高频电磁场、温度场、流场、应力场及其破裂准则结合起来解决微波加热开采技术中的各种难题，为稠油的微波开采最大限度地提高，最终有效热利用率提供理论依据。

素质提升园地

微波处理油层技术的应用，不仅提高了石油采收率，也体现了我国在能源开发领域对高效、环保的不懈追求。这告诉我们，在追求技术进步的同时，要始终关注社会效益和环境影响，以实现经济发展与环境保护的协调统一。作为未来石油行业的主力军，我们要不断培养自己的创新思维和社会责任感，努力为我国的能源事业发展添砖加瓦，为实现中华民族伟大复兴的中国梦而不懈奋斗！

笔记

单元训练题

一、填空题

1. 物理采油技术是指利用物理场,即（　　　　）、电场、电磁场、（　　　　）、磁场等来激励油层,提高原油采收率的技术措施。
2. 声波处理油层技术包括（　　　）、（　　　）和（　　　）三种。
3. 声波的作用原理十分复杂,综合来看,起主要作用的有三方面,即（　　　）、（　　　）和（　　　）。

二、问答题

1. 简述声波对油层的作用原理及效果。
2. 超声波采油技术的选井选层原则是什么?
3. 超声波技术为何能提高采收率?
4. 水力振荡解堵采油技术对工作液选择有哪些要求?
5. 电磁波加热方法有哪些优点?

素质提升拓展阅读

难能可贵的"六个传家宝"

在大庆石油会战开发建设中,大庆人以"有条件要上,没有条件创造条件也要上"的英雄气概,不畏困难,艰苦奋斗,逐步形成了人拉肩扛精神、干打垒精神、五把铁锹闹革命精神、缝补厂精神、回收队精神、修旧利废精神。这些精神是大庆艰苦创业传统的重要内容,被大庆人称为艰苦创业的"六个传家宝"。伟大精神的形成,首先是这个精神的强大实践力量的成熟。这些传家宝式的优良传统,正是20世纪60年代石油工人们在困难的时候、困难的地方、困难的条件下凭借坚定的信念和毅力,用鲜血和汗水在伟大的实践中一点一滴地积淀形成的,是大庆精神独立自主、自力更生艰苦创业精神的最真实写照。

遭遇风雨形成了"人拉肩扛"精神。会战初期,几万人一下子聚集到这个人烟稀少的荒原上,"头上青天一顶,脚下荒原一片",没有大城市,没有工业发达区作为依托,各项物资供应和后勤保障暂时都跟不上,生产生活极端困难。当时一无房屋、二无床铺,连锅碗瓢盆等生活用具都不够,人们支起帐篷、搭起活动板房,有的干脆在废弃的牛棚、马厩里办公、住宿。生活上尚且如此,可想而知生产上的运输条件更是雪上加霜。生产运输需要重型卡车和工程车辆几千台、起重吊车几十台。可是,当时只有重型卡车几百台、吊车十来台。怎么办呢?铁人王进喜说:"没有吊车,咱们有'宝贝',照样干!"有人问:"啥宝贝?"王进喜说:"大活人!天大的困难也要上,退下来算个啥呀!"也有人说:"人是活的,抬也好,搬也好。总之要上,不能让钻机在车站待着。"他们硬是靠着双手,展开了一次钢铁与力量的较量,仅用人拉、肩扛加滚杠的办法,把几万吨设备器材,从火车上卸下来,连五六十吨重的大钻机,也是用这种办法,拖到几公里外的井场上安装起来。这种"创造条件上",靠意志、力量战胜困难、艰苦创业的精神即"人拉肩扛"精神。

1960年5月,为本地区有史以来同期降雨量高峰,达107毫米。由于下雨和解冻,道路翻浆,交通中断,生产、生活物资送不到野外的井场、工地。为解决运输问题,会战领导小组成员张文彬,到运输战线总结群众经验,和运输工人一起提出了30多种行车防滑、防陷的方案,经过反复试验,终于搞成了"汽车防滑铁鞋"。载重汽车装上这种铁鞋,雨天可以深入到荒原深处,不怕泥泞地和翻浆路。随后,全体总动员,人不下班,车不熄火,日夜突击,用7天时间抢运了3000多吨物资,送到了荒原深处的40多个井场、工地,保证了前线的急需。

5月17日晚,钻井前线急需钢管,而火车运来的钢管又都淹在1米多深的积水中。是夜,三探区装卸一队30名复员战士,在风雨交加零上4摄氏度的气温下,在1米多深的水里,仅仅靠着双手一件件地搬,一根根地抬,从凌晨3点一直干到晚上6点,共取出250多吨钻杆和油管,每人搬运量达8吨多重,相当于五六台小轿车的重量。面对老天爷的挑战,这些石油工人没有退缩,而是迎着风雨努力前行,用人拉肩扛的方式托起了千斤重担,被探区授予"钢铁装卸分队"的光荣称号。

雨季给会战增加了施工难度和劳动强度,也锤炼了会战队伍的钢铁意志和坚持会战的决心,启发了人们的智慧。广大会战职工以顽强的斗志和高度的革命乐观主义精神,战胜了比严寒更不利于生产的雨季。周文龙曾说:"如果说这里有白天、黑夜、晚上、风雨、寒冷,但对于你们，这些已是不存在了。在倾盆大雨中，不论是干部或是工人，只是干。正因为你们有这种天不怕地不怕的胆量，就会创造出无穷的奇迹，你们继承和发扬了当年红军的光荣传统，真不愧为毛泽东时代的好儿女。"

遭遇严寒形成了"干打垒"精神。 进入七八月，突出的问题是采取切实可行的措施，解决会战队伍几万人的过冬问题。油田大会战的主战场地处北纬46度，夏短冬长，全年无霜期只有142天左右。冬季冻土厚达2米，最冷时可达零下40摄氏度。会战初期，几千台设备在大草原上运转，连个修理设备的房子都没有；广大职工住在简陋的帐篷、木板房、牛棚里。在寒冬到来时，如果没有妥善的御寒手段，会冻伤人、冻坏设备，从而使经历千辛万苦夺来的会战成果遭受损失。会战开始后，曾在东北地区长期工作的王鹤寿、王新三、顾卓新等老同志曾对余秋里说，这里没有房子，过不了冬啊！若遇上零下40摄氏度的严寒和持续几天的"大烟炮"暴风雪，滴水成冰，钢铁都能冻裂，那就会迫使会战全面瘫痪。

在当时的条件下，要想盖几十万平方米的房屋和其他防寒设施，让职工住进楼房、设备进暖库、蔬菜进窖，是完全没有可能的。时任中共黑龙江省委第一书记欧阳钦这时建议搞东北老乡那种干打垒：一是可以就地取材；二是可以人人动手、来得快；三是可以节省木材；四是冬暖夏凉。东北老乡，祖祖辈辈相传下来，就靠它抗住了东北的严寒。干打垒是一种较原始的民间建筑，除了门窗和房檩需要用少量木材外，几乎全部就地取土筑成，建起来比较容易。就地挖起黏土，处理好水分，往板槽里填，用木杆、铁杆或石杆，分层夯打，在顶上摆好自林区运来的等外木料（人称"困山材"或"清山材"）；再铺上本地大量生长的芦苇或羊草，铺上大泥，浇上防水原油；装上门窗，砌好火墙或火炕，接上电线就行了。当时到油田来的职工，都在夜间或工作空隙去盖干打垒。在没有加班费和吃不饱肚子的情况下大家挥锹抱杆、喊号子，滚一身泥巴。油田领导很重视这项工作，认为"油田地质研究"和盖干打垒是当时决定油田大会战命运的两大任务，特别是康世恩、张文彬、焦力人等会战领导小组的领导和来油田抓干打垒的孙敬文等部、局领导干部，都深入重点工地，亲自参加劳动和现场指挥。

会战领导小组果断地作出了一个《打一个过冬突击战的决定》（以下简称《决定》）。该《决定》强调：一是不管西伯利亚的寒流如何凶猛，不管冬天何等严寒，会战队伍一定要像解放军在战场上一样，坚守阵地。一个也不许撤走，一步也不准后退，钻井一刻也不能停，输油管线一寸也不能冻，人一个也不准冻伤。二是由油建指挥部迅速调查总结当地老百姓打干打垒的施工方法，油田设计院提出干打垒的标准设计，供应指挥部负责准备木材、木房架、苇席、油毛毡及少量砌火墙、炉灶的红砖供应。三是各级领导干部分工负责充分发动群众。在搞好当前生产的同时，抽出一切可能抽出的人员和时间，开展一个"人人打干打垒"的群众活动，和老天爷争时间，为国家原油自给争速度。

战区各级党组织纷纷响应会战工委关于以干打垒为中心的冬防保温工作的号召，迅速掀起了抢建干打垒的高潮。有两首在现场流传的歌谣为证："早起看测量，晌午正垒墙，隔了一夜看，平地起新房。""钢筋水泥全不要，只向土草找材料。能工巧匠妙手高，千家万户盖起了！"这就是当时的真实写照。

1960年10月，国庆节刚过，就飘起了雪花，冬季提前来临。雨雪过后，地面就开始结冰，参加会战的职工大部分仍还挤在简易的帐篷和活动板房内。10月7日，会战指挥部再次召开了干部大会，要求各单位突击盖干打垒。这次突击，大约苦战了20个日夜，全油田完成了干打垒 30 万平方米，实现了人进屋、菜进窖、机进房、车进库，使亘古荒原出现了繁星般的村落。人没冻伤，车没冻坏，设备保持完好，也保住了蔬菜。同时，干打垒的崛起，又为不断扩大的会战职工队伍及其以后的家属来油田安家，迅速有效地解决了住房问题。《人民日报》报道大庆油田时这样写道：看到了干打垒就像看到了当年的延安窑洞；来到大庆，就像回到了战争年代的延安。

遭遇饥饿形成了"五把铁锹闹革命"精神。大庆石油会战在生活上遇到的困难，最大的莫过于饥饿和粮荒。由于全国性自然灾害，农业歉收，粮食减产。1960 年 10 月，会战指挥部接到通知，黑龙江省粮食储备已到极限以下，要和全国一样减少职工粮食定量。这就意味着，本来就不够的粮食定量还要减少。黑龙江省副省长陈剑飞特地从哈尔滨来到萨尔图，郑重地告诉康世恩，省里没粮了，粮食定量要减下来。不减也没粮，毫无办法。就这样，将钻井等重体力劳动者的粮食定量减至每月 45 斤，采油工人减至每月 32 斤，机关干部和其他轻体力劳动者减至每月 27 斤。副食品的供应一落千丈，肉、豆油等几乎停止供应。冬天来了，冰天雪地，职工还在野外会战，体力消耗比夏秋季节更大，导致身体消耗的能量与摄取的热量不平衡。

没多久，浮肿病在会战职工中迅速蔓延。加上职工家属也一批批地从全国缺粮的地区投奔过来，又无法落下户粮关系，没有定量供应，更加重了职工吃粮的困难，于是出现了"五两保三餐"的艰难局面。

粮食紧缺、浮肿病、近万人家属投奔像三座大山一样，压得人喘不上气来。对此，会战领导小组就作出决定，号召家属组织起来，发扬南泥湾精神，自己动手开荒种地搞生产自救，变消费者为生产者。钻井指挥部 45 岁的薛桂芳挺身而出，她说："咱拖儿带女地来到油田，就够给领导添麻烦的了。现在，会战的职工生活这么困难，因粮食不够吃，有的职工都得了浮肿病。我也不能在家吃闲饭。"就这样，在薛桂芳的带动下，王秀敏、杨学春、从桂荣、吕玉莲也加入了劳动，她们扛着五把铁锹，提着一盏油灯，背着简单的行囊，领着 3 个不满 4 岁的孩子，建立了大庆油田第一支以农为主的家属生产队。

1962 年 4 月 16 日，天很冷，西北风刮得呼呼响。上午 9 点，薛桂芳和四姐妹告别了家中半大的孩子，搭着便车就出发了。下车后，距她们要去的开荒地——八一新村，还有 6 里路。由于再往前就是沼泽碱滩，汽车无法行驶。薛桂芳她们只好下车，背着行李、粮食等，迎着西北风，直到下午 1 点多钟，才走到八一新村。破旧的干打垒没有房盖，她们就到附近的副业队借来一块帆布；没有床铺，她们就抱来些喂牛的草，厚厚地铺在地上，权当床铺睡；听到狼的嗥叫，她们就敲铁桶、脸盆，把寻觅在破屋门口的狼吓跑；干活时手上磨出血泡、生出厚厚的老茧，她们没有一个人打退堂鼓。就这样，5 个人用 5 把铁锹挖了 3 天，开了 5 亩荒地。饿了，5 个姐妹就啃上几口硬邦邦的苞米面饼子；渴了，就咕噜咕噜喝上一阵子凉水。到了 5 月，又进入雨季。天上下大雨，屋里下小雨，地铺的草又湿又潮，每天都要抱到外面晒。雨过之后，又要面临蚊虫的叮咬。只要被蚊子咬上一口就是一个大包，一挠红一片，又痒又痛。

面临种种困难，5 个姐妹没有退缩。她们以坚强的毅力，顽强的斗志，用 5 把铁锹征服了荒原，终于在八一新村站住了脚，扎下了根。在她们的带动下，紧接着第二批、第三批家属也上来，三批共计 18 人。为了能适时种地，她们改变了方式，用人拉犁杖翻地，赶在春耕前开荒了 32 亩荒地，全部种上了黄豆等农作物，当年收获了 1800 多公斤粮食，还有上万斤蔬菜。她们以实际行动支援了大会战，点燃了油田家属走出家门闹革命的第一把火。会战工委派人及时总结了这个典型事例，并在全战区大力宣传提倡这种精神。到了1963年，家属垦荒队伍扩大到了71人，种地92亩，收粮3万多斤。每人分粮食400多斤，菜600多斤，支援食堂蔬菜4000多斤。石油工业部奖给他们一面"发扬穷棒子精神，走自力更生道路"的锦旗，鼓励她们继续坚持发扬"五把铁锹闹革命"精神，不断前进。从此，"五把铁锹闹革命"的精神在大庆广为流传，后来这种精神成为大庆光荣传统之一。

缝补厂精神是捡破烂、打补丁的艰苦创业精神。 早在1960年夏天，会战趁黄金季节苦干猛上的时候，就给康世恩带来一份隐忧：他在夜查时发现，工人披的棉工服是从原单位带来的，经过四五月份的会战，大部分已两面开花、油渍麻花、破烂不堪。工人说，还指望它过冬，可身边别无第二件。余秋里到钻井队检查工作，发现工人脚上穿的工鞋，有的掉了后跟，有的断了底，许多人用细铁丝拢着，凑合着穿。几乎没有一个人穿着一双完整的好鞋。

会战指挥部决定，必须未雨绸缪，做两手准备。一是马上派人去黑龙江省委、省政府有关部门、中国人民解放军总后勤部、沈阳部队后勤部、商业部等地方和部门去求援；二是走自力更生之路，搞个小缝补厂，以解燃眉之急。

鄢长松，缝补厂第一任厂长。他接到任务后，带领3名转业军人和5名家属，在两栋破牛棚里办起了缝补组，开始了新的创业生涯。他们以铁人为榜样，积极创造条件开展工作。没有设备，就找来两口大锅，一口烧热水，一口煮油工服；没有洗衣盆，就用喂牛的木槽子代替；没有针线剪刀，就从家里拿；缺少补丁布，就背着麻袋去捡破烂……寒冬腊月，他们一个个光着手，刨开冰雪，翻倒垃圾堆，指头被冻得像玻璃碴子般的冰块，一割便出现了一道道血口子。回来后，把捡回来的破烂泡在碱水锅里，一块块洗干净，晾干。那双满是伤口的手，泡在碱水里，真是钻心地痛。到了晚上，还要用这双麻木的手，和家属们一道飞针走线，给工衣打补丁。可是没有一个人叫苦叫累，就是凭借这股子干劲儿，第一年就拆洗缝补了一万多件劳保用品，就在这针针线线、布头布脑、浆浆洗洗、缝缝补补中，小小的不起眼的缝补厂，备受人们的关注和喜爱，逐渐成长壮大。厂房扩大了，缝纫机也由一两台渐渐增至50多台，人员增加至200来人。随着缝补厂生产能力的提高，他们面对的挑战也更加艰难了。1961年，职工人数新增近2万人。经过两年的艰苦会战，职工的劳保服，不但需求量大增，棉工服的破损也更加严重，限量供应的布票棉花，不增反减。这无疑是对缝补厂的巨大考验。为了节约用料，缝补厂采用"两旧一新"的办法，把实在不能穿的棉工服收回来，拆洗干净，用拆下来的旧布拼里子，把旧的棉花弹松软絮上。照这个办法，原来只能做一套棉工服的材料，现在能够做差不多两套。这样，就能解决冬天给职工发棉工服的燃眉之急。

1966年5月4日，周总理来缝补厂视察，拿起一件用160多块旧布拼成里子的棉工服，看了又看，摸了又摸，感慨地说："你们这样做很好，要永远艰苦奋斗！"后来厂房扩大了，设备增加了，财富创造多了，但缝补厂仍然坚持勤俭办厂，努力为国家节约一寸布、一两棉花、一枚纽扣。一件棉袄里子一般要用40多块碎布拼成。拆100套旧工服，最多时能拼出90套工服里子，实在不能拼用的布条，也攒起来送给工人用来擦机器。这一缝补厂精神，是大庆艰苦创业传统的重要内容，它所体现的勤俭节约精神，在新的历史时期仍需发扬光大。

回收队精神是一颗螺丝钉都不放过的勤俭节约精神。 从石油会战开始，广大职工就坚持艰苦奋斗、勤俭建国的方针，利用业余时间回收散失在油田各处的废旧物资。1969年，铁人王进喜提议并组织起油田第一个废旧物资回收队——钻井指挥部"铁人回收队"。王进喜带领回收队职工到各个施工场地回收废旧器材，连一颗螺丝钉、一块废钢铁都不放过，足迹遍油田。有些人对此不理解，说"搞回收没出息，不光彩"。王进喜对大家说："艰苦奋斗的传统不能丢，把散失的材料捡回来，重新用来建设社会主义，意义大得很！"在"铁人回收队"的带动下，油田许多单位相继建立起回收队，开展废旧物资回收利用活动。

1961—1983年，油田平均每年回收废旧物资550吨。仅"铁人回收队"10年就回收上缴钢铁1.73万吨、管材19多万米。用回收来的旧料装配大型钻机井架5部，自制和修复了大量的设备和零部件。仅水龙头组装机一项，就提高工效几十倍，一年可修复水龙带300根，价值达150万元。

回收队不仅为国家节约了大量的物资，而且解决了生产建设中的急需，并且一直沿用至今。回收修旧成为油田物资管理工作的一项重要任务。

修旧利废精神是物尽其用、"吃干榨净"的办企业精神。 大庆会战一开始，各种机械设备包括汽车、吊车、拖拉机、水泥车和其他特种车辆。因为数量少，出勤率就很高，一台要顶两台甚至三台用，有的一天24小时不停歇。加上道路、环境、气候等因素，使这些设备"造"坏不少。而修理用的零件十分短缺，有的设备只坏了一两个小零件难以修复，就只得趴窝。主管一线生产的宋振明非常着急，他召集机修系统的领导开会，提出要学习缝补厂精神，解决设备修理的难题，油建机修厂派人到缝补厂学习取经，从翻旧为新上受到启发。

1963年，供应指挥部率先成立了修旧队。全队人员共同努力，发挥聪明才智，利用废旧材料搭建起一个简易厂棚，将长期使用而破损的台钳、手钳、焊机等工具进行及时修复，同时，还承揽修复了那些生产急需而供应又短缺的物料满足生产建设的需求。修旧队对废旧器材视同宝贝，经过他们的巧手，这些废旧器材完全恢复了使用功能，又可以在钻井作业中"冲锋陷阵"了。

1970年以后，修旧利废车间、修旧小组等已在油田各生产单位遍地开花。各个单位大搞清仓查库、修旧利废，力求做到小材大用、短材长用、优材精用、缺材代用、一物多用，"吃干榨净"。当时汽车修理厂的"修旧大院"，就是从一个修复组逐步发展壮大起来的。在这里，修旧队自制各种土设备20多台、建立了以焊、补、喷、镀、铆、配、改、校、粘为主体的修复作业线，担负起各种汽车配件修复工作，修好了一大批趴窝的设备，被誉为"工业上的缝补厂"。仅1970—1976年，就修复汽车配件94种、23万多件，节约价值520万元，其中修复包括汽缸体、水箱、工字梁、方向盘、瓦片等20多种配件，实现了10年不领新料，照样满足生产需要，为国家节约了大量物资。

"六个传家宝"形成于大庆石油会战时期。时代发生了变化，但是精神的本质没有变，这就是自力更生、艰苦奋斗、勤俭建国、厉行节约。

"六个传家宝"是一种强烈的为国分忧的爱国主义精神。1960年，国家正处于严重的经济困难时期：一方面，国家石油资源严重短缺，工业、农业、交通运输和国防用油处于危机的边缘；另一方面，建设资金短缺，物资匮乏，人民生活困难，加上油田又处在寒带的冻土地带，一年之中有半年需要取暖，当时荒原上又毫无生活依托。在这种主客观条件下，大庆会战全体职工体察国情为国分忧，共克时艰，不但选择坚持会战，还站稳脚跟，发展会战。

"六个传家宝"是一种顽强的战胜困难的斗争精神。因为国家对石油的急迫需要，大庆石油会战不可能用一两年时间先搞好生活设施、先建好生活基地，以后再上队伍开展会战，而是直接把队伍开进毫无依托的荒原。没有运输设备，就靠人拉肩扛；没有住房和厂房，就搞干打垒；没有粮食，就开荒种地；衣服破了，缝缝补补；设备坏了，就修旧利废；什么都没有，就走南闯北回收捡破烂……大庆会战职工从未退缩、从未放弃，一直以顽强的斗争精神，战胜了种种困难。如果没有当年排除万难的勇气，没有实事求是、千方百计、在生活上不惜简陋、务求实效地解决和克服困难的精神，今日的大庆将是空中楼阁。

　　"六个传家宝"是一种高尚的我将无我的奉献精神。1964年，长篇通讯《大庆精神大庆人》中写道：大庆人"深深懂得发扬艰苦奋斗、自力更生革命传统的伟大意义，心甘情愿地吃大苦、耐大劳，临危不惧，必要时甚至不惜牺牲个人的一切，而能把这些看作是光荣，是幸福"！这就是我将无我的奉献精神。在会战时期，无论领导干部和工人，在工作面前没有人讲条件、谈报酬，也没有人怕辛苦、怕困难，一心只为国家早日甩掉贫油帽子，为油田事业奉献一生，为党为国家、为人民鞠躬尽瘁。人人都以奉献为荣光，以奉献为高尚，以奉献为常态，奉献成为大庆人的主流风尚，成为大庆精神的本质性内涵。

　　"六个传家宝"是大庆精神生动、具体、形象的体现，无论是过去、现在还是将来，永远是激励人民不忘初心、奋发进取的宝贵精神财富。

摘选自国家行政学院出版社《大庆精神（铁人精神）——镌刻在历史丰碑上的辉煌》

参 考 文 献

陈铁龙，2000. 三次采油概论［M］. 北京：石油工业出版社.
程杰成，吴军政，吴迪，2013. 三元复合驱油技术［M］. 北京：石油工业出版社.
邸胜杰，吕振山，张卫帼，2005. 扶余油田微生物采油矿场试验［J］. 新疆石油地质，3：293-295.
胡博仲，1997. 大庆油田采油工程技术论文选编［M］. 北京：石油工业出版社.
胡博仲，1997. 聚合物驱采油工程［M］. 北京：石油工业出版社.
姜继水，2007. 提高石油采收率技术［M］. 2 版. 北京：石油工业出版社.
李华斌，2007. 三元复合驱新进展及矿场试验［M］. 北京：科学出版社.
李杰训，2008. 聚合物驱油地面工程技术［M］. 北京：石油工业出版社.
李孟涛，杨广清，李洪涛，2007. CO_2 混相驱驱油方式对榆树林油田采收率影响研究［J］. 石油地质与工程，4：52-54.
李孟涛，张英芝，2005. 低渗透油藏 CO_2 混相驱提高采收率试验［J］. 石油钻采工艺，(6)：43-46.
廖广志，马德胜，王正茂，2018. 油田开发重大试验实践与认识［M］. 北京：石油工业出版社.
刘宝和，2008. 中国石油勘探开发百科全书：开发卷［M］. 北京：石油工业出版社.
刘玉章，2005. 聚合物驱提高采收率技术［M］. 北京：石油工业出版社.
吕秀凤，崔凯华，2012. 提高石油采收率技术［M］. 3 版. 北京：石油工业出版社.
缪明富，彭子成，钟国利，2005. 利用二氧化碳资源提高气田开发效益［J］. 石油与天然气化工，6：470-481.
彭裕生，2004. 微生物采油基础及进展［M］. 北京：石油工业出版社.
沈平平，廖新维，2009. 二氧化碳地质埋存与提高石油采收率技术［M］. 北京：石油工业出版社.
谭士海，张文正，施杰，2001. CO_2 生产井的腐蚀机理及预防［J］. 石油钻采工艺，4：72-74.
田润普，1990. 大庆石油会战：大庆文史资料第二辑［M］. 北京：中国文史出版社.
铁人学院，2019. 手不释卷：大庆人最经典的学习篇章［M］. 北京：石油工业出版社.
王涛，姚约东，2008. 二氧化碳驱油效果影响因素与分析［J］. 石油工程技术，24：30-33.
吴明菊，2004. CO_2 驱三次采油地面系统的腐蚀研究与治理［J］. 油气田地面工程，23（1）：16-18.
肖铜，马英林，2022. 大庆精神（铁人精神）：镌刻在历史丰碑上的辉煌［M］. 北京：国家行政学院出版社.
薛利，周淑华，范州，等，2008. 芳 48 断块注二氧化碳试验区测试资料分析［J］. 内蒙古石油化工，24：15-17.
张建国，2007. 物理法采油技术研究与进展［M］. 东营：中国石油大学出版社.
张廷山，徐山，2008. 石油微生物采油技术［M］. 北京：化学工业出版社.
张义堂，2006. 热力采油提高采收率技术［M］. 北京：石油工业出版社.
中国石油天然气集团公司人事部，2018. 采油工［M］. 北京：石油工业出版社.
中国石油天然气集团公司人事部，2019. 注聚工［M］. 北京：石油工业出版社.
中国石油天然气集团公司人事部，2024. 采油工技师培训［M］. 北京：石油工业出版社.
钟辉高，2006. 二氧化碳单井吞吐工艺技术应用研究［J］. 胜利油田职工大学学报，3：40-41.